装备科技译著出版基金

多 维 成 像

Multi – dimensional Imaging

［美］Bahram Javidi

［西］Enrique Tajahuerce 　著

［西］Pedro Andrés

孙志斌　俞文凯　译

国防工业出版社

·北京·

著作权合同登记 图字:军-2016-119号

图书在版编目(CIP)数据

多维成像 / (美)巴哈姆·贾维迪(Bahram Javidi),
(西)恩里克·塔加豪斯(Enrique Tajahuerce),(西)
佩德罗·安德烈斯(Pedro Andrés)著;孙志斌,俞文凯译.
—北京:国防工业出版社,2019.9
ISBN 978-7-118-11876-6

Ⅰ.①多… Ⅱ.①巴… ②恩… ③佩… ④孙… ⑤俞
… Ⅲ.①全息成象-研究 Ⅳ.①TP72

中国版本图书馆 CIP 数据核字(2019)第 171292 号

※

国防工业出版社出版发行

(北京市海淀区紫竹院南路 23 号 邮政编码 100048)
三河市腾飞印务有限公司印刷
新华书店经售

*

开本 710×1000 1/16 插页 3 印张 27½ 字数 486 千字
2019 年 9 月第 1 版第 1 次印刷 印数 1—1500 册 定价 198.00 元

(本书如有印装错误,我社负责调换)

国防书店:(010)88540777　　　发行邮购:(010)88540776
发行传真:(010)88540755　　　发行业务:(010)88540717

前　言

　　成像科学工程在传感方式、显示媒介、数字领域和消费品等方面发展迅速。该领域的研究和发展在材料、传感器、显示器、算法和应用等多个科学创新学科中发挥着积极作用。如今,"光学图像"这一术语的概念不仅涵盖图像形成、关于图像的多种分析、图像重建和可视化技术,还包括计算机视觉、太赫兹频率、电磁成像、医学成像、图像处理算法以及三维图像传感等。

　　在过去的20年中,先进成像系统的研究取得了巨大进步。显微镜学中出现了很多新方法,用以克服传统的分辨率极限。这一领域的发展得益于计算机成像技术惊人的研究成果。通过浑浊散射介质成像方面的进展使得我们可以获得高分辨率图像,无论是观测生物体中的深层组织,抑或是通过地基望远镜观测宇宙。生命科学中的光学领域融合了用于活体生物材料的无损成像的新方法和工具,以用于疾病的研究、诊断和治疗。量子成像中的纠缠光子源提供了在低照度条件下高质量成像的可能。为此,我们必须引入更多快速发展的领域,如现代自适应光学、核医学成像,还有为单细胞研究开辟新道路的光镊技术,以及在先进成像中发挥重要作用的空间光调制器技术等。

　　近年来,随着多种三维成像技术的引进,成像系统快速发展,这些技术包括:数字全息术、全景成像、组合投影视图、光场、多光谱成像、偏振成像、时域复用;用于压缩感知或计算成像等领域的新型算法的发展;新型光源的应用,如超短波激光器、激光二极管、超连续谱光源;等等。在发展新型成像技术的同时,我们也可以通过增加不同探测器阵列的像素数以及降低像素大小,来大幅提高图像分辨率。人们已经意识到,在很多情况下,不光要测量物体的空间强度分布,还要测量图像的其他有用维度,如光谱、偏振、光学相位或三维结构等,这将促进多维成像的发展。因此,偏振相机、多光谱传感器、全息技术、三维可视化装置等的发展引发了大量的多学科融合,并与专门的算法相结合,以构建多维成像系统,获得多种应用,包括医学、国防与安全、机器人学、教育、娱乐、环境和制造业等。

　　鉴于人们对多维成像的研究、发展和教育有着极大的兴趣,本书旨在概述顶尖的研究者和教育家在多维成像领域取得的最新进展。本书会向读者介绍这一多学科交叉领域中的重要分支。对于那些对该领域最新发展感兴趣的学生、工程师和科学家而言,本书的全面多维成像技术纵览将对其大有裨益。

本书阐述了多维成像领域中重要主题,每一主题具体描述了基本原理、方法、技术、新发展、应用和相关参考文献。本书共 17 章,分成四个部分:多维数字全息技术、多维生物医学成像与显微镜学、多维成像与显示、光谱和偏振成像。这些章节都是由这些领域最杰出的研究者和教育家所撰写的。

我们衷心感谢作者们的杰出贡献。感谢 Wiley 的编辑和职员所给予的支持和帮助。

谨以此书献给我们已故的朋友 Fumio Okano 博士。

Bahram Javidi,美国康涅狄格斯托尔斯

Enrique Tajahuerce,西班牙卡斯特罗

Pedro Andrés,西班牙瓦伦西亚

编 者 简 介

Bahram Javidi，现任康涅狄格大学董事
会特聘教授，已获九项最佳论文奖，主要奖项
为专业协会的学术奖，包括电气和电子工程
师协会(Institute of Electrical and Electronics
Engineers，IEEE)、美国光学学会(Optical Soci-
ety of America，OSA)、欧洲光学学会(European
Optical Society，EOS)、国际光学工程学会(So-
ciety of Photo – Optical Instrumentation Engi-
neers，SPIE)。2008 年，获得 John Simon
Guggenheim 基金会奖项。已发表 870 多篇文
章。美国科学信息研究所的网站(ISI Web of
Knowledge)数据显示，其论文已被引用了

11000 次(*h index* 为 55)。曾获得 2008 年 IEEE Donald G. Fink 优秀论文奖、
华盛顿大学 2010 年杰出校友奖、2008 年 SPIE 科技成果奖及 2005 年 SPIE 衍
射波技术 Dennis Gabor 奖。2007 年，亚历山大·冯·洪堡(Alexander von
Humboldt)基金会授予其杰出科学家洪堡奖。2003—2005 年度，他被授予
IEEE 光子学杰出讲师奖。2002 年和 2005 年，*IEEE Transactions on Vehicular
Technology* 授予其最佳期刊论文奖。2003 年，他被美国国家工程院(National
Academy of Engineering，NAE)选为全国顶尖的 160 位年龄在 30 ~ 45 岁之间的
工程师，并受邀在工程前沿会议上发言。自 2003 年后，他就一直是 NAE 工程
前沿会议的成员。他也是美国国家科学基金会领衔的青年学者，并且获得了
工程学基金和 IEEE 教师启动基金的奖项。现任 *Proceedings of the IEEE* 杂志
(电气工程领域的王牌杂志)的编委及 *IEEE Photonics* 杂志的顾问委员会委
员。他也是 *IEEE Journal of Display* 的创刊编委。2008 年，他被推选为 SPIE 的
董事会成员。他在乔治·华盛顿大学获得学士学位，在宾夕法尼亚州立大学获
得博士学位。

Enrique Tajahuerce，1964 年出生在西班牙索里亚。1998 年,于西班牙瓦伦西亚大学(University of Valencia, UV)获得物理学博士学位。在 1989—1992 年,Tajahuerce 博士曾担任西班牙帕特纳光学、色彩和成像技术研究所的研究员。自 1992 年以来,他一直是西班牙卡斯特罗海梅一世大学(Universitat Jaume I, UJI)的物理系副教授。目前,他担任物理系秘书及新型成像技术研究所(Institute of New Imaging Technologies, INIT)的副所长。

Tajahuerce 博士的研究方向是衍射光学、数字全息、超快光学、计算成像和显微镜。他与别人合作发表了超过 90 篇科学论文,参与了 140 多次会议(其中 35 次是应邀出席)。他是 SPIE、OSA、EOS 和西班牙光学学会(Spanish Optical Society, SEDO)的成员。2008 年,Tajahuerce 博士获得了 IEEE Donald G. Fink 优秀论文奖。

Pedro Andrés，1954 年出生于西班牙瓦伦西亚。1983 年,于西班牙瓦伦西亚大学(UV)获得物理学/光学专业的博士学位。他的论文获得了 UV 颁发的 1984 年度特别优异奖。1994 年以来,André 博士一直是 UV 光学全职教授。在 1998—2006 年,他曾担任 UV 光学系的主任。2008—2010 年,曾任 UV 物理系硕士及博士课程主任。

他目前的研究方向包括静动态衍射光学元件、先进成像系统、微结构光纤、时域成像和超快光学。他与人合作发表了 130 多篇经同行评议的论文,其中两篇均被引超过 200 次。他指导了 13 篇博士学位论文(其中有 4 篇获得了 UV 颁发的特别优异奖)。

Andrés 教授也是西班牙高校教工评价委员会(科学分会)专家、伊比利亚美洲区光学部的主席、OSA 成员、EOS 董事会的推选成员、西班牙光学协会成像委员会前主席以及 EOS 瓦伦西亚社区学生俱乐部的学术导师。

编 写 人 员

Pedro Andrés，西班牙瓦伦西亚大学光学系

Yasuhiro Awatsuji，日本京都工艺纤维大学电子系

Michal Baranek，捷克奥洛穆茨帕拉基大学光学系

Vittorio Bianco，意大利那不勒斯塞齐诺国家光学研究所

Pere Clemente，西班牙海梅一世大学物理系、科学仪器服务中心，GROC·UJI

Vicent Climent，西班牙海梅一世大学物理系、新型成像技术研究所（Institut de Noves Tecnologies de la Imatge，INIT），GROC·UJI

Loïc Denis，法国圣艾蒂安大学 Hubert Curien 实验室

Christian Depeursinge，瑞士洛桑联邦理工学院微工程研究院

Adrián Dorado，西班牙瓦伦西亚大学光学系

Frank Dubois，比利时布鲁塞尔自由大学（法语区）微重力研究中心

Vicente Durán，西班牙海梅一世大学物理系、新型成像技术研究所，GROC·UJI

Michael T. Eismann，美国空军研究实验室

Mercedes Fernández - Alonso，西班牙海梅一世大学物理系、新型成像技术研究所，GROC·UJI

Pietro Ferraro，意大利那不勒斯塞齐诺国家光学研究所

Andrea Finizio，意大利那不勒斯塞齐诺国家光学研究所

Thierry Fournel，法国圣艾蒂安大学 Hubert Curien 实验室

Corinne Fournier，法国圣艾蒂安大学 Hubert Curien 实验室

Javier Garcia，西班牙瓦伦西亚大学光学系

Eran Gur，以色列阿齐里利工程学院电气工程与电子学系

Tobias Haist，德国斯图加特大学光技术研究所

Malte Hasler，德国斯图加特大学光技术研究所

Yoshio Hayasaki，日本宇都宫大学光学研究与教育中心

Esther Irles，西班牙海梅一世大学物理系，GROC·UJI

Kazuyoshi Itoh，日本大阪大学工程研究生院、材料和生命科学系、科技创业

实验室(e－square)

　　Bahram Javidi，美国康涅狄格大学电气与计算机工程系

　　Boaz Jessie Jackin，日本宇都宫大学光学研究与教育中心

　　Jesús Lancis，西班牙海梅一世大学物理系、新型成像技术研究所，GROC・UJI

　　Chun－Hea Lee，韩国中部大学工业设计系

　　Daniel A. LeMaster，美国空军研究实验室

　　Anabel LLavador，西班牙瓦伦西亚大学光学系

　　Massimiliano Locatelli，意大利 Largo E. Fermi 国家光学研究所

　　Ahmed El Mallahi，比利时布鲁塞尔自由大学(法语区)微重力研究中心

　　Pierre Marquet，瑞士神经科学精神病学中心、沃多瓦大学中心医院、瑞士精神病学部门、瑞士洛桑联邦理工学院微工程研究院大脑意识研究所

　　Manuel Martínez－Corral，西班牙瓦伦西亚大学光学系

　　Lluís Martínez－León，西班牙海梅一世大学物理系、新型成像技术研究所，GROC・UJI

　　Amihai Meiri，以色列巴伊兰大学工学院

　　Omel Mendoza－Yero，西班牙海梅一世大学物理系、新型成像技术研究所

　　Riccardo Meucci，意大利 Largo E. Fermi 国家光学研究所

　　Lisa Miccio，意大利那不勒斯塞齐诺国家光学研究所

　　Christophe Minetti，比利时布鲁塞尔自由大学(法语区)微重力研究中心

　　Gladys Mladys－Vega，西班牙海梅一世大学物理系、新型成像技术研究所，GROC・UJI

　　Vicente Micó，西班牙瓦伦西亚大学光学系

　　Wolfgang Osten，德国斯图加特大学光技术研究所

　　Yasuyuki Ozeki，日本大阪大学工程研究生院、材料和生命科学系

　　Min－Chul Park，韩国科学技术研究院传感器系统研究中心

　　Melania Paturzo，意大利那不勒斯塞齐诺国家光学研究所

　　Anna Pelagotti，意大利 Largo E. Fermi 国家光学研究所

　　Jorge P. FerVizca P.，西班牙海梅一世大学物理系、新型成像技术研究所，GROC・UJI

　　Pasquale Poggi，意大利 Largo E. Fermi 国家光学研究所

　　Eugenio Pugliese，意大利 Largo E. Fermi 国家光学研究所

　　Yair Rivenson，以色列班内盖夫本古里安大学电子与计算机工程系

　　Joseph Rosen，以色列班内盖夫本古里安大学电子与计算机工程系

　　Genaro Saavedra，西班牙瓦伦西亚大学光学系

Yusuke Sando,日本宇都宫大学光学研究与教育中心

Mozhdeh Seifi,法国圣艾蒂安大学 Hubert Curien 实验室

Fernando Soldevila,西班牙海梅一世大学物理系,GROC·UJI

Jung–Young Son,韩国建阳大学生物医学工程系

Wook–Ho Son,韩国电子和通信技术研究所内容平台研究部门

Adrian Stern,以色列内盖夫本古里安大学电光学工程系

Enrique Tajahuerce,西班牙海梅一世大学物理系、新型成像技术研究所,
GROC·UJI

Koki Wakunami,日本东京工业大学全球科学信息和计算中心

Masahiro Yamaguchi,日本东京工业大学全球科学信息和计算中心

Toyohiko Yatagai,日本宇都宫大学光学研究与教育中心

Catherine Yourassowsky,比利时布鲁塞尔自由大学(法语区)微重力研究
中心

Zeev Zalevsky,以色列巴伊兰大学工学院

目　录

第一部分　多维数字全息技术

X

第三部分　多维成像与显示

XV

第四部分　光谱和偏振成像

第一部分
多维数字全息技术

第1章　平行相移数字全息术

Yasuhiro Awatsuji
日本京都工艺纤维大学电子系

1.1　概　　述

平行相移数字全息术是一种不仅能够即时测量三维(3D)光场,还能够测量3D光场随时间演化的动态图像的技术。这里将介绍该技术的记录与重建过程。该技术已经由配备有常速相机的平行相移数字全息系统加以实验论证,之后随着高速相机的构建和使用,3D动态和相位动态图像的捕获速度可高达262500帧/s。作为超高速的相位成像技术,采用飞秒脉冲激光的平行相移数字全息系统已经得到了实验论证。还将介绍便携式平行相移数字全息系统。最后,再介绍一些功能扩展的平行相移数字全息术,可用于3D彩图、3D频谱特征、3D极化特征及3D动态图像显微术中的动态图像测量。

1.2　引　　言

全息术是一种记录并完美重建物体波前的技术[1]。该技术不仅研究3D显示还研究物体的3D测量。该技术可将物体的复振幅分布以干涉条纹图像的形式记录下来。复振幅分布由物体的振幅和相位分布构成,并能生成3D图像。常规全息术使用高分辨率的感光材料,称作全息干板,用来记录干涉条纹图像。记录这种干涉条纹图像的方法就是全息摄影。

最近,电荷耦合装置(Charge - Coupled Device, CCD)和互补金属氧化物半导体(Complementary Metal - Oxide Semiconductor, CMOS)等图像传感器取得了巨大的进展,这类设备用在了全息术之中并取代了全息干板。这种使用图像传感器的全息术称为数字全息术[2,3]。数字全息术具有以下优势:它无需潮湿的化学显影过程;它可轻松实现物体3D图像的定量评价;它可即刻记录在期望深度处的3D物体的聚焦图像,而无需机械聚焦。该技术还可定量地提供物体相位分布。因此,数字全息术可用于定量3D和相位成像摄像机之中。该技术也可用于许多其他领域,如形貌和形变测量、粒子测量、显微术、内窥镜检查、目标识别和信息安全等。

由于图像传感器的像素尺寸和像素间距过大,无法记录细微的干涉条纹,而这些条纹将被记录在照相底片上,该方法常用在同轴数字全息术中。在同轴数字全息术中,物波和参考波几乎正交地照射在图像传感器之上。事实上,同轴数字全息术在原则上能即时测量物波,但由于不期望的图像也会叠加在期望的物波上,其重建的图像质量也会有所下降。为了只获取物波,相移数字全息术应运而生[4]。

尽管相移数字全息术仅能获得在任意深度上物波的复振幅,但它需要使用多幅全息图来重建不含多余图像的物波。我们可以利用不同相位延迟的参考波依次记录下多幅全息图。事实上,相移数字全息术虽然能重建出清晰的物波,但是不能对运动物体进行即时测量。为了使相移数字全息术实现即时测量,平行相移数字全息术应运而生[5-27]。该技术对像素化的图像传感器和相移阵列装置进行了巧妙的布置。

本章将阐述平行相移数字全息术的基本概念和处理流程,并描述三种平行相移数字全息术的实验系统及其实验结果[23-26]。此外,还将介绍建立在该平行相移数字全息术基础上的便携系统[27]。最后,再介绍几种功能扩展的平行相移数字全息技术[28-35]。

1.3　数字全息术和相移数字全息术

数字全息技术使用图像传感器来记录干涉条纹图像,并用计算机重建物体的复振幅分布[2,3]。图1.1给出了数字全息术的系统装置简图。系统所采用的光源通常为激光器。激光束将被分到两束。其中一个波束照射在物体上,而后发生散射,该散射光束被称为物波。物波照射在图像传感器上。而另一波束直接照射在图像传感器上,该光束被称为参考波。干涉条纹图像由物波和参考波生成,并由图像传感器进行探测。图像传感器所捕获的干涉条纹图像即为数字全息图。我们可以利用计算机从数字全息图中数值地重建出物体的复振幅分布。因此,我们可从单幅全息图中重建出一个物体的即时3D图像。通过相机连续捕获的全息图,我们可以记录下物体的3D动态图像。

在数字全息术中,为了重建图像,我们通常将衍射积分用在图像传感器所记录的全息图之中。尽管衍射积分是用于重建图像并实现即时测量的最简便计算方法,但是重建图像的质量也会有所退化,因为不期望看到的图像(即无衍射光波和共轭像)会叠加在待测的物波上,而后者可用于形成物体的图像。为了只提取物波信息,科学家们提出了相移数字全息术[4]。

图1.2是相移数字全息术的光学装置示意图[4]。运用不同相位延迟的参考

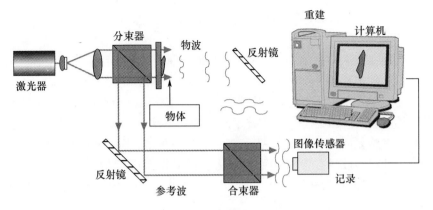

图 1.1　数字全息术示意图

波,我们可以顺序记录下两幅以上的全息图。有一种名为参考波的四步相移法常用于相移数字全息术,比如 0、$\pi/2$ 波、π 和 $3\pi/2$。通常,我们可以使用压电换能器(Piezoelectric – Transducer,PZT)驱动的反射镜或波片来使延迟发生相继的变化。相移数字全息术实际只能获取物波的复振幅,而并不适用于对运动物体。为了获取运动物体清晰的 3D 重建图像,科学家们提出了平行相移数字全息术[5 – 27]。

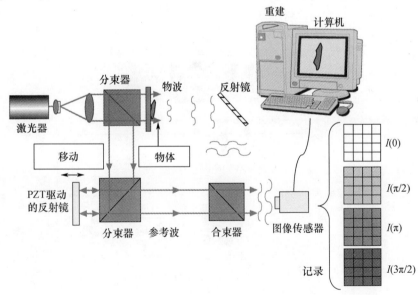

图 1.2　相移数字全息术示意图

1.4 平行相移数字全息术

平行相移数字全息术[5-27]，其本质上是一种可实现相移数字全息术的单次拍摄技术。该单次拍摄技术使用了单个图像传感器和全息图空分复用技术。图1.3为平行相移数字全息术的原理示意图。相移数字全息术原本所需的多幅全息图将通过全息图的空分复用技术逐个像素地塞进一幅全息图中。为了实现全息图的多路复用，科学家们提出了多种方法。例如，将一种诸如微玻璃板阵列的微相位延迟器放置在参考光路中并将图像成像到图像传感器上[5]。通过这种方法，我们可以获得较高的光效率，但为了实现光从微相位延迟器阵列到图像传感器上的逐像素的成像投影，我们需要精密地校准光学系统。为了便于系统的校准，可将液晶空间光调制器（Spatial Light Modulator，SLM）用在微相位延迟器阵列之中[17]。此外，人们也提出了一种微型偏振元件阵列，可以实现全息图的多路复用。在该方案中，微型偏振元件阵列安装在图像传感器上[6,13,16,23-27]。微型偏振元件阵列的透射方向（轴）按像素交替变换。针对平行四步和平行两步相移数字全息术，已有相关研究分别报道了将 2×2 [5-7,11] 和 2×1 [10,11,13-14]像素设置为微型偏振器阵列中一个基本单位的方案。该方案的光学效率低于使用微型相位延迟器阵列的方案，但基于该方案的平行相移数字全息系统中的光学元件校准操作会变得非常容易。

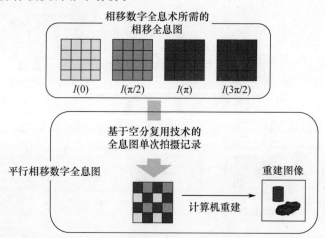

图 1.3 平行相移数字全息术原理示意图

图1.4是平行相移数字全息术图像重建流程的原理示意图。该图是平行四步相移数字全息术的实施范例[5-7,11]，即采用了四组相移。从所记录的单幅全息图中，可以提取出包含相同相移的像素。对于每一个相移，所提取出的像素将

被重新安放在另一个二维(2D)图像中,安放的位置与提取前的像素位置相同。在该新的二维图像中,空白像素的值将根据相邻像素的值进行插值。通过以上像素值重新安放和像素插值操作,我们将获取多幅全息图,记为 $I(0)$、$I(\pi/2)$、$I(\pi)$ 和 $I(3\pi/2)$。如果待观测物体的振幅和相位分布并不剧烈,式(1.1)将给出与图像传感器平面上物波的真实复振幅分布 $u(x,y)$ 几乎完全相同的分布结果,该式也是传统顺序相移数字全息术的复振幅计算公式。

$$u(x,y) = \frac{\{I(0) - I(\pi)\} + \mathrm{i}\{I(\pi/2) - I(3\pi/2)\}}{4} \tag{1.1}$$

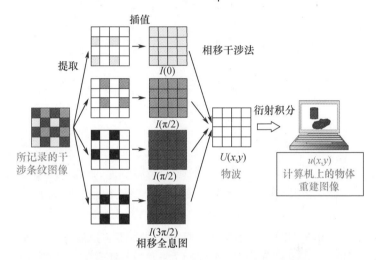

图 1.4 平行相移数字全息术中的图像重建流程的原理示意图

在记录步骤中,关于物体的物波复振幅分布 $U(X,Y)$ 可由所获取的复振幅衍射积分进行重建。如下所示,菲涅尔变换就是衍射积分中的一种。

$$U(X,Y) = \int_{-\infty}^{\infty}\int_{-\infty}^{\infty} u(x,y)\exp\left[\frac{2\pi\mathrm{i}}{\lambda}\left\{Z + \frac{(X-x)^2 + (Y-y)^2}{2Z}\right\}\right]\mathrm{d}x\mathrm{d}y$$

$$\tag{1.2}$$

式中:λ 为激光束波长;i 为虚部符号;Z 为图像传感器与物面之间的距离。

两步相移数字全息术也可用于平行相移数字全息术[10, 11,13-14]。式(1.3)是在 Meng 的两步相移干涉法[36]中用来计算当相移为 $-\pi/2$ 时的复振幅的公式,该式给出了在图像传感器平面上的物波复振幅分布 $u(x,y)$。

$$u(x,y) = \frac{1}{2\sqrt{I_r}}\left[\{I(0) - a(x,y)\} - \mathrm{i}\left\{I\left(-\frac{\pi}{2}\right) - a(x,y)\right\}\right] \tag{1.3}$$

其中,$a(x,y)$ 的定义如下:

$$a(x,y) = \frac{v - \sqrt{v^2 - 2w}}{2} \tag{1.4}$$

$$v = I(0) + I\left(-\frac{\pi}{2}\right) + 2I_r \qquad (1.5)$$

$$w = I(0)^2 + I\left(-\frac{\pi}{2}\right)^2 + 4I_r^2 \qquad (1.6)$$

这里,I_r代表参考波的强度分布。由于已知$I(0)$、$I(-\pi/2)$和I_r,所以物波的复振幅分布可通过$u(x,y)$的衍射积分进行重建。在记录全息图的前后都可测量I_r。平行两步相移数字全息术中空间带宽积是平行四步相移数字全息术中空间带宽积的2倍。

1.5 平行相移数字全息术的实验演示

文献[23]首次在实验上验证了平行相移数字全息术。该实验系统主要基于平行两步相移数字全息术。图1.5展示了该系统的原理示意图和实物图。该系统由一个干涉仪和一个偏振成像相机组成。激光器发出垂直偏振光,被分束器分成两束。一束光照亮物体。物体上的散射光经过偏光器,变为垂直偏振光。然后这束光到达原始偏振成像相机的图像传感器表面,这束光也即物波。另一束光经过四分之一波片,随后到达图像传感器。该波便是参考波。

这里的光源为532nm的掺钕钒酸钇(Nd:YVO₄)激光器。偏振成像相机是由一个常规速度的相机和一个微型偏光器阵列组成的,能够检测同时出现在2×1像素上的两条正交线偏振光,实现参考波的90°相移。图1.6(a)、(b)分别为偏振成像相机实物照片和带有微型偏光器阵列的图像传感器的实物照片。图1.6(c)展示了每一像素的透射方向(轴)。图像传感器的像素数和像素中心间距分别为1164(水平方向)×874(垂直方向)和4.65μm×4.65μm。

现利用该系统对平行两步相移电子全息术进行实验验证。图1.7展示了待测物体:一只纸鹤和一枚骰子,分别放置于距离图像传感器平面470mm和600mm的地方。图1.8(a)、(b)展示了平行相移数字系统关于这些位置上的物体的重建图像;在图1.8(a)中,对焦面上的纸鹤得以清晰重建,而骰子因散焦而变得模糊,在图1.8(b)中的重建情况正好相反。因此,所构建系统的3D成像能力得到了实验上的验证。为了进行比较,针对同一幅全息图,也采用了传统的同轴数字全息术来重建物体的对焦图像,如图1.8(c)、(d)所示,此时没有使用相移数字全息术,只是用了衍射积分方法。零级衍射和共轭像之间的叠加造成了由单独衍射积分方法所重建的聚焦图像的成像质量下降。因此这也实验证明了,使用平行两步相移数字全息系统,可成功使重建图像免于零级衍射和共轭像的影响。

8

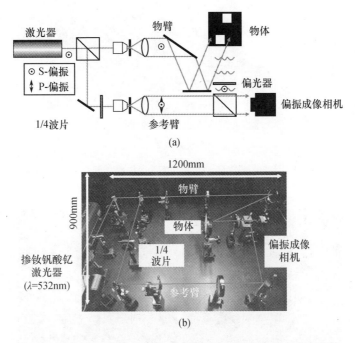

(a)

(b)

图 1.5　使用常规速度的偏振成像相机的平行相移数字全息系统
(a)原理示意图；(b)实物图。

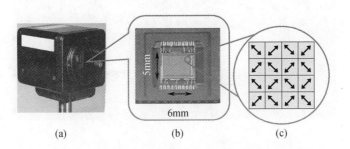

(a) (b) (c)

图 1.6　最初为平行两步相移数字全息系统开发的偏振成像相机
(a)整体视图；(b)带有微型偏光器阵列的图像传感器；
(c)微型偏光器阵列透射方向(轴)布局示意图。

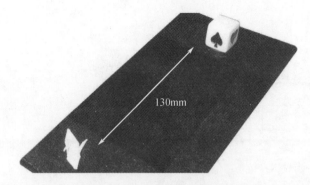

图1.7 基于常规速度偏振成像相机的平行相移数字全息系统
实验中所使用的待测物体。一只纸鹤和一枚骰子分别放置于距离
图像传感器平面470mm和600mm的位置

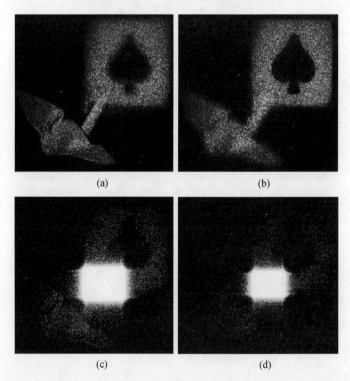

图1.8 重建图像。图(a)和(b)是由平行相移数字全息系统重建的图像，
成像距离分别为470mm和600mm。图像(c)和(d)是采用衍射积分法所得到
的位于470mm和600mm处的物体重建图像

1.6　高速平行相移数字全息系统

为验证平行相移数字全息术的高速 3D 成像能力,科学家们构建了高速平行相移数字全息系统[24,25]。图 1.9 展示了该系统的原理示意图和实物图。该系统由一个马赫 – 曾德(Mach – Zehnder)干涉仪和一个高速偏振成像相机组成。动态物体或是快速景象都将放置在参考波的光路上。该实验使用了 Photoron FASTCAM – SA5 – P 作为高速偏振成像相机。该相机的像素间距为 20μm。高速相机的有效像素数通常与帧频近似成反比。常规使用的高速偏振成像相机的像素尺寸有 1024 × 1024 像素、512 × 512 像素、128 × 128 像素和 64 × 64 像素,帧频分别为 7000 帧/s、15000 帧/s、150000 帧/s 和 300000 帧/s。光源为 532nm 的掺钕钒酸钇(Nd:YVO₄)激光器。

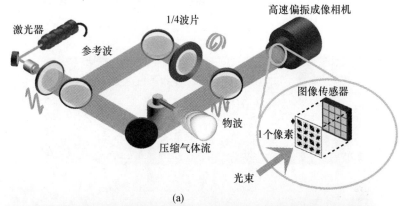

(a)

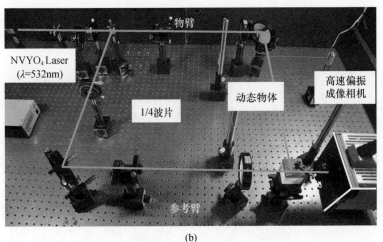

(b)

图 1.9　采用高速偏振成像相机的平行相移数字全息系统

(a)原理示意图;(b)实物图。

为验证该系统对动态相位的成像能力,现将喷嘴喷出的压缩气体流作为动态物体,如图 1.10 所示。该喷嘴被放置在距离高速偏振成像相机 19cm 远的位置。喷嘴的内径为 1mm。全息图(512×512 像素)以 20000 帧/s 的速度被记录下来。图 1.11 展示了从所记录的全息图中重建的相位图像。将该相位图像的像素值归一化到 0~255 空间。像素值 255 代表相位 2π。图 1.11(a) – (j)所示图像的获取时间 t 分别为 0,10,15,20,65,80,85,90,95 和 100ms。两个喷嘴头分别放置在每幅图像的左右两边。每幅图像中像素出现陡然由白变黑的现象是由其相位从 2π 变为 0 所造成的。而通过使用相移数字全息术可以消除零级衍射图像和共轭像对重建图像的影响,所以我们可以得到清晰的高速相位动态图像。首先,该相位随着压缩气体流速度的增加而逐渐增加。然后,相位在喷嘴的对面开始增加,如图 1.11(f)所示。接着,气体在左侧喷嘴处反射,背景的相位也随之变化。同时,有趣的是,具有空间周期性的相位分布也出现在气流之中。

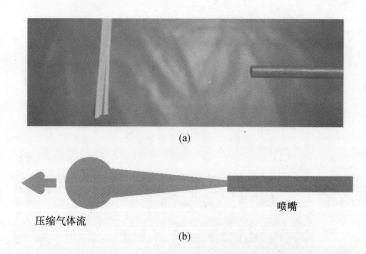

图 1.10　基于高速偏振成像相机的平行相移数字全息
系统实验中所使用的物体。压缩气体流从喷嘴中喷出。
(a)实物照片;(b)原理示意图。

　　图 1.12 给出了根据以 180000 帧/s 的速度记录下的全息图所重建的相位图像。首先,喷嘴喷出大量压缩气体,气流是层流状的。然后,气流变为湍流,如图 1.12(h)所示。随后,湍流与层流状气流相遇,如图 1.12(i)所示。接着,可在图 1.12(j)中观察到漩涡状的相位分布。因此,高速平行相移数字全息术可以用来获取动态物体高速相位图像,并得到实验的验证。

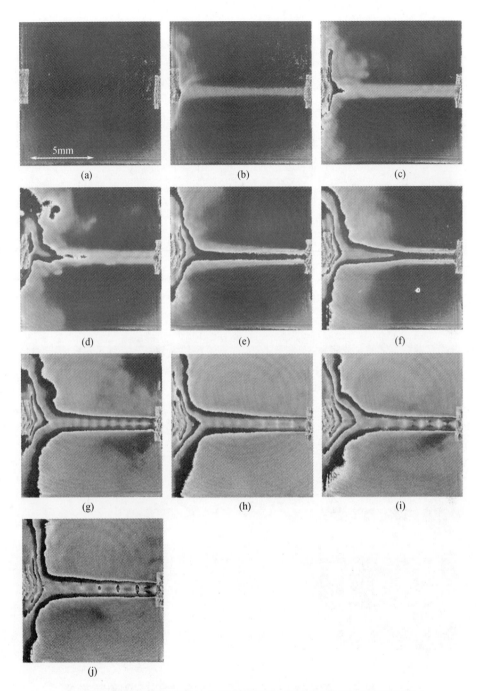

图 1.11 根据以 20000 帧/s 的速度记录下的全息图所重建的相位图像。
(a)~(j) 的图像获取时间 t 分别为 0, 10, 15, 20, 65, 80, 85, 90, 95 和 100ms

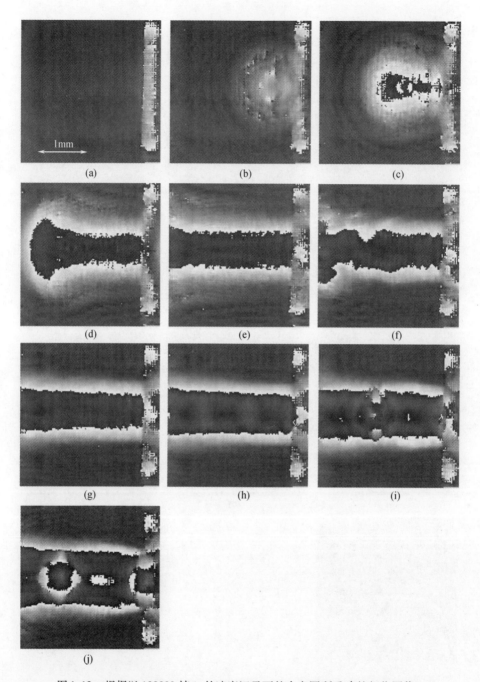

图 1.12　根据以 180000 帧/s 的速度记录下的全息图所重建的相位图像。
（a）～（j）的图像获取时间 t 分别为 0, 3.2, 4.0, 4.8, 5.6, 24, 67, 87, 95 和 120ms

1.7 单拍飞秒脉冲平行相移数字全息系统

为了验证平行相移数字全息术的超高速 3D 成像能力,科学家们构建出了一个系统[26]。图 1.13 为该系统的原理示意图和实物图。该系统由一个马赫 - 曾德干涉仪和一个偏振成像相机组成。超高速现象产生于参考波光路中。该偏振成像相机与第一个平行相移数字全息术演示系统中所使用的相机基本相同,但是本系统所使用的相机特别针对 800nm 波长的光进行了优化。带有再生放大器的锁模钛蓝宝石(Ti:sapphire)激光器(Solstice,美国光谱物理公司 Spectra - Physics Inc.)将作为光源,产生单拍飞秒光脉冲。光脉冲的中心波长为 800nm,持续时间为 96fs。

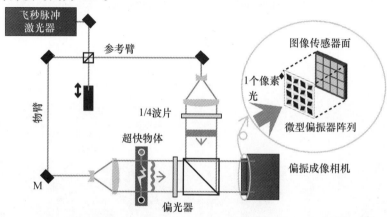

图 1.13　基于飞秒脉冲激光器的平行相移数字全息系统原理示意图

两个不锈钢细电极在参考波光路中相向放置。两电极的直径均为 1.2nm,二者之间的间距为 1.8mm。电极放在距相机 31cm 处的位置。电极通有 10kV 的电压,两电极之间将形成火花放电。在 1 个大气压下,空气中的火花放电过程被记录下来。图 1.14 是火花放电的实物照片。图 1.15(a)、(b)分别给出了使用相移方法和没有使用相移方法所重建的相位图像。重建图像以 256 级伪彩色图显示,图 1.15 中的彩色柱条表示像素(或相位)值与颜色之间的关系。图 1.15(a)重建了由火花放电所引起的两个电极间的相位分布情况。另外,图 1.15(b)中的图像质量明显下降,相位的变化也看不太清楚,这是由于零级衍射图像和共轭图像都叠加在了期望获取的物体图像上。因此,使用单个飞秒光脉冲的平行相移数字全息系统的有效性得到了很好的验证。继而,这也实验验证了,使用单拍飞秒脉冲激光器的平行相移数字全息系统可以获取动态物体的超高速相位图像。

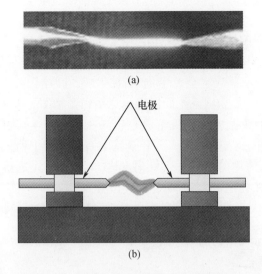

(a)

电极

(b)

图 1.14　基于高速偏振成像相机的平行相移数字全息系统
实验中所使用的物体。两细电极间有火花放电
(a)实物照片；(b)原理示意图。

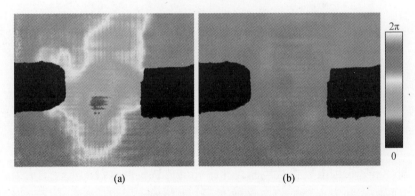

2π

0

(a)　　　　　　　　　　　(b)

图 1.15　重建图像
(a)使用平行相移数字全息术得到的重建图像；(b)仅使用衍射积分方法得到的重建图像。

1.8　便携式平行相移数字全息系统

　　为了提高平行相移数字全息系统的实用性，有必要小型化系统使其更加便携。为了演示小型化系统，科学家们构建了便携式平行相移数字全息系统[27]。图 1.16 为所构建的便携系统的原理示意图和实物照片。

　　二极管泵浦固态激光器(Diode – Pumped Solid – State，DPSS)原本是为激光笔而设计开发的，工作波长为 532nm，因该激光器十分紧凑，且所使用的图像传

16

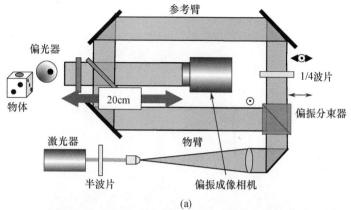

(a)

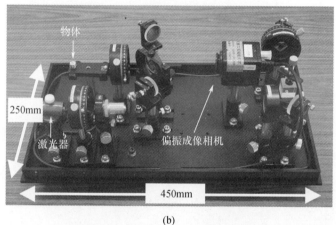

(b)

图 1. 16　便携式平行相移数字全息系统原理图。

(a)原理示意图；(b)实物照片。

感器对绿光十分敏感,所以该激光器可用作本系统的光源。便携系统中的相机与平行相移数字全息术首个演示系统中所使用的相机相同[23]。考虑到强度和重量,所有的光学部件被安装在一块厚为 3 mm 的铝板上。铝板尺寸为400mm×200mm。一块厚度为5mm的黑色丙烯酸板用作底架。该系统的尺寸为450mm(长)×250mm(宽)×200mm(高),质量为7kg。

为验证该便携系统的有效性,科学家们对单拍相移数字全息术进行了实验验证。图 1. 17 展示了物体的实物照片。在架子的两边分别放置了一个直径为5mm的珠子和一个边长为7mm的骰子,两者与图像传感器之间的距离分别为200mm 和240mm。图 1. 18(a)、(b)是该系统对200mm 和240mm 距离处物体的重建图像。为了方便比较,图 1. 18(c)给出了仅利用衍射积分方法从单幅全息图中重建出的图像。正如图 1. 18 所示,基于衍射积分的传统同轴数字全息术所无法消除的零级衍射波和共轭像的影响在便携系统中得以成功去除。当骰子的

17

点落在焦平面时,珠子的洞的边缘就不会在焦平面上,反之亦然。因此,单拍相移干涉法的性能在该便携系统中已经得到了相关实验验证。

图 1.17　便携式平行相移数字全息系统实验所用物体的照片。一个直径为 5mm 的珠子和一个边长为 7mm 的骰子分别放在距离图像传感器 200mm 和 240mm 处的位置

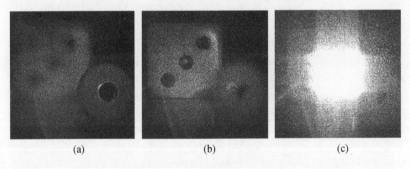

(a)　　　　　　　　　　(b)　　　　　　　　　　(c)

图 1.18　重建图像。由便携式平行相移数字全息系统所重建的图像(a)和(b)。图(a)和(b)分别在距离图像传感器 200mm 和 240mm 处对焦。图(c)是仅由衍射积分方法重建的图像,在距离图像传感器 200mm 处对焦

1.9　平行相移数字全息术的功能拓展

平行相移数字全息术的几种功能扩展也相继被提出[28-35]。

1.9.1　使用多波长的平行相移数字全息术

当红光、绿光和蓝光(对应三原色)三种激光束同时用在平行相移数字全息

术中时,我们便可对动态物体的 3D 结构和彩色运动图像进行测量[28-29]。同时,已有报道,使用可见光和近红外激光光束的平行相移数字全息术可用于对动态物体可视和非可视信息的 3D 运动图像的获取。这种可视和非可视的 3D 信息的同时测量对于活体样本内外部情况的同时观测具有很高的应用价值[30]。如果平行相移数字全息术使用多波长激光束,就可以进行多光谱和 3D 运动图像测量。多光谱 3D 动态图像能让我们观测 3D 结构的动力学过程,并且同时分析动态物体的化学功能。

1.9.2　使用多偏振光的平行相移数字全息术

当彼此正交且波长相同的两个线性偏振激光束用于平行相移数字全息术时,就会得到对应于线性偏振的两幅相位图像[31]。相比于仅使用单束偏振光和单一波长的技术,使用两种相位图像和相位展开技术可使深度上的测量范围扩大几千倍。

通过使用彼此正交且波长相同的线性偏振激光束(用于平行相移数字全息术的光学系统),两个平行相移全息过程可同时进行[32]。该技术使我们能够同时测量动态物体偏振特征的 3D 结构和 3D 分布,并且可以同时测量物体的 3D 结构、诸如应力分布之类的力学性能以及化学成分分析。

1.9.3　平行相移数字全息显微镜

为了对动态物体和微小物体进行 3D 运动图像测量,平行相移数字全息显微镜应运而生[33-35]。平行相移数字全息显微镜将光学显微镜的目镜引入到平行数字全息系统中,同样使用与第一个验证系统相同的偏振成像相机,并进行了实验验证[33]。随后,科学家们也提出了平行相移数字全息彩色显微镜[34]。彩色显微镜同时使用分别发射红、绿、蓝光的三个激光器。此后,出现了高速平行相移数字全息显微镜。该高速显微镜由干涉仪和高速偏振成像相机构成,后者已被用在高速平行相移数字全息系统中[35]。我们可以通过高速显微镜以高达150000 帧/s 的速度对活体样本的 3D 运动图像进行记录。

1.10　展望与小结

平行相移数字全息术是一种用于 3D 运动图像测量的技术。该技术不仅可以进行高精度的 3D 运动图像测量,还是一种抗湍流的鲁棒干涉测量方法。通过平行相移数字全息系统,我们可以实现速度高达 262500 帧/s 的相位运动图像和高达 96fs 的相位图像时间分辨率。3D 运动图像的最高记录速度和 3D 图像的时间分辨率分别取决于平行相移数字全息系统中所使用的高速相机的帧频和激光束的脉冲持续时间。该技术将为众多需要动态物体3D测量的领域做出贡献,应用领域如射流、粒子测量、应力测量、位移和变形测量、生物显微镜、流式细胞术、微型机器评估、材料力学表征、生产检验等。

致　谢

感谢日本京都工艺纤维大学的 Emeritus Toshihiro Kubota 教授、Shogo Ura 教授、Kenzo Nishio 先生、Peng Xia 先生和 Motofumi Fujii 先生,关西大学的 Tatsuki Tahara 博士,千叶大学的 Takashi Kakue 博士和 Osamu Matoba 教授所提供的技术支持和帮助。

该研究得到了日本新能源和工业技术开发机构(New Energy and Industrial Technology Development Organization,NEDO)工业技术研发基金项目以及日本学术振兴会(Japan Society for the Promotion of Science,JSPS)下一代世界领军研究人员基金项目(GR064)的部分支持。

参 考 文 献

［1］ Gabor D. , A new microscopic principle,*Nature*,**161**, 777 – 778, (1948).

［2］ Goodman J. W. and Lawrence R. W. , Digital image formation from electronically detected holograms,*Appl. Phys. Lett.* ,**11**, 77 – 79, (1967).

［3］ Kronrod M. A. , Merzlyakov N. S. , and Yaroslavskii L. P. , Reconstruction of a hologram with a computer,*Sov. Phys. Tech. Phys.* ,**17**, 333 – 334, (1972).

［4］ Yamaguchi I. and Zhang T. , Phase – shifting digital holography,*Opt. Lett.* ,**22**, 1268 – 1270, (1997).

［5］ Sasada M. , Awatsuji Y. , and Kubota T. , Parallel quasi – phase – shifting digital holography that can achieve instantaneous measurement,*Technical Digest of the* 2004 *ICO International Conference*:*Optics and Photonics in Technology Frontier* (*International Commission for Optics*), 187 – 188, (2004).

［6］ Sasada M. , Fujii A. , Awatsuji Y. , and Kubota T. , Parallel quasi – phase – shifting digital holography implemented by simple optical set up and effective use of image – sensor pixels,*Technical Digest of the* 2004 *ICO International Conference*:*Optics and Photonics in Technology Frontier* (*International Commission for Optics*),357 – 358, (2004).

［7］ Awatsuji Y. , Sasada M. , and Kubota T. , Parallel quasi – phase – shifting digital holography,*Appl. Phys. Lett.* ,**85**, 1069 – 1071, (2004).

［8］ Awatsuji Y. , Sasada M. , Fujii A. , and Kubota T. , Scheme to improve the reconstructed image in parallel quasi – phase – shifting digital holography,*Appl. Opt.* , **45**, 968 – 974, (2006).

[9] Awatsuji Y. , Fujii A. , Kubota T. , and Matoba O. , Parallel three – step phase – shifting digital holography, *Appl. Opt.* ,**45** , 2995 – 3002 , (2006).

[10] Awatsuji Y. , Tahara T. , Kaneko A. , Koyama T. , Nishio K. , Ura S. , *et al.* , Parallel two – step phase – shifting digital holography, *Appl. Opt.* ,**47** , D183D189 , (2008).

[11] Kakue T. , Moritani Y. , Ito K. , Shimozato Y. , AwatsujiY. , Nishio K. , *et al.* , Image quality improvement of parallel four – step phase – shifting digital holography by using the algorithm of parallel two – step phase – shifting digital holography, *Opt. Express* , **18** , 9555 – 9560 , (2010).

[12] Tahara T. , Shimozato Y. , Kakue T. , Fujii M. , Xia P. , Awatsuji Y. , *et al.* , Comparative evaluation of the image – reconstruction algorithms of single – shot phase – shifting digital holography, *J. Electron. Imaging* ,**21** , 013021 , (2012).

[13] Tahara T. , Awatsuji Y. , Kaneko A. , Koyama T. , Nishio K. , Ura S. , *et al.* , Parallel two – step phase – shifting digital holography using polarization, *Opt. Rev.* ,**17** , 108 – 113 , (2010).

[14] Tahara T. , Ito K. , Kakue T. , Fujii M. , Shimozato Y. , Awatsuji Y. , *et al.* , Compensation algorithm for the phase – shift error of polarization – based parallel two – step phase – shifting digital holography, *Appl. Opt.* ,**50** , B31 – B37 , (2011).

[15] Tahara T. , Awatsuji Y. , Nishio K. , Ura S. , Kubota T. , and Matoba O. , Comparative analysis and quantitative evaluation of the field of viewand the viewing zone of single – shot phase – shifting digital holography using space – division multiplexing, *Opt. Rev.* ,**17** , 519 – 524 , (2010).

[16] Xia P. , Tahara T. , Fujii M. Kakue T. , AwatsujiY. , Nishio K. , *et al.* , Removing the residual zeroth – order diffraction wave in polarization – based parallel phase – shifting digital holography system, *Appl. Phys. Express* ,**4** , 072501 , (2011).

[17] Lin M. , Nitta K. , Matoba O. , and Awatsuji Y. , Parallel phase – shifting digital holography with adaptive function using phase – mode spatial light modulator, *Appl. Opt.* ,**51** , 2633 – 2637 , (2012).

[18] Tahara T. , ShimozatoY. ,Xia P. , ItoY. ,AwatsujiY. ,Nishio K. , *et al.* , Algorithm for reconstructing wide space bandwidth information in parallel two – step phase – shifting digital holography, *Opt. Express* ,**20** , 19806 – 19814 , (2012) .

[19] Miao L. , Nitta K. , Matoba O. , and Awatsuji Y. , Assessment of weak light condition in parallel four – step phase – shifting digital holography, *Appl. Opt.* ,**52** , A131 – A135 , (2013).

[20] Xia P. , Shimozato Y. , Tahara T. , Kakue T. , Awatsuji Y. , Nishio K. , *et al.* , Image reconstruction algorithm for recovering high – frequency information in parallel phase – shifting digital holography, *Appl. Opt.* ,**52** , A210 – A215 , (2013).

[21] Tahara T. , Shimozato Y. , Xia P. , Ito Y. , Kakue T. , Awatsuji Y. , *et al.* , Removal of residual images in parallel phase – shifting digital holography, *Opt. Rev.* ,**20** , 7 – 12 , (2013).

[22] Xia P. , Tahara T. , Kakue T. , Awatsuji Y. , Nishio K. , Ura S. , *et al.* , Performance com-

21

parison of bilinear interpolation, bicubic interpolation, and B – spline interpolation in parallel phase – shifting digital holography, *Opt. Rev.*, **20**, 193 – 197, (2013).

[23] Tahara T., Ito K., Fujii M., Kakue T., Shimozato T., Awatsuji Y., *et al.*, Experimental demonstration of parallel two – step phase – shifting digital holography, *Opt. Express*, **18**, 18975 – 18980, (2010).

[24] Kakue T., Yonesaka R., Tahara T., Awatsuji Y., Nishio K., Ura S., *et al.*, High – speed phase imaging by parallel phase – shifting digital holography, *Opt. Lett.*, **36**, 4131 – 4133, (2011).

[25] Kakue T., Fujii M., Shimozato Y., Tahara T., Awatsuji Y., Ura S., *et al.*, 262500 – frames – per – second phase – shifting digital holography, 2011 *OSA Topical Meeting and Exhibit*, *Digital Holography and Three – Dimensional Imaging (DH) Technical Digest*, DWC25, (2011).

[26] Kakue T., Itoh S., Xia P., Tahara T., Awatsuji Y., Nishio K., *et al.*, Single – shot femtosecond – pulsed phase – shifting digital holography, *Opt. Express*, **20**, 20286 – 20291, (2012).

[27] Fujii M., Kakue T., Ito K., Tahara T., Shimozato T., *et al.*, Construction of a portable parallel phase – shifting digital holography system, *Opt. Eng.*, **50**, 091304, (2011).

[28] Awatsuji Y., Koyama T., Kaneko A., Fujii A., Nishio K., Ura S., and Kubota T., Single – shot phase – shifting color digital holography, 2007 *IEEE LEOS Annual Meeting (LEOS 2007) Conference Proceedings*, 84 – 85, (2007).

[29] Kakue T., Tahara T., Ito K., Shimozato Y., Awatsuji Y., Nishio K., *et al.*, Parallel phase – shifting color digital holography using two phase shifts, *Appl. Opt.*, **48**, H244 – H250, (2009).

[30] Kakue T., Ito K., Tahara T., Awatsuji Y., Nishio K., Ura S., *et al.*, Parallel phase – shifting digital holography capable of simultaneously capturing visible and invisible three – dimensional information, *J. Display Technol.*, **6**, 472 – 478, (2010).

[31] Tahara T., Maeda A., Awatsuji Y., Nishio K., Ura S., Kubota T., and Matoba O., Parallel phase – shifting dual – illumination phase unwrapping, *Opt. Rev.*, **19**, 366 – 370, (2012).

[32] Tahara T., Awatsuji Y., Shimozato Y., Kakue T., Nishio K., Ura S., *et al.*, Single – shot polarization – imaging digital holography based on simultaneous phase – shifting interferometry, *Opt. Lett.*, **36**, 3254 – 3256, (2011).

[33] Tahara T., Ito K., Kakue T., Fujii M., Shimozato Y., Awatsuji Y., *et al.*, Parallel phase – shifting digital holographic microscopy, *Biomed. Opt. Express*, **1**, 610 – 616, (2010).

[34] Tahara T., Kakue T., Awatsuji Y., Nishio K., Ura S., Kubota T., and Matoba O., Parallel phase – shifting color digital holographic microscopy, *3D Res.*, **1**, 4 – 5, (2010).

[35] Tahara T., Yonesaka R., Yamamoto S., Kakue T., Xia P. Awatsuji Y., *et al.*, High –

speed three – dimensional microscope for dynamically moving biological objects based on parallel phase – shifting digital holographic microscopy,*IEEE J. Sel. Topics Quantum Electron.* , **18**, 1387 – 1393, (2012).

[36] Meng X. F. , Cai L. Z. , Xu X. F. , Yang X. L. , Shen X. X. , Dong G. Y. , and Wang Y. R. , Two – step phase – shifting interferometry and its application in image encryption, *Opt. Lett.* ,**31**, 1414 – 1416, (2006).

第 2 章　对人体大小场景的长波数字全息成像和显示

Massimiliano Locatelli[1], Eugenio Pugliese[1], Melania Paturzo[2],

Vittorio Bianco[2], Andrea Finizio[2], Anna Pelagotti[1],

Pasquale Poggi[1], Lisa Miccio[2], Riccardo Meucci[1],

Pietro Ferraro[2]

[1]国家光学研究所,意大利 Largo E. Fermi
[2]国家光学研究所,意大利 Sezione di Napoli

2.1　引　言

本章将介绍红外波段的数字全息术(Digital Holography, DH)[1-4]。我们将会了解到,电磁波谱的红外波段在多方面为成像提供了引人关注且实用的机遇。红外辐射数字全息术(Infrared Radiation Digital Holography, IRDH)几乎是一块未开发的研究领域。最近,IRDH 技术已被证实具有新突破的潜质,能让我们克服DH 在可见波长所遇到的主要限制。因此,我们可以采用更长的波段做出全新类别的产物,包括在安全领域开发实验室外的应用。接下来的几个小节就会着重展现上述这些性能。

2.2　数字全息术原理

全息图像是相干光源发出的两束波之间的记录干涉图。波前到达目标后散射到记录装置上,通常称为物体光束;而直接到达探测器的光波,通常称为参考光束。全息技术分为两步:第一步记录全息图,第二步是重建物体波前,或者正如我们通常所说的重建全息图[1]。

原则上,记录装置上的任一部分都可以收集来自物体每一部分的信息,而与物体的大小无关。在这种架构中,我们可以用全息图的任一部分来重建整个波前,不管这一部分有多小都是可行的,但我们也会看到,全息图所取部分越小,最终重建的分辨率也就会越低。在典型的全息架构中,物体光束和参考光束的路

24

径不同,但是要想获得干涉条纹,二者必须是相干的,因此它们通常来自同一个激光束。出于同样的原因,两光路的光程差不能超过激光的相干长度。另外,正如所有干涉测量实验一样,为了得到好的干涉条纹可见度,在记录全息的时间段,在一小段波长内,二光束的光强需要相当,光程差应保持稳定。最后,要想获得不失真的重建物体波前,整个记录设备上的参考光束振幅应该均匀,严格地说,可以使用任何均匀参考波。但是我们通常只使用平面波或大曲率球面波。

从理论和用途的角度来说,DH 直接是从模拟全息术中派生出来的,但在全息记录介质和波前重建方法方面有所不同[2-10]。DH 的记录介质是数字器件,一般为 CCD 或 CMOS 探测装置。这些装置中的电子元件对包含待研波前信息的干涉图进行采样、数字化,并以数字矩阵的形式储存在计算机存储介质中[11-19]。因此,DH 将相干成像与数值处理相结合以获得新的产物,包括定量成像和定量相位显微镜。在此架构下,在可视光波段下的 DH 技术最近已经展现出能透过浑浊液体(如血液)看清物体的能力,为该技术在工业和生物医学研究领域的深入应用开辟了前进道路[20-22]。

然而,现有电子记录装置的空间分辨率远不及老式相机底片:传统设备所能获得的最大分辨率可达到约 7000cycles/mm(这里 1cycle 是指一对明暗条纹),而对于方形像素的侧向尺寸大于 5μm(CCD 相机的常规尺寸)的 CCD 相机,其分辨率最大只能达到 100cycles/mm。在离轴全息术中,这种限制会尤为突出,这是因为可被记录的最大 cycles/mm 数值会直接限制参考光束与传感器法线之间的夹角 θ。据考证,特别是在最佳记录条件下的散斑全息术中,记录装置理应能完全分辨由参考波与待测物体所有点上散射的光波所产生的干涉图样。因此,在离轴装置中,参考光束与物体光束之间的夹角 θ 所能达到的最大值,与物体的侧向尺寸、探测器的侧向维度以及物体与探测器之间的距离均有关联。为了简化问题,参照图 2.1 中简化的二维架构示意图,我们可以通过简单的几何思想来量化这些关系。

如果我们想要物体的所有点源对覆盖整个探测器的干涉图均有贡献,则探测器必须记录下参考光束与物波最高空间频率组分之间的干涉条纹;如果我们用 ϕ 表示物体最高空间频率源点与探测器轴之间的夹角,我们可获得整个传感器上由最高空间频率和参考光束所产生的正弦干涉条纹掩模的周期为[3]

$$P = \frac{\lambda}{\sin\theta + \sin\varphi} = \frac{\lambda}{2\sin\left(\frac{\theta+\varphi}{2}\right)\cos\left(\frac{\theta-\varphi}{2}\right)} \tag{2.1}$$

如果 $\theta \approx \varphi$ 且 $\theta + \varphi = \psi$,则有

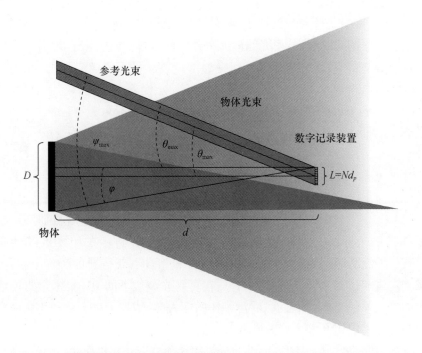

图 2.1　根据采样条件得到的角 θ 最大值。出处：Locatelli M.，Pugliese E.，Paturzo M.，Bianco V.，Finizio A.，Pelagotti A.，Poggi P.，Miccio L.，Meucci R.，and Ferraro P.，(2013).图片已经美国光学学会许可复制

$$P \approx \frac{\lambda}{2\sin\left(\dfrac{\psi}{2}\right)} \tag{2.2}$$

式中：λ 为使用的波长。

当条纹周期达到最小允许值 P_{min}（2 倍于探测器像素侧向尺寸 d_p，也就达到了惠特克 – 香农（Whittaker – Shannon）采样定理所能允许的最大角 ψ_{max}。

$$P_{min} = \frac{\lambda}{2\sin\dfrac{\psi_{max}}{2}} = 2d_p \tag{2.3}$$

因此，最大角 ψ_{max} 为

$$\psi_{max} = 2\arcsin\left(\frac{\lambda}{4d_p}\right) \overset{\text{small angle}}{\approx} \frac{\lambda}{2d_p} \tag{2.4}$$

考虑到大多数不同波长的探测器所使用的常规像素间距值,可得出结论:一般情况下小角度近似都能很好满足上述要求。

因此,通过简单的几何思想我们就能轻松算出最大角 θ_{max} 的值,也即

26

$$\theta_{\max} = \psi_{\max} - \varphi = 2\arcsin\left(\frac{\lambda}{4d_p}\right) - \arctan\left(\frac{\dfrac{D}{2}+\dfrac{L}{2}}{d}\right) \overset{\text{small angle}}{\approx} \frac{\lambda}{2d_p} - \frac{D+L}{2d}$$

$$\overset{\text{small angle}}{\approx} \frac{\lambda}{2d_p} - \frac{D}{2d} \tag{2.5}$$

式中：D 为物体的横向尺寸；L 为传感器的横向尺寸；d 为物体与传感器之间的距离。

波前重建是通过合适的算法数值计算完成的，能将构成全息图的光学透射函数在重建光束上的衍射过程重现出来；因此，我们可以得出结论：期望得到的待测波前信息，包括振幅和相位，也能通过数字的形式来重建[21-23]。

我们可以利用瑞利 – 索末菲（Rayleigh – Sommerfeld）公式[24]从数值上得出这种波前的解析式，令倾斜因子等于 1[3]，该解析式可以写为

$$\varepsilon(x_R, y_R) = \frac{1}{\mathrm{i}\lambda}\iint_{-\infty}^{+\infty} R(x_H, y_H) H(x_H, y_H) \frac{\mathrm{e}^{\mathrm{i}\frac{2\pi}{\lambda}\rho}}{\rho}\mathrm{d}x_H\mathrm{d}y_H \tag{2.6}$$

其中（图 2.2），$\varepsilon(x_R, y_R)$ 是在重建平面 (x_R, y_R) 上的复杂波前，$H(x_H, y_H)$ 是在全息图平面 (x_H, y_H) 上干涉图强度，$R(x_H, y_H)$ 是在全息图平面 (x_H, y_H) 上的波前重建光束，$\rho = \sqrt{d^2 + (x_R - x_H)^2 + (y_R - y_H)^2}$ 表示记录平面上的通用点与重建平面上的通用点之间的距离，d 为记录平面和重建平面之间的距离。

根据 $\varepsilon(x_R, y_R)$ 可以提取出重建平面上物体波前的光强值 $I(x_R, y_R)$ 和相位值 $\phi(x_R, y_R)$：

$$I(x_R, y_R) = \varepsilon(x_R, y_R)\varepsilon^*(x_R, y_R) \tag{2.7}$$

和

$$\phi(x_R, y_R) = \arctan\left(\frac{\mathrm{Im}\{\varepsilon(x_R, y_R)\}}{\mathrm{Re}\{\varepsilon(x_R, y_R)\}}\right) \tag{2.8}$$

一种实现该变换的方式，即模拟波前从记录平面到重建平面的传播过程，就是下面将介绍的菲涅耳（Fresnel）方法。

2.2.1 菲涅耳方法

当 x_R、y_R、x_H、y_H 的值小于重建平面与全息图平面之间的距离 d 时，ρ 的表达式可近似表示为它的泰勒展开式：

$$\rho \approx d + \frac{(x_R - x_H)^2}{2d} + \frac{(y_R - y_H)^2}{2d} - \frac{\left[(x_R - x_H)^2 + (y_R - y_H)^2\right]^2}{8d^3} + \cdots \tag{2.9}$$

若该表达式第四项小于波长，就可以将其省略[6]，即

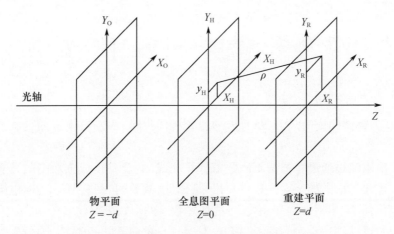

图 2.2 物平面、全息图平面、重建平面。出处:Pelagotti A. , Locatelli M. , Geltrude A. , Poggi P. , Meucci R. , Paturzo M. , Miccio L. , andFerraro P. , (2010). 图片已经施普林格(Springer)出版社许可复制

$$\frac{[(x_R - x_H)^2 + (y_R - y_H)^2]^2}{8d^3} << \lambda \to d >> \sqrt[3]{\frac{[(x_R - x_H)^2 + (y_R - y_H)^2]^2}{8\lambda}}$$

$$(2.10)$$

因此,如果我们将泰勒展开式的一阶项作为分子(最关键的要素),零阶项作为分母(次关键要素)[4],将得到

$$\varepsilon(x_R, y_R) = \frac{e^{i\frac{2\pi}{\lambda}d}}{i\lambda d} e^{\frac{i\pi}{\lambda d}(x_R^2 + y_R^2)} \iint_{-\infty}^{+\infty} R(x_H, y_H) H(x_H, y_H)$$

$$e^{\frac{i\pi}{\lambda d}(x_H^2 + y_H^2)} e^{\frac{i2\pi}{\lambda d}(-x_H x_R - y_H y_R)} dx_H dy_H \quad (2.11)$$

该等式被称为瑞利-索末菲(Rayleigh-Sommerfeld)积分的菲涅耳近似或菲涅耳变换。现在如果将变量定义为

$$\mu = \frac{x_R}{\lambda d}, \quad \nu = \frac{y_R}{\lambda d} \quad (2.12)$$

前述的积分将变为

$$\varepsilon(\mu, \nu) = \frac{e^{i\frac{2\pi}{\lambda}d}}{i\lambda d} e^{i\pi\lambda d(\mu^2 + \nu^2)} \iint_{-\infty}^{+\infty} R(x_H, y_H) H(x_H, y_H)$$

$$e^{\frac{i\pi}{\lambda d}(x_H^2 + y_H^2)} e^{-i2\pi(x_H x_R + y_H y_R)} dx_H dy_H \quad (2.13)$$

这样,除了积分外部的乘法因数与变量 x_H、y_H 无关,该表达式可因此认作二维傅里叶变换的表象,由此我们可以将式子改写为

$$\varepsilon(\mu, \nu) = \frac{e^{i\frac{2\pi}{\lambda}d}}{i\lambda d} e^{i\pi\lambda d(\mu^2 + \nu^2)} F\{R(x_H, y_H) H(x_H, y_H) e^{\frac{i\pi}{\lambda d}(x_H^2 + y_H^2)}\} \quad (2.14)$$

28

其中, F 表示傅里叶变换。

这时应该回顾下, 在数字全息术中, 全息图记录是在数字域中进行的, 因此 $H(x_H, y_H)$ 为离散函数: 如果我们假设探测器是由 $M \times N$ 个像素的矩形阵列构成的, 在 x_H 轴与 y_H 轴方向上的像素间距分别为 Δx_H 和 Δy_H, 则全息图可以表示为 $H(k\Delta x_H, l\Delta y_H) = H(k, l)$ 的数值矩阵, 而前述的积分就可转化成离散加和, 或等价于将连续傅里叶变换替换为离散傅里叶变换; 重建平面上的波前就变成了关于离散变量 $m\Delta\mu$ 和 $n\Delta\nu$ 的离散函数 $\varepsilon(m\Delta\mu, n\Delta\nu) = \varepsilon(m, n)$; 考虑到最大空间频率是由空间域的采样范围所决定, 即[3]

$$M\Delta\mu = \frac{1}{\Delta x_H}, \quad N\Delta\nu = \frac{1}{\Delta y_H} \tag{2.15}$$

则有

$$\varepsilon(m, n) = \frac{\mathrm{e}^{\mathrm{i}\frac{2\pi}{\lambda}d}}{\mathrm{i}\lambda d} \mathrm{e}^{\mathrm{i}\pi\lambda d\left[\frac{m^2}{M^2 \Delta x_H^2} + \frac{n^2}{N^2 \Delta y_H^2}\right]} DF\left\{ R(k, l) H(k, l) \mathrm{e}^{\frac{\mathrm{i}\pi}{\lambda d}\left[(k\Delta x_H)^2 + (l\Delta y_H)^2\right]} \right\} \tag{2.16}$$

其中, DF 表示离散傅里叶变换。

最后, 根据傅里叶变换关系, 可以看到

$$\Delta x_R = \frac{\lambda d}{M\Delta x_H}, \quad \Delta y_R = \frac{\lambda d}{N\Delta y_H} \tag{2.17}$$

这意味着, 平面 (x_R, y_R) 上的重建波前可用由 $M \times N$ 个元素组成的矩阵进行表示, 每个元素称为重建像素, 像素尺寸为 Δx_R 和 Δy_R。假设我们有一个方形感光面元的探测器 $(M = N)$, 且像素也是方形的 $(\Delta x_H = \Delta y_H = d_p)$, 则有

$$\Delta x_R = \Delta y_R = d_{pr} = \frac{\lambda d}{N d_p} \tag{2.18}$$

通过这些表达式我们可知, 重建精度随着距离 d 的减少而变得更好。而距离不能无限减小, 这是因为当采样定理所容许的最大角度 $\theta_{\max}$ 与用来确保衍射级间隔的最小角度 $\theta_{\min}$ 相等时, 存在一个最小的距离 $d_{\min}$; 在这种条件下 (图 2.3), 我们可以得到某个物体维度上的最大分辨率; 因此当距离最短时我们将得到

$$\theta = \theta_{\max} = \theta_{\min} = \varphi = \frac{\psi_{\max}}{2} \tag{2.19}$$

因此

$$\frac{\lambda}{4 d_p} = \frac{D + L}{2 d_{\min}} \to d_{\min} = \frac{2 d_p (D + L)}{\lambda} \overset{D \gg L}{\approx} \frac{2 d_p D}{\lambda} \tag{2.20}$$

当距离最短时, 重建像素间距将变为

$$d_{pr} = \frac{2(D+L)}{N} = \frac{2D}{N} + 2d_p \overset{D \gg L}{\approx} \frac{2D}{N} \qquad (2.21)$$

这意味着,在采样定理所允许的最短距离上,重建像素间距与照射物体的光波波长无关,且不能比探测器实际像素间距的 2 倍还要小。此外,如果要对一个相比于探测器横向尺寸更大的物体进行重建,其重建分辨率会随探测器像素数的增加而提高。

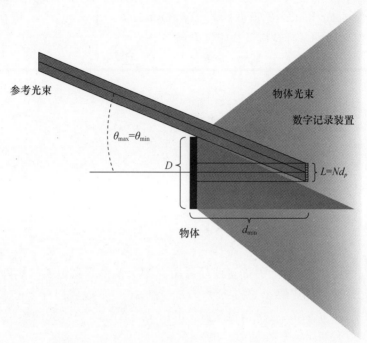

图 2.3　最短距离示意图。出处:Pelagotti A.，Paturzo M.，Geltrude A.，
Locatelli M.，Meucci R.，Poggi P.，and Ferraro P.，(2010).
图片已经施普林格(Springer)出版社许可复制

2.2.2　数字全息术的优点

DH 具备一系列有趣的特点,使其比传统全息技术和绝大多数标准成像技术更吸引人。其中使 DH 与标准成像技术不同的关键在于,DH 可以重建待测样本的振幅图像和相位对比图。因此,DH 技术让我们可以采用无标记法对透明样本进行定量相位显微成像。我们可以通过微创技术得到在很多应用领域都有极大价值的相位信息,因为现代数字记录装置灵敏度颇高,这样我们在全息记录过程中必要时就可以使用功率非常低的激光辐射。DH 技术的另外一个引人关注的能力是单次采样就可重建出在不同距离上的物体图像,这意味着,当可调的对焦面落在属于不同平面的细节(构成了场景)上时,从单幅记录的全息图中可以在重建过程中数值地获得该场景信息。此外,同经典全息术一样,全息图的每一部分都包含着整个样本的信息,均可用来复原整个样本;这意味着即使在记录过程中传感器被部分遮挡,我们依然有可能复原整个待测场景。与模拟全息术相比,DH技术最重要的优势在于其成像更快速更方便:DH技术不需要细致费时的图像记录和处理过程。而且使用现代计算机,一秒内就能完成数字重建,这对绝大部分的应用来说就没有采样时间限制了。

2.3 红外数字全息术

全息术背后的思想范围覆盖广,应用多,涵盖整个电磁波频谱。显然,不同波长需要使用不同的记录装置,而不同采样装置的不均衡技术发展不可避免地让某些频段的探测技术比另外一些频段发展更好一些。比如说,在DH技术中,相对于可见光光源,红外光(infrared,IR)光源因红外辐射探测困难而处于不利的地位。但是,人们对标准的IR成像技术越来越感兴趣,首先是其在军事、工业和热效率方面的应用,催生了基于最新传感器技术的热成像相机和IR相机,促进了DH技术在这一电磁波频段的发展。这些新增的兴趣点带来了安检、夜视和生物科学方面的创新应用,因为这将全息三维成像能力从可视光波段扩展到了红外光波段,甚至扩展到了太赫兹波段。

使用长波辐射来实现DH具备很多优点,且与该技术的某些本质特质有关。首先,正如我们在之前的段落里看到的,在采样定理所允许的最短探测距离上,重建像素间距的表达式里不会出现辐射波长这一项;这一出人意料的情况可能与以下事实有关:根据重建分辨率的一般表达式,使用的波长越长,重建像素尺寸越大(即分辨率越差),但是如果我们看一下物体光束和参考光束之间的最大角公式,我们会发现,波长更长时,成像可工作在更短的物体-相机距离上,因此补偿了在分辨率方面的损失。确实,重建像素间距在很大程度上取决于记录装置上感光元件的数量和大小。在过去,红外探测器敏感元件的数量远低于可见光探测器,与此同时,红外探测器传感元件尺寸也比标准CCD的传感元件尺寸要大得多。相比于可见光辐射探测的简单易用特性,IR探测装置的上述缺陷使红外波长下的DH技术在过去没能得到显著发展。如今,典型的高级别商用非制冷中红外探测器能达到1024×768个感光元,而每个感光元的横向尺寸为$20\mu m$,典型的高级别商用可见光相机能达到2048×2048个感光元,而每个感光元的横向尺寸为$6.5 \ \mu m$。若IR检测技术按预期的势头发展,我们有理由相信红外探测器的这些参数值很快会得到相应的突破,这样可见光探测器与IR探测器之间的分辨率差距会越来越小。根据这些典型传感器的技术参数,我们很容易评估出红外数字全息术(Infrared Digital Holography,IRDH)与可见光 DH 之间的优劣:在最短距离公式和重建像素间距公式(物体的维度固定为 D)中代入合适的值,会发现当需要探测大尺寸物体时,即便分辨率略低红外辐射探测仍是最佳的选择。例如,假设物体横向尺寸为 1m,其与可见光探测器(工作波长为 0.632μm)之间的距离最短为 24m,而使用 CO_2 辐射探测时成像距离可以保持在 3m 左右,如果 CO_2 探测器的工作波长是 100μm 的太赫兹波段时,成像距离甚至能小于 0.5m。在上述讨论中,重建分辨率保持一致。

然而,在 DH 技术中,几乎在每个干涉测量实验中,使用长波红外辐射具备一些固有的优点,即与生俱来的对长波辐射的抖动不敏感。实际上,对于由振动噪声或其他振动源而产生的光路抖动,用于生成干涉图的光波波长越长,则参考光束和物体光束的相位差越小。该优点使物体和测量装置的稳定性在全息图获取过程中显得不那么重要了,因此长波辐射特别适合于 DH 技术,尤其是对大尺寸物体的成像。因此 IR 辐射可以使 DH 的限制条件变少,使技术更加多样化,也为许多潜在的实验室外应用开辟了道路。使用长波辐射,我们还可以实现全息视频摄像(这里特指对缓慢变化的动态场景的全息视频摄像),而无需像可见光系统一样使用脉冲激光,且采样时间也不必很短。当需要分析大尺寸样本时,我们强烈推荐使用 CO_2 激光辐射,因为它的输出功率高,能满足高效照亮大尺寸物体表面的要求。此外,常规 CO_2 激光器的相干长度很长,这对每一个干涉测量应用而言都是很大的优势。鉴于以上这些特征,CO_2 激光器非常适用于旨在测量大尺寸物体的实验室外 DH 应用。

鼓励大家在 DH 技术中使用 IR,有一个原因是,各种材料在 IR 频谱的特定波长下是透明的,我们可以利用这一特性研究这些材料在不同深度处的内部结构以及用于安全应用中的多样化材料。众所周知,中红外辐射可以很好地穿透烟雾,而远红外辐射则因其能穿透塑料材料、衣服、纸、木材和其他许多材料而闻名。而由于水能吸收 10.6μm 和太赫兹波段的电磁波,将这些波段的电磁波用于生物学则只能对薄的样本进行测量研究。

2.4 红外数字全息术的最新进展

在本节中我们将给大家展示一些 IRDH 领域最新且最有前景的成果。

IRDH 领域的最早成果出现在 2003 年[25],在传播装置中采用了全息系统,使用了功率为 190mW,中心波长为 10.6μm 的 CO_2 激光器和热电相机(Spiricon 的 Pyrocam Ⅲ相机),其中相机由 124×124 个 $LiTaO_3$ 感光元件组成,像素尺寸为 85μm×85μm,4 个相邻像素的中心连线所组成的方块尺寸为 100μm×100μm。在首个实验中,波前穿过带钻孔的小型金属盘并被记录下来,然后对其数值重建得到振幅和相位。

  首个关于大尺寸样本的散斑 IRDH 结果是在 2010 年获得的[26,27],它使用了尺寸更大敏感度更高的探测器(微辐射探测仪 Miricle 307K,含有 640 × 480 个 ASi 像素,像素间的间距为 25 μm);为了保证更高效的物体辐射,它使用了功率为 100W 的 CO_2 激光器光源,其实验装置见图 2.4。这是一个标准的全息系统,本章后面几节所出现的实验都是基于该基本装置开展的。

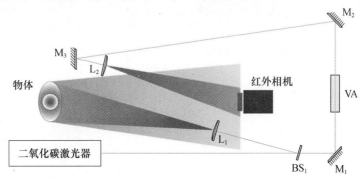

  图 2.4 M_1、M_2 和 M_3 是平面镜;BS1 是 ZnSe 80/20 分束器;L_1 和 L_2 是焦距为 1.5 英寸的 ZnSe 汇聚球面透镜。出处:Pelagotti A., Paturzo M., Locatelli M.,Geltrude A., Meucci R., Finizio A.,and Ferraro P.,(2012). 图片已经美国光学学会许可复制

  在该装置中,CO_2 激光器发出的光束先被 ZnSe 分束器(Beam Splitter,BS)BS1 一分为二,分束器反射入射光的 80%,透射剩余 20% 的光。透过的这部分组成参考光束,它被平面镜 M_1 反射到 ZnSe 可变衰减器(Variable Attenuator,VA);然后参考光束被另外两个平面镜(M_2 和 M_3)改变方向,射向热成像相机,但是在到达探测器之前,光束先通过焦距为 1.5 英寸的 ZnSe 汇聚透镜 L_2 进行扩束,使其到达热成像相机时光强足够低且几乎为平面波前。被 BS1 反射的光束将形成物体光束,在其到达样本之前,先通过一个焦距为 1.5 英寸的 ZnSe 汇聚透镜(L_1)根据其与样本之间的距离进行扩束,以照亮相当大的物体表面。整个传感器上的干涉图会被优化以增强条纹可见度,主要是将可变衰减器作用于参考光束的强度上。全息图以单幅图像或视频的形式(若感兴趣的待测物体为动态场景)被收集和数字化储存在计算机中。得益于整个系统的低振动敏感度,工作台的隔震模式在实验中并未启动。由于探测器只对 IR 辐射敏感,所以人造光和太阳光对其影响不大。

  图 2.5 展示了利用该系统记录的奥古斯都(Augustus)君主的小铜像(高约 10cm)的全息图及其振幅重建。另一个是贝尼维托切利尼的珀尔修斯(Perseus,宙斯之子)雕像,尺寸更大(高 34cm),我们用同样的架构成功地对其进行了测量。图 2.6 是雕像的实物照片、相关全息图及重建的振幅波前。

图2.5 （从左到右）奥古斯都（Augustus）小塑像；奥古斯都的 IR 全息图；奥古斯都的数值重建图。出处：Paturzo M. , Pelagotti A. , Finizio A. , Miccio L. , Locatelli M. , Geltrude A. , Poggi P. ,Meucci R. , and Ferraro P. ,（2010）. 图片已经美国光学学会许可复制

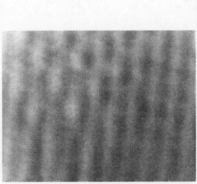

图2.6 （从左到右）珀尔修斯（Perseus）塑像；珀尔修斯的 IR 全息图；珀尔修斯的数值重建图

2.4.1 基于合成孔径的超分辨

IR 探测器的感光像素比常规可见光探测器的感光像素大得多,而前者的感光像素数更少一些,首先就导致了 IR 全息图分辨率比常规可见光全息图分辨率低。全息图的维度（即探测器平面的维度）在重建像素间距表达式中处在分母的位置,而探测器平面维度一般来说远小于物体光束和参考光束在空气中所形成的干涉图平面维度,所以我们有可能通过一种自动算法以合成放大系统的数值孔径,该自动算法能记录多个平移但部分重叠的全息图并将它们拼接在一起[28]。为了收集不同的全息图,我们采用上一节所介绍的基础装置,但将热成像相机固定在两组电动平移台上;通过遥控,我们让传感器在全息平面上蛇形地水平和垂直移动,每移动相等间隔,传感器就采集大幅干涉图样中的一部分,采

样的这些部分的重叠度要尽可能小。记录过程需要在很短时间内完成,这样干涉图样本身的变化最小,即使使用振动敏感度较低的长波辐射也应该注意这点。大量记录的全息图通过自动算法拼接到一起,就能得到一个合成数值孔径但覆盖孔径更大的数字全息图。该拼接过程称为配准(Registration),这是一种根据两幅图片中对应点排布来确定点与点之间几何变换(映射)的标准图像处理技术。配准大多数是手动或者半自动完成的,在后者中,使用者需迭代设置几何变换的参数。然而这种方法很耗时,最终的结果也可能较为主观。另外,绝大部分的全自动算法并非总适用于排成一排且拼接在一起的散斑全息图,因为这种全息图的图案具有明显的随机性和非常细小的散斑,而且其图像结构和色调之间无法避免其固有的差异,因此很难进行配准,这也在实验上导致了实际测量的是含噪图像。在实验中,将采用一种基于最大互信息(Maximization of the Mutual Information, MMI)[29]的特殊自动化方法,该方法能够将不同全息图之间任何可能的平移、旋转和缩放都考虑在内,比传统方法的效果更好。有了该技术,我们就可以提高之前所测量的奥古斯都塑像样本的重建分辨率。尤其是,我们采用包含 7×3 幅标准全息图的合成全息图来获取相应的奥古斯都图像的超分辨振幅重建图。在图 2.7 中我们可以看到该技术的卓越成效。

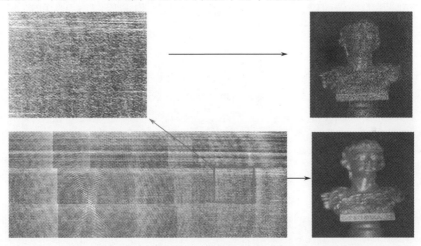

图 2.7　奥古斯都全息图拼接。(从左到右)单幅全息图和单幅全息
图振幅重建图;7×3 幅拼接的全息图及拼接全息图相位重建图

　　另外,该实验中所使用的 CO_2 激光器功率大,这一优势参数有助于我们得到比使用标准可见光干涉图样尺寸更大的干涉图样,因此可以获得更多用来拼接的单幅全息图。然而,重建图像的分辨率不能无限增加,因为当合成孔径全息图达到一定维度尺寸时,不同视角下的重建波前曲率无法再用二维数值重建的方法进行正确表示。

值得注意的是,分辨率提高后我们就可以更有效地开发聚焦于不同物体平面的能力(尤其对 DH 技术而言):得益于合成全息图的数值孔径增加、景深的减小,我们可以在全息图中看清奥古斯都塑像基座上的铭文(图 2.8(a)),或仅靠改变数值重建距离来使重建图像聚焦于塑像的头部(图 2.8(b))。

(a)　　　　　　　　　　　(b)

图 2.8　聚焦于奥古斯都铭文(a)和头部(b)的拼接奥古斯都全息图相位重建图

2.4.2　对与人等身物体的全息照相

正如我们在前面已经提到的,利用长波 DH 技术,我们获得更大的视场和更低的对振动噪声的敏感度。而且,使用诸如 CO_2 激光器这样的高功率光源能均匀地照亮非常大的物面。采用长波辐射,可以在临界环境中(包括光照环境和无地面隔离的装置等)记录全息图。此外,在该波长下我们能够对移动物体的全息视频摄像轻松地进行重建,只不过物体的移动速度不能太快。如果要进行全息记录的物体尺寸较大的话,上述这些特性都能获得。但是在记录大型物体的数字全息图时存在一个特殊的困难,那就是很难有效照亮样本的整个表面。为了尽可能均匀地照亮物体,需要测试不同的方法来记录与人等身的物体的全息图[30],或者记录真人的全息图,这会更加有意思[31]。为了比较不同方法所得到的结果,实验中所采用的塑料人体模型(高 190cm,图 2.9)与热成像相机的相对位置要保持不变。特别是,根据之前所提到的公式,物体和热成像相机之间的距离应该就设为记录该物体尺寸全息图所对应的最短距离。

为了获得更大的光束直径来照射整个样本,我们可以在基础的全息系统中采用一个高聚焦透镜来扩大物体光束。然而,这种方法也有明显的缺点:因为高斯物体光束的边缘光强较低,所以物体表面所得到的照射是不均匀的,这将导致样本外围部分的重建质量差且不均匀。而且,物体光束的尺寸受制于透镜聚焦能力,其后果就是只有一部分样本能被有效地照射。在这样的条件下,即便波长变长,我们也无法充分利用由波长变长所带来的视场扩大的效果,因为照射区域小于能达到的最大的可记录大小(图 2.9(a))。当我们需要对像人体模型这样站立的目标(在一个预设的方向延展)进行分析时,使用柱状透镜就可以有效地拉宽光束(图2.9(b))。在基于方法截然不同的另一种架构中,物体光束被常规球面透镜放大后再沿着样本移动,通过由两个运动控制装置驱动的平面镜来改变传播方向。采用这种架构就可以均匀照射面积大于 $4m^2$ 的表面,这一面积大于允许的最大视场。

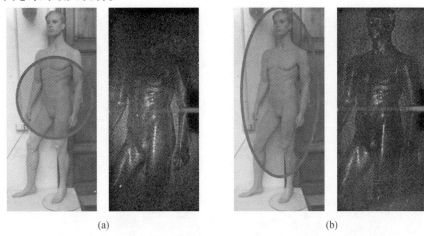

(a)   (b)

图2.9　(a)球面透镜。框内为模型被照射的区域:模型全息振幅重建图。
(b)柱状透镜。框内为模型被照射的区域:模型全息振幅重建图

　　在这种情况下,在大约半分钟的时间内,物体光束就能扫描完整个模型的表面,获得全息图视频。随着扫描采样速度的加快,条纹可见度会逐渐下降,重建分辨率也会逐渐降低;我们可以通过提高相机的帧速率和缩短曝光时间来解决这一问题。我们可以通过多种方式来实现这一采样过程:第一种方法是全息图视频可以被重建成能以正常速度播放的录像来展示缓慢的样本扫描过程;第二种方法可以大幅降维后高速播放,这样就可以一次看到整个物体的振幅图像;第三种方法是抽取最重要的帧,通过图像的叠加得出整幅图像,如图2.10所示。

图2.10　(从左到右)模型图,框内为照射区域;
不同扫描时间的全息振幅重建图和最显著的帧的叠加

当然下一步就是探讨拍摄真人全息图的可能性[31]；使用第一种方法我们可以清晰地记录人体半身像，重建图如图 2.11 所示。显然，在对真人采样时，分辨率变差，这是因为人体的轻微运动，而且人皮肤和衣服的反射率低于人体模型的塑料表面。但需要指出的是，在非隔离环境中使用连续（Continuous Wave，CW）可见光激光器想达到这种效果即便是不无可能，也是非常困难的。

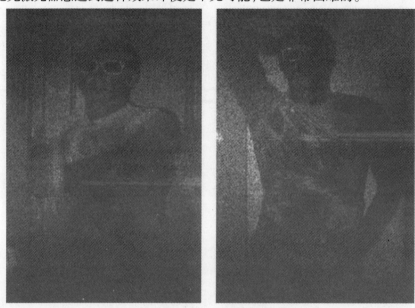

图 2.11　人体半身像的振幅重建图

2.4.3　红外数字全息图的可见光模拟重建

数字全息图重建一般通过数值算法完成而无"写"的操作，若要进行模拟重建，则需要将全息图印在合适的介质上。我们倾向于使用空间光调制器（Spatial Light Modulators，SLM）（一个像素阵列，其中每个像素可以调制其上透射光或反射光的相位和振幅）来完成这一特定任务[32,33]。但是一般来说，SLM 像素间距与之前所用的记录装置的像素间距不同，而且，只有采用可见光时光学重建才有意义，这不同于之前讨论的情况。在绝大部分情况下（比如，全息图经过了缩放，或者不同的记录/重建波长），成像公式[3,4]都需要将物体某个点的坐标与重建全息图像上相应点的坐标对应起来。一般来说，当使用不同波长的光进行三维全息图重建时，最终生成的图像会受像差的影响（如球面像差、慧形像差、像散、像场曲率和失真）。这些不同像差的表达式可由成像公式推导出来，可以证明[34]，当物体与探测器之间的距离同探测器与参考光束源之间的距离相等时（例如，所谓的无透镜傅里叶全息术架构），像差是最小的。

在早期的研究[35]中,对珀尔修斯雕像的全息图记录是在使用10.6μm激光源的基础全息装置下完成的,不同的是采用了无透镜傅里叶全息架构。特别是,雕像会自转,每次旋转3°,共计得到120幅全息图。在重建过程中,系统会使用0.532μm的二极管泵浦固体激光器。激光束可被光学操控来形成会聚光束,打到反射式液晶硅(Liquid Crystal on Silicon,LCoS)纯相位SLM(型号:HoloeyePLU-TO,1920×1080像素,像素间距为8μm,帧速率为60Hz)上。所得到的全息图以常规频率按顺序排列。采用这种排列,我们能在与SLM距离固定的屏幕上得到旋转雕像的模拟重建录影。光学重建波前的图像通过标准CCD相机拍摄,我们在图2.12中将其与标准IR数值重建进行了比较。

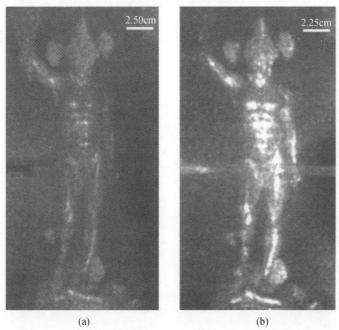

图 2.12　(a)珀尔修斯雕像全息图的数值重建,(b)由单色CCD采集的
可见光下的珀尔修斯雕像全息图的基于SLM的光学重建

实验中重建图像的位置及其与实际物体的放大倍数与我们预测的理论值契合,未出现明显的像差。

在后来的研究[36]中,根据多个视角记录的珀尔修斯雕像全息图,我们获得了像鬼魂一样漂浮在空中的三维全息图数字视频显示。为了实现这种效果,成像系统使用了环状排列的9个LCoS纯相位SLM(Holoeye HEO-1080P,1920×1080像素,像素间距为8μm,帧速率为60Hz,图2.13)。通过分束器将这些SLM两两之间的缝隙去除,并让它们并排放置[37],从而获得连续增大的视场的虚拟排列。为了让重建的3D图像略高于显示装置,从而避免显示器组件阻挡观测者的视野,同时也将 SLM 略微抬起一个小角度。实验[36]证明了,当照明的倾斜度低于 20° 时,重建图像质量的下降微不足道。如图 2.13 所示,激光通过锥镜形成单个散光扩束来照射所有 SLM。通过这种架构,观察者可以看到鬼魂状的 3D 图像漂浮在空中,并能运动和自转(图 2.14)。这两项研究工作证实了,可以直接得到 IR 记录的数字全息图的实时 3D 视图,鉴于我们之前已经强调过 IRDH 技术可以用来探测大尺寸样本,我们可以强调指出,IRDH 技术有望成为 3D 电视研究领域和虚拟博物馆应用领域有力的一项候选技术。

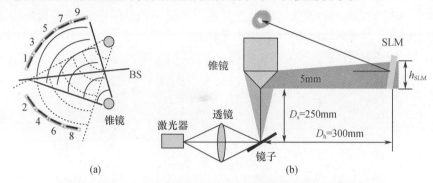

图 2.13　圆形全息显示
(a)9 个纯相位 SLM 的排布,分别用 1,2,…,9 表示; (b)单个 SLM 的照明。

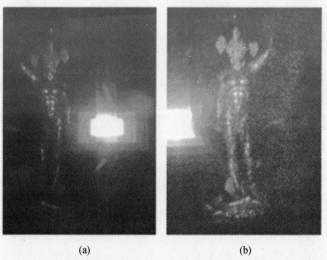

图 2.14　(a)由 10.6μm 记录并投射到屏幕上的全息图获得的单个 SLM 0.532μm 波长光学重建,(b)同一全息图的基于多个 SLM 的像鬼魂一样的光学重建图

2.4.4　被烟雾和火焰掩盖的物体的全息图

在这节中,我们将介绍 10.6μm IRDH 领域的最新研究成果。特别是,我们

会介绍这一技术的另外一点更加有用的特殊之处,即它可以透过烟雾甚至是火墙(这一点更值得关注)探测物体,甚至是探测活物。这种可能性对于潜在的工业应用及安全性应用而言非常关键,也是颇具挑战性的目标。可见光辐射极易受到烟雾的影响,在烟雾环境中可见光视线会彻底受阻。与之相反,由于红外电磁波辐射在烟雾颗粒中只会发生轻微散射,所以市场上最新一代用于热红外成像的非制冷 IR 微辐射探测器可以透过这些散射颗粒得到清晰视野,不管是被动还是主动(例如使用 IR 激光器照明)。IR 辐射的这一特点已经众所周知,事实上许多消防部门已经使用这些技术来观察火灾现场。不幸的是,在火焰面前,即便采用这些红外探测器也提供不了太大的帮助,因为火焰发出的电磁辐射会充满这些探测器(包括标准的 CCD 或 CMOS 探测器)而遮挡火焰后的场景。

正如之前所讨论的,工作在 IR 长波段的 DH 与工作在可见光波段的 DH 相比具有很多优点:前者让我们能够灵活地记录真实世界的大型场景,这非常有用。另一值得关注的重要特点是,只用全息图的一部分,我们就能重建出整个场景,尽管会以损失分辨率作为代价。最后,DH 一般采用无透镜装置拍摄离焦的图像,重建时可在期望的焦平面上对物体波场进行数值复原。所有这些特性,加上 IRDH 技术能透视浓烟和火焰的特点,使我们有可能根据火场散发的光谱对火场中活动的人进行实时动态探测,而不必考虑所涉及的燃烧物质的化学性质。为了证实这些独特的潜质,我们已经做了两项分别测试 IRDH 透视烟雾和火焰能力的实验。

在早期的一系列实验[31]中,已经验证了 IRDH 技术可在烟雾环境中正常工作。为了开展这一条件下的成像研究,使用了基础的全息装置,而将待测物体置于浓烟雾之中(图 2.15)。这里使用的测试物体同样是小型的奥古斯都雕像,为了让烟的浓度足够高,我们将雕像放入了密封的有机玻璃箱中。IR 距离固定,在箱子的一面上开了两个窗口:一个是 AR/AR ZnSe 输入窗口,激光束通过这个窗口到达物体;另一个是锗输出窗口,物体反射的光波透过这个窗口到达热成像相机。

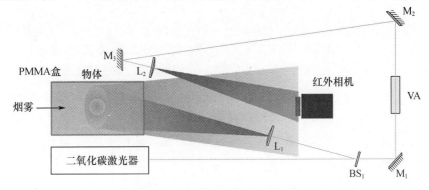

图 2.15　透过烟雾成像:使用的装置

通过箱子侧面的一个小孔,我们将在小火炉中焚香得到的烟注入箱子,并记录下随着烟雾浓度的增加干涉图全息视频录像的变化。为了能定量地测量箱中在任一时刻的烟雾浓度,我们计算出 15mW 激光二极管辐射在箱子中穿行 6cm 后强度衰减。图 2.16 展示了空箱和箱内放入烟雾后的可见光图像:显然,在高烟雾浓度下,由于可见光被烟雾严重散射,视线彻底模糊。烟雾浓度最大时,光电二极管的电流下降了两个数量级,即便从距离雕像更近的箱子一侧也无法看到雕像。

图 2.16 还给出了两种条件下在正常模式下使用 IR 物镜的热成像相机所得到的图像。正如我们所预想的一样,在标准热成像图像中,置于烟雾中的物体依然清晰可见,因为红外这种波长的光在烟雾中只会发生轻微散射。最后,如图 2.16 所示,这两种条件下的重建 IR 全息图像例证了,通过 IRDH 方法也可以透过烟雾看清物体。

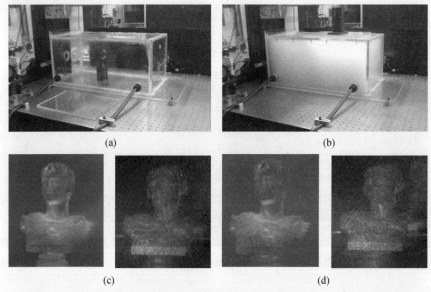

图 2.16 (a)无烟箱中的奥古斯都雕像。(b)在充满烟雾的箱中的奥古斯都雕像。
(c)无烟箱中:左图为奥古斯都雕像的热成像图,右图为雕像的全息振幅重建图。
(d)充满烟雾的箱中:左图为奥古斯都雕像的热成像图,右图为雕像的全息振幅重建图

需要注意的是,散射粒子(烟雾和灰尘颗粒)的随机运动在标准热成像图像中会成为噪声源,而在全息图重建中却有助于使视野变得更清晰。我们的确可以看到,如果将多次拍摄的数据进行全息重建并适当地取平均值,就能得到噪声更少且质量更好的图像[31]。

另外一系列的实验[31]测试了 IRDH 技术对火幕后物体的探测能力。这些测试采用了基础的全息装置,火焰位于热成像相机和物体之间(图 2.17)。

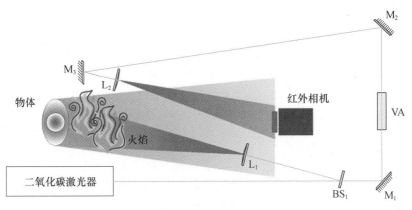

图 2.17　透过火焰成像:所使用的装置

　　实验中使用手持迷你炉来制造火幕,使用人体半身像作为被观测物。物体的大部分被火焰覆盖,火焰遮挡削弱了普通 CCD 相机的视线。值得注意的是,在这种情况下,整个场景的无盲区的清晰热成像视线也被破坏了。与之相对,全息记录图像就没有出现这个问题,我们可以透视火焰而不会出现明显的分辨率下降。全息技术的基本固有属性是这种能力的根源所在。首先,全息记录无需物镜,火焰散发的 IR 辐射不会汇聚到探测器上,而是会分布到整个探测器表面,这意味着探测器上不会形成火焰的图像,因此就不会出现像素值饱和的现象。换言之,由于 DH 记录的是失焦图像,所以传统成像架构中的 IR 相机感光像素所出现的典型饱和现象在这不会发生,DH 架构中的传感器也不会被火焰的辐射致盲。如果传感器接收到的辐射能量太大而干扰了探测器,我们可以用 $10.6\mu m$ 左右的窄带滤波片来彻底去除其影响。问题的另一个重要方面与 DH 技术的干涉测量本质密切相关,那就是火焰辐射与用来生成干涉图样的辐射不相关,因此火焰辐射无论如何都不会影响到干涉图。另外,得益于全息技术能从全息图的一部分重建物体整个波前的特性,即使有大颗粒物(常出现在火情中,会阻碍直接成像),全息术都可以增强视线。通过对图 2.18 中的可见光图、热成

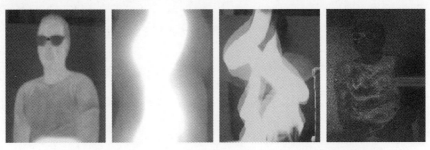

图 2.18　透过火焰对真人成像。由左到右分别是无火焰的热成像图、
有火焰的热成像图、有火焰的可视光图像和有火焰的全息重建图

像图和全息重建图的对比,数字全息成像系统的优势相比传统热成像记录系统和传统可见光成像记录系统就显而易见了。

2.5 小　　结

如我们所见,得益于红外光具有透视烟雾、灰尘颗粒和火焰的能力,工作在10.6μm 的 IRDH 技术已经为大尺寸物体探测(特别是非破坏性测试)铺平了道路。在未来,其应用非常广泛。中红外 DH 技术在三维显示的研究领域扮演着十分重要的作用:全息电视通常被视为全息技术界的圣杯,在未来显示器市场上最有前景也最具挑战性。只有全息技术能提供重建自然三维场景所需要的全部深度信息;IRDH 技术能在日光条件和非隔离条件下记录大型样本的全部波前信息,随着空间光调制器进一步的发展,这些都使得 IRDH 有可能在上述挑战中留下浓墨重彩的一笔并扮演重要角色。

参 考 文 献

[1] Gábor D. , A new microscopic principle, *Nature*, **161**, 777 – 778, (1948).

[2] Goodman J. W. and Lawrence R. W. , Digital image formation from electronically detected holograms, *Applied Physics Letters*, **11**, 77 – 79, (1967).

[3] Schnars U. and J ptner W. P. O. , Digital holography, digital hologram recording, numerical reconstruction and related techniques, [1st edn], *Springer*, (2005).

[4] Goodman J. W. , Introduction to Fourier optics, [2nd edn], *McGraw – Hill*, (1996).

[5] Grilli S. , Ferraro P. , De Nicola S. , Finizio A. , Pierattini G. , andMeucciR. , Whole optical wavefields reconstruction by digital holography, *Optics Express*, **9**, 294 – 302, (2001).

[6] De Nicola S. , Ferraro P. , Finizio A. , and Pierattini G. , Correct – image reconstruction in the presence of severe anamorphism by means of digital holography, *Optics Letters*, **26**, 974 – 976, (2001).

[7] De Nicola S. , Ferraro P. , Finizio A. , De Natale P. , Grilli S. , Pierattini G. , A Mach – Zenderinterferometric system for measuring the refractive indices of uniaxial crystals, *Optics Communications*, **202**, 9 – 15, (2002).

[8] Ferraro P. , De Nicola S. , Finizio A. , Coppola G. , Grilli S. , Magro C. , and Pierattini G. , Compensation of the inherent wave front curvature in digital holographic coherent microscopy for quantitative phase – contrast imaging, *Applied Optics*, **42**, 1938 – 1946, (2003).

[9] De Nicola S. , Ferraro P. , Finizio A. , Grilli S. , and Pierattini G. , Experimental demonstration of the longitudinal image shift in digital holography, *Optical Engineering*, **42**, 1625 – 1630, (2003).

[10] Grilli S. , Ferraro P. , Paturzo M. , Alfieri D. , De Natale P. , De AngelisM. , et al. , In – si-

tu visualization, monitoring and analysis of electric field domain reversal process in ferroelectric crystals by digital holography, *Optics Express*, **12**, 1832 – 1834, (2004).

[11] Ferraro P. , De Nicola S. , Coppola G. , Finizio A. , Alfieri D. , and Pierattini G. , Controlling image size as a function of distance and wavelength in Fresnel – transform reconstruction of digital holograms, *Optics Letters*, **29**, 854 – 856, (2004).

[12] De Angelis M. , De Nicola S. , Finizio A. , Pierattini G. , Ferraro P. , Grilli S. , and Paturzo M. , Evaluation of the internal field in lithium niobate ferroelectric domains by an interferometric method, *Applied Physics Letters*, **85**, 2785 – 2787, (2004).

[13] Paturzo M. , Alfieri G. , Grilli S. , Ferraro P. , De Natale P. , De Angelis M. , *et al.* , Investigation of electric internal field in congruent LiNbO3 by electro – optic effect, *Applied Physics Letters*, **85**, 5652 – 5654, (2004).

[14] De Nicola S. , Finizio A. , Pierattini G. , Alfieri D. , Grilli S. , Sansone L. , and Ferraro P. , Recovering correct phase information in multiwavelength digital holographic microscopy by compensation for chromatic aberrations, *Optics Letters*, **30**, 2706 – 2708, (2005).

[15] Ferraro P. , Grilli S. , Miccio L. , Alfieri D. , De Nicola S. , Finizio A. , and Javidi B. , Full color 3 – D imaging by digital holography and removal of chromatic aberrations, *Journal of Display*, *Technology*, **4**, 97 – 100, (2008).

[16] Merola F. , Miccio L. , Paturzo M. , De Nicola S. , and Ferraro P. , Full characterization of the photorefractive brightsoliton formation process using a digital holographic technique, *Measurement Science & Technology*, **20**, 045301, (2009).

[17] Miccio L. , Finizio A. , Puglisi R. , Balduzzi D. , Galli A. , and Ferraro P. , Dynamic DIC by digital holography microscopy for enhancing phase – contrast visualization, *Biomedical Optics Express*, **2**, 331 – 344, (2011).

[18] Paturzo M. , Finizio A. , and Ferraro P. , Simultaneous multiplane imaging in digital holographic microscopy, *Journal of Display Technology*, **7**, 24 – 28, (2011).

[19] Memmolo P. , Finizio A. , Paturzo M. , Miccio L. , and Ferraro P. , Twin – beams digital holography for 3D tracking and quantitative phase – contrast microscopy in microfluidics, *Optics Express*, **19**, 25833 – 25842, (2011).

[20] Paturzo M. , Finizio A. , Memmolo P. , Puglisi R. , Balduzzi D. , Galli A. , and Ferraro P. , Microscopy imaging and quantitative phase contrast mapping in turbid microfluidic channels by digital holography, *Lab Chip*, **12**, 3073 – 3076, (2012).

[21] Bianco V. , Paturzo M. , Finizio A. , Balduzzi D. , Puglisi R. , Galli A. , and Ferraro P. , Clear coherent imaging in turbid microfluidics by multiple holographic acquisitions, *Optics Letters*, **37**, 4212 – 4214, (2012).

[22] Bianco V. , Paturzo M. , Finizio A. , Ferraro P. , and Memmolo P. , seeing through turbid fluids: a new perspective in microfluidics, *Optics and Photonics News*, **23** (12) , 33 – 33, (2012).

[23] Bianco V. , Paturzo M. , Memmolo P. , Finizio A. , Ferraro P. , and Javidi B. , Randomresa-

mpling masks: a non – Bayesian one – shot strategy for noise reduction in digital holography, *Optics Letters*, **38**(5), 619 – 621, (2013).

[24] Born M. and WolfE., Principles of optics, Electromagnetic Theory of Propagation, Interference and Diffraction of Light, [7th edn (expanse)], *Cambridge University Press*, (1999).

[25] Allaria E., Brugioni S., De Nicola S., Ferraro P., Grilli S., and Meucci R., Digital holography at 10.6μm, *Optics Communications*, **215**, 257 – 262, (2003).

[26] Pelagotti A., Locatelli M., Geltrude A., Poggi P., Meucci R., Paturzo M., *et al.*, Reliability of 3D imaging by digital holography at long IR wavelength, *Journal of Display Technology*, **6**(10), 465 – 471, (2010).

[27] Pelagotti A., Paturzo M., Geltrude A., Locatelli M., Meucci R., Poggi P., and Ferraro P., Digital holography for 3D imaging and display in the IR range: challenges and opportunities, *3D Research*, **1**(4/06), 1 – 10, (2010).

[28] Pelagotti A., Paturzo M., Locatelli M., Geltrude A., Meucci R., Finizio A., and Ferraro P., An automatic method for assembling a large synthetic aperture digital hologram, *Optics Express*, **20**(5), 4830 – 4839, (2012).

[29] Maes F., Vandermeulen D., and Suetens P., Medical image registration using mutual information, *Proc IEEE*, **91**(10), 1699 – 1722, (2003).

[30] Geltrude A., Locatelli M., Poggi P., Pelagotti A., Paturzo M., Ferraro P., and Meucci R., Infrared digital holography for large object investigation *Proc. SPIE*, 8082 – 8012, (2011).

[31] Locatelli M., Pugliese E., Paturzo M., Bianco V., Finizio A., Pelagotti A., *et al.*, Imaging live humans through smoke and flames using far – infrared digital holography, *Optics Express*, **21**(5), 5379 – 5390, (2013).

[32] Onural L., Yara? F., and Kang H., Digital holographic three – dimensional video displays, *Proc. IEEE*, **99**, 576, (2011).

[33] Yaraş F., Kang H., and Onural L., State of the art in holographic displays: asurvey, *Journal of Display Technology*, **6**(10), 443 – 454, (2010).

[34] Meier R. W., Magnification and third – order aberrations in holography, *Journal of the Optical Society of America*, **55**(8), 987 – 992, (1965).

[35] PaturzoM., Pelagotti A., Finizio A., Miccio L., Locatelli M., Geltrude A., *et al.*, Optical reconstruction of digital holograms recorded at 10.6 μm: route for 3D imaging at long infrared wavelengths, *Optics Letters*, **35**(12), 2112 – 2114, (2010).

[36] Stoykova E., Yara? F., Kang H., Onural L., Geltrude A., Locatelli M., *et al.*, Visible reconstruction by a circular holographic display from digital holograms recorded under infrared illumination, *Optics Letters*, **37**(15), 3120 – 3122, (2012).

[37] Yaraş F., KangH., and Onural L., Circular holographic video display system, *Optics Express*, **19**(10), 9147 – 9156, (2011).

第3章 同轴全息术中的数字全息图处理

Corinne Fournier, Loïc Denis, Mozhdeh Seifi,

Thierry Fournel

法国圣艾蒂安大学 Hubert Curien 实验室

3.1 引　　言

对在一定体积内传播的微米级或纳米级物体进行定量 3D 重建和跟踪,是众多科学领域所关注的重要课题,这些领域包括:生物医学(如标记物跟踪)、流体力学(如对湍流或蒸发现象的研究)、化学工程(如对反应的多相流的研究),以及其他诸多应用领域。所以开发准确、快速的 3D 成像系统对这些领域至关重要。在过去的 20 年里,多项成像技术已经得到了长足的发展,例如,使用四台照相机实现 3D 粒子跟踪测速[1]或扩展的激光多普勒测速仪[2]。3D 跟踪也已经通过多种方法得以实现,其中包括使用了纳米级荧光标记物的基于像散光学原理的单分子荧光显微镜[3]、双螺旋点扩散函数[4]或多平面探测[4]。这些技术中的每一项都具有各自的优势和局限性。但是就重建高速运动物体的 3D 轨迹及其尺寸而言,这些技术中的任何一项在准确度上都没法与数字全息术相提并论。

数字全息术是一种非侵入式的 3D 测量工具,已在许多领域中被证实可以高效地实现快速运动物体重建及其形状测定。相关的实例参见近期的研究工作[5-10]。

在数字全息术中常用的两个装置分别为同轴装置和离轴装置。离轴装置很适用于物体表面的重建,而同轴装置更适合于对在一定体积内的微米或纳米级物体进行精确重建。与离轴全息术不同的是,同轴全息术利用了传感器的全部带宽来高精度地编码物体的深度。此外,同轴装置(即伽柏(Gabor)装置)由于不包含分束镜、反射镜和透镜,所以有着不易受振动干扰的优点。由于这种成像技术在物体和传感器之间没有透镜,所以它也被称作"无透镜成像"[11-14]。不过同轴装置也存在着缺陷,这来自于背景与全息信号的叠加,因此降低了待测信号的动态范围。

在过去的 10 年里,人们提出了许多用于数字全息图分析的算法(多个杂志专栏刊登了这一课题的工作,参见文献[15-17])。这些重建算法主要基于一个共同的途径(以下称其为经典方法):基于全息图衍射仿真的数字重建。

与这种光学方法相比,经常用在其他成像形式的图像处理中的信号处理工具,提供了一种处理同轴全息图的严格方式,在某些情况下导致了最佳的图像处理。这么做的目的不是为了变换全息图,而是要找到最佳匹配测得全息图的重建。这种"逆问题"方法能够从全息图中提取更多信息,并被证明可以解决数字全息术的两大根本问题:重建精度的提高和超出传感器尺寸物理限制的研究光场域的扩大[18,19]。这也促生了几乎无监督的算法(仅需使用少量调整参数)。这些方法有时也被称作压缩感知方法[20-22]。与经典技术相比,这些方法的缺点在于计算量更大。影响处理时间长短的关键因素包括重建的信号维度(信息量)、待估算参数的数量(在参数重建的情况下)和模型的复杂度。最近提出了加速以减少处理时间的方法。

第3.2节将定义全息图处理的流程,介绍全息图像形成的模型以及之后要用到的数学符号。在第3.3节中,我们将从信号处理视角提醒大家,传统用于重建全息图的光传播算符不能反演全息图的形成过程。然后,第3.4节将基于逆问题给出一个关于全息图处理算法的统一描述。我们将在第3.5节给出使用这类算法所能达到的参数准确度下限的估计。在第3.6节中,我们将介绍一些最近提出的旨在降低重建复杂度的算法。

3.2 全息图像形成的模型

在本节中,我们将向读者介绍全息图形成的数学模型[23],该模型将在下面几节所描述的重建方法中反复被用到。我们还会介绍常用于逆问题框架的矩阵符号表示,以便我们能够为问题的理论分析而轻松地对信号的采样和截取。这里我们将考虑一个同轴全息装置,其中一个准直激光束照射在 n 个小物体上。我们假设该装置满足罗耶(Royer)判据[24](即在传感器上的物体投影面积小于传感器面积的 1%)。数字照相机同时记录物波(从物体传播到传感器的光波)和参考波(照明光波)(图 3.1)。该衍射现象也可以被建模为由每个物体孔径 ϑ_j 衍射的光波与照明光波 A_{ref}(假设其没被衍射物体改变)之间的干涉。

在此我们考虑小物体,而菲涅耳(Fresnel)衍射近似在小物体情况下有效(参见文献[23]第69页),也即对于传播距离为 z、物体宽度为 l、光波长为 λ 的情况,满足下述条件: $z^3 >> \pi l^4 (64\lambda)$ 。菲涅耳衍射近似对于绝大多数的实验条件都是适用的(例如,激光波长 $\lambda = 532nm$,物体宽度 $l \approx 100\mu m$,物体到探测器的最小距离 $z_{min} = 0.5mm$)。在这种情况下,对于 n 个半径为 r_j 的粒子及其 3D 位置 $(x_j, y_j, z_j)(j = 1, 2, \cdots, n)$,探测器在位置 (x, y) 处所探测到的光强可

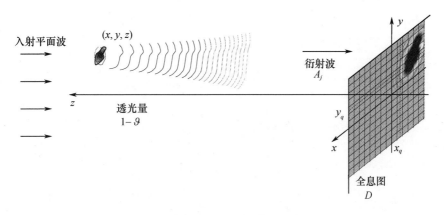

图 3.1　同轴全息图形成模型示意图

写为[10]

$$I(x,y) = I_{ref}^0(x,y) - 2\sqrt{I_{ref}^0(x,y)}\sum_{j=1}^{n}\eta_j\Re[(h_{z_j}*\vartheta_j)(x,y)] + \beta(x,y)$$

$$(3.1)$$

其中,I_{ref}^0代表打到全息平面(背景图像)上的参考波光强,实数因子η_j用于补偿由于参考波的不均匀性所导致的入射到物体表面的光能量波动,ϑ_j是第j个物体的复数孔径,h_{z_j}是自由空间传播了一定距离z_j(第j个物体到全息图的距离)后的脉冲响应函数,而β表示衍射二阶项的总和。在菲涅耳近似中,脉冲响应函数就是所谓的菲涅耳函数:

$$h_{z_j}(x,y) = \frac{1}{i\lambda z_j}\exp\left(\frac{i\pi(x^2+y^2)}{\lambda z_j}\right)$$

$$(3.2)$$

需要注意的是,根据实验条件的不同也可使用其他核函数(如瑞利 - 索末菲尔德(Rayleigh - Sommerfeld)核函数[23])。

当物体很小而物体与传感器之间距离又很长时(即 $\pi l^2/(4\lambda z) << 1$),式(3.1)的二次项可以忽略不计。此时模型可以简化为一个线性模型:

$$I(x,y) = I_{ref}^0(x,y) + \sqrt{I_{ref}^0(x,y)}\sum_{j=1}^{n}\alpha_j\cdot m_j(x,y), \ m_j(x,y)$$

$$= -\Re(h_{z_j}*\vartheta_j)(x,y), \alpha_j = 2\eta_j$$

$$(3.3)$$

将 N 像素照相机所记录的光强 I 数字化便得到了数字全息图。为去除式(3.3)中不取决于物体图案的某些项(如背景光强 I_{ref}^0),背景图像一般可通过拍摄空白图像或通过记录全息视频图并计算该视频图像均值的方法得到。为了有效去除背景的影响,将数字全息图与 I_{ref}^0 作点差(对应元素相减):

$$D(x,y) = \sum_{j=1}^{n}\alpha_j\cdot m_j(x,y)$$

$$(3.4)$$

49

数字全息图可表示为一个包含 N 个灰度值的向量 $\boldsymbol{d}$。在具体应用中，$\boldsymbol{d}$ 可能与每个物体的衍射图案（FⅠ，图 3.2）或物体的不透明分布有关（FⅡ，图 3.3）：

$$（\mathrm{FI}）\qquad \boldsymbol{d} = \boldsymbol{M\alpha} + \boldsymbol{\varepsilon} \leftrightarrow \begin{bmatrix} D(x_1, y_1) \\ \vdots \\ D(x_N, y_N) \end{bmatrix} = \begin{bmatrix} \sum_j \alpha_j m_j(x_1, y_1) + \varepsilon_1 \\ \vdots \\ \sum_j \alpha_j m_j(x_N, y_N) + \varepsilon_N \end{bmatrix} \qquad (3.5)$$

$$（\mathrm{FII}）\qquad \boldsymbol{d} = \boldsymbol{H\vartheta} + \boldsymbol{\varepsilon} \leftrightarrow \begin{bmatrix} D(x_1, y_1) \\ \vdots \\ D(x_N, y_N) \end{bmatrix} = \begin{bmatrix} \sum_k \left[h_{z_k} \cdot \vartheta_k \right](x_1, y_1) + \varepsilon_1 \\ \vdots \\ \sum_k \left[h_{z_k} \cdot \vartheta_k \right](x_N, y_N) + \varepsilon_N \end{bmatrix} \qquad (3.6)$$

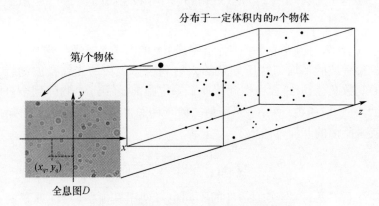

图 3.2　参数物体全息图的形成示意图（FⅠ）

式(3.5)和式(3.6)可用矩阵符号写成简洁的形式。也即式(3.5)将记录的全息图 $\boldsymbol{d}$ 描述为每个物体的衍射图案与扰动项之和，衍射图案记做 $\boldsymbol{M}\Delta_1\boldsymbol{\alpha}$，而扰动项代表不同的噪声源，在我们的模型近似中记做 $\boldsymbol{\varepsilon}$。其中，$\boldsymbol{M}\Delta_1\boldsymbol{\alpha}$ 项是一个 $N \times n$ 的矩阵 $\boldsymbol{M}$ 和一个含 n 个元素的向量 $\boldsymbol{\alpha}$ 之间的乘积。矩阵 $\boldsymbol{M}$ 可视为一个包含 n 个物体衍射图案的字典（矩阵 $\boldsymbol{M}$ 的第 j 列对应于第 j 个物体衍射图案的 N 个灰度阶：$[m_j(x_1, y_1), \cdots, m_j(x_N, y_N)]^t$，其中 t 表示转置符号）。向量 $\boldsymbol{\alpha}$ 定义了每个衍射图案的振幅。因此，式(3.5)相当于式(3.3)的离散化。

而式(3.6)将全息图 $\boldsymbol{d}$ 描述为衍射图案 $\boldsymbol{H\vartheta}$ 与噪声项 $\boldsymbol{\varepsilon}$ 之和，其中 $\boldsymbol{H}$ 为不透明分布。如果在包含 L 个像素的 K 平面上定义不透明度分布，那么 $\boldsymbol{\vartheta}$ 就是一个包含 $K \cdot L$ 个元素的向量，对应于所有不透明值的堆（集合）。$\boldsymbol{H}$ 则是一个 $N^2 \times K \cdot L^2$ 的矩阵，作为一个（离散的）衍射算符，该矩阵中每列都是脉冲响应核

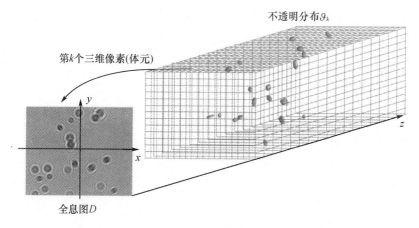

不透明分布 ϑ_k

第 k 个三维像素(体元)

全息图 D

图 3.3　根据被研究物体的不透明分布计算所得的全息图形成示意图(FⅡ)

函数 h 的一个离散形式,也即点状不透明物体在给定 3D 位置处所形成的全息图上的衍射图案。$H\vartheta$ 表示距离为 z 的脉冲响应核函数 h_{z_j} 与该 z 平面上的不透明分布 ϑ_k 的卷积之和。

矩阵 M 和 H 在形式上阐述了后面几节即将提出的模型和推导的重建方法。值得注意的是,实际上,它们即没有保存也没有明确乘到向量 α 和 ϑ 上。由于模型 m_j 和核函数 h_j 的(横向)平移不变性,我们可以通过快速傅里叶变换计算乘积 $M\alpha$ 和 $H\vartheta$[19, 25]。

在矩阵 M 和 H 中考虑照相机的像素集成问题,可通过衍射图案 m_j 和衍射核函数 h_{z_k}(构成矩阵的列)各自与二维矩形函数(跟像素敏感区域相同面积)之间的卷积来实现。

3.3　基于反向传播的数字全息图重建

绝大多数的重建数字全息图的方法基于光学重建仿真,然后进行 3D 重建体积的分析。在所有的光学全息术中,在记录完全息图和处理完全息干板之后,全息干板会被参考波重新照亮。全息图衍射将生成一幅虚像(即离焦像)和一幅实像(即聚焦像)。而在数字全息术中,全息干板由数字照相机进行替代,而数字照相机的传感器面元尺寸和分辨率都较前者低上好几个数量级。通过直接实现(并快速)的全息图衍射仿真,会导致次优重建,伴随着由边界效应和虚(孪生)像所引起的失真(畸变)。在本节中,我们将介绍基于全息图衍射的方法及其局限性。

数字全息图的经典 3D 全息重建分为两步。第一步是基于光学重建的数值仿真。3D 图像体积 V_{rec} 通过计算距离全息图不同深度的平面上的衍射场获得

（图3.4）。目前用于仿真衍射过程的技术包括菲涅耳变换[26]、分数傅里叶变换[27,28]、小波变换[29]等。在基于卷积的衍射模型中，V_{rec}可由如下公式给出：

$$V_{rec}(x_p, y_q, z_r) = [D \cdot h_{z_r}](x_p, y_q) \leftrightarrow v = \boldsymbol{H}^t \boldsymbol{d} \tag{3.7}$$

根据式(3.6)，v可以表示为

$$v = \boldsymbol{H}^t \boldsymbol{H} \boldsymbol{\vartheta} + \boldsymbol{\varepsilon} \tag{3.8}$$

遗憾的是，由于算符$\boldsymbol{H}^t\boldsymbol{H}$并不是单位阵（即"全息图记录"+"线性重建"的系统的脉冲响应是一个随空间变化的环），因而全息图衍射并不能反演出全息图的记录过程。

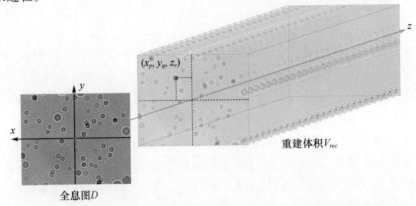

图3.4　基于全息图衍射的传统重建示意图。该图其实是将 x 轴和 y 轴所组成的平面沿着 z 轴进行平移所得结果。红色矩形对应于全息图的实际尺寸

　　第二步需要在已获得的3D图像中定位并定形每个物体。还需要测定每个物体的最佳对焦平面。已经有大量文献提供了寻找这些对焦平面的判据。其中一些是基于对抽样重建体积的局部分析。例如，Murata 和 Yasuda[30] 在穿过物体中心的 z 轴上搜索最小的灰度级；Malek 等人[31] 提出在对3D重建图像进行阈值处理之后计算打标物体图像的质心；Pan 和 Meng[32] 则使用了重建场的虚部。其他方法主要是基于物体3D图像的分析。Liebling 和 Unser[33] 使用了小波系数的稀疏度的判据，而 Dubois 等人[34] 利用了整体重建振幅的最小化。基于全息衍射的方法存在着各种各样的局限性：

- 横向视场有限，实际中，相关处理必须限制在重建图像的中央以降低边界效应；
- 欠采样的全息图会导致重建体积中出现伪像（如鬼像）；
- 叠加在实像上的物体孪生像会导致物体的定位和形状测定出现偏差；
- 在靠近每个物体实际的对焦深度位置处会出现多个强度峰值[35]，在以强度为判据搜索对焦平面时会导致测量结果出现偏差；

52

- 用户必须根据具体的实验调节多个调整参数。

尽管存在这些缺陷,该方法因其具有较短的处理时间以及在视场中央令人满意的准确度而被成功用在诸多应用中。在接下来的一节中,我们将介绍重建全息图的信号处理方法,能克服上述局限。

3.4　将全息图重建表述为一个逆问题

在第 3.2 节中,我们已经介绍了关于全息图形成的两个线性模型。其中,等式 F I (式(3.5))建模了物体全息图,并将已知的衍射掩模存于一个字典 M 中。该模型适用于仅需少量参数就可进行描述的简单形状物体和已知衍射图案的情况,后者可由分析公式(如 Tyler 和 Thompson 于 1976 年所提出的用衍射图案模型测定不透明球体半径和 3D 位置的公式[36],或米氏(Mie)散射公式[37])给出。向量 $\boldsymbol{\alpha}$ 的非零元素值给出了呈现在全息图上的衍射图案振幅。等式 F II (式(3.6))建模了形状更复杂的物体(如非参数物体)的衍射过程,这些物体能用在一个 3D 网格上所采样的不透明分布 $\boldsymbol{\vartheta}$ 来进行描述。通过反演全息图形成模型和使用一个合适的正则化(当处理病态逆问题时常使用该方法),我们可以估算出物体的振幅 $\boldsymbol{\alpha}$ 或不透明分布 $\boldsymbol{\vartheta}$。

在我们的全息图模型中,假设噪声 $\boldsymbol{\varepsilon}$ 是高斯的,且可用一个逆协方差矩阵 W 来表示,则数据将服从以下分布:

$$(\text{F I})\, p(\boldsymbol{d}\,|\,\boldsymbol{\alpha})\propto \exp[\,-(M\boldsymbol{\alpha}-\boldsymbol{d})'W(M\boldsymbol{\alpha}-\boldsymbol{d})\,] \tag{3.9}$$

$$(\text{F II})\, p(\boldsymbol{d}\,|\,\boldsymbol{\vartheta})\propto \exp[\,-(H\boldsymbol{\vartheta}-\boldsymbol{d})'W(H\boldsymbol{\vartheta}-\boldsymbol{d})\,] \tag{3.10}$$

我们通常考虑的噪声为白噪声,于是 W 就是一个对角矩阵: $W=\operatorname{diag}(w)$。不均匀的 w 能解释依赖于信号的方差。它也能用来模拟丢失的数据(例如, $w_k=0$ 表示第 k 个像素在全息图支撑集之外, $w_k=1$ 则表示第 k 个像素在全息图支撑集之内)。采用这种严谨的方式来考虑传感器的有限尺寸允许视场大小的扩大。Soulez 等人[19]证实视场可以被扩大到原来的 16 倍。Chareyron 等人[6]和 Seifi 等人[10]证实还可以使用一个二进制掩模,来从全息图分析中排除一些无法用简单数学模型解释的信号区域。

负对数似然函数 $\mathcal{L}$(取决于一个相加常数和一个相乘常数)公式如下:

$$(\text{F I})\, \mathcal{L}_{\mathrm{I}}(\boldsymbol{d},\boldsymbol{\alpha})=-\log p(\boldsymbol{d}\,|\,\boldsymbol{\alpha})=\parallel M\boldsymbol{\alpha}-\boldsymbol{d}\parallel_{w}^{2} \tag{3.11}$$

$$(\text{F II})\, \mathcal{L}_{\mathrm{II}}(\boldsymbol{d},\boldsymbol{\vartheta})=-\log p(\boldsymbol{d}\,|\,\boldsymbol{\vartheta})=\parallel H\boldsymbol{\vartheta}-\boldsymbol{d}\parallel_{w}^{2} \tag{3.12}$$

其中, $\parallel u\parallel_{w}^{2}$ 是加权 ℓ_2 范数 $\parallel u\parallel_{w}^{2}=\langle u,u\rangle_{w}=\dfrac{\sum\limits_{k}w_k u_k^2}{\sum\limits_{k}w_k}$。为了摆脱非完美

背景去除时可能产生的残余偏移量的影响,我们在全息图支撑集上采用了零均值数据($\bar{d}$)和零均值衍射模型($\overline{M}\alpha$)。这样,负对数似然函数 $\mathcal{L}$ 将改写为

（F Ⅰ） $$\mathcal{L}_1(d,\alpha) = \|\overline{M}\alpha - \bar{d}\|_w^2 \qquad (3.13)$$

（F Ⅱ） $$\mathcal{L}_{\mathrm{II}}(d,\vartheta) = \|\overline{H}\vartheta - \bar{d}\|_w^2 \qquad (3.14)$$

其中用加权数积 $\langle u,v\rangle_w = \dfrac{\sum\limits_k w_k u_k v_k}{\sum\limits_k w_k}$ 表示的零均值变量为

$$\bar{d} = d - 1\langle 1,d\rangle_w = \begin{bmatrix} d_1 - \sum\limits_k w_k d_k / \sum\limits_k w_k \\ \vdots \\ d_N - \sum\limits_k w_k d_k / \sum\limits_k w_k \end{bmatrix}$$

$$\overline{M} = [\bar{m}_1, \bar{m}_2, \cdots, \bar{m}_n]$$

$$\forall j, \bar{m}_j = 1\langle 1, m_j\rangle_w - m_j = \begin{bmatrix} \sum\limits_k w_k m_k / \sum\limits_k w_k - m_1 \\ \vdots \\ \sum\limits_k w_k m_k / \sum\limits_k w_k - m_N \end{bmatrix}$$

$$\overline{H} = [\bar{h}_{z_1}, \bar{h}_{z_1}, \bar{h}_{z_k}]$$

$$\forall k, \bar{h}_k = 1\langle 1, h_k\rangle_w - h_k = \begin{bmatrix} \sum\limits_k w_k h_k / \sum\limits_k w_k - h_1 \\ \vdots \\ \sum\limits_k w_k h_k / \sum\limits_k w_k - h_{N^2} \end{bmatrix}$$

若物体可被参数化(如圆盘物体),则我们可以通过使用第3.4.1节描述的形式(F Ⅰ)对其进行探测和定位。形状更为复杂的物体将要用到第3.4.2节所描述的形式(F Ⅱ)来重建其不透明分布。

3.4.1 参数物体重建(F Ⅰ)

如果物体可通过少量参数(如3D坐标、形状、光学指数等)进行描述,则其全息模型也是参数化的。该模型可用来建立一个关于衍射图案的字典 M,从而将全息图建模为字典元素的线性相加(形式 F Ⅰ)。由于物体的3D位置是连续的,所以字典 M 也应当是连续的(即含有无限元)。那么,问题就转变为寻找衍射图案模型的线性求和与所捕获的全息图之间的最佳匹配(最小二乘解)。一

些作者据此提出了全息图的拟合模型,并得到了精准和令人印象深刻的结果[38-41]。然而,这些拟合算法需要使用用户自己设定的一个起始点或可以被偏置的反向传播场的分割(例如,对于非传统的场物体而言),并且还需要一些调整参数。

我们采用 Soulez 等人[18,19]所提出的方法,在此基础上提出一种无监督算法,能将物体重建推广到传统视场外。它需要迭代地求解问题,即逐个探测物体,期望在每步迭代都找到模型与全息图之间的最佳拟合。该算法分为三步:

• 第一步:全局检测步骤(或粗略估计步骤),在一个离散字典 M(即关于给定 3D 位置和形状的衍射图案集合)中找到最佳匹配的元素,该步骤也被称为穷举搜索步骤;

• 第二步:局部优化步骤(或细化步骤),它将选定的衍射图案与数据进行匹配来进行亚像素估算;

• 第三部:清除步骤,它将已探测到的图案从全息图中减去,以提高剩余物体的信噪比(SNR)。

对剩余部分重复上述过程(步骤),直到再也检测不出新的物体为止。这种全息图重建方法属于贪婪算法[42],在信号处理领域中被称为匹配跟踪[43],在射电天文学中被称为清除算法[44]。

3.4.1.1 全局的物体检测

在第一步中,寻找抽样的字典 M 的最佳匹配的衍射图案。致使负对数似然函数 $\mathcal{L}_1$ 最大幅度下降(极小)的元素定义为最可能的解(即被探测到):

$$\underset{\substack{\alpha \geq 0 \\ \bar{m} \in \{\bar{m}_1, \bar{m}_2, \cdots, \bar{m}_n\}}}{\operatorname{argmin}} \quad \| \alpha\bar{m} - \bar{d} \|_w^2 \tag{3.15}$$

通过用式(3.15)中最优值替代 α,衍射图案 $\bar{m}^\dagger$ 在最小化 $\mathcal{L}_1$ 的同时也最大化了判据 $C(\bar{m})$[19]:

$$\bar{m}^\dagger = \underset{\bar{m} \in \{\bar{m}_1, \bar{m}_2, \cdots, \bar{m}_n\}}{\operatorname{argmax}} \quad C(\bar{m}) \text{ subject to } \langle \bar{m}, \bar{d} \rangle_w \geq 0 \tag{3.16}$$

$$C(\bar{m}) = \frac{\langle \bar{m}, \bar{d} \rangle_w^2}{\| \bar{m} \|_w^2} \tag{3.17}$$

被检测出的物体的衍射图案与数据有着最高的相关系数:$C(\bar{m})$ 对应于模型与全息图之间的加权相关系数的平方。由于衍射图案具有平移不变性,Soulez 等人[19]表示可以利用快速傅里叶变换计算式(3.16)中的相关系数。

值得注意的是,Gire 等人[45]发现这种全局检测相比于经典重建而言对鬼像不是那么敏感。此外,"边界效应"在传统重建法中通常会导致测量偏差,在此通过使用一个二进制掩码 w 可将该效应去除。图 3.5(c)展示了在多个连续重

建平面上的判据 $C(\bar{m})$ 值（为了可视化，我们将对比度反转）。与经典重建不同的是，这些平面的最大判据值出现在焦平面上。

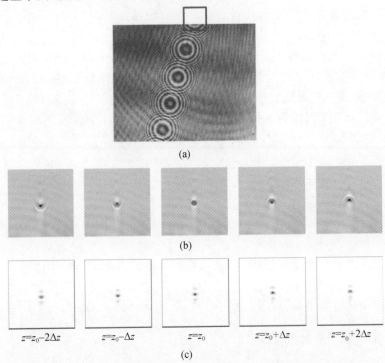

(a)

(b)

| $z=z_0-2\Delta z$ | $z=z_0-\Delta z$ | $z=z_0$ | $z=z_0+\Delta z$ | $z=z_0+2\Delta z$ |

(c)

图 3.5 传统重建图与判据重建图对比示例：(a)液滴的同轴全息实验图。
(b)使用基于全息衍射的传统方法所得到的在不同深度 z 处的重建图。
数值重建中会出现伪像，这是由全息图边界上的衍射环截断所引起的。
(c)在不同深度 z 处，采用"逆问题"方法所得到的判据计算结果
（参见式(3.17)）。为了便于可视化，我们将对比度反转。(b)和(c)中显示的
图像对应于全息图(a)中的正方形区域。对焦距离 $z_0=0.273\mathrm{m}$，$\Delta z=6\mathrm{mm}$

3.4.1.2 局部优化

全局检测仅给出了物体参数的一个粗略估计。在局部优化步骤中，这些参数将被用作优化算法的初始猜测值以最终获得亚像素精度。

图 3.6 和图 3.7 例证了这种算法在检测球形液滴中的应用。

3.4.1.3 清除

一旦完成局部优化步骤，准确估计的参数会用于仿真衍射图案并将其从数据（字典）中移除。

在剩余信号上重复检测、定位和清除步骤，这将提高有着模糊特征的剩余物

56

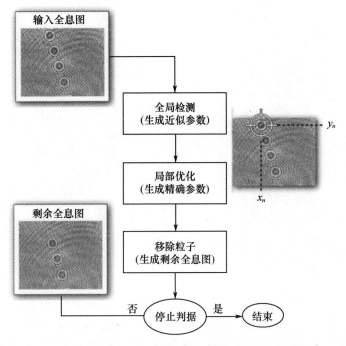

图 3.6　估算分布在一定体积内的物体参数的迭代算法流程图。

出处：Soulez F.，Denis L.，Thiebaut E.，Fournier C.，and Goepfert C.，(2007).
图片已经美国光学学会许可复制

体(尤其是远离照相机中心的物体)的 SNR，还能防止对相同粒子的重复检测。清除的示例如图 3.8 所示。

当检测不到更可靠的粒子($\alpha < 0$)时算法终止。该算法可通过一个名为"HoloRec3D"的在线免费 MATLAB 工具箱来实施。

Soulez 等人[18,19]曾利用这种贪婪算法来获得液滴(表现为不透明球体，其直径约为 100 μm)的精准 3D 重建图像。Grier 的课题组团队使用了一种简单的模型拟合算法和一个基于洛伦兹米氏(Lorentz Mie)理论的全息图形成模型，实现了对直径约为 1 μm 的胶质球形粒子及其光学指数的重建[38,39]。

3.4.2　对 3D 透光率分布的重建(F Ⅱ)

当物体太过复杂以至于无法用少量参数进行表述时，或当要重建的物体未知时，我们可以考虑使用形式 F Ⅱ，即根据全息图重建出不透明分布(在一个 3D 网格上进行采样)。由于这种反演问题本身就存在病态性，所以必须对其进行规范化处理。重建的 3D 分布 ϑ 可由最大后验(Maximum A Posteriori，MAP)估计给出：

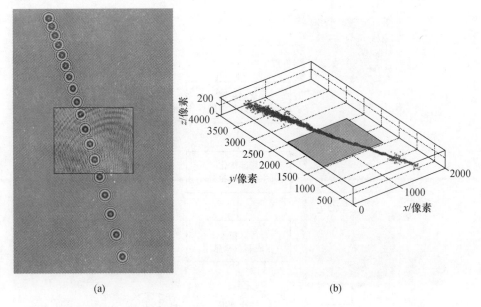

(a)	(b)

图 3.7　对位于视场外的液滴检测示意图(摘自文献[19]):(a) 根据 16 个探测粒子(包括 12 个在视场外的粒子)计算出的一系列全息图中的一幅全息图与该全息图模型之间的叠加图;(b)表示根据所有粒子探测所获得的 3D 射流,这些粒子位于一个面积至少是全息图表面积的 16 倍的视场内。传感器的相应表面用一个灰色矩形框表示。即便是对于远离传感器的粒子(液滴)而言,我们也可以在没有明显偏差的情况下检测出液滴。出处:Soulez F. , Denis L. , Thiebaut E. , Fournier C. , and Goepfert C. , (2007). 图片已经美国光学学会许可复制

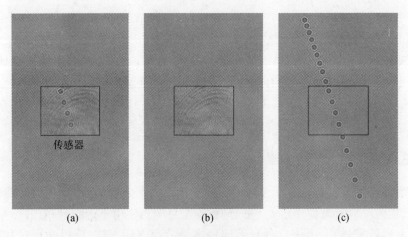

(a)	(b)	(c)

图 3.8　清除步骤的示意图

(a)实验获得的全息图;(b)清除后的全息图;(c)采用估计参数的仿真全息图。

58

$$\boldsymbol{\vartheta}^{(\mathrm{MAP})} = \underset{\boldsymbol{\vartheta}}{\mathrm{argmin}} \parallel \overline{\boldsymbol{H}}\boldsymbol{\vartheta} - \overline{\boldsymbol{d}} \parallel_w^2 + \beta \boldsymbol{\varPhi}_{reg}(\boldsymbol{\vartheta}) \tag{3.18}$$

为了重建全息图,人们已经提出了多个正则化权重 $\boldsymbol{\varPhi}_{reg}$。当需要考虑扩展的物体时,我们通常选用一个能保留边缘(边缘锐利)的平滑先验,例如全变分(空间梯度范数之和)[20, 46-48]:

$$\boldsymbol{\vartheta}^{(\mathrm{MAP})} = \underset{\boldsymbol{\vartheta}}{\mathrm{argmin}} \parallel \overline{\boldsymbol{H}}\boldsymbol{\vartheta} - \overline{\boldsymbol{d}} \parallel_w^2 + \beta \mathrm{TV}(\boldsymbol{\vartheta}) \quad \mathrm{TV}(\boldsymbol{\vartheta}) = \sum_k \sqrt{(\boldsymbol{D}_x\boldsymbol{\vartheta})_k^2 + (\boldsymbol{D}_y\boldsymbol{\vartheta})_k^2}$$

其中,$\boldsymbol{D}_x$ 和 $\boldsymbol{D}_y$ 为沿 x 轴和 y 轴(即横截面上的轴)的有限差分算符。

Denis 等人[25]证明了通过 ℓ_1 范数强加一个稀疏约束足以重建出在体积内稀疏分布的物体全息图:

$$\boldsymbol{\vartheta}^{(\mathrm{MAP})} = \underset{\boldsymbol{\vartheta}}{\mathrm{argmin}} \parallel \overline{\boldsymbol{H}}\boldsymbol{\vartheta} - \overline{\boldsymbol{d}} \parallel_w^2 + \beta \parallel \boldsymbol{\vartheta} \parallel_1, \parallel \boldsymbol{\vartheta} \parallel_1 = \sum_k |\boldsymbol{\vartheta}_k| \tag{3.19}$$

使用一个正定约束和一个空变的正则化权重 $\boldsymbol{\varPhi}_{reg}(\boldsymbol{\vartheta}) = \sum_k \beta_k |\boldsymbol{\vartheta}_k|$,不仅可以提高重建质量,还可以扩大视场范围,如图 3.9 所示。

值得注意的是,ℓ_1 范数最小化也可以应用到上一节所述的物体检测问题中。当存在多个物体时,对所有物体进行联合检测要比一次迭代检测一个物体更加鲁棒。用贪婪方法一次探测多个物体的中间过程在压缩感知的文献[49]中有所提及,该贪婪的方式也可以适用于此处的局部优化步骤(用于建立一个连续字典)。

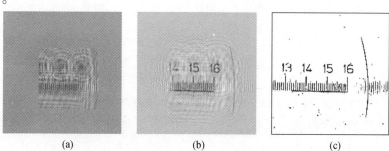

(a)	(b)	(c)

图 3.9 实验中对一个玻璃分划板(尺)的伽柏(Gabor)全息图进行重建(摘自文献[25]):全息图(a);经典线性重建(b);采用式(3.19)中的稀疏先验和正定约束得到的 MAP 估算结果(c)。全息图的归一化重建结果表明通过 MAP 方法可以扩大视场并且可以抑制孪生伪像。出处:Denis L., Lorenz D., Thiebaut E., Fournier C., and Trede D., (2009). 图片已经美国光学学会许可复制

3.5 精确度的估算

精确度的估算和提高是数字全息术的关键问题[50-53]。由于精确度取决于多个实验参数(如传感器定义、填充因子和记录距离),所以实验人员需要选取

调整实验装置的判据和合适的重建算法以提供最佳可获得的准确度。准确度估算的常用方法是：通过在重建平面上估算数字全息系统的点扩散函数宽度，来计算瑞利（Rayleigh）分辨率。Fournier 等人[54]为估算同轴数字全息术中的单点分辨率（即点光源 3D 坐标的标准差）[55]，提出了基于参数估计理论的方法[56]。通过选用合适的全息图形成模型，这种方法可应用到许多数字全息装置中，并有可能改变噪声模型。

根据克拉美 – 罗（Cramér – Rao）不等式，未知向量参数 $\boldsymbol{\theta}^*$ 的任何无偏差估计量的协方差矩阵 $\hat{\boldsymbol{\theta}} = \{\hat{\theta}_i\}_{i=1:n_p}$ 都必须满足逆费希尔（Fisher）信息矩阵的下限约束：

$$\mathrm{var}(\hat{\theta}_i) \geqslant [\boldsymbol{I}^{-1}(\boldsymbol{\theta}^*)]_{i,i} \tag{3.20}$$

其中，$\boldsymbol{I}(\boldsymbol{\theta}^*)$ 是 $n_p \times n_p$ 的费希尔（Fisher）信息矩阵。

费希尔信息矩阵是根据对数似然函数 $\log p(\boldsymbol{d};\theta)$ 的梯度进行定义的[56]：

$$[\boldsymbol{I}(\boldsymbol{\theta})]_{i,j} \stackrel{\text{def}}{=} E\left[\frac{\partial \log p(\boldsymbol{d};\theta)}{\partial \theta_i} \frac{\partial \log p(\boldsymbol{d};\theta)}{\partial \theta_j}\right] \tag{3.21}$$

其中，$\boldsymbol{\theta}$ 代表物体的参数向量（例如，(x, y, z, r) 表示球心位于 (x, y, z)，半径为 r 的球体）。

如果是加性高斯白噪声模型（参见 3.4.1 节内容），费希尔信息矩阵可以用模型 $m(\theta)$ 的梯度计算得出[54]：

$$[\boldsymbol{I}(\boldsymbol{\theta})]_{i,j} = \alpha^2 \left\langle \frac{\partial m(\theta)}{\partial \theta_i}, \frac{\partial m(\theta)}{\partial \theta_j} \right\rangle_w \tag{3.22}$$

需要注意的是，在重建算法中，w 决定了传感器所支持的有限尺寸或分析时所需要排除的数据范围。对于大量样本而言，最大似然估计量趋近于克拉美 – 罗下限（Cramér – Rao Lower Bound，CRLB）。这是因为在数字全息术中，信号分布于整个传感器，我们通过使用一大组独立同分布的测量值（通常超过 100 万个）进行估计，导致最大似然估计量接近 CRLB。注意，如果将最优化技术用于似然函数的最大化，将没法达到全局最小值，或者如果噪声过大，得到的估计误差将超过 CRLB 的误差。

在先前的一份关于单点分辨率估算的研究[54]中，我们给出了分辨率的封闭形式的描述，如下：

- CRLB 预测的分辨率在光轴上表现得和经典瑞利（Rayleigh）分辨率预测一致；
- CRLB 给出了光轴外的分辨率，甚至还给出了经典视场外的分辨率；
- 估计的参数相互关联（一个参数上的误差会影响其他参数的估计）。

采用所描述的方法绘制的标准差示图的范例如图 3.10 所示。

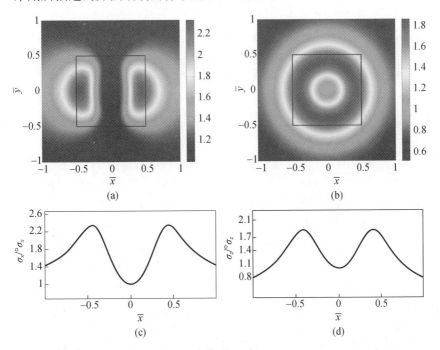

图 3.10　在一个横截面上的单点分辨率示图(摘自文献[54]):(a)根据光轴上 x - 分辨率值进行归一化的 x 分辨率图;(b)归一化的 z - 分辨率图;(c)当 $\bar{y}=0$ 时的 x - 分辨率;(d)当 $\bar{y}=0$ 时的 z - 分辨率;以上图是在 $z=100\text{mm}$, $\lambda=0.532\mu\text{m}$, $\Omega=8.6.10^{-3}$, SNR$=10$ 的条件下获得的。在(a)和(b)中央的正方形代表传感器的边界。出处: Fournier C., Denis L., and Fournel T., (2010). 图片已经美国光学学会许可复制

3.6　快速处理算法

　　缩短处理时间是数字全息术中的一个重要课题,通常可采用两种方式来实现:第一种是借助硬件装置(例如,图形处理单元或多处理器[57-59]);第二种是降低算法的计算复杂度。我们致力于研究后一种方式,旨在解决参数物体重建中全局检测步骤的时间处理瓶颈问题(参见第 3.4.1 节内容)。本节将阐述我们的两份学术贡献工作,降低该全局检测步骤的复杂性,同时保持信号处理方法的最优性。

3.6.1　用于参数物体重建的多尺度算法

　　如果参数物体可由 n_θ 个参数来描述(例如,3D 位置和固有参数,后者包括

半径、光学指数等），那么穷举搜索步骤需要探测 n_θ 个维度的采样参数空间，这相当耗时。现在以一个简单的球形不透明物体为例，该物体有着四个参数（即 3D 坐标 (x, y, z) 和半径 r）。因而搜索步骤将在四维空间上进行。为了在 (x, y) 上达到像素级准确度以及在其他参数上达到足够的准确度，我们需要在每个 (x, y) 位置上考虑数百组 (z, r) 参数对，也即需要测试数亿或数十亿个 (x, y, z, r) 四维数据。通过使用快速傅里叶变换（Fast Fourier Transform，FFT），我们可以充分利用模型的平移不变性。因此，在每个穷举搜索步骤中的搜索就减少到数百个卷积的计算，以估算广义最大相关系数判据（在每组 (z, r) 的操作中，判据需要进行 7 次 FFT[19]）。为每个物体重复这一过程，直到多物体检测完成为止[49]。多尺度算法的主要特点是将计算量大的穷举搜索用由粗到精的处理过程来代替。我们只在全息图的下采样版本上进行穷举搜索。

图 3.11 展示了这种算法的概要流程（想获知更多细节请参见文献 [60,61]）。为了突破穷举搜索这个计算瓶颈，我们根据全息图设计了一个多分辨率金字塔方法，并且只在最粗糙的尺度上进行穷举搜索。然后我们在逐渐精细的尺度上实施局部优化操作，每次根据上一个（更粗糙的）尺度所获得的参数重新进行数值优化。我们通过一个线性滤波器对全分辨率的全息图 d 进行低通滤波和下采样，以获得在第 k 级的下采样全息图。在穷举搜索步骤中使用一个分辨率较低的全息图，这样不仅可以通过一个与层数成正比因子来降低在 (x, y) 处的采样数，也使对数似然函数变得更平滑。通过这种方式，对参数 z 和 r（即粒子的深度和半径）的采样也会变得更粗略。图 3.11(a) 阐明了当考虑分辨率较低的全息图时会出现成本函数的变宽（为了便于说明，图中绘制了成本函数沿 z 轴的变化曲线）。算法掉入局部最小点的风险也有所降低。这一事实松弛了采样的约束，保证了每次的估计值会在全局最小值周边范围内。

处理时间的增益取决于两个主要因素：可用的最大下采样周期以及迭代优化操作的停止判据。我们通过考虑在最粗糙（分辨率最低）的下采样全息图所应保留的最少条纹数，来选择最大下采样周期。优化过程的停止判据在 CRLB 对金字塔中每个分辨率的全息图进行估算时给出。事实上，当参数变化与理论标准差相等时我们就可以停止优化。我们已经通过使用仿真全息图和真实全息图的集合来验证我们的算法。结果表明三层多尺度金字塔将速度提升了 4 倍。

这种所提出的"由粗到精"方法的另一个优势在于，它在每个细化步骤之后给参数的上一步估计提供了额外的精度。这些粗略的结果可以为高速照相机所拍摄的大量全息图提供快速反馈，而离线过程可以使用更精细的尺度来细化估计。

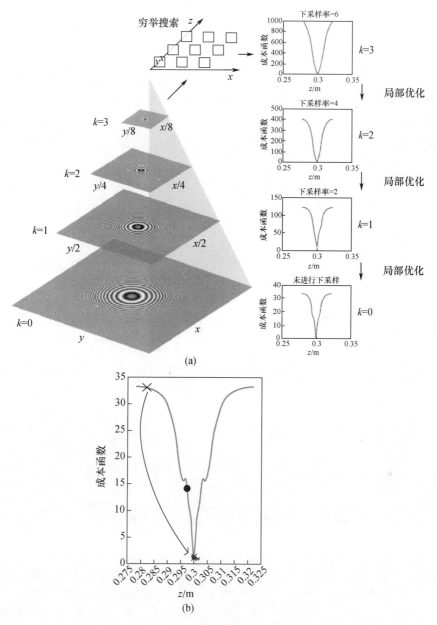

图 3.11 （a）多尺度算法架构图解,（b）根据原始全息图计算得到的关于成本函数的一维分布图。黑色十字叉显示了当在成本函数分布图上实施金字塔多尺度算法时其每步计算后的估计结果,黑点显示了在单尺度方法($k=0$)中根据穷举搜索所得的一个粗略估计示例。出处:Seifi M., Fournier C., Denis L., Chareyron D., and Marie J. L.,（2012）. 图片已经美国光学学会许可复制

3.6.2　缩小字典维度以实现快速全局检测

如第 3.4 节和第 3.5 节所述,在同轴全息图上直接对衍射图案进行匹配能够显著提高重建图像的质量。考虑到所有感兴趣的物体集合(或字典)C,我们可以将专用于参数物体的重建方法(在第 3.4.1 节所描述的形式 F I)扩展到更广类别的物体。矩阵 C 由列向量 c_i 构成,每个列向量代表着一个不同的物体。如果字典足够大(即 C 有很多列),则所关注类别中的任意物体均能由与其最接近的具有代表性的列 c_i 来很好地近似。

在全息术中,我们无法直接观测到物体,仅能捕获到其衍射图案。然后我们需要在逆问题框架下通过匹配衍射图案来进行物体识别。我们在第 3.4.1 节中引入的由所有可能的衍射图案所组成的字典 $\overline{M}$,实际上包含了在各种不同距离和所有可能的 (x,y) 平移上的每个物体 c_i 的衍射图案。设 K 为位于几何中心的衍射图案的字典,即在所有可能深度上且中心落在光轴上的所有物体的衍射图案的集合。所以字典 K 也获得了在不同记录距离上的不同物体的衍射图案的差异性。由于物体差异性(对应于字典 C 的列数)和深度范围,衍射图案字典 K 可能会非常大。直接应用在第 3.4.1 节所描述的贪婪算法也会导致计算时间过长。

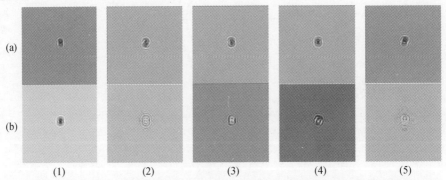

图 3.12　(a)从含有 600 幅衍射图案的字典中随机挑出 5 幅衍射图案,(b)从同一字典中挑出前 5 幅衍射图案。字典中的这些衍射图案分别在下述情况下计算得出:(a-1)在距传感器 0.15m 处放置一个"1";(a-2)在距传感器 0.1583m 处放置一个"2";(a-3)在距传感器 0.1683m 处放置一个"3";(a-4)在距传感器 0.1817m 处放置一个"6";(a-5)在距传感器 0.19m 处放置一个"7"。传感器是一个 400×400 像素照相机,其填充因子为 0.7,单位像素尺寸为 20μm。照明激光束的波长为 0.532μm。字典中衍射图案的深度范围为 [0.15 m, 0.2m]

在字典 K 中的衍射图案呈现出不同关联度,而其绝大多数的差异性可在一个低维子空间中捕获到:

$$K \approx \sum_{i=1}^{t} u_i \sigma_i v_i^t \tag{3.23}$$

其中,K 可用最佳的秩为 t 的矩阵来做近似,该矩阵是通过对与 t 个最大奇异值 $\{\sigma_1, \sigma_2, \cdots, \sigma_t\}$ 相关联的奇异向量 u_i 和 v_i 进行奇异值分解(Singular Value Decomposition,SVD)所得到的。在该近似中,衍射图案 k_j 可表示为一个线性组合 $\Sigma_i \beta_{i,j} u_i$,其中系数 $\beta_{i,j} = \sigma_i v_i(j)$,向量 u_i 表示衍射图案的所谓模式。

使用这个近似,式(3.17)中的相关系数项也可近似为关于(t 个模式中的)每一个模式与数据之间的相关系数的一个线性组合:

$$\langle k_j, \bar{d} \rangle_w \approx \sum_{i=1}^{t} \beta_{i,j} \langle u_i, \bar{d} \rangle_w \tag{3.24}$$

在式(3.24)中,数积 $\langle u_i, \bar{d} \rangle_w$ 并不取决于当下所考虑的衍射图案 k_j,因此可以一次性计算出所有的衍射图案。想获知更多细节请参见文献[60]。

3.7 小　　结

数字全息术对于定量 3D 跟踪和对扩散到一定体积内的高速运动物体进行定形而言是非常有效的手段。基于反向传播的经典重建方法自 20 世纪 80 年代起就已被成功用于 3D 重建。然而,近年来,基于信号处理方法和旨在反演图像形成过程的图像处理技术已被越来越多地用于获取精确的 3D 重建图像。这些技术提供了一个处理同轴全息图的严谨方式。在某些情况下,它们可以得到最佳的图像处理效果,以至于其准确度可接近于克拉美 – 罗下限。在仿真全息图的反向传播过程时,通过直接处理全息图还可以去除所有出现的偏差源的影响。在这个构架中,我们团队提出了两种重建算法,专用于两类物体:简单形状的参数物体和稀疏场物体。这两种算法能够实现精确重建和视场扩大。我们需要注意的是,专用于参数物体重建的算法是无监督的,而专用于稀疏场物体不透明分布重建的算法仅需要对一个单独的超参数进行调整。然而,当待重建的参数很多时,这种逆问题算法的处理时间也会很长。为了克服这个缺点,我们可以采用专用的硬件加速和/或降低算法的计算复杂度。最近,我们提出了两种降低了计算复杂度的算法:基于多尺度分辨率金字塔的"由粗到精"算法和旨在缩小衍射图案字典维度的算法(图 3.12)。我们希望基于逆问题方法的这一新算法系列能得到大力发展和推广。当前的一些待研课题是对某些特定物体的全息图形成进行光学建模以及进一步降低算法的计算复杂度。

参 考 文 献

[1] Virant M. and Dracos T., 3D PTV and its application on Lagrangian motion, *Measurement Sci-*

ence and Technology, **8**(12), 1539, (1997).

[2] Volk R., Mordant N., Verhille G., and Pinton J. F., Laser doppler measurement of inertial particle and bubble accelerations in turbulence, *Europhysics Letters*, **81**(3), 34002, (2008).

[3] Huang B., Wang W., Bates M., and Zhuang X., Three-dimensional super-resolution imaging by stochastic optical reconstruction microscopy, *Science*, **319** (5864), 810–813, (2008).

[4] Pavani S. R. P., Thompson M. A., Biteen J. S., Lord S. J., Liu N., Twieg R. J., *et al.*, Three-dimensional, single-molecule fluorescence imaging beyond the diffraction limit by using a double-helix point spread function, *Proceedings of the National Academy of Sciences*, **106**(9), 2995–2999, (2009).

[5] Verpillat F., Joud F., Desbiolles P., and Gross M., Dark-field digital holographic microscopy for 3D-tracking of gold nanoparticles, *Optics Express*, **19** (27), 26044–26055, (2011).

[6] Chareyron D., Marie J. L., Fournier C., Gire J., Grosjean N., and Denis L., Testing an in-line digital holography "inverse method" for the Lagrangian tracking of evaporating droplets in homogeneous nearly isotropic turbulence, *New Journal of Physics*, **14**(4), 043039, (2012).

[7] El Mallahi A., Minetti C., and Dubois F., Automated three-dimensional detection and classification of living organisms using digital holographic microscopy with partial spatial coherent source: application to the monitoring of drinking water resources, *Applied Optics*, **52**(1), A68–A80, (2013).

[8] Lamadie F., Bruel L., and Himbert M., Digital holographic measurement of liquid-liquid two-phase flows, *Optics and Lasers in Engineering*, **50**, 1716–1725, (2012).

[9] Moon I., Anand A., Cruz M., and Javidi B., Identification of malaria infected red blood cells via digital shearing interferometry and statistical inference, *IEEE Photonics Journal*, **5** (5), 6900207–6900207, (2013).

[10] Seifi M., Fournier C., Grosjean N., Meess L., Mari J. L., and Denis L., Accurate 3D tracking and size measurementof evaporating droplets using an in-line digital holography and inverse problems reconstruction approach, *Optics Express*, **21** (23), 27964–27980, (2013).

[11] Faulkner H. M. L. and Rodenburg J. M., Movable aperture lensless transmission microscopy: a novel phase retrieval algorithm, *Physical Review Letters*, **93**(2), 23903, (2004).

[12] Repetto L., Piano E., and Pontiggia C., Lensless digital holographic microscope with light-emitting diode illumination, *Optics Letters*, **29**(10), 1132–1134, (2004).

[13] Allier C. P., Hiernard G., Poher V., and Dinten J. M., Bacteria detection with thin wetting film lensless imaging, *Biomedical Optics Express*, **1**(3), 762–770, (2010).

[14] Fienup J. R., Coherent lensless imaging, *Imaging Systems*, Topical Meeting, Tucson, AZ, June 7–10, (2010).

[15] Poon T. C. , Yatagai T. , and Juptner W. , Digital holography coherent optics of the 21st century: introduction, *Applied Optics*, **45**(5), 821, (2006).

[16] Coupland J. and Lobera J. , Special issue: optical tomography and digital holography, *Measurement Science and Technology*, **19**(7), 070101, (2008).

[17] Kim M. K. , Hayasaki Y. , Picart P. , and Rosen J. , Digital holography and 3D imaging: introduction to feature issue, *Applied Optics*, **52**(1), DH1, (2013).

[18] Soulez F. , Denis L. , Fournier C. , Thi baut E. , and Goepfert C. , Inverse problem approach for particle digital holography: accurate location based on local optimization, *Journal of the Optical Society of AmericaA*, **24**(4), 1164 1171, (2007).

[19] Soulez F. , Denis L. , Thiébaut E. , Fournier C. , and Goepfert C. , Inverse problem approach in particle digital holography: out – of – field particle detection made possible, *Journal of the Optical Society of AmericaA*, **24**(12), 3708 – 3716, (2007).

[20] Brady D. J. , Choi K. , Marks D. L. , Horisaki R. , and Lim S. , Compressive holography, *Optics Express*, **17**(15), 13040 – 13049, (2009).

[21] Lim S. , Marks D. L. , and Brady D. J. , Sampling and processing for compressive holography [invited], *Applied Optics*, **50**(34), H75 – H86, (2011).

[22] Rivenson Y. , Stern A. , and Javidi B. , Compressive Fresnel holography, *Journal of Display Technology*, **6**(10), 506 – 509, (2010).

[23] Goodman J. W. , Introduction to Fourier optics: electrical and computer engineering, *McGraw – Hill*, (1996).

[24] Royer H. , An application of high – speed microholography: the metrology of fogs, *Nouv. Rev. Opt.* , **5**, 87 – 93, (1974).

[25] Denis L. , Lorenz D. , Thi baut E. , Fournier C. , and Trede D. , Inline hologram reconstruction with sparsity constraints, *Optics Letters*, **34**(22), 3475 – 3477, (2009).

[26] Kreis T. M. , Handbook of holographic interferometry, *Optical and Digital Methods*, Wiley – VCH Verlag, Berlin, (2005).

[27] Pellat – Finet P. , Fresnel diffraction and the fractional – order Fourier transform, *Optics Letters*, **19**(18), 1388 – 1390, (1994).

[28] Ozaktas H. M. , Arikan O. , Kutay M. A. , and Bozdagt G. , Digital computation of the fractional Fourier transform, *IEEE Transactions on Signal Processing*, **44**(9), 2141 – 2150, (1996).

[29] Liebling M. , Blu T. , and Unser M. , Fresnelets: new multiresolution wavelet bases for digital holography, *IEEE Transactions on Image Processing*, **12**(1), 29 – 43, (2003).

[30] Murata S. and Yasuda N. , Potential of digital holography in particle measurement, *Optics and Laser Technology*, **32**(7 8), 567 – 574, (2000).

[31] Malek M. , Allano D. , Coetmellec S. , Ozkul C. , and Lebrun D. , Digital in – line holography for three – dimensional – two – components particle tracking velocimetry, *Measurement Science & Technology*, **15**(4), 699 – 705, (2004).

[32] Pan G. and Meng H. , Digital holography of particle fields: reconstruction by use of complex amplitude, *Applied Optics*, **42**, 827 – 833, (2003).

[33] Liebling M. and Unser M. Autofocus for digital Fresnel holograms by use of a Fresnelet – sparsity criterion, *Journal of the Optical Society of America A*, **21**(12), 2424 – 2430, (2004).

[34] Dubois F. , Schockaert C. , Callens N. , and Yourassowsky C. , Focus plane detection criteria in digital holography microscopy by amplitude analysis, *Optics Express*, **14**(13), 5895 – 5908, (2006).

[35] Fournier C. , Ducottet C. , and Fournel T. , Digital in – line holography: influence of the reconstruction function on the axial profile of a reconstructed particle image, *Measurement Science & Technology*, **15**, 1 – 8, (2004).

[36] Tyler G. and Thompson B. , Fraunhofer holography applied to particle size analysis a reassessment, *Journal of Modern Optics*, **23**(9), 685 – 700, (1976).

[37] Bohren C. F. and Huffman D. R. , Absorption and Scattering of Light by Small Particles, Wiley – VCH Verlag, Weinheim, (2008).

[38] Lee S. H. , Roichman Y. , Yi G. R. , Kim S. H. , Yang S. M. , van Blaaderen A. , *et al.* , Characterizing and tracking single colloidal particles with video holographic microscopy, *Optics Express*, **15**(26), 18275 – 18282, (2007).

[39] Cheong F. C. , Krishnatreya B. J. , and Grier D. G. , Strategies for three – dimensional particle tracking with holographic video microscopy, *Optics Express*, **18**(13), 13563 – 13573, (2010).

[40] Cheong F. C. , Xiao K. , Pine D. J. , and Grier D. G. , Holographic characterization of individual colloidal spheres' porosities, *Soft Matter*, **7**(15), 6816 – 6819, (2011).

[41] Fung J. , Martin K. E. , Perry R. W. , Kaz D. M. , McGorty R. , and Manoharan V. N. , Measuring translational, rotational, and vibrational dynamics in colloids with digital holographic microscopy, *Optics Express*, **19**(9), 8051 – 8065, (2011).

[42] Denis L. , Lorenz D. , and Trede D. , Greedy solution of ill – posed problems: error bounds and exact inversion, *Inverse Problems*, **25**, 115017, (2009).

[43] Mallat S. G. and Zhang Z. Matching pursuits with time – frequency dictionaries, *IEEE Transactions on Signal Processing*, **41**(12), 3397 – 3415, (1993).

[44] Högbom J. A. , Aperture synthesis with a non – regular distribution of interferometer baselines, *Astronomy and Astrophysics Supplement Series*, **15**, 417, (1974).

[45] Gire J. , Denis L. , Fournier C. , Thiébaut E. , Soulez F. , and Ducottet C. , Digital holography of particles: benefits of the "inverse problem" approach, *Measurement Science and Technology*, **19**, 074005, (2008).

[46] Sotthivirat S. and Fessler J. A. , Penalized likelihood image reconstruction for digital holography, *Journal of the Optical Society of AmericaA*, **21**(5), 737 – 750, (2004).

[47] Marim M. M. , Atlan M. , Angelini E. , and Olivo – Marin J. C. , Compressed sensing with

off – axis frequency – shifting holography, *Optics Letters*, **35**(6), 871 – 873, (2010).

[48] Marim M., Angelini E., Olivo – Marin J. C., and Atlan M., Off – axis compressed holographic microscopy in low – light conditions, *Optics Letters*, **36**(1), 79 – 81, (2011).

[49] Needell D. and Tropp J. A., CoSaMP: iterative signal recovery from incomplete and inaccurate samples, *Applied and Computational Harmonic Analysis*, **26**(3), 301 – 321, (2009).

[50] Jacquot M., Sandoz P., and Tribillon G., High resolution digital holography, *Optics Communications*, **190**(1 – 6), 87 – 94, (2001).

[51] Stern A. and Javidi B., Improved – resolution digital holography using the generalized sampling theorem for locally band – limited fields, *Journal of the Optical Society of America A*, **23**(5), 1227 – 1235, (2006).

[52] Garcia – Sucerquia J., Xu W., Jericho S. K., Klages P., Jericho M. H., and Kreuzer H. J., Digital in – line holographic microscopy, *Applied Optics*, **45**(5), 836 – 850, (2006).

[53] Kelly D. P., Hennelly B. M., Pandey N., Naughton T. J., and Rhodes W. T., Resolution limits in practical digital holographic systems, *Optical Engineering*, **48**, 095801 – 1, 095801 – 13, (2009).

[54] Fournier C., Denis L., and Fournel T., On the single point resolution of on – axis digital holography, *Journal of the Optical Society of America A*, **27**(8), 1856 – 1862, (2010).

[55] Dekker A. J. D. and den Bos A. V., Resolution: a survey, *Journal of the Optical Society of America A*, **14**(3), 547 – 557, (1997).

[56] Kay S. M., Fundamentals of statistical signal processing: estimation theory, 12th edn. *Prentice Hall*, (2008).

[57] Ahrenberg L., Page A. J., Hennelly B. M., McDonald J. B., and Naughton T. J., Using commodity graphics hardware for real – time digital hologram view – reconstruction, *J. Display Technol.*, **5**, 111 – 119, (2009).

[58] Shimobaba T., Ito T., Masuda N., Abe Y., Ichihashi Y., Nakayama H., *et al.* Numerical calculation library for diffraction integrals using the graphic processing unit: the GPU – based wave optics library, *J. Opt. A: Pure Appl. Opt.*, **10**(075308), 075308, (2008).

[59] Page A. J., Ahrenberg L., and Naughton T. J., Low memory distributed reconstruction of large digital holograms, *Optics Express*, **16**(3), 1990 – 1995, (2008).

[60] Seifi M., Denis L., and Fournier C., Fast and accurate 3D object recognition directly from digital holograms, *JOSA A*, **30**(11), 2216 – 2224, (2013).

[61] Seifi M., Fournier C., Denis L., Chareyron D., and Marie J. L., Three – dimensional reconstruction of particle holograms: a fast and accurate multiscale approach, *JOSA A*, **29**(9), 1808 – 1817, (2012).

第4章　利用压缩数字全息术进行多维成像

Yair Rivenson[1], Adrian Stern[2], Joseph Rosen[1],
Bahram Javidi[3]
[1] 以色列班内盖夫本古里安大学电子与计算机工程系
[2] 以色列内盖夫本古里安大学电光学工程系
[3] 美国康涅狄格大学电气与计算机工程系

4.1　引　　言

不同于标准成像,数字全息术[1]采用了一种非直接的方式来捕获源自于物体的一个波前的复场振幅。它用单个2D记录装置提供了记录物体的3D信息。当前,数字全息术使用一个半导体器件进行记录并通常在一台计算机上以数值的方式进行重建。数字全息术已被广泛用于多个领域,包括3D成像、数字全息显微术、像差校准、全息干涉测量以及物体表面和层析成像等。

在最近几年里,随着称为压缩感知(Compressed Sensing,CS)的信号采集 – 重建方案的快速发展,全息术成功与其相结合[2-5]。CS 理论是信号采集领域的重大突破,随着 CS 的引入,人们开始寻求其在光学中的应用。不久,致力于 CS 原理实现的研究小组认识到,全息术是 CS 原理应用的天然绝佳场合[6-11]。全息术与压缩感知的协同作用产生了新的应用,并解决了传统全息术中的问题。许多压缩数字全息感知(Compressive Digital Holographic Sensing,CDHS)应用通过不同的光学装置得以验证,并且有着不同的目标。其中就包括压缩伽柏(Gabor)全息术[8]、压缩菲涅耳全息术[9,11]、离轴频率平移全息术[10]、毫米波压缩全息术[12]、漫反射物体离轴全息术[13]、光学扫描切片全息术[14]、超分辨宽场荧光显微全息术[15-16]、根据低照度下全息图的物体恢复技术[17]、在非相干多视角投影全息术中的扫描次数降低技术[18]、视频帧率的显微断层扫描术[19]、利用压缩全息术对部分遮挡物体的观测技术[20]、基于单次曝光获取的全息图来对空间、频谱、偏振信息进行单次拍摄采集的技术[21]、纳米级精度物体定位技术[22]以及基于多照射角度来提高层析物体重建质量的技术[23-24]。文献[25-26]提供了该研究领域的一个综述。在该领域,学术出版物的数量呈上升态势,也反映出该领域的重要性。

本章将综述将压缩感知用于数字全息术的理论及其应用。首先,我们向读者普及压缩感知的相关背景知识,然后通过三个主要部分介绍压缩感知是如何应用在数字全息术领域中的,这三个部分对应于不同 DH 方面,而这些方面也得益于 CS 理论:

(1) 传感器设计,特别是降低探测器像素数或基线投影数;

(2) 对物体截断波前(遇到了部分不透明障碍物)的重建;

(3) 根据单个 2D 投影实现 3D 物体的断层扫描图像重建。

4.2　压缩感知的基础知识

本节将简要回顾一下压缩感知理论[2,3]。CS 理论断言,人们可从比传统方法少得多的采样或测量数据中恢复出稀疏信号或图像。稀疏性表示一个连续信号的"信息率"可能远小于其带宽,换言之,一个离散信号取决于远小于其(有限)长度的自由度数量。更准确地说,压缩采样利用了这样的一个事实:许多自然信号是稀疏的或可压缩的,因为它们在合适的基或字典 Ψ 下展开时有着简洁的表示。稀疏变换 Ψ 可以是傅里叶变换或一些小波基,也或者是根据关于对象的先验信息定制的波形字典。

该感知机理需要将信号同少量与稀疏基 Ψ 不相干(在第 4.2.1 节所定义的意义上)的固定波形相关联。随后通过使用合适的算法以数值的方式实现信号重建。具体的 CS 流程框图如图 4.1 所示。

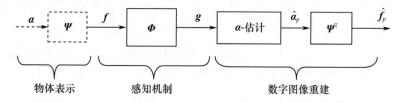

图 4.1　压缩感知成像方案[27]。出处:Stern A. and Javidi B., (2007).
图片已经美国光学学会许可复制

信号或图像 f 由 N 个采样点或像素组成,该信号或图像通过一个包含 M 个投影值的集合 g 进行感知。我们假设 f 在某个已知域下有一个稀疏表示,f 由一个变换 Ψ 和一个仅含 $S(S \ll N)$ 个非零系数的向量 α 组成,即 $f = \Psi\alpha$。我们将这样的一个物体称为 S - 稀疏物体。变换 Ψ 可以是数字压缩技术中常用的傅里叶变换或小波变换。感知的步骤可用图 4.1 中的算符 Φ 来表示。在数学上,Φ 可以表示为一个 $M \times N$ 矩阵,则测量向量 g 中的第 i 个元素为

$$g_j = \langle f, \phi_i \rangle, i = 1, 2, \cdots, M \tag{4.1}$$

其中，$\boldsymbol{\phi}_i$ 是 $\boldsymbol{\Phi}$ 的第 i 行向量，而 $\langle\,\cdot\,,\,\cdot\,\rangle$ 表示内积，即我们简单地将我们所想获取的物体与波形 $\boldsymbol{\phi}_i$ 相关联。例如，如果感知波形为狄拉克（Dirac）δ 函数（"尖峰"），则 $\boldsymbol{g}$ 是由在时域或空域中 $\boldsymbol{f}$ 的采样值所组成的一个向量。特别地，如果感知波形是像素的指示函数，则 $\boldsymbol{g}$ 就是通过理想数字照相机中传感器所采集到的图像。CS 适用于 $M < N$ 的情况，这意味着测量信号在传统意义上是欠采样的，也即需要考虑的变量数多于方程数，这导致了方程组欠定。所以从测量值 $\boldsymbol{g}$ 中重建出 $\boldsymbol{f}$ 是一个高度病态问题。该数据反演的一个经典方法是最小化 $\boldsymbol{\alpha}$ 和估计解 $\hat{\boldsymbol{\alpha}}$ 之间的均方根误差：

$$\hat{\boldsymbol{\alpha}} = \min \parallel \boldsymbol{\alpha} \parallel_2 \text{因此} \boldsymbol{g} = \boldsymbol{\Omega}\boldsymbol{\alpha} \tag{4.2}$$

其中，$\boldsymbol{\Omega}_{M \times N} = \boldsymbol{\Phi}\boldsymbol{\Psi}$ 是感知算符和稀疏算符的积。然而，这种解法没有充分利用图像的稀疏性，因此导致其不一定能得到准确的重建结果。如果知道信号能稀疏表示的先验信息，则一个直观上更合适的方法便是采用能够满足上述限制条件的 ℓ_0 范数解。因此，我们可以将 $\hat{\boldsymbol{\alpha}}$ 定义为

$$\hat{\boldsymbol{\alpha}} = \min \parallel \boldsymbol{\alpha} \parallel_0 \text{因此} \boldsymbol{g} = \boldsymbol{\Omega}\boldsymbol{\alpha} \tag{4.3}$$

其中，$\parallel \boldsymbol{\alpha} \parallel_p = \left(\sum_{i=1}^{N} |\boldsymbol{\alpha}_i| \right)^{1/p}$ 是 $\boldsymbol{\alpha}$ 的 ℓ_p 范数。式（4.3）中的 ℓ_0 范数解简单地从所有可能的 $\boldsymbol{\alpha}$ 解（满足测量模型 $\boldsymbol{g} = \boldsymbol{\Omega}\boldsymbol{\alpha}$）中数出非零项的个数，并筛选出非零项个数最少的 $\hat{\boldsymbol{\alpha}}$。遗憾的是，解该问题本质上需要穷举搜索 $\boldsymbol{\Omega}$ 各列的所有子集，这实际是一个组合过程，有着指数级的计算复杂度。该棘手的计算促使研究人员去开发 ℓ_0 范数解法的替代方法[2-3, 28]。其中一个方法（在 CS 理论中被频繁使用）是最小化 ℓ_1 范数的解法，其 $\hat{\boldsymbol{\alpha}}$ 的表达式如下：

$$\hat{\boldsymbol{\alpha}} = \min \parallel \boldsymbol{\alpha} \parallel_1 \text{因此} \boldsymbol{g} = \boldsymbol{\Omega}\boldsymbol{\alpha} \tag{4.4}$$

不同于数非零项坐标（支撑集元素）数的 ℓ_0 范数，ℓ_1 范数问题是凸函数，所以可以视为线性规划问题。一个线性规划问题可在多项式时间内求解，而 ℓ_0 范数问题需要在组合式时间内求解。在很多情况下，最小解 ℓ_1 范数的解法是最小化 ℓ_0 范数的解法的一个很好近似[2, 4, 28-29]。

另外一个在压缩感知领域中常用的最小化问题采用了全变分（Total Variation，TV）最小化[30]的方案：

$$\min_f \text{TV}(\boldsymbol{f}) \text{因此} \boldsymbol{g} = \boldsymbol{\Phi}\boldsymbol{f}, \quad \text{TV}(\boldsymbol{f}) = \sqrt{(f_{i+1,j} - f_{i,j})^2 + (f_{i,j+1} - f_{i,j})^2} \tag{4.5}$$

该框架被广泛用在压缩成像的应用中，其性能保证最近也得到了证实[31]。

当压缩测量数 M 满足一定条件时，我们可以保证式（4.4）的解唯一性以及 ℓ_1 范数解法和 ℓ_0 范数解法之间的等价性。这些条件源于信号稀疏性及感知算符 $\boldsymbol{\Phi}$ 和稀疏算符 $\boldsymbol{\Psi}$ 之间的相干性，可用相干性参数来量化。相干性参数表达

了这么一个思想：物体在 $\boldsymbol{\Psi}$ 下有着一个稀疏表示并且在其感知（测量）域下一定能进行展开，正如时域的一个尖峰会在频域下展开一样。我们应当区分相干性参数的两种不同定义，每种定义可用于不同的感知（测量）系统方案。

4.2.1 相干性参数

4.2.1.1 基于均匀随机亚采样的压缩感知

在这种测量方案中，我们在测量平面上随机均匀地散布探测器[4, 29]。在数学上，这个过程可以描述为：从 $\boldsymbol{\Phi}$ 的 N 个行向量中均匀挑出 M 个行向量，其中 $\boldsymbol{\Phi}$ 为一个 $N \times N$ 的矩阵，描述了在标称采样条件下的光学感知（测量）算符。在这种情况下，合适的相干性参数定义为

$$\mu_1 = \max_{i,j} |\langle \boldsymbol{\phi}_i, \boldsymbol{\psi}_j \rangle| \tag{4.6}$$

其中，$\boldsymbol{\phi}_i$ 是 $\boldsymbol{\Phi}$ 的一个行向量，$\boldsymbol{\psi}_j$ 是 $\boldsymbol{\Psi}$ 的一个列向量，而 $\langle \cdot, \cdot \rangle$ 表示内积。因此，μ_1 测定了感知算符 $\boldsymbol{\Phi}$ 与稀疏算符 $\boldsymbol{\Psi}$ 之间的非相干性或差异性。在一般情况下，$\boldsymbol{\Phi}$ 和 $\boldsymbol{\Psi}$ 是标准正交基，则有 $1/\sqrt{N} \leqslant \mu_1 \leqslant 1$[4, 29]。根据 CS 理论，只要遵照式（4.7）在随机投影上均匀采集 M 个投影值就可以重建信号[4, 29]：

$$\frac{M}{N} \geqslant C\mu_1^2 S \log N \tag{4.7}$$

其中，C 是一个较小的常数。从式（4.7）中可知，μ_1 越小，精确重建信号所需的相对测量次数就越少。当期望降低感知（测量）次数时，这种均匀随机采样方案将非常有用。例如，在由于每个探测器昂贵的成本只允许使用相对少量的探测器的情况下就是这样。

4.2.1.2 基于结构化亚采样的压缩感知

这种采样方案适用的情况是，当我们不能将压缩感知理论中的欠采样机制理想化为均匀随机采样时，或者是当我们不能在亚采样之前将感知算符视为标准正交基时。在上述情况下，相干性参数应该计算如下[5]：

$$\mu_2 = \max_{i \neq j} \frac{|\langle \boldsymbol{\omega}_i, \boldsymbol{\omega}_j \rangle|}{\|\boldsymbol{\omega}_i\|_2 \|\boldsymbol{\omega}_j\|_2} \tag{4.8}$$

其中，$\langle \cdot, \cdot \rangle$ 表示内积，$\boldsymbol{\omega}_i$ 是 $\boldsymbol{\Omega} = \boldsymbol{\Phi}\boldsymbol{\Psi}$ 的一个列向量，$\boldsymbol{\Omega} \in \mathbb{C}^{M \times N}$，$\|\cdot\|_2$ 为 ℓ_2 范数。此时，$\sqrt{(N-M)/[M(N-1)]} \leqslant \mu_2 \leqslant 1$。使用该定义，一个 S - 稀疏信号的重建保证可由下式[5]给出：

$$S \leqslant \frac{1}{2}\left\{1 + \frac{1}{\mu_2}\right\} \tag{4.9}$$

当 μ_2 变小时，我们能精确重建出更高维的 S – 稀疏信号。当测量数 M 趋近于 N 时，相干性参数 μ_2 趋近于 0（对于大值的 M）。该结构化亚采样更适合于描述当我们想从一次测量中获取更多的信息的感知机制，其亚采样机制还强加了给定系统的物理属性，正如我们将在本章其余部分中看到的那样。

4.3　压缩数字全息感知的精确重建条件

4.3.1　平面波照明物体的压缩感知重建性能

在这一节中我们将讨论一个物体的重建过程，其中测量由其菲涅耳变换给定。现在让我们考虑一下在菲涅耳近似中的 2D 自由空间传播条件。输入物体 $f(x,y)$ 受到一个波长为 λ 的平面波照射，然后我们在与输入平面相距为 z 的一个平面上测量传播波的复数值（图4.2），则有

$$g(x,y) = f(x,y) * \exp\left\{\frac{j\pi}{\lambda z}(x^2 + y^2)\right\}$$

$$= \exp\left\{\frac{j\pi}{\lambda z}(x^2 + y^2)\right\}\iint f(\xi,\eta)\exp\left\{\frac{j\pi}{\lambda z}(\xi^2 + \eta^2)\right\}$$

$$\exp\left\{\frac{-j2\pi}{\lambda z}(x\xi + y\eta)\right\}d\xi d\eta \qquad (4.10)$$

物体　　　　　　　　　电荷耦合器件

z

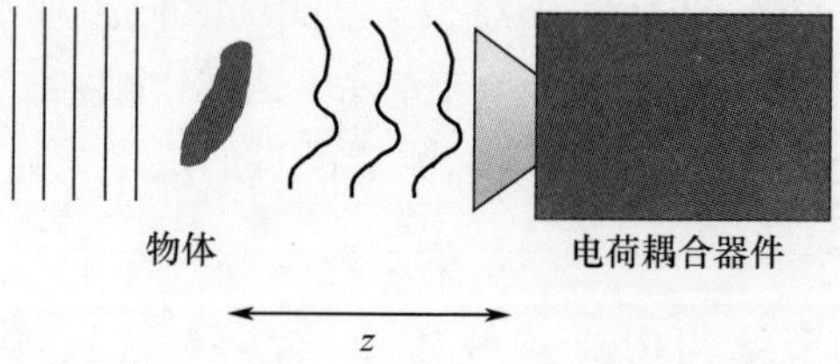

图4.2　来自受平面波照射的物体的菲涅耳传播图[26]。出处：
Rivenson Y. ,Stern A. , and Javidi B. , (2013). 图片已经美国光学学会许可复制

式中，"$*$"表示卷积。$g(x,y)$ 可以通过任何熟知的数字全息记录技术来获取[1]。二次相位项 $\exp\{j\pi(x^2 + y^2)/(\lambda z)\}$ 决定了菲涅耳积分值。在夫琅禾费（Fraunhofer）近似中，随着 $\lambda z \to \infty$，菲涅耳变换会接近于傅里叶变换。傅里叶变换作为一种首选的感知算符，在 CS 文献中广为使用[4, 29, 32]，因为它和正则基（归一化）以及几种小波基之间保持了低相干性[33]。这也是将压缩感知应用于数字全息术中的主要助推器。然而，当 $\lambda z \to 0$ 时，采集到的场接近于物体的场分布。在这种情况下，物体平面与全息平面之间的相干性参数达到最大值，这意味着压缩感知比率 M/N 接近于 1，即测量次数刚好等于用于表征物体的像素数。

因此,我们可以看到菲涅耳感知(测量)基依赖于重建距离 z 和波长 λ,进而压缩数字全息感知的重建质量也取决于这些参数。

为了分析压缩数字全息感知对 z 和其他光学系统参数的依赖性,我们还需要考虑这样一个事实,即在 DH 中使用菲涅耳光波传播的数值形式(式(4.10))。为此,我们需要区分近场和远场的数值近似[34]。数值近场近似由下式给出:

$$g(p\Delta x_0, q\Delta x_0) = F_{2D}^{-1}\exp\left\{-\mathrm{j}\pi\lambda z\left(\frac{m^2}{N\Delta x_0^2} + \frac{n^2}{N\Delta y_0^2}\right)\right\}F_{2D}\{f(l\Delta x_0, k\Delta y_0)\}$$

(4.11)

其中,Δx_0 和 Δy_0 为物体和电荷耦合器件(Charge Coupled Device,CCD)的单个像素的尺寸,有 $0 \leqslant p, q, k, l \leqslant \sqrt{N} - 1$,而 F_{2D} 为 2D 傅里叶变换。假设物体实际大小和传感器实际尺寸均为 $\sqrt{N}\Delta x_0 \times \sqrt{N}\Delta y_0$。近场数值近似模型适用于 $z \leqslant z_0 = \sqrt{N}\Delta x_0^2/\lambda$ 的体系[34]。而对于 $z \geqslant z_0 = \sqrt{N}\Delta x_0^2/\lambda$ 的体系,我们需要用下式给出的远场数值来做近似:

$$g(p\Delta x_0, q\Delta x_0)$$
$$= \exp\left\{\frac{\mathrm{j}\pi}{\lambda z}(p^2\Delta x_z^2 + q^2\Delta y_z^2)\right\}F_{2D}\left[f(k\Delta x_0, l\Delta y_0)\exp\left\{\frac{\mathrm{j}\pi}{\lambda z}(k^2\Delta x_0^2 + l^2\Delta y_0^2)\right\}\right]$$

(4.12)

其中,$\Delta x_z = \lambda z/(\sqrt{N}\Delta x_0)$ 是输出场的单个像素的大小。

现在考虑当我们想要设计一个能在一些远离物体的平面上用少量探测器采样物体衍射场感知系统的情况。在这种情况下,用均匀随机亚采样能对该感知系统进行最佳描述。当物体在空间域下是稀疏时,即 $\boldsymbol{\Psi} = \boldsymbol{I}$,文献[11]给出了其近场数值近似的相干性参数:

$$\mu_{1(\text{near field})} = N\left[\Delta x_0^2/(\lambda z)\right]^2$$

(4.13)

这意味着精确重建物体所需的压缩测量次数 M 需满足:

$$M \geqslant CN_F^2\frac{S}{N}\log N$$

(4.14)

其中,N_F 表示记录装置的菲涅耳数,$N_F = N\dfrac{\Delta x_0\Delta y_0}{4\lambda z}$,而 C 是一个小常数因子[29]。式(4.14)确定了一件事,N_F 随着工作距离 z 的增大而减小,意味着只需要更少的采样就可以精确重建信号。文献[11]指出,当近场近似失效时,可以考虑采用远场数值近似,其相干性参数变为

$$\mu_{1(\text{near field})} = 1$$

(4.15)

所需的测量次数 M 需满足：

$$M \geqslant CSlogN \tag{4.16}$$

无论工作距离如何变化，该式保持恒定。图 4.3 阐释了上述结果的一个物理直觉（意义）并可解释如下：物体衍射图的空间展开与菲涅耳数成反比。因此，当我们在远离物面的平面上进行采样时，此时菲涅耳数降低，单个样本包含了物体的大部分信息。这意味着我们可以丢弃一部分采样，因为丢失的信息可从其他采样中进行提取，这允许我们降低精确重建物体所需的采样数。

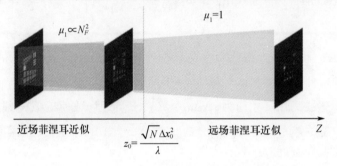

图 4.3　数值近场衍射和数值远场衍射，及其与相干性参数 μ_1 之间的关系示意图[26]，出处：Rivenson Y., Stern A., and Javidi B., (2013). 图片已经美国光学学会许可复制

4.3.2　球面波照射物体的压缩感知重建性能

在许多全息术应用中，采用球面波前来照射物体，尤其是在紧凑型无透镜显微镜系统中。其照明方案如图 4.4 所示。

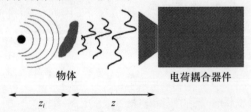

图 4.4　来自受到发散球面波照射的物体的菲涅耳传播图

在这种情况下，相干性参数的计算需要稍做修改。我们先从简单的情况入手，一维发散球面波在自由空间的菲涅耳近似可写为

$$g(x) = \exp\left(j\pi \frac{x^2}{\lambda z_i}\right) f(x,y) * \exp\left(j\pi \frac{x^2}{\lambda z}\right)$$

$$= \int \exp\left(j\pi \frac{\xi^2}{\lambda z_i}\right) f(\xi,\eta) \exp\left(j\pi \frac{(x-\xi)^2}{\lambda z}\right) d\xi$$

76

$$= \exp\left(j\pi \frac{x^2}{\lambda z}\right) \int f(\xi) \exp\left(j\pi \frac{\xi^2}{\lambda}\left(\frac{1}{z} + \frac{1}{z_i}\right)\right) \exp\left\{\frac{-j2\pi}{\lambda z}(x\xi)\right\} d\xi \quad (4.17)$$

为了更准确的数值表示,我们可以采用之前在平面波情况下得出近场和远场数值近似的相同思路。相应地,远场模型的采样标准为[34]:

$$\frac{\Delta x_0^2}{\lambda}\left(\frac{1}{z} + \frac{1}{z_i}\right) < \frac{1}{\sqrt{N}} \quad (4.18)$$

根据式(4.18)我们可以推导出菲涅耳变换的远场下限为

$$z > z_0 = \frac{\sqrt{N}\Delta x_0^2}{\lambda - \sqrt{N}\Delta x_0^2/z_i} \quad (4.19)$$

很显然,该远场下限取决于照射光源与物体之间的距离。由于式(4.19)右侧的分母中多了 $-\sqrt{N}\Delta x_0^2/z_i$ 的项,导致该下限相比平面波的下限要更高一些。所以,我们为近场菲涅耳近似重写了当使用球面波照明时的相干性参数:

$$\mu_1 = \frac{\sqrt{N}\Delta x_0^2}{z(\lambda - \sqrt{N}\Delta x_0^2/z_i)} \quad (4.20)$$

与之前的情形类似,在远场近似中,$\mu_1 = 1$。在 $\lambda z_i \to \infty$ 的极限情况下,式(4.20)就会退化为在平面波照明情况下的相干性参数 μ_1:

$$\mu_1(\lambda z_i \to \infty) = \sqrt{N}\Delta x_0^2/(\lambda z) = \mu_1 \quad (4.21)$$

式(4.21)告诉我们,在发散球面波照明情况下所获得的相干性参数相比于平面波照明下的相干性参数要更高一些。因此,使用球面波照明所需的采样数也更多一些。对于 $2D$ 的情况,则有[35]

$$\mu^{2D} = \sqrt{N}\frac{\Delta x_0^2}{z(\lambda - \sqrt{N}\Delta x_0^2/z_i)}\sqrt{N}\frac{\Delta y_0^2}{z(\lambda - \sqrt{N}\Delta y_0^2/z_i)} \quad (4.22)$$

因此,当 $\Delta x_0 = \Delta y0$ 时,在近场条件下需要的采样数为

$$M \geq CN\left(\frac{\Delta x_0^2}{z_2(\lambda - \sqrt{N}\Delta x_0^2/z_1)}\right)^2 S \log N \quad (4.23)$$

需要注意的是,使用会聚平面波照明时会产生相反的结果,即相干性参数会小于相同的探测器与物体之间距离 z。对于一维会聚波,其相干性参数为

$$\mu_1 = \frac{\sqrt{N}\Delta x_0^2}{z(\lambda + \sqrt{N}\Delta x_0^2/z_i)} \quad (4.24)$$

这意味着一些应用(当系统像素数而非其轴向紧凑程度是主要问题的时候)可能会受益于该会聚波照明的使用。

图 4.5 展示了在不同照明方案(平面波、会聚波和发散波)下压缩测量比率 M/N 与成像距离之间的函数关系。结果是通过仿真一个压缩感知菲涅耳全息术(其中欠采样全息场)来获得的。采用的物体为一个 1024×1024 像素的 1951 年美国空军(United States Air Force, USAF)分辨率板。分辨率板的像素间隔 $\Delta x_0 = 5 \mu m$,而照明波长 $\lambda = 632.8nm$。我们假设探测器也有着 1024×1024 像素。对于不同的成像距离值 z,随机选择菲涅耳采样。算法当其达到 32dB 的重建峰值信噪比时终止。从图 4.5 中的结果来看,很显然,采用发散波照明的压缩测量比率 M/N 要比采用平面波照明的压缩测量比率更糟糕一些。在该示例中,会聚波照明相比于平面波照明并没有展示出任何显著的优势。

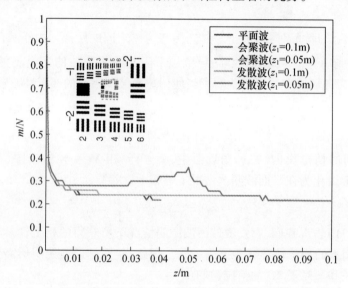

图 4.5 平面波和球面波照明下,压缩传感率与距离 z 的变化关系图。
图中仿真结果是采用 USAF1951 分辨率标准板计算的结果。

4.3.3 非正则稀疏算符的重建性能

当物体在空间域中不稀疏时,即稀疏算符 $\boldsymbol{\Psi} \neq \boldsymbol{I}$,所需的测量次数 M 会根据菲涅耳变换与稀疏算符 $\boldsymbol{\Psi}$ 之间的相干性参数 μ_1 而有所不同。不幸的是,所得到的分析结果(如式(4.13)和式(4.15)不同稀疏算符所得到的结果)会极其冗长。不过我们可以根据经验证明文献[11]所提到的分析趋势以及式(4.13)和式(4.15)所预测的分析趋势对于其他受欢迎的稀疏变换同样有效。在图 4.6 中,我们展示了采用不同稀疏基(Haar、Coiflet 和 Symlet 小波基)所得到的归一化采样数比例 M/S 的仿真结果,并将其与通过正则表示 $\boldsymbol{\Psi} = \boldsymbol{I}$ 所得到的结果进行比较。物体依然是 1024×1024 像素的 USAF(1951)分辨率板。为了反映所

78

需采样数 M 对 z 的依赖程度,图 4.6 的曲线根据稀疏度 S 进行了归一化处理。这是因为 S 取决于我们所使用的小波类型。例如,在仿真中,Haar 基展开的生成结果为 $S/N = 0.017$,Coiflet 基展开的生成结果为 $S/N = 0.024$,Symlet 基展开的生成结果为 $S/N = 0.025$,标准正则基展开的生成结果为 $S/N = 0.21$。从图 4.6 中可知,采用不同的小波稀疏算符 Ψ 所得到的比率 M/S 与式(4.13)为 $\Psi = I^{[11]}$ 的情况所预测的变化趋势相同,即 M/S 随工作距离 z 的增加而递减,并最终趋于一个常数,就像式(4.13)预测的那样。图 4.6 还显示了最低的 M/S 比率是通过正则稀疏基获得的。这也是菲涅耳变换和傅里叶变换之间的关系以及傅里叶变换与尖峰基之间有着最小相干性的事实所期望看到的结果,具体参见第 4.2 节内容。

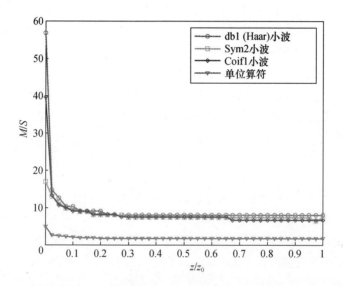

图 4.6 仿真结果显示了不同稀疏基所对应的归一化压缩采样比率。出处:Rivenson Y., Stern A., and Javidi B., (2013). 图片已经美国光学学会许可复制

4.4 压缩数字全息感知的应用

在本节中,我们将介绍压缩感知全息术的应用。在此呈现的应用很多样,包括对稀疏像素阵列所采集到的全息图进行重建、采用非相干全息术进行稀疏照相机定位、通过使用部分遮挡的光阑来重建图像,以及根据记录的全息图生成物体的断层扫描图。这些应用及其在其他领域的应用证实了为何数字全息术已经成为光学压缩感知应用的领头羊。

4.4.1　基于全息平面欠采样的压缩菲涅耳全息术

在本小节中，我们期望解决的问题是如何在维持对场景的高重建精度的同时显著降低探测器像素数。这些属性对于降低探测器成本、扫描次数、获取的数据量或对于从单次测量中提取出更多信息而言可能非常有用。尤其是对不同谱段（如紫外波段、红外波段和太赫兹波段）的全息术、非相干全息术或对于改善成像性能而言都将非常重要。

4.4.1.1　利用可变密度亚采样方案来改善重建质量

当根据光学装置所获得的稀疏系数空间分布来思考亚采样方案时，我们可以采用一个更为复杂的方法，而不是像传统 CS 理论指示的那样仅仅在采样平面上随机均匀地布置探测器。文献[9]指出，当我们在记录的菲涅耳全息图中原点附近进行密集采样时，将获得更好的重建结果；根据某些（非均匀）概率密度函数[36]，而在远离原点的位置进行稀疏采样。

在图 4.7 中，我们将可变密度亚采样用于一个离轴菲涅耳全息图中，以此来验证这一原理。物体是一枚面值为 2 的新谢克尔（以色列货币单位）硬币的100% 像素全息图，如图 4.7(a)所示。在图 4.7(b)中，我们可以看到来自完整全息图的标准菲涅耳反向传播的 +1 阶重建图。图 4.7(c)展示了对完整全息图进行可变密度亚采样的结果，其中我们只采集了 6% 的全息图像素，这对应于（占总像素数）6% 的测量数。通过对图 4.7(c)所示亚采样全息图进行标准菲涅耳反向传播，其结果如图 4.7(d)所示。由于图 4.7(d)的数据是亚采样的，其重建质量比图 4.7(b)差很多。然而，通过采用 CS 重建算法，我们获得了与完整数据的标准反向传播结果差不多相似的图像，如图 4.7(e)所示。

4.4.1.2　在多视点投影非相干全息术中减少扫描次数

压缩数字全息感知也被证实可以显著提高多视角投影（Multiple View Projection，MVP）非相干全息术的性能[37]。多视角投影全息术是一种利用一个简单光学装置获取数字全息图的方法，该光学装置工作在空域和时域"白"光照射条件下。该方法仅需要一台传统数字照相机作为记录装置。MVP 方法基本上分为两个步骤，如图 4.8 所示。第一步是场景获取步骤，即用一个照相机平移台获取场景的多视角图。该步骤通常包含了漫长的扫描操作，因为每个全息图像素的生成都需要一次单独的曝光[37]。例如，为了记录一幅适合高清显示（600 × 480 像素）的全息图，需要获取 $600 \times 480 = 2.88 \times 105$ 次投影。第二步被称为数字化阶段，即将每幅图像与相应的相位函数数字相乘，然后依次相加，最后生成数字傅里叶或菲涅耳全息图[37]。

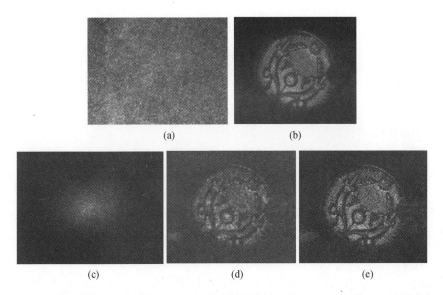

图 4.7 将压缩数字全息感知用于反射单次拍摄离轴全息图。(a)面值为 2 的新谢克尔硬币的菲涅耳全息图。(b)根据(a)中的完整采样全息图所获得的反向传播重建图。(c)对(a)进行 6% 可变密度随机亚采样的采样点图。(d)根据(c)所得到的反向传播重建图。(e)压缩感知重建图,感兴趣区域的峰值信噪比为 31.2dB

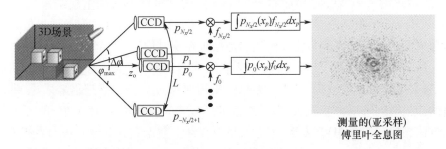

图 4.8 压缩多视角投影非相干全息术的示意图[18, 37]。使用一台 CCD 照相机拍摄 $K\log N$ 次投影(每次投影用 p_i 表示),其中相机与场景之间的距离为 z_0。每个获得的投影以数字的方式相乘上一个相应的复函数并依次相加,最后得到一幅亚采样全息图。出处:Rivenson Y., Stern A., and Rosen J., (2011);Shaked N. T., Katz B., and Rosen J., (2009). 图片已经美国光学学会许可复制

文献[18]指出,通过将压缩数字全息感知方法用于 MVP 全息术,可以显著减少在数据采集阶段的扫描操作。正如第 4.2 节中所讨论的,这是因为它仅需采集 $M = S\log N$ 个全息图像素就可精确重建场景。因此,在 MVP 方法中,我们仅需在 $M = S\log N$ 个(而非 N 个)不同视角进行数据采集。换言之,仅需数目占标称曝光数一小部分的曝光,便可获得 3D 场景的精确重建。具体的实现过程如下:

（1）采集 3D 场景的 $O(Slog N)$ 次投影,而不是原始 MVP 算法所需的 N 次投影。

（2）正如之前所描述的那样,将每个采集到的投影乘上相应的相位函数,这样便生成了一幅部分傅里叶全息图,仅用了少量的投影(系数)。

（3）利用式(4.5)中的全变分最小化约束来重建信号。3D 场景在不同平面上的对焦结果得以重建。

图 4.9 展示了压缩 MVP 全息术的仿真结果。仿真执行如下:将字母 B、G、U 放置于不同的纵向、横向位置,合成出一个 3D 场景。将每个获取的投影结果与一个相应的相位函数 f_n 相乘,然后依次相加,如图 4.8 所示。按这种方式,我们生成了一幅傅里叶全息图。所生成的全息图的大小为 256×256 像素,对应于 256×256 次投影。然后根据图 4.8 所描述的方案对合成的傅里叶全息图进行亚采样。对于一个真实实验而言,没有必要先获取所有的投影再进行亚采样;相反我们可以简单地采集一部分所需的投影来重建场景。在该仿真中,我们生成了对场景的 100% 采样作为参照。在下一步中,我们将执行 TV(式(4.5))算法或 ℓ_1 范数最小化算法(式(4.4))。图 4.9 展示了不同压缩采样数和不同的 B、G、U 字母平面的仿真结果。从图中可以看到,根据 6% 的采样所得的压缩感知重建结果(图 4.9(b),(e))与根据完全采集的全息图所得的重建结果(图 4.9(a),(d))并无明显差异。即便当采样率降至 2.5% ,压缩感知重建结果依然非常令人满意。包括真实实验在内的其他结果在文献[18]中找到。

所提出的这种基于压缩数字全息感知方法的 MVP 全息术有许多优点:第一,采集工作量显著减少。例如,如果投影需要通过一个扫描过程来采集,那么总的扫描时间可以大幅缩短,其采集速度是原来采集速度的 15 ~ 20 倍。第二,此方法相比于传统 MVP 方法,需要发送或存储的数据更少。该方法无需额外的传感器级别的硬件,并能弥补瞬时物体在分辨率极限和带宽瓶颈上的不足。

4.4.1.3 压缩菲涅耳全息术的其他应用

压缩菲涅耳全息术的框架也可用来提取超分辨率信息。这已被 Coskun 等人和 Liu 等人所证实,Coskun 等人使用了同轴全息术框架来提取超分辨荧光珠[15],而 Liu 等人利用一个压缩数字全息同轴装置来定位一个移动物体,其定位精度可达探测器像素尺寸的 $1/45$ [22]。

另一个令人关注的应用领域是多维图像的重建[21]。多亏了有 CS,只有少量像素需要采样,因此人们可以制造出一个探测器,其中仅有少量像素捕获物体的不同信息,如偏振、颜色等。因此,它可以从单次拍摄图像中重建出多维数据,而无须在每个维度上都设置探测硬件。

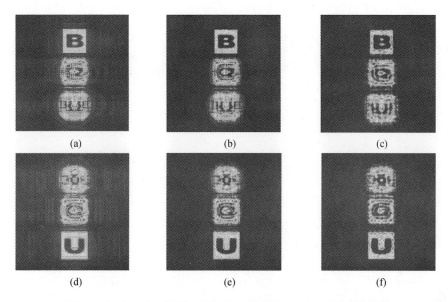

图 4.9　关于字母 B(前方)和字母 U 所在平面(后方)的重建图像

(a)根据 100% 投影的关于 B 平面的重建图;(b)根据 6% 投影的关于 B 平面的压缩感知重建图;(c)根据 2.5% 投影的关于 B 平面的压缩感知重建图;(d)根据 100% 投影的关于 U 平面的重建图;(e)根据 6% 投影的关于 U 平面的压缩感知重建图;

(f)根据 2.5% 投影的关于 U 平面的压缩感知重建图。

4.4.2　利用压缩数字全息术重建在不透明介质之后的物体

现在我们将展示压缩菲涅耳全息重建在对放置在部分遮挡介质背后的物体成像中的应用。其感知(测量)机制是建立在物体的菲涅耳变换基础上。我们将在接下来的几个段落里简要介绍一下该方法。

4.4.2.1　将部分遮挡物体恢复作为一个压缩感知问题

该光学装置示意图如图 4.10 所示。让我们假设输入物体 $f(x,y)$ 被一个波长为 λ 的相干平面波照射。物体的波前传播了一段距离 z_1 打到部分遮挡平面 $o(x,y)$ 上。发生截断和失真的波前继续传播另外一段距离 z_2 到达 CCD 传感器表面。该波前能用任意一种全息术来记录。

被遮挡的物体波前可描述为

$$g(x,y) = \left[f(x,y) \cdot \exp\left\{ \frac{j\pi}{\lambda z_1}(x^2 + y^2) \right\} \right] \times o(x,y) \cdot \exp\left\{ \frac{j\pi}{\lambda z_2}(x^2 + y^2) \right\}$$

$$(4.25)$$

值得注意的是,在遮挡平面到探测器平面之间的自由空间传播过程中,本质

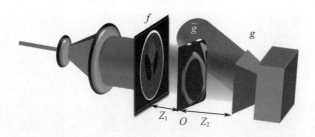

图 4.10 对部分遮挡的物体场采集的原理示意图。在物体平面和遮挡平面上，黑色部分代表完全不透明的区域，灰色部分表示部分透明(浑浊)区域

上既没有增加信息也没有损失信息；因此，信息的丢失只能来自于由 $f(x, y)$ 到 $\tilde{g}(x_{z1}, y_{z1})$ 的数值近似过程。在离散化和采用式(4.12)所给出的远场菲涅耳近似之后，结合在距离 $-z_2$ 处的标准数值菲涅耳反向传播，我们将得到

$$
\tilde{g}(p\Delta x_{z1}, q\Delta y_{z1}) = o(p\Delta x_{z1}, q\Delta y_{z1}) \times \exp\left\{\frac{\mathrm{j}\pi}{\lambda z}(p^2\Delta x_{z1}^2 + q^2\Delta y_{z1}^2)\right\}
$$

$$
\times F_{2D}\left[f(k\Delta x_0, l\Delta y_0)\exp\left\{\frac{\mathrm{j}\pi}{\lambda z_1}(k^2\Delta x_0^2 + l^2\Delta y_0^2)\right\}\right]
$$

(4.26)

其中，$0 \leqslant p, q, k, l \leqslant N-1$。由于 o 并不是一个干净的光阑，式(4.26)中的正向感知模型可以描述为物体的菲涅耳光波传播的亚采样或失真。从这种意义上讲，此模型便与压缩感知模型十分类似。然而，与传统 CS 不同的是，现实世界的遮挡环境很可能保留了一定的结构特征，当然肯定不能再按照在一个均匀分布上随机采样的机理进行建模。

4.4.2.2　物体恢复的性能保证

式(4.26)告诉我们，能否精确地重建物体应该取决于 μ_2 和式(4.9)中的条件是否满足。数值远场近似中的相干性参数 μ_2 为[20]

$$
\mu_2^{FF} = \max_{m\neq l}\frac{|\hat{O}(m-l) \otimes \hat{O}(m-l)|}{\|o\|_2^2}
$$

(4.27)

其中，$\otimes$ 表示相关算符，$\|.\|_2$ 为 ℓ_2 范数，$\hat{O}$ 为 o 的 2D 傅里叶变换，即 $\hat{O} = F_{2D}\{o\}$。索引 m 和 l 均表示测量矩阵的列标，且有 $0 \leqslant m, l \leqslant N-1$。式(4.27)适用于一般的情况，其中 $\Delta x_{z1} = \lambda z_1/(\sqrt{N}\Delta x_0)$[1, 34]，而要知晓更一般的公式的话请读者参见文献[20]。

式(4.27)的结果公式化了相干性参数对遮挡平面结构化特征的依赖性。根据式(4.9)，可被准确恢复的 S-稀疏信号的元素个数与 μ_2 成反比。

4.4.2.3 透过一个浑浊部分不透明介质对物体的重建仿真

接下来我们将通过一个仿真例证该方法的有效性。真实实验结果请参见文献[20]。采用 MATLAB 对所提出的方法进行仿真。光学原理图如图 4.10 所示。

图 4.11(a)中的物体是一个 512×512 像素的幻影图。我们根据式(4.26)仿真了一个全息图记录的过程,其中一个遮挡平面,如图 4.11(b)所示,是由黑色表示的完全不透明区域和包含复杂随机介质的半透明区域组成。透光区域只占全部视场的 28%,所以几乎 3/4 的视场被阻挡。我们在探测器上添加了噪声,使得全息图的信噪比达到 30dB。使用数值反向传播算法对遮挡物体的含噪全息图进行重建,其结果如图 4.11(c)所示。从图中我们可以发现大部分的物体特征因为存在遮挡而发生了丢失。相比之下,图 4.11(d)显示了近乎完美的

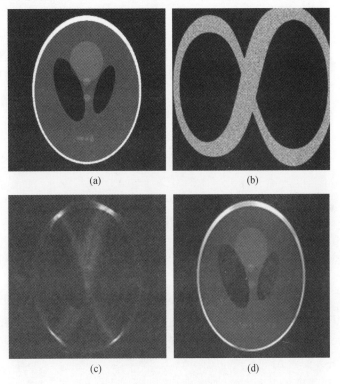

图 4.11 对于一个遮挡的幻影图(计算机视觉通用测试图)的
重建仿真结果,其中添加了探测器噪声(信噪比为 30dB)

(a)原始物体;(b)遮挡平面,由复杂随机区域(灰度级区域)和完全不透明区域
(黑色区域)组成;(c)根据采集的全息图进行反向传播所获得的重建图像;
(d)利用所提的压缩菲涅耳全息方法计算出的重建图像,其峰值信噪比为 24.54dB。

重建,该重建是通过将所提出的问题表述为一个压缩菲涅耳全息问题来进行的。

所以,通过将一个压缩感知规范的方案用于对位于复杂部分遮挡介质后的物体所进行的全息成像中,我们可以得到近乎完美的恢复。这可以通过采用一个离轴全息装置进行单次拍摄来实现,或通过采用相位平移全息方案进行少量采样来实现。这个方法可以适用于部分不透明介质、浑浊介质或非线性介质,其中该介质的物理属性事先就已知晓,或能够在物体感知过程中提取相关信息[20]。

4.4.3　根据二维全息图重建三维断层扫描图

这里我们将讨论如何从单幅记录的 2D 全息图中重建出三维断层扫描图。通过数字对焦在不同物体深度所获得的数值重建图可能会出现失真,这是由于焦外物体点位于其他物体平面所导致的,如图 4.9 所示。这些干扰是系统的不完备模型的结果,因为式(4.11)和式(4.12)中的反向传播模型代表着一个 2D – 2D 模型,它将全息图平面连接到单一深度平面,因此该模型忽略了其他的物体平面。显然,在 3D – 2D 采集系统中采用基于 2D – 2D 模型的重建技术会遭受在不满足模型条件的物点(即位于其他深度平面的物点)处所出现失真。

4.4.3.1　将基于单个二维全息图重建三维物体转化为压缩感知问题

为了避免出现离焦失真,我们应当采用一个能够关联所有 $N_{object} = N_x \times N_y \times N_z$ 的三维像素(也被称为体元或立体像素)与 $N_{holo} = N_x \times N_y$ 的全息图像素的 3D – 2D 正向模型。我们可以在数学上公式化该(离散的)正向模型,将 3D 物体 $O(.)$ 与采用全息过程记录下来的 2D 波前 $U(.)$ 相关联:

$$U(k\Delta x, l\Delta y) = \sum_{r=1}^{Nz} F_{2D}^{-1}\{ e^{-j\pi\lambda r\Delta z[(\Delta v_x m)^2 + (\Delta v_y n)^2]} e^{-j\frac{2\pi}{\lambda}r\Delta z} \times F_{2D}[f(p\Delta x, q\Delta y; r\Delta z)]\}$$

(4.28)

其中,$0 \leqslant p, m \leqslant N_x - 1, 0 \leqslant q, n \leqslant N_y - 1$ 和 $1 \leqslant r \leqslant N_z - 1$。在式(4.28)中,3D 物体所在空间被分割成一个包含 $N_x \times N_y \times N_z$ 个三维像素的网格,每个三维像素的大小为 $\Delta x \times \Delta y \times \Delta z$。$F_{2D}$ 算符表示 2D 离散傅里叶变换。式(4.28)中的数值模型建立在近场菲涅耳近似基础上,而其他模型也已经在第 4.3.1 节中有所讨论(介绍)。空间频率变量为 $\Delta v_x = 1/(N_x \Delta x)$ 和 $\Delta v_y = 1/(N_y)$。该模型设不同深度平面的常规采样间隔为 Δz。从 2D 全息图中重建 3D 物体,这一问题本来就是病态的,因为未知数个数(3D)是方程数(2D)的 N_z 倍。为了解决这一问题,我们假设物体是稀疏的,即 $S < N_{holo}$,这样我们可以把该问题重塑为一个压缩感

知问题。当物体在空间域下稀疏,我们可以求解下列最小化问题:

$$\min\left\{\parallel U - \boldsymbol{\Phi}\boldsymbol{O}^{\mathrm{T}} \parallel_2^2 + \tau \parallel \boldsymbol{O} \parallel_1\right\} \tag{4.29}$$

在式(4.29)中,$\boldsymbol{\Phi}$ 是根据式(4.28)所得出的 3D–2D 正向模型,写成了一个矩阵与向量相乘的形式,于是向量 U 便代表探测光场,可写为

$$U = \left[F_{2\mathrm{D}}^{-1} \mathrm{e}^{-\mathrm{j}\frac{2\pi}{\lambda}r\Delta z}\boldsymbol{Q}_{\lambda^2\Delta z} F_{2\mathrm{D}} ; \cdots ; F_{2\mathrm{D}}^{-1} \mathrm{e}^{-\mathrm{j}\frac{2\pi}{\lambda}N_z\Delta z}\boldsymbol{Q}_{\lambda^2 N_z\Delta z} F_{2\mathrm{D}} \right] \left[o_{\Delta z} ; \cdots ; o_{N_z\Delta z} \right]^{\mathrm{T}} = \boldsymbol{\Phi}\boldsymbol{O}^{\mathrm{T}} \tag{4.30}$$

其中,矩阵 $\boldsymbol{Q}_{\lambda^2 r\Delta z}$ 是一个对角矩阵,它考虑了式(4.28)中的二次相位项,而 $\left[o_{\Delta z} ; \cdots ; o_{N_z\Delta z} \right]^{\mathrm{T}}$ 为 3D 物体的字典表示。在这种情况下,从 2D 全息投影中精确重建 3D 物体的条件保证为

$$\mu_2 = \frac{\Delta x \Delta y}{\lambda \Delta z} \tag{4.31}$$

因此,通过结合式(4.31)及式(4.9),我们得到了可被精确重建的稀疏物体特征数量:

$$S \leqslant 0.5 \left[1 + \lambda \Delta z / (\Delta x \Delta y) \right] \tag{4.32}$$

可以看出,在式(4.32)的特定条件下,意味着该 3D 物体重建具有轴向超分辨率。想获知更多详细问题请读者参见文献[38]。

最广为应用的断层扫描 3D 物体重建采用了以下 TV 范数最小化问题的解:

$$\min\left\{\parallel U - \boldsymbol{\Phi}\boldsymbol{O}^{\mathrm{T}} \parallel_2^2 + \tau \parallel \boldsymbol{O} \parallel_{TV}\right\} \tag{4.33}$$

这是式(4.5)的非约束形式,其中 $\parallel . \parallel_{TV}$ 是 3D 全变分算符,由下式给出:

$$\parallel \boldsymbol{O} \parallel_{TV} = \sum_{l} \sum_{i,j} \sqrt{(o_{i+1,j,l} - o_{i,j,l})^2 + (o_{i,j+1,l} - o_{i,j,l})^2} \tag{4.34}$$

其中,τ 是一个控制保真项与物体稀疏度之间比率的正则化参数。

基于 3D–2D 正向模型的重建方法已被成功应用于:根据一幅单次记录的伽柏全息图重建 3D 物体[8]、在太赫兹频域下重建 3D 物体[12]、根据多次离轴曝光对漫反射物体进行断层扫描(层析)重建[13]、非相干光学扫描全息术[14],以及视频帧率的断层扫描(层析)显微术[19]。最近,人们发现通过改变光学装置并从不同角度记录物体的全息投影,再利用传统断层扫描术的相同原理,然后结合压缩全息术,可以提高重建精度[23,24]。

4.4.3.2 利用多投影全息术来提高深度分辨率

在此我们将讨论该压缩数字全息感知方法的其他两种应用。第一个应用是将其用于 MVP 全息图重建,这个我们在第 4.4.1.2 节中就已经介绍过。与其他全息术一样,基于 3D–2D 重建模型的物体重建让我们能够提高场景的

断层分割(切片),尽管我们仍然需要捕获一小部分的投影,如第 4.4.1.2 所述。文献[18]给出了在白光照明和使用标准照相机条件下的场景断层分割示例。

将压缩全息术框架用于 MVP 生成的全息图中的另外一个好处描述如下:在多孔径系统中,轴向分辨率随着通常由合成孔径所定义的系统基线的延展而线性递增。这意味着 MVP 的分辨率线性正比于捕获视角的数目。然而,正如文献[18]所述,当使用压缩数字全息感知方案时,轴向分辨率随着所需投影数的增加而会以更高的速率增加,比率为 $N/S \log N^{[18]}$。这源于经验的规律,该规律预测,N/S 项随着问题规模的增加而递增,反过来,轴向分辨率增益相对于投影数的比率也会相应地增加。因此,我们可以在降低扫描工作量的同时获得 MVP 方法在轴向超分辨率上的优势。在图 4.12 中,我们将通过以下的数值实验阐明将 CS 用于多视角投影全息术所带来的好处。该数值实验为:生成一个由字母 C、D、H、S 所组成的合成物体,其中字母 D 和 H 位于一个平面,而字母 C 和 S 位于一个相对更远的平面。我们仅用了 3275 个投影(其中一个有代表性的投影如图 4.12(a)所示)便记录下一幅多视角投影全息图,3275 这一数目只占多视角投影全息方法所需的 256×256 投影标称数的 5%。所获得的全息图如图 4.12(b)所示。作为对比,图 4.12(c)给出了根据亚采样全息图利用标准数值反向传播进行重建的结果。然而图 4.12(c)所示的重建图遭受着严重的面外串扰噪声的影响,而图 4.12(b)所示的重建图展现出清晰的深度切片。

4.4.3.3 采用单次曝光同轴全息术和压缩感知来提高深度辨别能力

第二个应用最近通过 3D-2D 压缩全息框架和单次曝光同轴(SEOL)全息记录装置[39]的结合得以论证。SEOL 数字全息术是为捕获 3D 场景、微生物的动态事件及其运动而设计的[39-43]。正如图 4.13 所示,SEOL 数字全息术利用一个马赫-曾德尔(Mach-Zehnder)干涉仪装置来记录 3D 物体的菲涅耳衍射场,其采用的方式与相位平移数字全息术类似。但是,对比于相位平移同轴数字全息术,SEOL 数字全息术仅需使用一次单独的曝光。采用了 SEOL 全息装置的早先工作[39-43]也有应用图像处理、图像识别和统计推断技术来进行诸如对微生物的识别、跟踪和可视化等的任务。尽管在 SEOL 数字全息显微术中,大多数的干扰项(如偏差和孪生像效应)通常都可以降低或忽略不计[42],但仍然存在由位于其他物体平面的焦外物体场所引起的重建失真(畸变),该重建失真会影响分析的工作。

正如第 4.4.3.1 节所解释的那样,使用压缩感知方法和 3D-2D 正向算符将获得重建质量有所提高的结果。当采用 SEOL 记录方案时也有着明显的重建

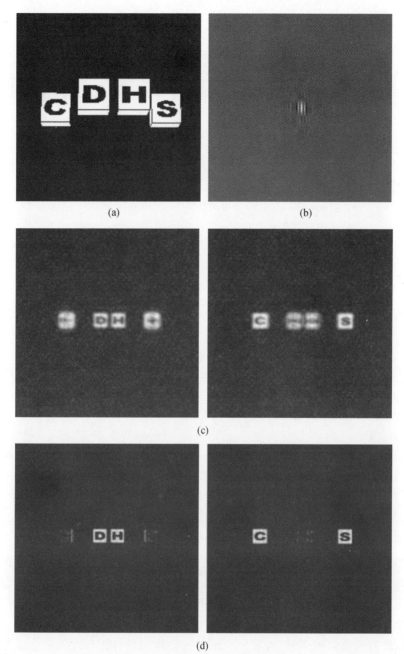

图 4.12　将压缩数字全息感知用于多视角投影非相干全息术。出处：Rivenson Y. ,
　　　Stern A. ,andJavidi B. ,（2013）. 图片已经美国光学学会许可复制。
（a）场景单个视角下的捕获视图；（b）根据数量仅有标准投影数 5% 的投影图所获得的亚采样
　　全息图；（c）根据（b）进行标准数值反向传播所得到的两个物体平面的重建图；
　（d）根据（c）使用压缩感知方法所得到的两个相应平面的重建图，深度切面清晰可见[26]。

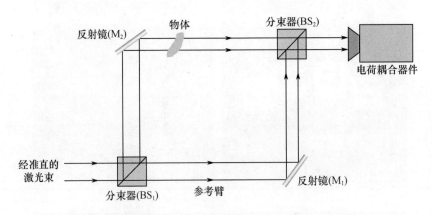

图 4.13　单次曝光同轴全息装置示意图[26]。出处:Rivenson Y.,Stern A.,
and Javidi B.,(2013).图片已经美国光学学会许可复制

质量提升。具体的实验结果读者可以在文献[43]中找到。

此外,将 SEOL 与压缩全息框架相结合能够得到一个近乎完美的实现压缩全息术的装置。这要归功于 SEOL 的三个属性。第一个属性是,系统的分辨率与同轴全息装置相同,而且至少是离轴记录装置可获得的分辨率的 2 倍。第二个属性是,对于实际的显微物体,该系统可以通过单次拍摄获取全息图,还能得到令人满意的重建结果[41]。第一个和第二个属性也常见于伽柏全息术。第三个属性是,不同于伽柏(同轴)全息术,SEOL 全息术表现为一个外差系统。这使得我们可以通过对参考臂和物臂进行合适的振幅分配控制来以一个更高的SNR 记录数字全息图。SNR 是 DH 的一个评价指标,通常,SNR 的提高能产生增强的横向物体分辨细节[43-45]。当引入 CS 架构,再结合 SEOL 装置的这个属性,可生成相比于根据伽柏全息的记录进行压缩重建的方法更好的轴向分辨率[43]。这一特点在图 4.14 中有所论证,其数值实验的结果例证了提高的轴向分辨率(3D 切片分割),这些结果是通过将 SEOL 应用于一个 CS 框架并合理分配参考臂和物臂上的光强所获得的[43]。在该仿真中,参考臂上光强被设置为物臂上光强的 4 倍。我们将标准反向传播重建结果、根据伽柏装置记录的全息图进行压缩全息重建所得结果以及压缩 SEOL 全息重建结果相比较,可以发现最后一个方法能给出最准确的重建结果。

据此我们可以得出结论:结合了压缩感知框架的 SEOL 数字全息装置可以认为是一个几乎理想的 3D 物体推断数字全息系统;它能提供和伽柏全息术一样的高分辨率和大视场,而且还提供了与离轴全息装置一样的鲁棒性和灵敏度,以及与伽柏、离轴架构一样的快速的帧采集速率。

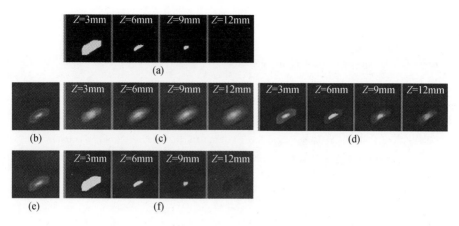

图 4.14　(a)3D 物体的 3 个深度平面,(b)含噪全息图,(c)采用传统光场反向传播重建所得的深度平面,(d)根据(b)所得到的压缩感知重建结果,(e)当参考波光强是物臂光强 4 倍时所获得的含噪全息图,(f)根据(e)得到的压缩感知重建结果

4.5　小　　结

在本章中,我们例证了压缩感知理论在数字全息领域的应用。这里介绍了压缩感知的基本理论和数字全息术在实现方面的理论分析。该分析考虑了成像几何学、照明类型、传感器尺寸及其分辨率、物体空间大小及其分辨率、物体稀疏度和用于表示物体的稀疏变换等因素。在此我们还简要地介绍了压缩数字全息感知应用。我们也例证了 CS 与合适的建模相结合能帮助透过一个复杂随机和/或部分不透明介质对成像物体进行重建。此外,我们也讨论了从全息图中推断出物体的断层扫描图的方法。另外我们还证实了采用非相干多视角投影全息术以及同轴 SEOL 全息术可以提高 3D 分辨率。

综上所述,我们在此展示了 CS 技术可以显著提高对全息装置所采集到的信息进行提取的能力。我们相信数字全息术和压缩感知在未来的相互协同作用将进一步提高 3D 成像的性能,还会产生新的光学装置设计,并能促生更多新的应用。

致　　谢

感谢以色列科学技术部(Ministry of Science and Technology,MOST)和以色列科学基金会(Israel Science Foundation,ISF)的支持。

参 考 文 献

[1] Kreis T. , Handbook of holographic interferometry, 1st edn, *Wiley – VCH Verlag, Weinheim*, **3**, (2004).

[2] Donoho D. , Compressed sensing, *IEEETrans. onInformationTheory*, **52**(4), 1289 – 1306, (2006).

[3] Cand s E. J. , Romberg J. K. , and Tao T. , Stable signal recovery from incomplete and inaccuratemeasurements, *Communicationson Pureand Applied Mathematics*, **59**(8), 1207 – 1223, (2006).

[4] Eldar Y. C. and Kutyniok G. , Compressedsensing: theoryandapplications, *Cambridge UniversityPress*, (2012).

[5] Bruckstein A. M. , Donoho D. L. , and Elad M. , From sparse solutions of systems of equations tosparse modeling of signals and images, *SIAMReview*, **51**(1), 34 – 81, (2009).

[6] Stern A. , Method and system for compressed imaging, US patent app. Nr. **12/605866**, (2008).

[7] Denis L. , Lorenz D. , Thiébaut E. , Fournier C. , and Trede D. , Inline hologram reconstruction withsparsity constraints, *Opt. Lett.*, **34**, 3475 – 3477, (2009).

[8] Brady D. J. , Choi K. , Marks D. L. , Horisaki R. , and Lim S. , Compressive holography, *Opt. Express*, **17**, 13040 – 13049, (2009).

[9] RivensonY. , Stern A. , and Javidi B. , Compressive Fresnelholography, *Journal of Display Technology*, **6**(10), 506 – 509, (2010).

[10] Marim M. M. , Atlan M. , Angelini E. , and Olivo – Marin J. C. , Compressed sensing with off – axisfrequency – shifting holography, *Opt. Lett.*, **35**, 871 – 873, (2010).

[11] Rivenson Y. and Stern A. , Conditions for practicing compressive Fresnel holography, *Opt. Lett.*, **36**, 3365 – 3367, (2011).

[12] Fernandez Cull C. , Wikner D. A. , Mait J. N. , Mattheiss M. , and Brady D. J. , Millimeter – wavecompressive holography, *Appl. Opt.*, **49**, E67 – E82, (2010).

[13] Choi K. , Horisaki R. , Hahn J. , Lim S. , Marks D. L. , Schulz T. J. , and Brady D. J. , Compressiveholography of diffuse objects, *Appl. Opt*, **49**, H1 – H10, (2010).

[14] Zhang X. and Lam E. Y. , Edge – preserving sectional image reconstruction in optical scanningholography, *J. Opt. Soc. Am. A*, **27**, 1630 – 1637, (2010).

[15] Coskun A. F. , Sencan I. , Su T. W. , and Ozcan A. , Lensless wide – fieldfluorescentimaging onachip using compressive decoding of sparse objects, *Opt. Express*, **18**, 10510 – 10523, (2010).

[16] Greenbaum A. , Luo W. , Su T. , Göröcs Z. , Xue L. , Isikman S. O. , *et al.* , Imaging without lenses: achievements and remaining challenges of wide – fieldon – chipmicroscopy, *Nature Methods*, **9**(9), 889 – 895, (2012).

[17] Marim M. , Angelini E. , Olivo – Marin J. C. , and Atlan M. , Off – axis compressed holographicmicroscopy in low – light conditions, *Opt. Lett.* , **36**, 79 – 81, (2011).

[18] Rivenson Y. , Stern A. , and Rosen J. , Compressive multiple view projection incoherent holography, *Opt. Express*,**19**, 6109 – 6118, (2011).

[19] Hahn J. , Lim S. , Choi K. , Horisaki R. , andBrady D. J. , Video – ratecompressiveholographicmicroscopic tomography, *Opt. Express*, **19**, 7289 – 7298, (2011).

[20] Rivenson Y. , Rot A. , Balber S. , Stern A. , and Rosen J. , Recovery of partially occluded objects byapplying compressive Fresnel holography, *Opt. Lett.* , **37**, 1757 – 1759, (2012).

[21] Horisaki R. , Tanida J. , Stern A. ,and Javidi B. , Multidimensiona limagingusingcompressive Fresnel holography, *Opt. Lett.* , **37**, 2013 – 2015, (2012).

[22] Liu Y. , Tian L. , Lee J. , Huang H. , Triantafyllou M. , and Barbastathis G. , Scanning – free compressive holography for object localization with subpixel accuracy, *Opt. Lett.* , **37**, 3357 – 3359, (2012).

[23] Nehmetallah G. and Banerjee P. , Applications of digital and analog holography inthree – dimensional imaging, *Adv. Opt. Photon.* , **4**, 472 – 553, (2012).

[24] Williams L. , Nehmetallah G. , and Banerjee P. , Digital tomographic compressive holographicreconstruction of 3D objects in transmissive and reflectivegeometries, *Appl. Opt.* , **52**, 1702 – 1710,(2013).

[25] Lim S. , Marks D. , and Brady D. , Sampling and processing for compressive holography, *Appl. Opt.* , **50**, H75 – H86, (2011).

[26] Rivenson Y. , Stern A. , and Javidi B. , Overview of compressive sensing techniques applied inholography, *Appl. Opt.* , **52**, A423 – A432, (2013).

[27] Stern A. and Javidi B. , Random projections imaging with extended space – bandwidth product,*Journal of Display Technology*,**3**(3) , 315 – 320, (2007).

[28] Donoho D. L. and Elad M. , Optimally sparserepresentation ingeneral (nonorthogonal) dictionaries via $\ell_1$minimization, *Proc. Nat. Acad. Sci. USA*, **100**(5) , 2197 – 2202, (2003).

[29] Cand s E. J. and Plan Y. , A probabilistic and RIPless theory of compressed sensing, *IEEE Transactionson Information Theory*,**57**(11) , 7235 – 7254, (2011).

[30] Rudin L. , Osher S. ,and Fatemi E. , Nonlinearto talvariation basednoiseremo valalgorithm, *Phys – ica D*, **60**, 259 – 268, (1992).

[31] Needell D. and Ward R. , Stable image reconstruction using total variation minimization, *SIAM Journa lonImaging Sciences*, **6**(2) , 1035 – 1058, (2013).

[32] Lustig M. , Donoho D. L. , Santos J. M. , and Pauly J. M. , Compressed sensing MRI, *IEEE Signal Processing Magazine*,**25**(2) , 72 – 82, (2008).

[33] Candès E. J. and Romberg J. , Sparsity and incoherence in compressive sampling, *Inverse Problems*,**23**, 969 – 985, (2006).

[34] Mas D. , Garcia J. , Ferreira C. , Bernardo L. M. , and Marinho F. , Fast algorithms for free – spacediffraction patterns calculation, *Opt. Comm.* , **164**, 233 – 245, (1999).

[35] Rivenson Y. and Stern A. , Compressed imaging with separable sensing operator, *IEEE Signal Processing Letters*, **16**(6), 449 – 452, (2009).

[36] Van der Lught A. , Optimum sampling of Fresnel transforms, *Appl. Opt.* , **29**, 3352 – 3361, (1990).

[37] Shaked N. T. , Katz B. , and Rosen J. , Review of three – dimensional holographic imaging bymultiple – viewpoint – projection based methods, *Appl. Opt.* , **48**, H120 – H136, (2009).

[38] Rivenson Y. , Stern A. , and Rosen J. , Reconstruction guarantees for compressive tomographicholography, *Opt. Lett.* , **38**, 2509 – 2511, (2013).

[39] Javidi B. , Moon I. , Yeom S. , and Carapezza E. , Three – dimensional imaging and recognitionof microorganism using single – exposure on – line (SEOL) digital holography, *Opt. Express*, **13**,4402 – 4506, (2005).

[40] Yeom S. and Javidi B. , Automatic identificationofbiologicalmicroorganismsusingthree – dimensional complex morphology, *J. Biomed. Opt.* , **11**, 024017, (2006).

[41] Stern A. and Javidi B. , Theoretical analysis of three – dimensional imaging and recognition ofmicro – organisms with a single – exposure on – line holographic microscope, *J. Opt. Soc. Am. A*, **24**,163 – 168, (2007).

[42] Moon I. , Daneshpanah M. , Javidi B. ,andStern A. , Automated three – dimensionalimaging, identificationandtrackingofmicro/nanobiologicalorganismsbyholographicmicroscopy, *Proc. IEEE*,**97**, 990 – 1010, (2009).

[43] Rivenson Y. , Stern A. , and Javidi B. , Improved three – dimensional resolution by single exposurein – line compressive holography, *Appl. Opt.* , **52**, A223 – A231, (2013).

[44] Charri reF. ,Colomb T. ,Montfort F. ,Cuche E. ,Marquet P. ,and Depeursinge C. ,Shot – noiseinfluence on the reconstructed phase image signal – to – noise ratio in digital holographic microscopy,*Appl. Opt.* , **45**, 7667 – 7673, (2006).

[45] Tippie A. and Fienup J. , Weak – object image reconstructions with single – shot digital holography,in *Digital Holography and Three – Dimensional Imaging*,Optical Society of America Technical Digest, DM4C. 5, (2012).

94

第 5 章　在采用飞秒激光脉冲重建的全息图中的色散补偿

Omel Mendoza – Yero[1,2]，Jorge Pérez – Vizcaíno[1,2]，
Lluís Martínez – León[1,2]，Gladys Mínguez – Vega[1,2]，
Vicent Climent[1,2]，Jesús Lancis[1,2]，Pedro Andrés[3]
[1]西班牙海梅一世大学新型成像技术研究所
[2]西班牙海梅一世大学物理系光学研究组
[3]西班牙瓦伦西亚大学光学系

5.1　引　　言

当采用一个飞秒激光脉冲光源,期望衍射图案的生成将是多个热点研究领域的关键问题,领域包括高速微处理[1]、多光子显微术[2]、粒子的光学捕捉[3]以及光学旋涡的产生[4]等。在其他可行方案中,人们可以通过计算机生成全息图(Computer Generated Hologram,CGH)生成衍射图。该架构是一种衍射光学元件(Diffractive Optical Element,DOE),其设计是在一次拍摄过程中将一个光束成形为用户所定义的强度分布。通常,CGH 被应用在电压寻址平板显示器上,后者的作用相当于纯相位空间光调制器(Spatial Light Modulator,SLM)。该实现允许一些动态应用,因为传递到目标上的强度和相位图案能实时改变。

值得注意的是,当一个脉冲光束通过一个 DOE 时会发生两种相关的变动:一种是由于衍射现象强烈依赖于波长而导致的角色散;另一种是源于自由空间传播时间差(Propagation Time Difference,PTD)的时间延伸。所以正如 Nolte 等人在其开创性论文中所提出的,只有在飞秒激光脉冲的长脉冲持续时间(100 fs 以上)内,DOE 才能对其进行精确的时空控制[5]。而对于脉冲持续时间较短的超短脉冲,其带宽导致了显著的时空耦合效应,从而降低了生成图像的质量并延长了脉冲持续时间。所以,为了最小化目标物体上的这些影响,我们需要引入了色散补偿技术。

过去的几年中,人们付出了很多的努力来补偿采用飞秒光束的基于 DOE 的系统中的角色散,却依然未能校正时间延伸。在 Amako 等人的文章[6]中,使用

95

衍射光栅将飞秒激光束分开,并用一个衍射透镜(Diffractive Lens,DL)聚焦脉冲光,以此来校正衍射最大值的不同光谱分量之间的横向离散。实现色散补偿的关键在于 DL 的焦距正比于入射辐射的波数。脉冲会在焦平面上发生时间延长,这导致在输出平面上的激光峰值功率明显下降。人们已经提出一种由达曼光栅和紧随其后的 m – 时间 – 密度光栅所组成的系统,布置在传统的双光栅装置结构中,能减少与达曼光栅所产生的第 m 级光束有关的角色散[7]。这里,由于达曼光栅的低周期:10 刻线/mm,所以由衍射所产生的脉冲展宽并不像其他技术中使用的光栅对所产生的脉冲展宽那样大。Kuroiwa 等人证实了,当采用折射透镜(Refractive Lens,RL)来实现光脉冲聚焦时,可以减弱由 DOE 所引起的强烈色散效应,其中折射透镜没有包含在 CGH 的设计中[8]。最后,在微加工领域 Jesacher 等人提出一种制造具有高空间质量的 3D 结构的方法,它是在晶体的不同深度且靠近光轴的位置进行加工,其中靠近光轴可避免色差[9]。

本章旨在介绍如何利用合理设计的色散补偿模块(Dispersion Compensation Module,DCM)将与带宽飞秒光脉冲衍射相关的时空色散通过 CGH [10] 补偿到一阶。我们已经证明至少需要使用两个 DL 才能补偿与角色散相关的空间和时间失真[11]。而 DCM 由混合衍射 – 折射透镜三联体组成[11-13]。它不仅能补偿色差所造成的空间延伸,也能补偿脉冲展宽效应。此外,本章还展示了在单稳态二次谐波(Second Harmonic,SH)生成、宽视场双光子显微术以及并行微加工技术中的一些实验结果,证实了所提出装置具备的优势。

5.2　色散补偿模块的基本特征

本节内容组织安排如下。在第 5.2.1 节中,我们在菲涅耳 – 基尔霍夫衍射公式的框架下,通过一个未对准光学装置,推导出一个超短脉冲的光传播的基本方程。其分析是通过广义光线矩阵一步完成的。在第 5.2.2 节中,该广义方程在一个二阶分析下进行评估。在第 5.2.3 节中,这些结果特别适用于传统的分束问题,其中由低频衍射光栅所衍射的多光束用消色差透镜双合透镜聚集(聚焦)。在第 5.2.4 节中,我们讨论了使用混合衍射 – 折射透镜三联体所获得的相应结果,尤其强调了残余的空间和时间拉伸(延伸)。在第 5.2.5 节中,我们提供了计算机仿真结果,证实了我们提案的色散补偿能力。最后,第 5.2.6 节展示了光学实验结果,进一步证实了我们装置的色散补偿能力。

5.2.1　衍射飞秒脉冲传播理论

为计算一个未对准光学装置的输出平面上超短脉冲电场对时空的依赖性,我们在菲涅耳 – 基尔霍夫衍射公式的框架下建立了一个分析模型。在该模型中,光学装置可描述为 3×3 的光线传输矩阵 **ABCDEF**[14]。为了简化数学分析和不失一般性,先只考虑横坐标。将其拓展至二维情况也比较简单。

为研究光的传播过程,以一个载波频率为 ω_o 且光谱中包含频率为 ω 的光谱分量的脉冲光束为例。我们所指的激光脉冲传播过程如图 5.1 所示。假设振幅为 $U_{in}(x;\omega)$ 的单色波为入射到未对准光学装置输入平面上的光,该装置由一个低频衍射光栅组成,而光栅的空间周期为 p,与旋转对称且任意的可表述为 **ABCD** 矩阵形式的聚焦装置级联。光栅将脉冲辐射分成多个衍射光束,这些光束由收集光学元件聚集并聚焦为一个光斑阵列。对于第 n 级衍射光束,其在输出平面上的光振幅可通过下式进行评估:

$$
U_{out}(x;\omega) = \sqrt{\frac{\omega}{2\pi c Bi}} \exp\left[i\,\frac{\omega L}{c} \right] \exp\left[i\,\frac{D}{B}\,\frac{\omega}{2c}x^2 \right]
$$
$$
\times \int_{-\infty}^{\infty} U_{in}(x';\omega) \exp\left[i\,\frac{A}{B}\,\frac{\omega}{2c}x'^2 \right] \exp\left[-i\,\frac{\omega}{cB}x'(x - E) \right] dx'
$$

$$(5.1)$$

这里,符号 L 代表输入和输出平面之间的同轴光学路径长度,c 为光速。这里只考虑了一个低频衍射光栅的情况,所以旁轴近似还是有效的,但是光栅方程的全频依赖性也保留了下来。通常,矩阵系数 A、B、C 和 D 都是波长依赖的。贯穿本章始末,我们将在载波频率处评估的任意波长依赖参数值用下标 o 表示,例如 $A_o = A(\omega_o)$。对于图 5.1 所示的光学装置的情况,第 n 级衍射极大的空间位移系数 E 由下式给出:

$$
E = \frac{nB2\pi c}{\omega p} \tag{5.2}
$$

输出的瞬时辐照度分布 $I_{out}(x;t)$ 是式(5.1)经逆(时间)傅里叶变换后的模方:

$$
I_{out}(x;t) = \left| \int_{-\infty}^{\infty} U_{out}(x,\omega) \exp\left[-i\tilde{\omega}t \right] d\tilde{\omega} \right|^2 \tag{5.3}
$$

其中 $\tilde{\omega} = \omega - \omega_o$。一般来说,对于复杂光学系统,式(5.1)和式(5.3)确实没有解析解,只能求其数值解[15]。

通过假设变换受限的高斯形状的空间和时间输入脉冲,我们接着往下推导。输入电场的数学表达式为 $U_{in}(x;t) = \exp\left[-x^2/4\sigma_x^2 \right] \exp\left[-t^2/4\sigma_t^2 \right]$,其中 σ_x 和 σ_t 分别表示空间和时间辐照度分布的均方根(Root-Mean-Square,RMS)宽度。回想一下,对于高斯脉冲,强度分布在 $1/e^2$ 处的全宽是均方根宽度的 4 倍。对于此波形,光谱域的输入电场为 $U_{in}(x;\omega) = \exp\left[-x^2/4\sigma_x^2 \right] \exp\left[-\sigma_t^2\omega^2 \right]$。将这个波形代入式(5.1),可以得到

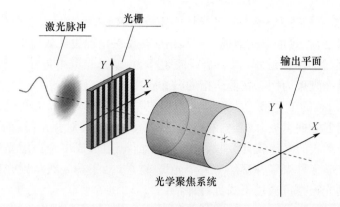

图5.1 傅里叶分束器结构示意图。该系统可在输出平面上对输入光栅进行傅里叶变换，并可通过 *ABCDEF* 光线传输矩阵进行充分表述。出处：Mínguez – Vega G.，Tajahuerce E.，Fernández – Alonso M.，Climent V.，Lancis J.，CaraquitenaJ.，and Andrés P.，(2007)。图片已经美国光学学会许可复制

$$U_{out}(x;\omega) = \sqrt{\frac{\omega}{2\pi cBi}} \exp\left[i\frac{\omega L}{c}\right] \exp\left[-\sigma_t^2 \tilde{\omega}^2\right]$$

$$\times \exp\left[i\frac{\omega}{B2c}\left(Dx^2 - \frac{\sigma_x^2 A(x-E)^2}{4\sigma_{x\omega}'^2}\right)\right] \exp\left[-\frac{(x-E)^2}{4\sigma_{x\omega}'^2}\right] \quad (5.4)$$

其中 $\sigma_{x\omega}'^2 = \sigma_x^2 A^2 + (c^2 B^2 / 4\omega^2 \sigma_x^2)$。注意，最后一个指数项是一个在 $x = E$（即 E 为期望）处达到峰值且空间幅度为 $\sigma_{x\omega}'^2$ 的空间高斯函数。一般情况下，对于光栅的固定衍射级，脉冲的每个瞬时频率会提供一个关于 E 的不同值，正如式(5.2)所示，这将造成角度色散。

5.2.2 二阶分析

现在考虑式(5.4)中指数项前面的因子 ω/B。人们已经证实了，一个单透镜的近似 $\omega/B \approx \omega_o/B_o$，对于焦点区域中长于 15fs 的脉冲持续时间而言，代表一个可忽略的误差[16]。当然，对于波长校正过的聚焦系统，该误差甚至会更小。

通过将泰勒级数中的相位指数内的参数扩展到 ω_o 附近的二阶，来进一步简化式(5.4)，即为

$$\begin{cases} \dfrac{\omega L}{c} \approx \alpha_o + \alpha_1\tilde{\omega} + \dfrac{\alpha_2}{2}\tilde{\omega}^2 \\ \dfrac{\omega}{B2c}\left(Dx^2 - \dfrac{\sigma_x^2 A(x-E)^2}{4\sigma_{x\omega}'^2}\right) \approx \beta_o(x) + \beta_1(x)\tilde{\omega} + \dfrac{\beta_2(x)}{2}\tilde{\omega}^2 \end{cases} \quad (5.5)$$

其中

$$\begin{cases} \alpha_i = \dfrac{\partial^i}{\partial \omega^i} \left(\dfrac{\omega L}{c} \right) \Bigg|_{\omega = \omega_o} \\[4mm] \beta_i(x) = \dfrac{\partial^i}{\partial \omega^i} \left(\dfrac{\omega}{B2c} \left\{ Dx^2 - \dfrac{\sigma_x^2 A(x-E)^2}{4\sigma_{x\omega}'^2} \right\} \right) \Bigg|_{\omega = \omega_o} \end{cases} \tag{5.6}$$

若脉冲的带宽只占载波频率的一小部分,则空间平移项 E 可被线性近似为

$$E \approx \frac{2\pi cn}{p\omega_o} B_o \left[1 + \tilde{\omega} \left(\frac{1}{B_o} \frac{\partial B}{\partial \omega} \Big|_{\omega = \omega_o} - \frac{1}{\omega_o} \right) \right] \tag{5.7}$$

式(5.7)还可以简写为 $E = E_o + E_1 \tilde{\omega}$。我们也注意到,波长依赖的系数 E 是导致出现输出场色差的主要因素。因此,我们假设 $\sigma'x_\omega(\omega) \approx \sigma'x_\omega(\omega_o)$。最后,我们将式(5.5)和式(5.7)代入式(5.4),得到

$$U_{\text{out}}(x;\omega) = \sqrt{\frac{\omega_o}{2\pi c B_o \mathrm{i}}} \exp\left[\mathrm{i}(\alpha_o + \beta_o(x)) \right] \exp\left[\mathrm{i}(\alpha_1 + \beta_1(x))\tilde{\omega} \right]$$

$$\exp\left[\mathrm{i}(\alpha_2 + \beta_2(x))\frac{\tilde{\omega}^2}{2} \right] \exp\left[-\left(\sigma_t^2 + \frac{E_1^2}{4\sigma'x_\omega^2(\omega_o)} \right)\tilde{\omega}^2 \right] \exp\left[-\frac{(x-E_o)^2}{4\sigma'x_\omega^2(\omega_o)} \right]$$

$$\exp\left[-\frac{(x-E_o)^2}{4\sigma'x_\omega^2(\omega_o)} \right] \exp\left[\frac{2(x-E_o)E_1\tilde{\omega}}{4\sigma'x_\omega^2(\omega_o)} \right] \tag{5.8}$$

式(5.8)是后续讨论的基础。它在光谱域和高达二阶公式中描述了图 5.1 所示系统的短激光脉冲的变换。由于包含 α_o 和 $\beta_o(x)$ 的相位项对场辐照度没有贡献,所以我们在后续计算中将其省略。与 $\tilde{\omega}$ 线性相关的指数项提供了群延迟(Group Delay,GD),也称为 PTD。具体地,系数 α_1 生成了一个关于脉冲到达时间的无扰平移,而 $\beta_1(x)$ 的存在导致了 x – 依赖的时间脉冲失真。群速度色散(Group – Velocity Dispersion,GVD)是由透镜材料和衍射导致的,也是脉冲展宽的产生原因,GVD 也分别包含在 α_2 和 $\beta_2(x)$ 中。此外,由角度色散所引起的脉冲频谱变窄可由 $E_1/\sigma'_{x\omega}(\omega_o)$ 进行控制。显然,该量在时域中导致了脉冲展宽。式(5.8)还考虑了一个在 E_o(期望)处达到峰值的空间高斯函数,并用因子 $\sigma'_{x\omega}(\omega_o)$ 进行缩放。而最后一个指数项与空间坐标和时间坐标之间的耦合有关。

5.2.3 传统折射透镜系统

该装置的光学架构如图 5.2 所示。消色差双合透镜 L_1 的近轴焦距为 $f(\omega)$,$\partial f(\omega)/\partial \omega|_{\omega = \omega_o} = 0$,并且输出平面位于透镜前方的距离 f_o 处,也对应于 ω_o 的焦平面。双合透镜有着一个波长依赖的同轴光学路径长度 $L = n_1(\omega)d_1 + n_2(\omega)d_2$,其中 n_1 和 n_2 表示折射率,d_1 和 d_2 表示每个材料的中心厚度。通常情况下,

衍射光栅的玻璃基板的厚度远小于 L,因而在分析中可忽略不计。对应于光栅和输出平面之间的光传播的矩阵 $ABCD$ 如下:

$$\begin{bmatrix} A & B \\ C & D \end{bmatrix} = \begin{bmatrix} 1 - \dfrac{f_o}{f(\omega)} & f_o\left(2 - \dfrac{f_o}{f(\omega)}\right) \\ -\dfrac{1}{f(\omega)} & 1 - \dfrac{f_o}{f(\omega)} \end{bmatrix} \tag{5.9}$$

将式(5.2)和式(5.4)联立后可得

$$\begin{cases} E = \dfrac{2cn\beta f_o}{p\omega_o}\left(1 - \dfrac{\tilde{\omega}}{\omega_o}\right) \\ \sigma'_{x\omega}(\omega_o) = \dfrac{1}{2}\dfrac{cf_o}{\sigma_x\omega_o} \end{cases} \tag{5.10}$$

双合透镜的消色差要求导致 $\beta_1(x) = 0$。根据 Kempe 等人的文章所述方法[17],我们也假定 $\partial^2 n(\omega)/\partial\omega^2\,|_{\omega=\omega_o} = C^{(2)}\,\partial n(\omega)/\partial\omega\,|_{\omega=\omega_o}/\omega_o$,其中 $C^{(2)}$ 根据 Sellmeier 公式得出,通常为一阶项。于是则有 $\partial^2 f(\omega)/\partial\omega^2\,|_{\omega=\omega_o} = 0$ 和 $\beta_2(x) = 0$。

脉冲光谱在衍射极大 E_o 处的变窄是时域展宽的最重要原因。由 α_2 给定的传统透镜的 GVD 是一个二阶效应,导致了不同光谱分量的相位变化。对于图 5.2 中所示的光学装置,GVD 效应至少比角色散效应要弱两个数量级。所以,输出时空强度可由下式表示:

$$I_{\text{out}}(x';t) = \exp\left[-\frac{(x - E_o)^2}{2\sigma_x'^2}\right]\exp\left[-\frac{(t - \alpha_1)^2}{2\sigma_t'^2}\right] \tag{5.11}$$

其中

$$\begin{cases} \sigma_t'^2 = \sigma_t^2\left(1 + \dfrac{4n^2\pi^2\sigma_x^2}{p^2\omega_o^2\sigma_t^2}\right) \\ \sigma_x'^2 = \sigma_{x\omega}'^2(\omega_o)\left(1 + \dfrac{4n^2\pi^2\sigma_x^2}{p^2\omega_o^2\sigma_t^2}\right) \end{cases} \tag{5.12}$$

式(5.11)表明,输出辐照度可简单表示为两个扩展高斯函数的积。这样,对于第 n 级衍射极大,我们获得了一个时域的相对拉伸(延伸)$\sigma_t'^2/\sigma_t^2$,这恰好与空域的相对展宽 $\sigma_x'^2/\sigma_{x\omega}'^2(\omega_o)$ 的形式相同。需要注意的是,由于空间范围随衍射级 n 而递增,所以级数越高的衍射斑的椭圆失真越严重。

5.2.4　色散补偿模块

现在让我们关注图 5.3 所示的系统。它由一个消色差双合透镜 L_1 和两个

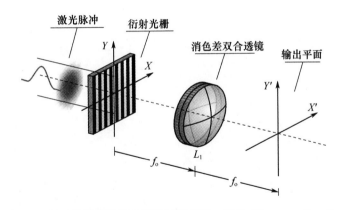

图 5.2 基于传统光栅的多焦装置示意图。出处：Mínguez – VegaG.，
TajahuerceE.，Fernández – AlonsoM.，ClimentV.，LancisJ.，CaraquitenaJ.，
and AndrésP.，(2007). 图片已经美国光学学会许可复制

像焦距分别为 $Z = Z_o\omega/\omega_o$ 和 $Z' = Z'_o\omega/\omega_o$ 的开诺全息衍射透镜 DL_1 和 DL_2 组成。输入光栅安放位置与 L_1 之间距离为 z，它将受到高斯形输入脉冲的照射。轴向距离 f_o、d 和 d' 表示在系统不同光学元件之间的任意但固定的长度（元件选定则这些值固定）。根据文献[11]，当矩阵系数满足 $A(\omega_o) = 0$，$\partial(B/\omega)/\partial\omega|_{\omega_o} = 0$，且 $\partial A/\partial\omega|_{\omega_o} = 0$，则我们可在输出平面上获得一组角色散补偿焦斑。当 $d^2 = -Z'_o Z_o$ 且 $d' = -d^2/(d + 2Z_o)$ 时，我们可以满足这些条件。

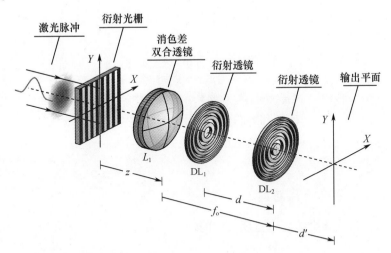

图 5.3 生成点阵的色散补偿混合装置示意图。出处：Mínguez – VegaG.，TajahuerceE.，
Fernández – AlonsoM.，ClimentV.，LancisJ.，Caraquitena J.，AndrésP.，(2007).
图片已经美国光学学会许可复制

为了进行波动光学分析，我们需要计算全波矩阵 ***ABCD***，该矩阵对应于光栅平面和输出平面之间的光传播。光波矩阵的乘积不是与自由空间传播有关就是与透镜传播有关,其矩阵相乘的过程是按照各光学操作出现顺序的逆序进行的,这将得到

$$\begin{bmatrix} A & B \\ C & D \end{bmatrix} = \begin{bmatrix} 1 & d' \\ 0 & 1 \end{bmatrix} \begin{bmatrix} 1 & 0 \\ -\omega_o/Z_o'\omega & 1 \end{bmatrix} \begin{bmatrix} 1 & d \\ 0 & 1 \end{bmatrix} \begin{bmatrix} 1 & 0 \\ -\omega_o/Z_o'\omega & 1 \end{bmatrix}$$

$$\begin{bmatrix} 1 & f_o - d \\ 0 & 1 \end{bmatrix} \begin{bmatrix} 1 & 0 \\ -1/f(\omega) & 1 \end{bmatrix} \begin{bmatrix} 1 & z \\ 0 & 1 \end{bmatrix} \tag{5.13}$$

很容易得到

$$\begin{cases} E = E_o = \dfrac{2\pi n c Z_o f_o}{p\omega_o(d + 2Z_o)} \\ \sigma'_{x\omega}(\omega_o) = \dfrac{c f_o Z_o}{2\omega_o \sigma_x(d + 2Z_o)} \end{cases} \tag{5.14}$$

因此,$E_1 = 0$,且根据式(5.8),输出时空强度为

$$I_{\text{out}}(x';t) = \exp\left[-\frac{(x - E_o)^2}{2\sigma_{x\omega}'^2(\omega_o)} \right] \exp\left[-\frac{(t - \alpha_1)^2}{2\sigma_t'^2} \right] \tag{5.15}$$

其中 $\sigma_t'^2 = \sigma_t^2 + (\alpha_2 + \beta_2(x)/2\sigma_t)^2$。为了达到式(5.15),需要注意以下几点。一方面,我们只在不同衍射极大($x \approx E_o$)处考虑了光强。因此 $\beta_1(x) \approx \beta_1(E_o)$,这牵涉了在焦斑处的无扰时间延迟,则有 $\beta_2(x) \approx \beta_2(E_o)$。另一方面,根据式(5.5),可以推断 $|\beta_1(x)| \ll \alpha_1$。注意,由衍射引入的GVD,即 $\beta_2(x)$,表示出相对于离轴光斑而言相对较大的异常色散。式(5.15)标明,n 阶衍射极大值的空间宽度本质上是为频率为 ω_o 的连续波(Continuous Wave,CW)照明设计实现的。色散补偿显著地减少了光斑处不同光谱分量之间的横向离散。结果是,可用带宽得到了增加,因此能量的时间展宽可忽略不计。事实上,在总GVD的一阶近似中,输出脉冲的时间宽度是有限的。该描述完全适用于其他情况,并不仅局限于高斯光束。

5.2.5 数值仿真对比

随后进行计算机仿真来验证我们的理论方法。在数值仿真中,一个100线/英寸的衍射光栅由一个掺钛蓝宝石激光器照亮,后者能生成飞秒高斯脉冲(中心波长 $\lambda_o = 2\pi c/\omega_o = 800\text{nm}$,光束尺寸 $\sigma_x = 5\text{mm}$)。在图5.2和图5.3中所示的装置中我们已经考虑了以下参数:消色差双合透镜是一个双凸透镜,焦距 $f_o = 80\text{mm}$,由BK7(冕)和SF5(火石)材质制成,中心厚度分别为 $d_{BK7} = 5\text{mm}$ 和 $d_{SF5} = 2.5\text{mm}$。通过这些材料的色散公式可以计算出 $\alpha_1 = 39.5\text{ps}$ 以及 $\alpha_2 = 470\text{fs}^2$。对

于图 5.3 中的光学元件,DL 的像焦距 $Z'_o = -Z_o = 70\text{mm}$,轴向距离 $d' = d = 70\text{mm}$,$z = 80\text{mm}$。

在菲涅耳近似中,这两个多焦点生成器的行为可通过式(5.3)和式(5.4)进行仿真。有必要强调的是,在计算瞬时强度时没有做近似。在图 5.4(a)中,相对空间展宽 $\sigma'_x / \sigma'_{x\omega}(\omega_o)$ 绘制成了关于 σ_t 的曲线。这里我们考虑了第 5 级衍射极大。通过调整缩放比例,我们在图中也显示了图 5.2 所示装置的相同比率。显而易见,空间分辨率得到显著提高。相对时间展宽的模拟(仿真)结果如图 5.4(b)所示。通过观察这两幅图我们发现,对于传统基于光栅的点阵生成器,数值仿真结果与近似的式(5.12)所获得的结果完美匹配(吻合)。而在基于 DOE 的分束器情况下,近似的式(5.15)对于持续时间不足 50fs 的激光脉冲不再有效,如图 5.4(a)所示。对于这种短脉冲持续时间,没有简单的解析解。

积分强度可通过下式计算而得:

$$I(t) = \int_{-\infty}^{\infty} I_{\text{out}}(x,t)\,\mathrm{d}t \tag{5.16}$$

该积分强度如图 5.5 所示。同样,第五衍射级的积分强度和随后的激光脉冲持续时间分别为:图 5.5(a)$\sigma_t = 50\text{fs}$ 和图 5.5(b)$\sigma_t = 21.24\text{fs}$(对应于 50fs 的强度半高宽)。为了进行对比,图中还绘制了使用 800nm 单色激光器所获得的输出高斯光束。当脉冲持续时间为 50fs 时,使用我们的方案所获得的输出光束与使用 CW 照明所获得的输出光束相同,所以积分强度曲线重合。但当脉冲持续时间更短时,两种方案就会出现细微的差别。显而易见的是,相比于传统装置,本系统的空间光斑尺寸延伸率得到明显改善。

最后,图 5.6 展示了当输入脉冲宽度为 $\sigma_t = 50\text{fs}$ 时,在第五级衍射极大处的输出时空辐照度的立体三维分布。图 5.6(a),(b)是利用式(5.3)和式(5.4)数值计算所得的输出分布图,分别对应于基于消色差双合透镜的系统和基于 CGH 的系统。当我们采用图 5.3 所示的系统时,短脉冲的输出脉冲尺寸和持续时间明显下降。所以,鉴于该良好的功率时空会聚,我们所提出的装置似乎是利用宽带超快激光脉冲生成用户定义图案的合适之选。

5.2.6　实验结果

在得到了令人满意的仿真结果之后,我们将加以实验论证。光学装置如图 5.3 所示,其中 $f_o = 200\text{mm}$,$Z'_o = -Z_o = 150\text{mm}$,数值孔径(Numerical Aperture,NA)为 0.02。这里使用了一个基频为 11.8lp/mm 的龙基光栅作为衍射光学元件。图 5.7 展示了该系统的 DCM 示意图,完整的实验装置如图 5.8 所示。

对多焦点模式中复杂时空光场的测量可通过一项最近研发出来的技术来完成,该技术原理是通过对高复杂光束的干涉光谱进行傅里叶变换以得到时空振

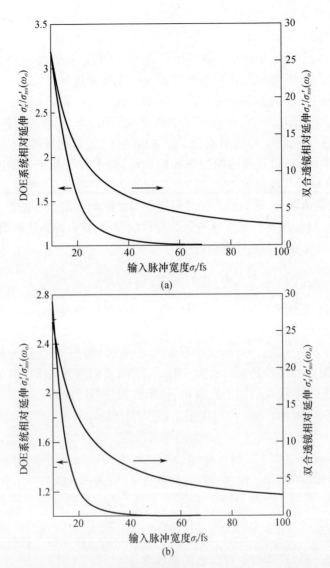

图 5.4　采用消色差双合透镜聚焦后和采用图 5.3 所示系统(实线)聚焦后,第 5 级衍
射最大($n=5$)在(a)空间域和(b)时间域的相对延伸与输入脉冲宽度的关系。出处:
Mínguez – Vega G. , TajahuerceE. , Fernández – Alonso M. , ClimentV. , LancisJ. ,
CaraquitenaJ. , and AndrésP. , (2007). 图片已经美国光学学会许可复制

幅和相位重建[18,19]。该重建技术的组成核心在于空间分辨光谱干涉测量方法,
该方法采用一个光纤光学耦合器作为干涉仪。参考光束和测试光束由各个光纤
输入端进行收集。测试臂在空间上扫描横截面,而参考臂根据干涉测量的需要
控制着脉冲间的相对延迟(在本次研究的实验条件下在 2 ~ 3ps 范围)。参考脉

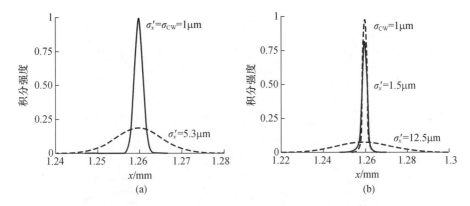

图 5.5　一个 100 刻线/英寸的衍射光栅在经过一个消色差双合透镜(虚线)或图 5.3 所示系统(实线)聚焦后其第 5 衍射级的积分强度曲线。这里采用了 800 nm 的单色光(虚点线),图中(a)对应于输入脉冲持续时间 σ_t = 50fs,(b)对应于输入脉冲持续时间 σ_t = 21.24fs. 出处:Mínguez – Vega G., Tajahuerce E., Fernández – Alonso M., Climent V., Lancis J., Caraquitena J., and Andrés P., (2007). 图片已经美国光学学会许可复制

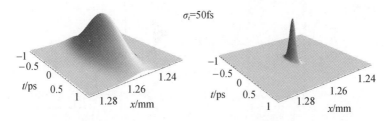

图 5.6　一个 100 刻线/英寸的衍射光栅当输入脉冲宽度 σ_t = 50 fs 时第 5 衍射级的时空分布图。(a)是通过 DCM 系统的聚焦所获得的结果,(b)是用一个消色差双合透镜聚焦所获得的结果。需注意的是,所选的时间起点任意。出处:
Mínguez – VegaG., TajahuerceE., Fernández – AlonsoM., Climent V., LancisJ., CaraquitenaJ., and AndrésP., (2007). 图片已经美国光学学会许可复制

冲和测试脉冲在光纤耦合器内合束,耦合后的脉冲光通过公共输出端口,此端口与一个测量干涉光谱的标准光谱仪直接相连。需注意的是,在此方案中,测试光束和参考光束不需要共线,可以省略对光束的精确准直操作。同样,我们无须扫描参考光束,其光谱相位可在同轴上以一个直接测量的方式获得,这在之后的内容中会详细阐释。为防止脉冲失真,所选用的光纤耦合器必须是单模并且能够工作于全谱段。本实验中所采用的光纤的模场直径为4μm,这让我们获得了高空间分辨率。光纤耦合器的两臂必须等长。我们通过在两个光纤端口使用相同的输入脉冲进行单光谱干涉测量,以此来校准轻微的相位差并将其考虑在内。

　　为了重建测试脉冲,我们将光谱干涉信息用于获取两脉冲(参考脉冲和测试脉冲)之间的光谱相位差,这主要是通过一个名为傅里叶变换光谱干涉测量

图 5.7　实验装置

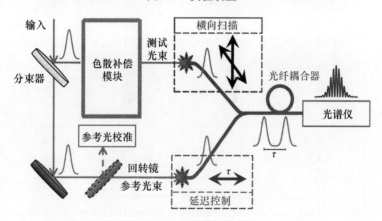

图 5.8　实验装置示意图:激光脉冲的一束副本光束作为了参考光束,另一副本光束
(测试光束)穿过了 DCM。这两束脉冲通过光纤耦合器的两臂输入端进行收集。其
中光纤耦合器的参考臂控制着相对延迟,测试臂对测试光束进行空间扫描。空间分
辨光谱干涉在光谱仪(接在光纤耦合器之后)中进行测量

的条纹反演算法[20]。由于参考光束可由 SPIDER 进行校准[21],这让我们获得了
测试脉冲的光谱相位。该信息只是收集了测试脉冲,还将与测试光谱测量结果
相结合,这就等同于通过逆傅里叶变换而知晓了时间振幅和相位信息。空间域
的延展可通过对测试光纤端口进行横向扫描来实现,因此构成了在确定传播距
离上的光束时空(和空间光谱)振幅和相位的完整特性描述(表征)。由于参照
脉冲保持不变,所以时空耦合在测量中得以维持,这也使得我们能够测量到测试
脉冲的波前结构。

实验结果如图5.9所示。为了显示色散效应,我们令输出平面的横轴垂直于光栅刻线,并沿着水平轴显示这些横坐标。图中纵坐标表示时间。在此我们进行线扫,线上在衍射焦点处有着最大辐照度。右列和左列分别展示了在使用和不使用DCM时对应于第0、第+1、第+2和第+3衍射级的时空光光布。每幅图的中心位于中心波长为λ_0的光谱点的位置附近。每幅图都经过了归一化处理,使得不同极大值都归一化到一个相同的值。当增加位于输出平面外围区域的光栅频率分量时,DCM对于色散拉伸的补偿能力也是显而易见的。

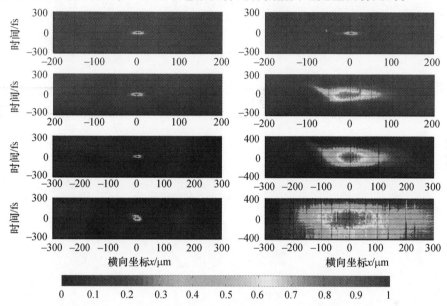

图5.9　在使用(左列)和不使用(右列)DCM的情况下,来自衍射光栅(从上往下分别为第0、第+1、第+2和第+3衍射级)的子波束低NA聚焦后的归一化时空强度图。这里采用STARFISH[18]进行测量。第3衍射级的最大频率分量为35.4 lp/mm。
出处:Martínez – Cuenca R. , Mendoza – YeroO. , AlonsoB. , SolaÍ. J. , Mínguez – VegaG. ,
and LancisJ. , (2012). 图片已经美国光学学会许可使用

为了进一步考察DCM的补偿质量,我们分别给出了零延迟的空间分布和时间分布波形,连同其横坐标一起绘制在图5.10和图5.11中。补偿焦点的空间和时间坐标的均方根宽度分别为9.0μm和13.4fs(第0衍射级)、9.3μm和13.7fs(第+1衍射级)、9.3μm和16fs(第+2衍射级)以及9.6μm和31.6fs(第+3衍射级)。即使频率分量达到30lp/mm左右,均方根宽度依然几乎保持不变。我们也注意到在时间分布波形上存在一些涟漪,这是由玻璃元件中未经补偿的第三级色散所导致的。对于较高的空间频率,径向群速度色散(GVD)效应也会较为明显。在没有使用DCM的情况下所生成的焦点遭受着更高的时空延

伸的影响(对于更高的空间频率甚至有一个数量级的影响)。具体而言,仅有 10%、2.5% 和 0.5% 的补偿焦点的可用峰值功率能被分别传递到第 +1 级、第 +2 级和第 +3 级时空弥散衍射级。

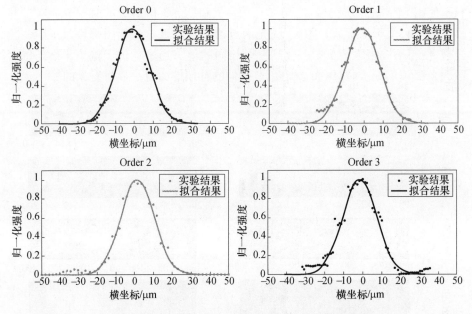

图 5.10　使用 DCM 所获得的不同衍射级的空间分布

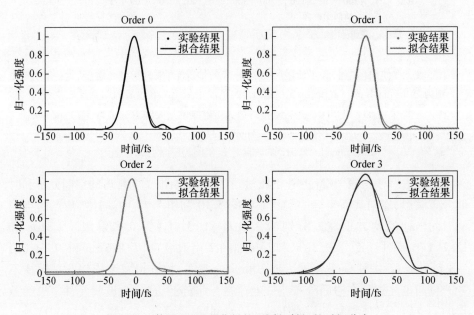

图 5.11　使用 DCM 所获得的不同衍射级的时间分布

5.3 基于超快光脉冲的色散补偿模块的全息应用

目前以千赫兹重复率运行的高增益飞秒放大器能够提供毫焦级的输出脉冲能量,大大超出了一些应用所需能量。在诸如材料加工和多光子显微术等领域中,研究人员提出并证实了通过使用平行多光束能很好利用放大器系统的全部能量。这些方法依赖于 DOE 或微透镜阵列的使用,以此来将激光束分成多个子束波,并在聚焦后同时对样本进行扫描。CGH 因其可以实现动态编码而成为了人们经常选用的方法。然而,正如前几节所述,由于聚焦光斑离心率的增加和时间上的脉冲展宽,将 DOE 用于飞秒激光脉冲是有问题的。在这种情况下,我们所提出的 DCM 将成为非常有价值的工具。

本节组织安排如下:第 5.3.1 节将给出在生成 SH 信号任意辐照度图案的 DCM 应用[13];在第 5.3.2 节,例证了双光子显微术中宽视场荧光信号的高效生成方法[22];最后,第 5.3.3 节介绍了如何使用飞秒激光脉冲进行多光束高空间分辨率的激光微加工[23]。

5.3.1 单次拍摄二次谐波信号

我们在这一节将展示 SH 信号的任意辐照度图案的实验结果。为了激发 SH 信号,我们采用了第 5.2.6 节所述的 DCM,并使用了由一个焦距为 100mm 的 RL 和一个 $10 \times$ 的显微镜物镜(共轭距离 160mm,0.25NA)所组成的望远镜。这样我们可将焦平面缩小图像投影到样本上。在该实验中,样本为一个未涂层 I 型 $\beta - BaB_2O_4$(BBO)晶体($10 \times 10 \times 0.02$mm,$\theta = 29.1°$,$\varphi = 0°$)。附加的中继光学元件引入了群速度色散(GVD)和三阶色散(Third - Order Dispersion,TOD)。尽管我们可以通过调节位于飞秒激光器最后部分的棱镜对来使 SH 产率最大化进而补偿 GVD,但 TOD 阻止了将变换受限的 28 fs 脉冲投影到样本之上。显微镜的 NA(估算为 1.53mm)决定了空间分辨率。显微镜物镜的场曲率轻微地增加了在低空间频率区域内的光束直径,而高于 20lp/mm 的谐波分量受残留色差的影响更为严重。为了观察 SH 信号,我们通过另一个共轭距离也为 160mm 的 $10 \times$ 显微物镜将 BBO 晶体成像在一个传统的电荷耦合器件(Charge Coupled Device,CCD)传感器(Ueye UI - 1540M)上。我们在 CCD 照相机前放置了一个合适的滤波器(BG39 - 肖特水晶)来过滤红外光信号。我们使用一个在振幅上编码了"笑脸"的复合傅里叶变换的傅里叶 CGH,来作为离轴二进制 CGH。其计算机重建结果包含有 100 多个衍射焦点。样本的空间光谱覆盖从约 5lp/mm 到约 40lp/mm 的范围。焦点的辐照均匀度估算为 65%。未使用和使用 DCM 所记录下的 SH 信号结果如图 5.12(a),(b)所示。对于未补偿的系统,只有在空间频率较低的情况下,入射光的能量才足以激发 SH 信号。

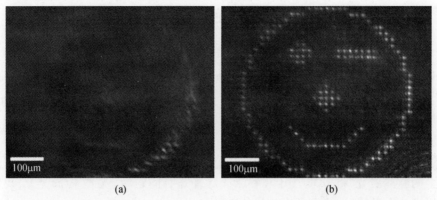

(a)   (b)

图 5.12 在不使用(a)和使用(b)DCM 的情况下,将一幅 CGH 的多点图案照射在 BBO
晶体上所产生的 SH 信号。出处:Martínez – CuencaR. , Mendoza – YeroO. , AlonsoB. ,
Solaĺ. J. ,Mínguez – VegaG. , and LancisJ. ,(2012). 图片已经美国光学学会许可复制

5.3.2 双光子显微术中的宽场荧光信号

生命科学领域对二维和三维活体组织成像的需求量极大[24]。在这种背景
下,多光子吸收过程[25]允许我们可以选择性地激发荧光信号,这为获得高质量
图像提供了便捷的方式。不过这些非线性过程的发生概率极低,因为它们依赖
于两个或更多个光子的吸收来将一个分子激发到某种振动态,在该振动态下发
射出一个荧光信号。因此,荧光发射被限制在激光焦点的非常小的区域,这不仅
获得了深入组织高空间分辨率成像[26],还获得了自然轴向分辨率。

在这种情况下,由于激光焦点通常要扫描整个活体样本才能产生双光子成
像,所以信号的采集会受到时间上的限制[27]。而事实上,从整个视场上采集完
整的二维图像所需的时间只取决于扫描仪的响应时间而非其他参数。尽管可
以通过采用诸如共振反射镜系统[28]、声光器件[29]或多面镜扫描仪[30]等不同策
略来提高扫描速度,进而克服上述这个缺点,但这些策略会降低每个像素的停留
时间并会在信噪比上做出折中。此外,通过选择性地仅仅扫描感兴趣的样本点
而非扫描样本的所有点,可以实现非常快速的逐像素扫描过程[31,32]。

在过去的几年里,人们已经引入了另一种方法来空间复用激光聚焦并同时
进行多光束扫描。这使得我们可以更有效地利用可用激光功率来加速成像过程
或增加每帧的采样。我们可以通过多光束分束器[33]、旋转盘[34]或 DOE[35]来生
成激光焦点阵列。然而,我们将由 SLM 上的 CGH 所产生的任意衍射图案和由
压记固定元件所产生的衍射图案相比较,显然前者能提供更大的灵活性和可定
制性。例如,它们可用于以可变时间动态方式对活体样品进行照片处理,和/或

用于一次刺激或抑制多个神经元以获得特定的兴奋/抑制作用[27, 36]。

然而,对于持续时间低于 100 fs 的短脉冲,采用 CGH 所生成的辐照图会表现出自然模糊现象。除了可能由波前像差或光散射引起的失真效应之外,这种不期望看到的物理现象的起因还得主要归功于在夫琅禾费(Fraunhofer)辐照图在空间尺度上对光波长的线性依赖,这也通常称为空间啁啾。实际上,空间啁啾会导致实际应用中聚焦光斑离心率的增加,例如在实时双光子吸收显微术应用中就会这样[37]。此外,来自 CGH 不同横向位置的脉冲之间的 PTD,将引起脉冲波前的倾斜,这也在时间上展宽了脉冲,正如在前面小节中所述的那样。

在这里,我们在实验上用良好的空间和时间分辨的辐照图展示了罗丹明 B(Rhodamine B,RB)中的双光子吸收和荧光发射现象,这里的 RB 作为样本。为了在 RB 中生成任意的辐照图,我们将 CGH 编码在一个纯相位 SLM 上。采用这种方法,我们可以建立起一个具有极大灵活性和可定制性的动态可编程光学装置。通过使用已在动态 CGH 重建中实验测试过的混合衍射 - 折射光学系统,我们可以对空间啁啾和脉冲波前倾斜效应进行一阶校正[38]。

上述系统的结构如图 5.13 所示。激发脉冲光源为锁模掺钛蓝宝石激光器。脉冲的时间的宽度为 30fs 的强度 FWHM,相应光谱的中心波长为 800nm,带宽约为 50nm。在 1kHz 的脉冲重复频率下,每个脉冲的最大能量可达 0.8mJ。我们通过一个半波片和一个偏振器调节每个脉冲的平均能量,通过一个反射扩束器来固定(确定)空间光束宽度。掺钛蓝宝石激光器所发出的超短光脉冲在出射前穿过了一个基于熔融石英布鲁斯特(Brewster)棱镜的后压缩阶段。因此,我们可以将负色散引入到后面的对在传输路径(光束传递到观察平面的路径)上的正材料色散的补偿中。

在该装置中,脉冲激光束经过一个分束器后,传播到一个傅里叶 CGH 上,而该 CGH 是编码在纯相位 SLM 上的。在图 5.13 中,虚线框对应着 DCM,该模块将重建的全息图成像到其后焦平面(FocalPlane,FP)上。CGH 是通过使用著名的格奇伯格 - 萨克斯顿(Gerchberg - Saxton,GS)迭代傅里叶变换算法进行计算的,但是按照 Wyrowski[39] 所提出的两个阶段执行的。DCM 构造具有以下的透镜参数: $f_o = 300mm$, $Z'_o = -Z_o = 150mm$, 轴向距离 $d' = d = 150mm$, $l = 300mm$。

为了激发 RB 中的荧光信号,我们使用了一个由焦距 $f_2 = 100mm$ 的折射透镜 L_2 和一个焦距为 10mm 的 20× 的显微物镜 MO_1 所组成的望远镜。该望远镜在 RB 处生成了一幅辐照图缩小图像,其尺寸能包含进一个厚度为 10mm 的立方体玻璃盒内(即缩小图像的尺寸小于立方体的尺寸)。在图 5.14 中显示了关于这部分装置的照片。需要注意的是,尽管辐照图的空间尺寸有所缩减,但附加的中继光学元件仍然保存了辐照图的时空光分布。为了观测荧光信号,我们通过一个 50× 的显微镜物镜 MO_2 来将 RB 平面成像到一个传统 CCD 传感

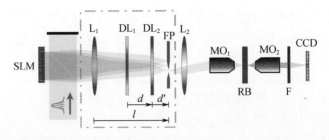

图 5.13　用来提高 RB 中双光子吸收和荧光发射的衍射 – 折射光学系统示意图。
出处：Pérez – VizcaínoJ.，Mendoza – YeroO.，Mínguez – VegaG.，Martínez – CuencaR.，
AndrésP.，and LancisJ.，(2013). 图片已经美国光学学会许可复制

器(Ueye UI – 1540M，像素分辨率为 1280 × 1024，像素间距为 5.2μm)上。我们在 CCD 照相机之前放置了一个合适的滤波器 F(BG39 – 肖特水晶)来过滤红外光。

图 5.14　用于将光脉冲聚焦在 RB 上以及记录荧光发射的实验装置细节图

图 5.15 给出了在不使用(中间列)和使用(第一列)DCM 情况下记录的荧光信号结果。在我们的实验中，光学系统生成任意辐照度分布图的能力由两组实验证实，这两组实验分别为图 5.15(a) ~ (c)中的自行车图像和图 5.15(d) ~ (f)中的螺旋图像。图 5.15 的第一列展示了对应于自行车(a)和螺旋(d)CGH 的计算机重建图。全息图的计算机重建占据了一个超过 400 × 400 像素(2.08mm × 2.08mm)的区域 A_0。样本的空间光谱范围为约 25lp/mm 至约 38lp/mm。

为了确保整个样本平面以重复频率发射宽场荧光信号和确保我们激光系统的脉冲宽度，我们将平均功率调整至 3mW。如前所述，辐照度图示化是通过衍射光束传播完成的。然而，正如文献[40]中所报道的那样，我们发现在样本平

面上脉冲的空间和时间展宽使得 CGH 的使用变得不太合适,因为记录不到信号。当我们采用了 DCM 之后,我们就可以恢复出荧光信号(图 5.15(c),(f))。我们把这一效果归功于 DCM 的色散补偿能力,该能力能够保留激光脉冲在样本平面上的时间宽度,从而增强了未补偿的情况下的荧光信号。需要注意的是,反过来,样本上出射的光子数也取决于脉冲宽度。此外,多亏了空间啁啾补偿,CGH 重建的横向空间分辨率得以保留了下来。最后,我们检查了在没用 DCM 的情况下是否可能存在由衍射所导致的荧光信号发射,但该情况的代价是需要使用额外的 2mW 平均功率来补偿时间展宽。当使用生物样本时我们是不推荐这么做的,因为高功率激发强度可能会造成光损伤和光漂白。而未补偿的空间啁啾会导致信号模糊,这会妨碍准确的全息图重建,从而阻碍辐照度的图示化,如图 5.15(b),(e)所示。

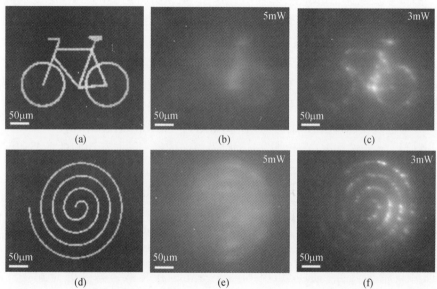

图 5.15 在 RB 中所获得的任意荧光辐照图。(a)和(d)为对应于激光中心波长的重建 CGH,(b)和(e)是未经补偿的结果,(c)和(f)是使用了 DCM 的结果。出处:Pérez – Vizcaíno J., Mendoza – Yero O., Mínguez – Vega G., Martínez – Cuenca R., Andrés P., and Lancis J.,(2013)。图片已经美国光学学会许可复制

5.3.3 高速并行微加工

使用飞秒激光脉冲对材料的微观结构和纳米结构所进行的高精度分析通常在低通量(约为几微焦)条件下进行的。在该条件下,当将超短脉冲聚焦到给定的材料表面上时,其一小部分区域会被电离。因此,由库伦(Coulomb)爆炸所引起的材料烧蚀在加工区域周围造成了最小限度的热损伤或机械损伤。这一极具

吸引力的物理现象,加之几种用于生成用户定义的辐照图的成熟技术,使得飞秒激光加工技术在工业应用领域成为非常有前景的工具。特别地,借助于复辐照图所进行的并行加工技术能够克服当前再生或多通道放大器系统中的大幅衰减问题,从而提供毫焦量级的脉冲能量。此外,该技术可以缩短顺序逐点扫描样本所需的较长操作时间。在这种情况下,除了其他任务,并行处理光学技术的应用领域包括借助于微透镜阵列生成期望的焦点图案[41-43]、执行脉冲光束的时间聚焦[44,45]、获得飞秒光束的多光束干涉[46,47]或使用 CGH 进行材料微观结构的全息图图示化[8, 48-51]等。此外,借助于一个 SLM 进行全息飞秒激光加工也可视为一种生成任意辐照图的动态方法。需要注意的是,微观结构化的表面在制造微流体设备或集成光电子器件及其他应用中有着至关重要的作用。

对于非热微加工,我们可以使用长脉冲(根据材料的不同,脉冲宽度最大可到约 10ps)[52]。然而,借助于合适波形的瞬时脉冲能产生最佳能量耦合,这使我们能够将烧蚀引导向用户定义的方向,从而为高质量的材料加工提供更大的灵活性。一些实验已经证实了飞秒脉冲波形在材料加工中的作用。这里只列举几个例子:有着三阶色散的非对称波形脉冲能在电介质中烧蚀出小于衍射极限的孔洞[53];采用特定时间延迟的双脉冲能够控制金属氧化物上的转移光斑的大小[54];通过改变脉冲持续时间可以调整熔融石英中烧蚀通道的形状[55]。

随后,为了克服在 CGH 时由于衍射现象强依赖于波长而引起的色差和由自由空间传播时间差而产生时间延伸,我们建议采用 DCM 来实现飞秒微加工。

我们依然采用图 5.13 所示的实验装置,但其中的 SLM 用一个静态 CGH 来代替,该静态 CGH 设计为在傅里叶平面上提供 8×8 的点阵,原实验装置中的 RB 也换为了不锈钢样本。为了在宽广的空间场中看到加工的焦点,我们使用了一台光学显微镜。在这些条件下,我们还在装置中采用了 DCM,并在样本上烧蚀出了 52 个盲孔(请注意,DOE 的一些光斑在显微镜物镜的光瞳之外)。而当使用传统装置的时候,上述的烧蚀盲孔数目骤减到 16 个。由于后者存在色散效应,所以只有对应于更低空间频率的焦斑才有足够的能量在材料表面进行微加工。在我们的装置中,没用 DCM 的情况下金属表面标记的最高空间频率为 33 lp/mm,而在采用 DCM 的情况下可实现最高空间频率为 50lp/mm 的烧蚀,这意味着烧蚀区域增加了 3 倍以上。加工材料的细节如图 5.16 所示。

在图 5.17 中,我们比较了在相同空间频率下使用和不使用 DCM 所得的钻孔。很明显,受色差影响的加工斑点的形状在很大程度上偏离了理想圆形。这一事实阻止了在超短脉冲照明情况下使用确定的 DOE 进行微加工。然而,当我们使用了 DCM 后,所得到的斑点恢复为完美的圆形。

114

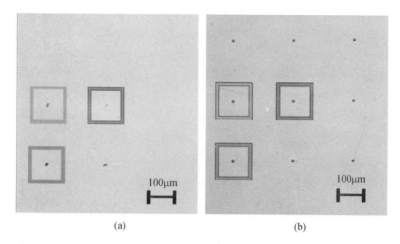

图 5.16　光学显微镜所观察到的烧蚀样本表面一个区域的细节图
(a)采用传统装置；(b)采用包含了 DCM 的装置。

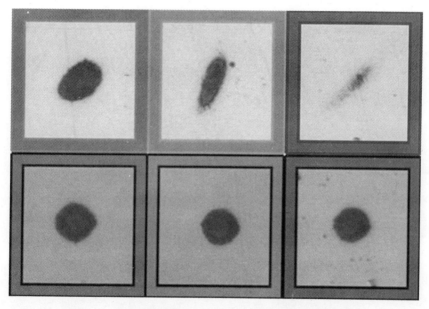

图 5.17　当采用传统装置(上行)和采用包含了 DCM 的装置
(下行)时,对应不同衍射级的焦斑烧蚀孔洞图像

5.4　小　　结

我们已经向读者证明了,应当使用合适的色散反演光学装置来校正由超短
脉冲光照射下的 CGH 所引起的空间和时间色散。为此,我们介绍了一个由一个

115

RL 和两个 DL 组成的简单 DCM。相比于传统装置，该 DCM 能提供质量很高的时空辐照图案。为了证实所提出的 DCM 的有效性，我们进行了三个不同的色散补偿实验，包括从宽场双光子显微术到基于超短脉冲光的并行激光微加工。

致　　谢

感谢加泰罗尼亚自治区政府的卓越网关于医学成像（项目编号：ISIC/2012/013）以及普罗米修斯（Prometeo）卓越项目（项目编号：PROMETEO/2012/021）对本项工作提供了部分资金支持，也感谢西班牙海梅一世大学通过项目 P1 -1B2012 -55 和 P1 -1B2013 -53 所提供的部分支持。

参 考 文 献

[1] Chichkov B. N. , Momma C. , Nolte S. , Von Alvensleben F. , and Tunnermann A. , Femtosecond, picosecond and nanosecond laser ablation of solids, *Applied Physics A*,**63**, 109 -115, (1996).

[2] Denk W. , Strickler J. H. , and Webb W. W. , 2 - photon laser scanning fluorescence microscopy, *Science*,**248**, 73 -76, (1990).

[3] Grier D. G. , A revolution in optical manipulation, *Nature*,**424**, 810 -816, (2003).

[4] Bezuhanov K. , Dreischuh A. , Paulus G. G. , Schätzel M. G. , and Walther H. , Vortices in femtosecond laser fields, *Optics Letters*,**29**, 1942 -1944, (2004).

[5] Nolte S. , Fermann M. E. , Galvanauskas A. , Sucha G. , and Marcel D. , Micromachining, in *Ultrafast Optics Technology and Application*, New York, (2003).

[6] Amako J. , Nagasaka K. , and Kazuhiro N. , Chromatic - distortion compensation in splitting and focusing of femtosecond pulses by use of a pair of diffractive optical elements, *Optics Letters*,**27**, 969 -971, (2002).

[7] Li G. , Zhou C. , and Dai E. , Splitting of femtosecond laser pulses by using a Dammann grating and compensation gratings, *Journal of the Optical Society of America A*,**4**, 767 -772, (2005).

[8] Kuroiwa Y. , Takeshima N. , Narita Y. , Tanaka S. , and Hirao K. , Arbitrary micropatterning method in femtosecond laser microprocessing using diffractive optical elements, *Optics Express*, **12**, 1908 -1915, (2004).

[9] Jesacher A. and Booth M. J. , Parallel direct laser writing in three dimensions with spatially dependent aberration correction, *Optics Express*,**18**, 21090 -21099, (2010).

[10] Lancis J. , Mínguez - Vega G. , Tajahuerce E. , Climent V. , Andrés P. , and Caraquitena J. , Chromatic compensation of broadband light diffraction：ABCD - matrix approach, *Journal of the Optical Society of America A*,**21**, 1875 -1885, (2004).

116

[11] Mínguez – Vega G. , Lancis J. , Caraquitena J. , Torres – Company V. , and Andrés P. , High spatiotemporal resolution in multifocal processing with femtosecond laser pulses, *Optics Letters* ,**31**, 2631 – 2633, (2006).

[12] Mínguez – Vega G. , Tajahuerce E. , Fernández – Alonso M. , Climent V. , Lancis J. , Caraquitena J. , and Andrés P. , Dispersion – compensated beam – splitting of femtosecond light pulses: wave optics analysis, *Optics Express* ,**15**, 278 – 288, (2007).

[13] Martínez – Cuenca R. , Mendoza – Yero O. , Alonso B. , Sola. J. , Mínguez – Vega G. , and Lancis J. , Multibeam second – harmonic generation by spatiotemporal shaping of femtosecond pulses, *Optics Letters* ,**37**, 957 – 959, (2012).

[14] Martínez O. E. Matrix formalism for pulse compressors, *IEEE Journal of Quantum Electrononics* ,**24**, 2530 – 2536, (1988).

[15] Fuchs U. , Zeitner U. D. , and T nnermann A. , Ultra – short pulse propagation in complex optical systems, *Optics Express* ,**13**, 3852 – 3861, (2005).

[16] Kempe M. and Rudolph W. , Femtosecond pulses in the focal region of lenses, *Physical Review A* ,**48**, 4721 – 4729, (1993).

[17] Kempe M. , Stamm U. , Wilhelmi B. , and Rudolph W. , Spatial and temporal transformation of femtosecond laser pulses by lenses and lens systems, *Journal of the Optical Society of America B* ,**9**, 1158 – 1165, (1992).

[18] Alonso B. , Sola I. J. , Varela O. , Hernández – Toro J. , Méndez C. , San R. J. , *et al.* , Spatiotemporal amplitude – and – phase reconstruction by Fourier – transform of interference spectra of high – complex – beams, *Journal of the Optical Society of America B* ,**27**, 933 – 940, (2010).

[19] Mendoza – Yero O. , Alonso B. , Varela O. , Mínguez – Vega G. , Solaí. J. , Lancis J. , *et al.* , Spatiotemporal characterization of ultrashort pulses diffracted by circularly symmetric hard – edge apertures: theory and experiment, *Optics Express* ,**18**, 20900 – 20911, (2010).

[20] Lepetit L. , Cheriaux G. , and Joffre M. , Linear techniques of phase measurement by femtosecond spectral interferometry for applications in spectroscopy, *Journal of the Optical Society of America B* ,**12**, 2467 – 2474, (1995).

[21] Iaconis C. and Walmsley I. A. Spectral phase interferometry for direct electric – field reconstruction of ultrashort optical pulses, *Optics Letters* ,**23**, 792 – 794, (1998).

[22] Pérez – Vizca no J. , Mendoza – Yero O. , Mínguez – Vega G. , Martínez – Cuenca R. , Andrés P. , and Lancis J. , Dispersion management in two – photon microscopy by using diffractive optical elements, *Optics Letters* ,**38**, 440 – 442, (2013).

[23] Torres – PeiróS. , González – Ausejo J. , Mendoza – Yero O. , Mínguez – Vega G. , Andrés P. , and Lancis J. , Parallel laser micromachining based on diffractive optical elements with dispersion compensated femtosecond pulses. *Optics Express*, **21** (26), 31830 – 31836, (2013).

[24] Zipfel W. R. , Williams R. M. , and Webb W. W. , Nonlinear magic: multiphoton micros-

copy in the biosciences, *Nature Biotechnology*, **21**, 1369 – 1377, (2003).

[25] Masters B. R. and So P. T. C. , Handbook of Biomedical Nonlinear Optical Microscopy, *Oxford University Press*, New York, (2008).

[26] Denk W. , Delaney K. R. , Gelperin A. , Kleinfeld D. , Strowbridge B. W. , Tank D. W. , and Yuste R. , Anatomical and functional imaging of neurons using 2 – photon laser scanning microscopy, *Journal of Neuroscience Methods*, **54**, 151 – 162, (1994).

[27] Nikolenko V. , Watson B. O. , Araya R. , Woodruff A. , Peterka D. S. , and Yuste R. , SLM microscopy: scanless two – photon imaging and photostimulation with spatial light modulators, *Frontiers in Neural Circuits*, **2**, 1 – 14, (2008).

[28] Rochefort N. L. , Garaschuk O. , Milos R. I. , Narushima M. , Marandi N. , Pichler B. , *et al.* , Sparsification of neuronal activity in the visual cortex at eye – opening, *Proceeding of the National Academy of Science*, **106**, 15049 – 15054, (2009).

[29] Otsua Y. , Bormutha V. , Wonga J. , Mathieub B. , Duguéa G. P. , Feltz A. , and Dieudonnéa S. , Optical monitoring of neuronal activity at high frame rate with a digital random – access multiphoton (RAMP) microscope, *Journal of Neuroscience Methods*, **173**, 259 – 270, (2008).

[30] Warger W. C. , Laevsky G. S. , Townsend D. J. , Rajadhyaksha M. , and DiMarzio C. A. , Multimodal optical microscope for detecting viability of mouse embryos in vitro, *Journal of Biomedical Optics*, **12**, 044006, (2007).

[31] Göbel W. and Helmchen F. , New angles on neuronal dendrites in vivo, *Journal of Neurophysiology*, **98**, 3770 – 3779. **124**, (2007).

[32] Lillis K. P. , Enga A. , White J. A. , and Mertz J. , Two – photon imaging of spatially extended neuronal network dynamics with high temporal resolution, *Journal of Neuroscience Methods*, **172**, 178 – 184, (2008).

[33] Nielsen T. , Fricke M. , Hellweg D. , and Andresen P. , High efficiency beam splitter for multifocal multiphoton microscopy, *Journal of Microscopy*, **201**, 368 – 376, (2001).

[34] Bewersdorf J. , Pick R. , and Hell S. W. , Multifocal multiphoton microscopy *Optics Letters*, **23**, 655 – 657, (1998).

[35] O'Shea D. C. , Suleski T. J. , Kathman A. D. , and Prather D. W. , Diffractive optics: design, fabrication, and test, *SPIE Press*, (2004).

[36] Watson B. O. , Nikolenko V. , Araya R. , Peterka D. S. , Woodruff A. , and Yuste R. , Two – photon microscopy with diffractive optical elements and spatial light modulators, *Frontiers in Neuroscience*, **4**, 1 – 8, (2010).

[37] Buist A. H. , Müller M. , Squer J. , and Brakenhoff G. J. , Real time two – photon absorption microscopy using multi point excitation, *Journal of Microscopy*, **192**, 217 – 226, (1998).

[38] Martínez – León L. , Clemente P. , Tajahuerce E. , Mínguez – Vega G. , Mendoza – Yero O. , Fernández – Alonso M. , *et al.* , Spatial – chirp compensation in dynamical holograms re-

118

constructed with ultrafast lasers, *Applied Physics Letters*, **94**, 011104, (2009).

[39] Wyrowski F. , Diffractive optical elements: iterative calculation of quantized, blazed phase structures, *Journal of the Optical Society of America A*, **7**, 961 – 969, (1990).

[40] Sacconi L. , Froner E. , Antolini R. , Taghizadeh M. R. , Choudhury A. , and Pavone F. S. , Multiphoton multifocal microscopy exploiting a diffractive optical element, *Optics Letters*, **28**, 1918 – 1920, (2003).

[41] Kato J. , Takeyasu N. , Adachi Y. , Sun H. , and Kawata S. , Multiple – spot parallel processing for laser micronanofabrication, *Applied Physics Letters*, **86**, 044102, (2005).

[42] Matsuo S. , Juodkazis S. , and Misawa H. , Femtosecond laser microfabrication of periodic structures using a microlens array, *Applied Physics A*, **80**, 683 – 685, (2004).

[43] Salter P. S. and Booth M. J. Addressable microlens array for parallel laser microfabrication, *Optics Letters*, **36**, 2302 – 2304, (2011).

[44] Kim D. and So P. T. C. , High – throughput three – dimensional lithographic microfabrication, *Optics Letters*, **35**, 1602 – 1604, (2010).

[45] Vitek D. N. , Adams D. E. , Johnson A. , Tsai P. S. , Backus S. , Durfee C. G. , *et al.* , Temporally focused femtosecond laser pulses for low numerical aperture micromachining through optically transparent materials, *Optics Express*, **18**, 18086 – 18094, (2010).

[46] Shoji S. and Kawata S. , Photofabrication of three – dimensional photonic crystals by multibeam laser interference into a photopolymerizable resin, *Applied Physics Letters*, **76**, 2668 – 2670, (2000).

[47] Kondo T. , Matsuo S. , Juodkazis S. , Mizeikis V. , and Misawa H. , Multiphoton fabrication of periodic structures by multibeam interference of femtosecond pulses, *Applied Physics Letters*, **82**, 2758 – 2760, (2003).

[48] Hayasaki Y. , Sugimoto T. , Takita A. , and Nishida N. , Variable holographic femtosecond laser processing by use of a spatial light modulator, *Applied Physics Letters*, **87**, 031101, (2005).

[49] Hasegawa S. and Hayasaki Y. , Adaptive optimization of a hologram in holographic femtosecond laser processing system, *Optics Letters*, **34**, 22 – 24, (2009).

[50] Kuang Z. , Perrie W. , Leach J. , Sharp M. , Edwardson S. P. , Padgett M. , *et al.* , High throughput diffractive multi – beam femtosecond laser processing using a spatial light modulator, *Applied Surface Science*, **255**, 2284 – 2289, (2008).

[51] Kuang Z. , Liu D. , Perrie W. , Edwardson S. , Sharp M. , Fearon E. , *et al.* , Fast parallel diffractive multi – beam femtosecond laser surface micro – structuring, *Applied Surface Science*, **255**, 6582 – 6588, (2009).

[52] Stuart B. C. , Feit M. D. , Herman S. , Rubenchik A. M. , Shore B. W. , and Perry M. D. , Nanosecond – to – femtosecond laser – induced breakdown in dielectrics, *Physical Review B*, **53**, 1749 – 1761, (1996).

[53] Englert L. , Wollenhaupt M. , Haag L. , Sarpe – Tudoran C. , Rethfeld B. , and Baumert T. ,

119

Material processing of dielectrics with temporally asymmetric shaped femtosecond laser pulses on the nanometer scale, *Applied Physics A* ,**92**, 749 – 753, (2008).

[54] Papadopouloua, E. L. , Axentea, E. , Magoulakisa, E. , Fotakisa, C. , Loukakosa, P. A. , Laser induced forward transfer ofmetal oxides using femtosecond double pulses. *Applied Surface Science*, **257**, 508 – 511, (2010).

[55] V zquez de Aldana, J. R. , Méndez, C. , Roso, L. Saturation of ablation channels micro – machined in fused silica with many femtosecond laser pulses. *Optics Express*, **14**, 1329 – 1338, (2005).

第二部分
多维生物医学成像与
显微镜学

第6章 先进数字全息显微术在生命科学领域中的应用

Frank Dubois, Ahmed El Mallahi, Christophe Minetti,
Catherine Yourassowsky
比利时布鲁塞尔自由大学(法语区)微重力研究中心

6.1 引 言

数字全息显微镜(Digital Holographic Microscope, DHM)是一种通过干涉测量详尽记录物体信息的强有力工具。它能够在较短的曝光时间内,快速地记录动态现象的全息图序列。随后的分析是建立在光强和定量光学相位图的数字全息再聚焦的基础上。在本章中,我们将介绍我们在仪器以及全息信息处理方面所取得的进展。其中,仪器方面的进展为:通过采用已降低了相干性的光学照明光源,来提高相位图和强度图的图像质量。尽管透射式 DHM 对空间相干性的降低最为显著,但时间相干性的降低还会与降低高散射样本的噪声有关。按照这种方式,我们近期研发出一台显微镜,它采用了空间和时间相干性同时都降低的多波长光源,能够通过单次曝光记录信息。我们将在第 6.2 节中详细介绍该DHM 的原理架构。全息图处理技术也已经在多个应用领域中取得了一定进展。我们将在第 6.3 节和第 6.4 节中具体介绍该技术在水质监测和血红细胞动力学行为研究中的应用。最后我们将在第 6.5 节做本章小结。

6.2 数字全息显微镜架构

6.2.1 相位步进数字全息显微镜

我们研发的第一种 DHM 架构是一个相位步进架构,其部分相干光源由一个空间滤波的发光二极管(Light Emitting Diode, LED)组成[1],如图 6.1 所示。部分相干照明通过降低相干伪像噪声以提高全息记录的质量。使用此 DHM,即便考虑强度,其图像质量也相当出色,并且能与使用传统光学显微镜所获得的图像质量相媲美,如图 6.2 所示。根据相位步进 DHM 所提取的复振幅[2],部分相干照明能使 DHM 具备两大主要功能:①重新聚焦在焦外记录的物体;②实现定量相位衬度成像,甚至是在高散射介质中[3-6]。

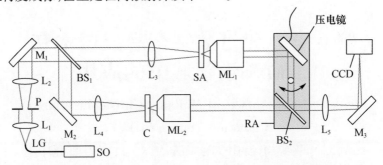

图 6.1 基于 LED 照明和相位步进的 DHM 原理示意图

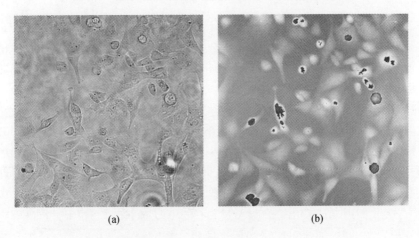

(a) (b)

图 6.2 黏附细胞的培养。ROV = 400μm × 400μm。出处:
Dubois F., et al.,(2011). 图片已经 Springer 出版社许可复制
(a)强度图像;(b)带有 LED 照明的相位步进 DHM 所拍摄的定量相位图像。

我们主要将该显微镜架构用在黏附细胞培养应用中。

6.2.2 快速离轴数字全息显微镜

在上述相位步进的架构中,参考光束与入射至照相机传感器上物体光束的夹角越小越好。我们需要依次记录多个干涉测量图像,而采样会受到照相机帧率的限制。这就意味着物体需要在整个采集过程(即记录多个帧所需的时间内)中保持静止。为了突破这个限制,我们开发了一台快速离轴 DHM[7],它采用了部分相干光源。借助于傅里叶方法,我们能从每幅记录全息图中获得相位图和光强图[8,9]。该装置如图 6.3 所示。

在快速离轴 DHM 架构中,在物体光束和参考光束之间引入角度以获得空

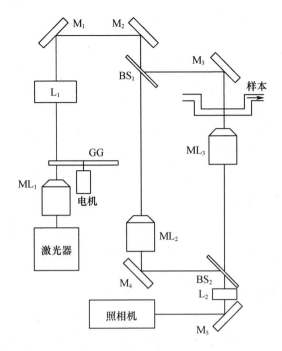

图 6.3　具有由激光束产生的减小的空间相干源的快速 DHM 的架构示意图

间外差条纹。相对于相位步进架构,本架构中完整的单次曝光记录的全息信息是其能对快速变化现象进行分析的决定性优势。图 6.4 给出了一个用 DHM 装置来记录淡水通量在微通道中随时间演化的实例。

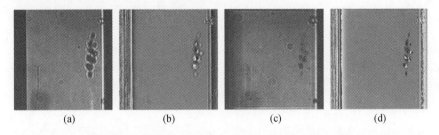

图 6.4　微通道中的海藻。$FOV = 370\mu m \times 370\mu m$

(a)离焦的强度图像;(b)离焦的相位图像;(c)再聚焦的强度图像;(d)再聚焦的相位图像。

多亏了系统具有定量相位衬度成像能力,每个粒子或生物体可以再聚焦并加以分析,这使得我们可以对淡水进行高通量监测。但是离轴架构需要一个具有高相干性的光源。否则,由于物体光束和参考光束在视场内的可变光学延迟,会导致条纹调制不稳定。此外,当参考光束和物体光束之间的光程差大于入射光束的相干长度时,将观察不到干涉现象,相位信息也将消失。这就意味着,对于时间上部分相干光,记录平面上不同位置处的光程差足以破坏相干性,所以只

125

能在保持相干性的记录平面的一部分区域上观察到干涉现象。

为了解决上述问题,我们将激光光束聚焦在一块运动(旋转)毛玻璃上,使得光源具有高时间相干性,而其空间相干性得到降低,如图6.3所示。对于给定位置的毛玻璃(固定在某一位置),通过样本的透射光会形成一个散斑场。当毛玻璃开始旋转时,假设曝光时间足够长以至于产生平均效应,那么这种类型的光源所发出的光就等同于一种空间部分相干光,其空间相干宽度等于平均散斑场。然而,短时间曝光会增加照明的涨落。当需要很快的图像采集时,毛玻璃的转速也很难足够快以满足高速采样的要求。

6.2.3　彩色数字全息显微镜

为了克服上述快速离轴 DHM 的局限性,我们研发出一种新型的离轴 DHM 架构,这使我们能够使用具有部分时间相干和部分空间相干的光束的离轴配置。这是一种显著的改进,因为它能使显微镜工作在快速模式,且不受由激光器配置所引起照明涨落的影响。此外,这种架构实现采用了低廉的光源(如 LED),可以同时记录红绿蓝三色的高质量全息图,可在极低噪声水平下提供全彩色数字全息显微成像[10]。在这种新型 DHM 架构中,参考光束的相干平面不垂直于记录平面附近的传播方向。这导致了参考光束与物体光束(物体光束的相干平面垂直于传播方向)将发生干涉,进而产生不依赖于记录平面位置的干涉条纹衬度(对比度)。所以即便在光束相干长度有限(如 LED 或气体放电灯所发出的光)的情况下,也能记录下离轴干涉条纹(空间外差条纹)。该架构利用衍射光栅的特性生成离轴参考光束,而没有破坏记录平面上干涉光束的时间相干性。基于上述原理的透射式 DHM 架构如图6.5所示。

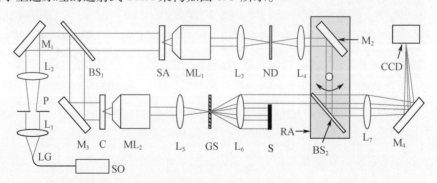

图6.5　透射式 DHM 的光学系统示意图。出处:Dubois F. , et al. , (2012).
图片已经美国光学学会许可复制

我们基于马赫 - 曾德尔(Mach - Zehnder)干涉仪设计了 DHM 架构,其中红绿蓝三色光源由发光波长分别为 470、530 和 630nm 的三个 LED 组成。直径为

3mm 液体光导的作用是均匀化照明。为提高空间相干性,光束会先由透镜 L_1 准直,随后经由一个孔径光阑 P 滤光。然后光束由分束器 BS_1 分为物体光束和参考光束。其中透过 BS_1 的物体光束照亮样本。紧接着显微镜透镜 ML_1 和透镜 L_3、L_4、L_7 将样本一个平面的图像成像在电荷耦合器件传感器(照相机)上。一个中性密度滤光片位于 L_3 的后焦平面和 L_4 的前焦平面上。CCD 传感器位于 L_7 的后焦平面上。中性密度滤光片可以将物体光束和参考光束的光强比调节至某一合适的值。

物臂上的透镜 ML_1、L_3 和 L_4 在参考臂上分别有与之相对应的光学元件,即透镜 ML_2、L_5 和 L_6,这样可以使得参考光束和物体光束具有相同路径长度。在参考光路中,我们分别在透镜 L_5 和 L_6 的后焦平面上添加了一个光栅和一个光阑,其中光栅平面与传感器平面共轭。我们在透镜 ML_2 的前焦平面上增设了一个光路补偿片,以粗略地补偿样本 SA 的光学厚度。光栅一级衍射中的一条光束通过光阑,以一个可形成离轴的角度入射至传感器平面上[11]。物体光路和参考光路通过旋转垂直于光轴的旋转组件进行精确调节。

由于光栅 G 与传感平面共轭,我们发现衍射并不影响空间相干叠加的对齐。

现在让我们来考虑一下部分时间相干性对干涉条纹衬度的影响。首先假设光栅平面出来的复振幅是准单色光频率,其在传感器平面上的成像可表示为

$$g_o(x,y,v) = A\exp\{jk2(f_6+f_7)\}\exp\{jKx\}g_i\left(-\frac{f_6}{f_7}x, -\frac{f_6}{f_7}x\right)s(v) \quad (6.1)$$

其中,g_o 和常数 g_i 分别表示传感器平面及 L_6 后焦平面上的复振幅,$k = 2\pi/\lambda$,f_6 和 f_7 分别为透镜 L_6 和 L_7 的焦距,k 是光栅在传感器入射光束上引入的倾斜因子,$s(v)$ 表示光谱分布。现在我们将考虑部分时间相干照明对干涉条纹衬度的影响。为了优化干涉条纹衬度,分束器 BS_1 与传感平面之间的物臂和参考臂的光束传播时间需要相等。通过考虑狄拉克光脉冲 $\delta(t)$ 的传播可以获得时间特性。为此,我们假设了一个无限宽的恒定光谱,并基于频率变量 v 对式(6.1)进行傅里叶变换,从而得出时间表述。设在平面 g_i 上恒定,则有

$$g_o(x,y,t) = A'\delta\left(t - \frac{2(f_6+f_7)}{c}\right)\exp\{jKx\}g_i\left(-\frac{f_6}{f_7}x, -\frac{f_6}{f_7}x\right) \quad (6.2)$$

式(6.2)表明,透镜 L_6 的后焦平面上的狄拉克光脉冲不论位置如何,其到达传感器平面任意一点所花费的时间都是相同的,即 $t = 2(f_6+f_7)/c$,其中 c 是真空中光的传播速度。所在离轴架构中,光栅并不会影响参考光路和物体光路之间生成相等的全局光程。

在第一批的彩色 DHM 测试中,我们采用了一个单色 CCD 照相机。因此,在

通过依次打开红色、绿色和蓝色LED,我们成功地记录了三幅全息图。每幅全息图都单独采用傅里叶方法,以获得三种颜色的复振幅、对应光强图以及光学相位图。数字化再聚焦通过采用文献[1]中所描述的重建算法实现。重组各颜色通道强度图可以获得一幅复合彩色图像。

图6.6展示了经中性红色染料染色的水藻(奥杜藻)全息彩图。该图给出了离焦记录全息图的重组RGB通道所得的光强图(图6.6(a))、再聚焦的图像(图6.6(b))和组合相位图像(图6.6(c))。RGB LED光源的噪声小,能产出极高的成像质量,可广泛应用于显微技术领域。当然,我们还注意到图像中存在一些小色差。该偏差是由三色通道之间存在微小横向平移以及无法同时再聚焦所导致的。在沿光轴方向,我们测量到蓝色和红色通道之间存在约$10\mu m$的整体平移。为了降低色差,我们横向平移三色图像,并且略微调整了数字全息再聚焦的距离来同时获取再聚焦的RGB通道图像。

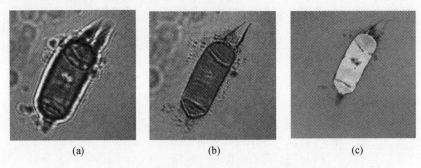

(a)　　　　　　　　(b)　　　　　　　　(c)

图6.6　(a)奥杜藻的离焦彩色光强图像,(b)重新聚焦的光强图像,
(c)RGB通道的合成相位图像

6.3　自动三维全息分析

6.3.1　完整干涉测量信息的提取

一旦记录了数字全息图,首先利用傅里叶方法计算出复振幅[8,9],然后计算出光强图和相位图。该过程如图6.7所示,其中图6.7(a)展示了一种绿藻(盘星藻)的数字全息图,计算所得的光强图和相位图分别如图6.7(b),(c)所示。由于实验细胞并不完全平整且干涉测量仪存在小的未对准,因而在相位图上可出现不均匀的背景。因此有必要采用一种相位图校正来减去背景相位。文献[12]发展并描述了一种相位图衍生方法,其所得的补偿相位图如图6.8(a)所示。得益于这种色差及光学相位的补偿,我们可以定量测量这种藻类的光学厚度。图6.8(b)给出了这种藻类的伪三维表示,实现了定量测量。

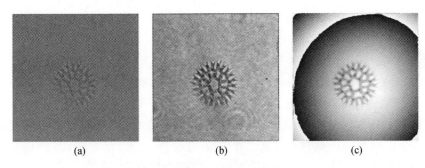

图 6.7   完整干涉测量信息的提取
(a)盘星藻样本的记录全息图;(b)强度图像;(c)相位图像。

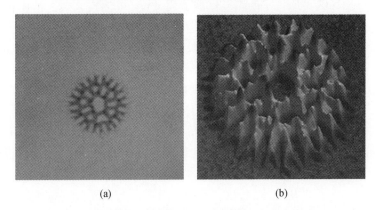

图 6.8   (a)相位补偿图像,(b)海藻伪 3D 表示(衬度反转)

6.3.2   生物体的自动三维探测

本节将介绍近期所提出的可用于自动测量实验体积内所有粒子的方法[13]。首先记录下全息图,帧率为 24 帧/s,曝光时间为 200μs。记录的焦平面设在通道厚度的中间。一旦从数字全息图中提取到了完整的干涉测量信息,就进行 3D 探测。

粒子的 3D 探测分为两步:①在 $X-Y$ 平面上进行探测;②确定粒子在 Z 轴上的位置,其中 X、Y、Z 轴分别为横轴、纵轴和深度轴。根据样本的生物特性,粒子在 $X-Y$ 平面上的位置可以通过一种基于强度或补偿相位全局阈值的经典阈值法确定。不过对于大浓度粒子,该方法不够健壮。所以人们提出了一种基于传播矩阵的新方法。

6.3.2.1   传统阈值法

为了检测每个生物体的 3D 位置,一种传统方法由强度和相位图的阈值组成,基于待研物体的性质。对于不透明粒子,探测是在强度图像上完成的,而对于透明粒子,探测是在补偿相位图上完成的。在水质监测项目中,待研的生物体为藻类,可作为相位物体。因此,在 $X-Y$ 平面上的探测可以通过分析相对于背景的相位涨落实现。相位图像补偿使得背景接近零灰度级。然后通过对补偿相位图进行阈值处理来探测粒子,以大致确定 $X-Y$ 平面视场内的存在粒子的位置。该过程使用了 Otsu 算法[14],选择阈值水平以最小化黑色和白色像素的类内方差。然后利用阈值计算将补偿相位图转换为一幅二进制图像(黑白)。接着计算(黑白)分割粒子的质心,得到第一组粒子在 $X-Y$ 平面上的位置。这里还使用了一个过滤操作,以去除所有不重要的小粒子,例如细菌、灰尘和其他小瑕疵。通过选择感兴趣粒子的覆盖区域或尺寸(长短轴),来对二值图像进行过滤。该二值图像将得以净化,只含感兴趣的粒子。

一旦在 $X-Y$ 平面上检测到粒子,就必须确定出该粒子在 Z 轴上的位置。该位置可通过数值分析微通道体积(不同切片的再聚焦)来确定。为了确定出最佳的焦平面,我们使用了一个重聚焦标准[15],其鲁棒性最近刚刚得到了证实[16]。我们发现该再聚焦标准最适合于相位物体,正如本实验中的透明物体。我们在探测粒子周围的感兴趣区域(Region Of Interest, ROI)内采用再聚焦标准[17]进行计算。ROI 取决于每个物体的放大分割区域,于是在 ROI 中也包含了由物体所产生的衍射图案。

当确定了粒子的 Z 坐标后,粒子会在其焦平面上重新分割来获得物体的精确定界。实际上,第一次分割(在焦外记录平面上进行)只会提供物体大小的粗略估计。虽然根据该第一次估计,我们足以确定出 Z 轴扫描所需的 ROI,但它不能提供用于分类的关于物体的任何精确信息。通过在焦平面的分割(第二次),可以计算出物体的精确形状和其在 $X-Y$ 平面上的位置,从而计算出每个物体的 3D 位置。

这种方法已经通过处理不同生物体的数千幅全息图而被量化,如图 6.9 所示。为了测试探测软件的性能,我们选取了三种通常存在于水中的生物体(寄生原虫[贾第鞭毛虫]、孢囊、藻类[二形栅藻、自养小球藻])进行研究。这三种有机物的分类将在第 6.4 节中呈现。

采用上述开发的全自动 3D 探测算法,我们能得出一个平均探测分数,为80.4%(标准差为 5.2%)。该平均百分比是通过比较人工计数和自动计数计算出来的。该分数不是很高,因为其探测是基于补偿相位在记录平面上的全局阈值来进行的。对于高浓度样本,我们能在不同焦深平面上记录生物体,因此在同一幅相位图中会出现不同的光学相位涨落。用同一个阈值没法探测到所有的粒子。图 6.10 展示了浓缩(浓度较高)的自养小球藻样本实例。在图 6.10(b)中我们可以看到,某些藻类(箭头指示)将无法用一个全局阈值探测到。所以为了

130

突破这一局限性,我们提出了一种基于传播算符的新方案。

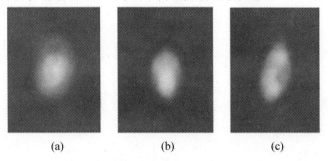

図6.9　裁剪的研究生物体:补偿的相位图像

(a)贾第鞭毛虫；(b)自养小球藻；(c)二形栅藻。出处:ElMallahi A.，Minetti C.，and Dubois F.，(2013)．图片已经美国光学学会许可复制。

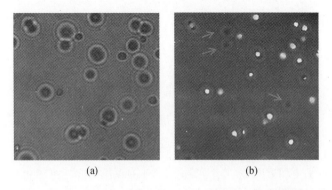

图6.10　(a)一个海藻(自养小球藻)的强度图像,(b)补偿相位图像

可以看到箭头所指的一些海藻由于远离记录平面而无法被探测到。出处:ElMallahi A.，Minetti C.，and Dubois F.，(2013)．图片已经美国光学学会许可复制。

6.3.2.2　使用鲁棒的传播矩阵

在浓度较大的情况下,先前较为常用的方法不够鲁棒,其在检测体积内的粒子时探测率不会高于80%。因此我们提出了一种新的基于自由传播算符的3D自动探测的鲁棒方法。

现在让我们考虑在光轴距离 d 处再聚焦的复振幅分布 $u_d(x', y')$,可以通过计算近轴近似中的基尔霍夫 – 菲涅耳传播积分:

$$u_d(x', y') = \exp(\mathrm{j}kd) F_{x', y'}^{-1} \exp\left(\frac{-\mathrm{j}kd\lambda^2}{2}(v_x^2 + v_y^2)\right) F_{v_x, v_y}^{+1} u_0(x, y) \quad (6.3)$$

其中,$u_0(x, y)$ 为焦平面上的复光场,$u_d(x', y')$ 为沿着光轴传播了一定距离 d 时的复振幅场,$k = 2\pi/\lambda$,(x, y) 和 (x', y') 分别为焦平面和重建平面中的

131

空间坐标,v_x 和 v_y 为空间频率,$j = \sqrt{-1}$,$F^{\pm 1}$ 表示二维连续傅里叶变换和逆变换。式(6.3)的离散形式如下:

$$u_d(s'\Delta, t'\Delta) = \exp(\mathrm{j}kd) F_{s',t'}^{-1} \exp\left(\frac{-\mathrm{j}kd\lambda^2}{2N^2\Delta^2}(U^2 + V^2)\right) F_{U^2,V^2}^{+1} u_0(s\Delta, t\Delta)$$

$$(6.4)$$

其中,N 为横向与纵向的像素数(为满足快速傅里叶变换计算条件),s、t、s'、t'、U 和 V 是取值范围为 $0 \sim N-1$ 的整数,而 $F^{\pm 1}$ 表示离散傅里叶变换及其逆变换。

复振幅 $u_d(s'\Delta, t'\Delta)$ 是为实验体积内每个再聚焦距离 d 计算的,从微通道的下层到上层。然后计算两个3D矩阵,分别包含所有再聚焦距离的强度 I 和光学相位 P:

$$\begin{cases} I(s'\Delta, t'\Delta, d) = \mathrm{Re}(u_d(s'\Delta, t'\Delta))^2 + \mathrm{Im}(u_d(s'\Delta, t'\Delta))^2 \\ P(s'\Delta, t'\Delta, d) = \arctan\left(\dfrac{\mathrm{Im}(u_d(s'\Delta, t'\Delta))}{\mathrm{Re}(u_d(s'\Delta, t'\Delta))}\right) \end{cases} \quad (6.5)$$

其中,Re 和 Im 分别代表实部和虚部。这里需要注意的是,如本节之前内容所述,可以通过补偿3D P-矩阵中对应于某个再聚焦距离 d 的平面,以去除背景相位。

现在我们可以计算四个矩阵,分别是沿着3D矩阵 I 和 P 的 d 维度的最小值和最大值。对于 I 和 P 这两个3D矩阵,我们研究所有 d 个平面,并给出最小值和最大值。四个新矩阵表示如下:

$$\begin{cases} \boldsymbol{I}_{\min}(s'\Delta, t'\Delta) = \min_d(\boldsymbol{I}(s'\Delta, t'\Delta, d)) \\ \boldsymbol{I}_{\max}(s'\Delta, t'\Delta) = \max_d(\boldsymbol{I}(s'\Delta, t'\Delta, d)) \\ \boldsymbol{P}_{\min}(s'\Delta, t'\Delta) = \min_d(\boldsymbol{P}(s'\Delta, t'\Delta, d)) \\ \boldsymbol{P}_{\max}(s'\Delta, t'\Delta) = \max_d(\boldsymbol{P}(s'\Delta, t'\Delta, d)) \end{cases} \quad (6.6)$$

其中,$\min_d$ 和 $\max_d$ 分别表示遍历所有 d 个平面所得的最小值和最大值。它生成了四个二维矩阵,能同时用在粒子的3D探测中。基于图6.10中的强度图像和相位图像,图6.11(a)~(d)给出了式(6.6)的四个矩阵。

然后利用Otsu方法对这四个矩阵分别进行自动阈值处理,提供四个阈值参数:$T_{I\min}$、$T_{I\max}$、$T_{P\min}$ 和 $T_{P\max}$。接下来我们对四个阈值图像进行简单的逻辑"与"操作,得到了如图6.11(e)所示的二进制(二值)矩阵,并使鲁棒的二维探测变为可能。沿着 Z 轴进行扫描,以此检测每个探测粒子的 Z 轴坐标,正如前一节所述。

132

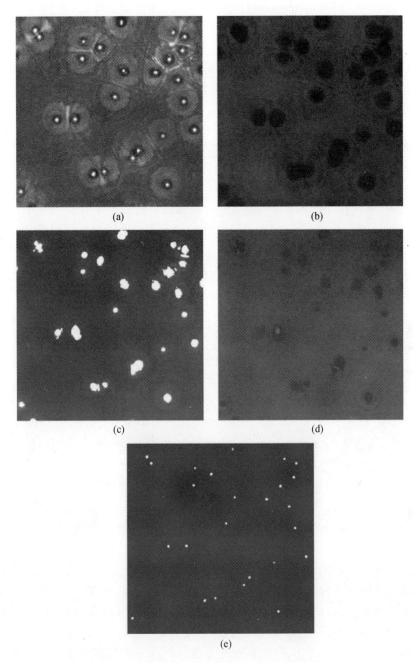

(a)

(b)

(c)

(d)

(e)

图 6.11　传播矩阵(a)I_{max}、(b)I_{min}、(c)P_{max}(+补偿)、(d)P_{min}(+补偿),(e)通过对这四个矩阵设定阈值然后进行组合,能计算出一个二进制矩阵,以完成鲁棒的二维探测。出处:El Mallahi A. , Minetti C. , and Dubois F. , (2013). 图片已经美国光学学会许可复制

得益于传播算符能轻易探测焦外物体,采用上一节相同的方法,平均探测准确率可达 95.1%（标准差为 2.3%）。这个分数显然取决于样本的性质。实际上,当样本中存在许多聚集物或堵塞有机体时,探测率就会受到干扰。为了克服这一局限性,我们最近开发了一种基于对焦平面演化的完整分析的新方法,来分离重叠粒子的聚集[18]。

6.4 应　　用

所发展出的自动 3D 探测技术已衍生出多种不同应用。在此我们将呈现其中两种,分别为微生物的全息分类术和红细胞动力学应用。

6.4.1　微生物的全息分类术

数字全息术在物体分类领域中颇具前景,其中利用数字全息术来发展自动探测和识别活体生物是具有重要应用价值的。Javidi 等人使用单次曝光同轴全息显微镜,通过记录相干光照明的物体菲涅耳场,来研究微生物体的 3D 成像和识别[19-22]。而三角形、矩形和圆形的 3D 相位物体同样也可以通过数字菲涅耳全息术进行识别和分类[23]。此外,采用显微积分成像也可对微生物体进行识别[24],它是通过记录非相干照明的 3D 场景的多视角信息来实现的。另外,考虑到噪声对识别 3D 场景中目标的影响,人们研究了另一种基于光子计数图像的图案识别问题[25]。Liu 等人运用统计聚类算法对两类红细胞（Red Blood Cell,RBC）进行了识别和分类[26]。此外,人们近期也开发了一项利用 DHM 对 RBC 形态进行定量分析的自动统计程序[27]。

我们基于物种的完整干涉测量信息（强度＋相位）,开发出一种分类技术,我们将其称为"全息分类术"。目前该技术已成功应用于多个领域,其中之一便是监测饮用水资源。在过去的 30 年里,由寄生原虫（贾第鞭毛虫）引发的严重健康危机促使全世界为此付出巨大努力,以在生产饮用水的水资源中探测出这种生物[28,29]。这种鞭毛原虫是贾第虫病的元凶[30],全世界约有两亿的人正在遭受这种普遍腹泻疾病的影响[28]。该疾病的传播途径包括人与人直接传播、直接接触已感染该疾病的哺乳动物,或者摄入受鞭毛原虫污染的食物或（和）水。贾第鞭毛虫的生长传播形式为孢囊,其长度约为 $11 \sim 14\mu m$,宽度约为 $6 \sim 10\mu m$,得益于这种形式,使得贾第鞭毛虫能在极端恶劣环境下生存,特别是,孢囊能够抵御传统用于水消毒中的氯。考虑到缺乏针对贾第虫孢囊的有效预防措施,我们必须尽早在水资源中将其探测出来[31]。而通常的检测方法太过耗时,这是因为它们需要在探测和识别之前使用不同的染色剂进行染色。

为此我们研发出一种新的分类程序,并将其应用于饮用水的监测。在这项研究中我们研究了三种不同的生物体(通常存在于水中):贾第鞭毛虫孢囊,以及藻类二形栅藻和自养小球藻。贾第鞭毛虫是一种寄生鞭毛原虫,以孢囊形式获得。二形栅藻和自养小球藻都是绿藻,选择它们的原因是因为它们在大小和形状上与贾第鞭毛虫孢囊高度相似[32]。

这三种生物体如图 6.9 所示。它们的分类过程如下:一旦探测到每个粒子的 3D 位置,便计算出一组特征来进行分类。我们可以从全息图中提取两种类型的特征。在第一步中,我们可从补偿相位图像的分割中获得一组形态特征。在第二步中,当强度和光学相位已从全息图中提取出来时,基于这两个物理量计算出纹理特征。

6.4.1.1　使用形态特征进行分类

我们可以首先从被测生物体的分段二值图像中提取出一组经典形态特征。这组区域描述量包括面积、周长、长短轴、离心率和等效圆直径。面积是在分割区域内的像素数。周长是被分割粒子边界上的像素数。长短轴是椭圆长短轴的长度(以像素为单位)。离心率计算为包围被分割粒子的椭圆的两焦点间距离与长轴之比,值域为[0,1](椭圆当离心率为 0 时是圆,当离心率为 1 时是一条线段)。等效圆直径是与区域面积相等的一个圆的直径。然后根据给定的 $115\,\mu m \times 115\,\mu m$ 的镜头视场和 $63 \times$ 的物镜放大倍率,我们将每个特征值的量纲转化为微米。

为了执行分类过程,我们必须确定出这组形态特征中的最佳判别式。由于这三种物种有着非常相似的形状和大小,因此该特征列表还远远不够。此外,粒子在微通道中行进过程中会绕其自身轴旋转,而且任意偏离平面的方向也会记录在全息图上。这将导致同一物种生物所得到的形态特征数值存在很大差异。

因此,在我们的多物种分类实验中,仅使用这些形态特征将导致在特征空间中出现相似物种间的大量重叠区域。所以这些特征不足以区分我们实验所用物种。为了进行鲁棒的分类,我们还必须引入其他特征并添加到形态特征中。鉴于 DHM 具有获取强度和相位信息的能力,我们选择将纹理特征引入该分类程序之中。由于我们采用了完整的干涉测量信息,我们可将这项技术称为"全息分类术"。

6.4.1.2　使用纹理特征进行分类

数字全息图提供了物体的光强(强度)和相位信息。当物体被聚焦时,强度提供了生物体的吸收信息,而相位可以测定出生物体的光学厚度。

多亏了这两个物理量,我们可以计算出基于统计测量的纹理分析结果。该测量隶属于基于统计矩的典型方法类别。其中第 n 个统计矩的表达式可表示为

$$\mu_n = \sum_{i=0}^{L-1} (q_i - m)^n p(q_i) \tag{6.7}$$

其中,q_i 代表光强,$p(q)$ 为在一个区域中强度水平的直方图,L 为光强所能达到的最高水平(对于本例的灰度图像,$L = 256$), $m = \sum_{i=0}^{L-1} q_i p(q_i)$ 是平均光强。

这些度量基于像素强度值的直方图。对于每幅图像而言,可以计算出一组6个纹理测量值:平均灰度级、平均衬度、平滑度、偏斜度、均匀性和熵。这6项指标的数学表达式可在文献[33]中找到。这些纹理特征全都在粒子分割区域中测量得到的。前两个特征,平均灰度级和平均衬度,提供了灰度级的均值及其标准差。在每个粒子区域内所测得的平滑度(R)取决于方差(方差通过除以$(L-1)^2$已归一化到$[0,1]$空间)。对于强度恒定的区域,平滑度等于0,并随像素值涨落而增加,取值范围为0~1。第3个统计矩测量了直方图的偏斜度。对称直方图的偏斜度为0,当直方图向右偏时,偏斜度会出现高于平均值的正值,而当直方图向左偏时,偏斜度会出现低于平均值的负值。该统计矩也通过除以$(L-1)^2$被归一化。当所有像素的灰度值相等时均匀性达到最大值。物体区域的熵也可用于量化纹理的随机性。

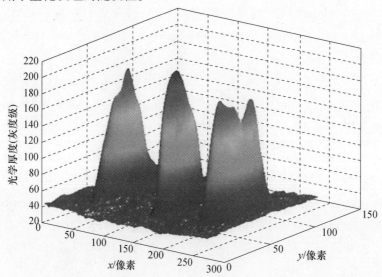

图6.12 图6.9中生物体的补偿相位的伪3D表示。从图中可以看到,尽管这三种生物体有着相似的形态特征,我们依然可以利用其光学相位的差异来对它们进行识别和区分。因此,我们应该选择纹理特征而非形态特征来执行分类过程。其中 z 轴为光学厚度。出处:El Mallahi A., Minetti C., and Dubois F., (2013). 图片已经美国光学学会许可复制

在强度和补偿相位图上,我们为所有的探测生物体计算了上述 6 种纹理特征。然后为待分类的每个生物体提供一组 12 个的纹理特征。图 6.12 呈现了图 6.9 所示的生物体补偿相位的伪 3D 表示。我们可以看到,即使不同物种之间存在高度相似性,借助于光学相位,我们可以对其进行区分和识别。实际上,尽管这些生物体有着类似的形状,但它们的光学厚度有所不同,后者可以根据干涉测量信息计算出来。图 6.13 示例了两个特征空间,一个使用了基于强度信息的纹理特征(图 6.13(a)),另一个使用了基于补偿相位信息的纹理特征(图 6.13(b))。我们观察到,使用定量光学相位信息可以导致三个物种更容易进行分类。必须指出的是,部分相干光源的使用可以提供噪声极低的高质量的相位图[34],使得纹理分析更加精确。

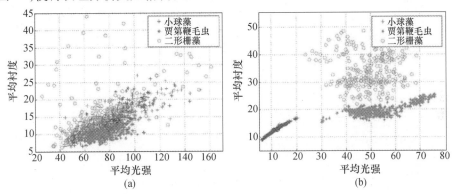

图 6.13　特征空间表示

(a)使用三种生物体的探测粒子的强度信息;(b)使用三种生物体的探测粒子的补偿相位信息。

6.4.1.3　鲁棒的支持向量机分类器

在对数据集进行图形分析之后,开始执行一个分类过程。为此,我们采用支持向量机(Support Vector Machine,SVM)将数据集最佳地分为三个类别[35-37]。这种监督式学习模型的基本思想是构建一组($N-1$)维超平面(N 为特征数,本例中为 18),以在 N 维的特征空间中对数据进行最佳分类。对于每个超平面,当超平面与任何一类最近邻训练数据点有着最大距离时,该超平面将获得最佳的分离。通过使用一对多的方法训练每个类的一个 SVM,以此来实现多类别的分类[38]。我们选用一个径向基函数(Radial Basis Function,RBF)内核,因为大多数特征可以由一个非线性区域区分开来。该内核函数将数据映射到不同的空间,其中超平面可用于在不同类别之间的分离。SVM 的参数将通过一个格点搜索法进行自动选取,参数包括一个控制超平面灵活性以防止过拟合的正则参数和径向基核函数的参数。最后通过十重交叉验证对分类的结果进行评估。我们把数据集随机分为 10 个子集,对其中 9 个子集(训练集)进行训练,将最后一个子集作为测试集验证分类器性能。然后将该交叉验证重复 10 次,其中 10 个子集中的每一个子集仅被用作测试集一次。对这 10 个结果求平均,生成一个单独的鲁棒均值估计及其标准差。

表 6.1 所列的分类器的混淆矩阵例证了算法的分类性能。该矩阵包含了三种被测物种的实际和预测分类情况,其中对角元给出了正确分类的生物体占比,而非对角元给出了错误分类的生物体占比。得益于从全部干涉测量信息中所获得的完整特征列表(形态特征和纹理特征),我们建立起了一个鲁棒的分类器,能以 97% 以上的正确率区分这三个物种(每一类差不多有 500 个样本)。其中对于贾第鞭毛虫孢囊,识别正确的样本比例为 98.6% ,而有 0.8% 的贾第鞭毛虫样本被误判为自养小球藻,剩下的 0.6% 的样本被误判为二形栅藻。所以我们提出的分类器的准确率可以计算为正确预测样本总数与总测试样本数之比,这里的分类准确率为 98.1% 。

表 6.1 分类器的性能(%)与相应的标准偏差:
用混淆矩阵比较真实标签和分类器的决策

实际分类	预测分类		
	小球藻	贾第鞭毛虫	二形栅藻
小球藻	**98.1 ±2.3**	1.1 ±0.2	0.8 ±0.3
贾第鞭毛虫	0.8 ±0.2	**98.6 ±1.7**	0.6 ±0.1
二形栅藻	1.1 ±0.5	1.4 ±0.4	**97.5 ±2.4**

6.4.2 红细胞动力学

血液是一种复杂生物液体,其中 50% 以上的成分为红细胞。这种边缘厚、中央薄的盘状细胞比绝大多数的其他人体细胞要小得多,圆盘直径约为 6.2 ~ 8.2μm,最厚(边缘)的厚度为 2 ~ 2.5μm,最薄(中央)的厚度为 0.8 ~ 1μm。红细胞是可变形的,并且可以根据它们所流入的通道而改变成各种各样的形状。它们是血液流经循环系统向身体组织输送氧气的主要媒介。它们在肺部或腮中携带氧气,并在体内毛细血管的挤压下释放出氧气。这些细胞的细胞质富含血红蛋白,这是一种含铁的生物分子,可以与氧气结合,这也是血液呈红色的原因。

红细胞在受限流中的分布并不均匀,并会在血管壁上出现明显的损耗。造成这种现象的原因是,朝着远离血管壁方向的迁移和由粒子间相互作用所导致的剪切扩散之间存在竞争关系[39]。

血细胞的迁移是微循环中血管壁附近形成无细胞血浆层的物理基础。此外,由于人血液中的红细胞浓度非常高,因此发生了强烈的流体动力学相互作用。因此,从流变学的角度来看,血液是一种复杂流体,导致了微循环网络中的复杂流动模式,其中血管的直径变得与细胞大小相当。

在本小节中,我们给出了在施加剪切流的时候将细胞推离血管壁的升力的研究和量化。为了应对 DHM 在浓度方面的要求并限制细胞对之间的流体动力学相互作用,我们使用了高度稀释和洗涤的血液。所得的流体是将 RBC 单独加入外部溶液(BSA—牛血清白蛋白和 PBS—磷酸盐缓冲盐水)中制成或将 RBC 与葡萄聚糖(通常 1%)溶液组合制成。通过添加葡萄聚糖,可以增加外部流体的黏度,并且可以轻松提高上升速度。为了避免观测到沉淀所产生的升力,我们的实验在微重力环境中进行,该微重力环境由 NovespaceAirbus A300 Zero – G 的抛物线飞行运动提供。

6.4.2.1　实验方案

实验在由两块间隙约为 $170\mu m$ 的玻璃板所组成的剪切流室中进行(图 6.14)。下层玻璃板固定,而上层玻璃板进行旋转,从而形成腔室内流体的线性速度分布。RBC 的悬浮液通过下层玻璃板中心的入口流入,DHM 在距离细胞中心 7cm 处监测悬浮液。

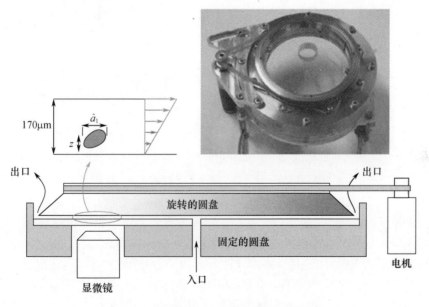

图 6.14　在抛物线飞行中使用的剪切流动室

在抛物线机动产生一个持续 22 s 的微重力($10^{-2}g$)之前,我们首先将经历一段 1.8g 的超重力期。我们利用这段时间来阻止剪切流,让细胞沉淀在下层玻璃底板上。随后我们将进入到一个持续 22s 的微重力期,施加剪切流,DHM 开始监测。起初位于在底层玻璃板上的红细胞将离开玻璃壁开始上升,借助于DHM所获得的干涉测量信息,我们可以确定出每个红细胞的3D位置坐标。在这零重力加速度期之后会紧跟着另一个1.8g超重力期,在后者期间剪切流停止,样本开始沉淀。通过这种方式,我们获得了一个非常简单且可复现的初始条件。

6.4.2.2　全息图分析

我们每秒拍摄24幅视场为$270\mu m \times 215\mu m$的全息图。视场范围内会出现10~100个细胞,这取决于样本的浓度。得益于干涉仪的充分调整,我们获得了非常平整的相位图,且容易进行补偿[12],这导致在几乎恒定的背景上产生亮斑(RBC),如图6.15所示。通过对补偿相位图进行一个简单阈值处理,我们可以确定出细胞在$X-Y$平面上的位置。当细胞和外部溶液之间的折射率差异不足以用这种简单阈值方法来探测$X-Y$平面上的位置时,我们就采用之前所述的传播矩阵,以此获得更可靠的结果。

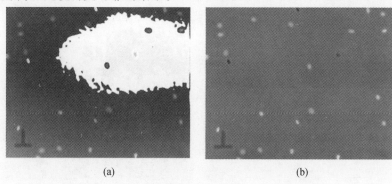

(a)　　　　　　　　　　　　　(b)

图6.15　(a)红细胞相位图实例,(b)补偿相位图像

得益于红细胞的单分散尺寸,我们可以通过在每个红细胞的$X-Y$坐标周围以一个固定120×120像素的ROI进行局部传播,以此来确定Z轴坐标。尽管红细胞看起来像是相位物体,但它对光线也有着不可忽略的吸收作用。所以我们不能把它们看成是纯相位物体或是纯振幅物体。因此,通过在不同的Z轴坐标值处设置ROI,并为每个平面计算ROI内的积分梯度,可以确定出最佳焦平面。曲线在物体最佳焦平面上会呈现出一个精准的最小值。对每幅全息图中的每个RBC重复这一过程,我们将得到悬浮液随时间的演化。

6.4.2.3　实验结果

根据Olla的理论研究,我们分析了可变形物体的升力[40,41],并确定出一个预测定理,它将物体到细胞壁的距离Z表述为剪切速率γ、物体半径R、时间t,

140

以及描述上升速度和包含内外流体间的黏度比的参数 U 的函数。该定理可以约化为

$$\frac{\langle Z^3 \rangle}{R^3} = 3U\gamma t \qquad (6.8)$$

可以看出,物体重新缩放的平均位置的三次幂与剪切速率和时间的乘积之间呈线性关系。图 6.16 展示了在不同黏度比情况下的上升速度的线性曲线,所以实验结果很好地证实了这个预测定理。根据对称性,一个旋转的刚性物体通常不应发生迁移。所以,非零的升力表明 RBC 的变形性允许对称性被破坏的情况:当红细胞的运动方向与流向平行时它将会被拉伸,运动方向与流向垂直时它将会被压缩,这导致了一个平均不对称形状,因此其迁移规律类似于形状和方向固定的物体迁移规律。通过增加外部黏度,RBC 膜上的压力随之增大,从而导致更显著的形变,这反过来也会增强升力。

以上结果证实了数字全息显微术能在微流循环中高效监测 RBC 悬浮液。

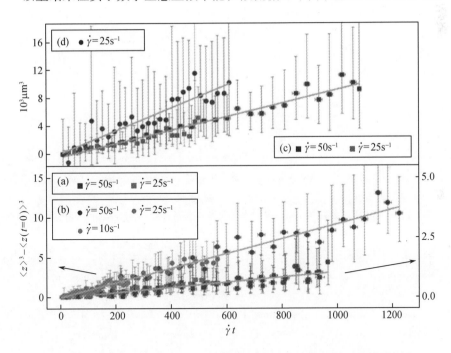

图 6.16　红细胞:不同外部黏度下细胞壁间距 $<z^3>$ 与 γt 之间的函数关系

(a)1.4mPa. s; (b)6.1mPa. s; (c)9.3mPa. s; (d)13mPa. s。粗线表明数据能与

Olla 的预测定理相吻合,其中 UR^3 分别为 0.36、3.1、3.2、5.4μm³。

出处:Coupier G., Srivastav A., Minetti C., and Podgorski T., (2013).

图片已经美国物理学会许可复制。

6.5 小　结

在本章中,展示了采用部分相干光源(能显著降低相干噪声)的 DHM 的发展。几个在此描述的仪器根据其应用场景都有着各自的优势。通过这种方式,可以实现高质量相移或离轴 DHM。最近,我们提出一种彩色离轴 DHM 实现,它使弱空间和时间相干光源在 DHM 中的使用变为可能。此外,改进的成像质量使得我们能在生物体的自动分类中实现强有力的处理。关于分类,额外的相位信息提供了巨大的性能提升。使用部分相干光源的 DHM 已经在实验室中得到了应用论证。

致　谢

在此感谢布鲁塞尔普尔河创新研究所(INNOVIRIS)、瓦隆区以及 PRODEX 办事处为 HoloFlow、DECISIV 和 BIOMICS 项目的构建提供支持。

还要感谢 ANCH 实验室的 Eva – Maria Zetsche 以及布鲁塞尔大学为我们提供藻类样本。

参 考 文 献

[1] Dubois F. , Joannes L. , and Legros J. C. , Improved three – dimensional imaging with a digital holography microscope with a source of partial spatial coherence, *Appl. Optics*, **38**, 7085 – 7094, (1999).

[2] Zhang, T. and Yamaguchi I. , Three – dimensional microscopy with phase – shifting digital holography, *Opt. Lett.*, **23**, 1221 – 1223, (1998).

[3] Dubois F. , Yourassowsky C. , Monnom O. , Faupel M. , Smigielski P. , and Grzymala R. , Microscopie en holographie digitale avec une source partiellement coh rente, in *Imagerie et Photonique pour les Sciences du Vivant et la M decine*, *Fontis Media*, (2004).

[4] Marquet P. , Rappaz B. J. , Magistretti P. J. , Cuche E. , Emery Y. , Colomb T. , and Depeursinge C. , Digital holographic microscopy: a noninvasive contrast imaging technique allowing quantitative visualization of living cells with subwavelength axial accuracy, *Opt. Lett.*, **30**, 468 – 470, (2005).

[5] Dubois F. , Yourassowsky C. , Monnom O. , Legros J. C. , Debeir O. , Van H. P. , *et al.*, Digital holographic microscopy for the three – dimensional dynamic analysis of in vitro cancer cell migration, *J. Biomed. Opt.*, **11 5**, 054032, (2006).

[6] Carl D. , Kemper B. , Wernicke G. , and von B. G. , Parameter – optimized digital holograph-

ic microscope for high – resolution living – cell analysis, *Appl. Opt.*, **43**, 6536 – 6544, (2004).

[7] Dubois F. , Callens N. , Yourassowsky C. , Hoyos M. , Kurowski P. , and Monnom O. , Digital holographic microscopy with reduced spatial coherence for 3D particle flow analysis, *Applied Optics*, **45**, No. 5, 964 – 961, (2006).

[8] Kreis T. , Digital holographic interference – phase measurement using the Fourier – transform method, *J. Opt. Soc. Am. A*, **3**, 847 855, (1986).

[9] Takeda M. , Ina H. , and Kobayashi S. , Fourier – transform method of fringe – pattern analysis for computer – based topography and interferometry, *J. Opt. Soc. Am.*, **72**, 156 – 160, (1982).

[10] Dubois F. and Yourassowsky C. , Full off – axis red – green – blue digital holographic microscope with LED illumination, *Optics Letters*, **37**(12), 2190 – 2192, (2012).

[11] Kolman P. and Chmel k R. , Coherence – controlled holographic microscope, *Opt. Express*, **18**, 21990 – 22003, (2010).

[12] Minetti C. , Callens N. , Coupier G. , Podgorski T. , and Dubois F. , Fast measurements of concentration profiles inside deformable objects in microflows with reduced spatial coherence digital holography, *Appl. Op.*, **47**, 5305 – 5314, (2008).

[13] El Mallahi. A. , Minetti C. , and Dubois F. , Automated three – dimensional detection and classification of living organisms using digital holographic microscopy with partial spatial coherent source: application to the monitoring of drinking water resources, *Appl. Optics*, **52**, A62 – A80, (2013).

[14] Sezgin M. and Sankur B. , Survey over image thresholding techniques and quantitative performance evaluation, *Journal of Electronic Imaging*, **13**(1), 146 – 165, (2004).

[15] Dubois F. , Schockaert C. , Callens N. , and Yourassowsky C. , Focus plane detection criteria in digital holography microscopy by amplitude analysis, *Opt. Express*, **14**, 5895 – 5908, (2006).

[16] El Mallahi A. and Dubois F. , Dependency and precision of the *ref*ocusing criterion based on amplitude analysis in digital holographic microscopy, *Opt. Express*, **19**, 6684 – 6698, (2011).

[17] Antkowiak M. , Callens N. , Yourassowski C. , and Dubois F. , Extended focusing imaging of a microparticle field with digital holographic microscope, *Opt. Express*, **33**, 1626 – 1628, (2008).

[18] El Mallahi A. and Dubois F. , Separation of overlapped particles in digital holographic microscopy, *Opt. Express*, **21**, 6466 – 6479, (2013).

[19] Javidi B. , Moon I. , Yeom S. , and Carapezz E. , Three – dimensional imaging and recognition of microorganisms using single – exposure on – line (SEOL) digital holography, *Opt. Express*, **13**, 4492 – 4506, (2005).

[20] Stern A. and Javidi B. , Theoretical analysis of three – dimensional imaging and recognition of

micro – organisms with a single – exposure on – line holographic microscope, *J. Opt. Soc. Am. A*, **24**, 163 – 168, (2007).

[21] Moon I. and Javidi B., Shape tolerant three – dimensional recognition of biological microorganisms using digital holography, *Opt. Express*, **13**, 9612 – 9622, (2005).

[22] Javidi B., Yeom S., Moon I., and DaneshPanah M., Real – time automated 3D sensing, detection, and recognition of dynamic biological micro – organic events, *Opt. Express*, **14**, 3806 – 3826, (2006).

[23] Nelleri A., Joseph J., and Singh K., Recognition and classification of three – dimensional phase objects by digital Fresnel holography, *Appl. Opt.*, **45**, 4046 – 4053, (2006).

[24] Javidi B., Moon I., and Yeom S., Three – dimensional identification of biological microorganism using integral imaging, *Opt. Express*, **14**, 12096 – 12108, (2006).

[25] DaneshPanah M., Javidi B., and Watsin E. A., Three dimensional object recognition with photon counting imagery in the presence of noise, *Opt. Express*, **18**, 26450 – 26460, (2010).

[26] Liu R., Dey D. K., Boss D., Marquet O., and Javidi B., Recognition and classification of red blood cells using digital holographic microscopy and data clustering with discriminant analysis, *J. Opt. Soc. Am. A*, **28**, 1204 – 1210, (2011).

[27] Moon I., Javidi B., Yi F., Boss D., and Marquet P., Automated statistical quantification of three – dimensional morphology and mean corpuscular hemoglobin of multiple red blood cells, *Opt. Express*, **20**, 10295 – 10309, (2012).

[28] World Health Organization (WHO), Guidelines for drinking – water quality Volume 1 Recommendations, Geneva, (2006).

[29] Huang D. B. and White A. C., An updated review on Cryptosporidium and Giardia, *Gastroenterol. Clin. N. Am.*, **35**, 291 – 314, (2006).

[30] Craun G. F., Waterborne giardiasis, *Human Parasitic Diseases*, **3**, 267 – 293, (1990).

[31] Bouzid M., Steverding D., and Tyler K. M., Detection and surveillance of waterborne protozoan parasites, *Cur. Opin. Biotechnol.*, **19**, 302 – 306, (2008).

[32] Rodgers M. R., Flanigan D. J., and Jakubowski W., Identification of algae which interfere with the detection of Giardia cysts and Cryptosporidium oocysts and a method for alleviating this interference, *Appl. Environ. Microbio.*, **61**, 3759 – 3763, (1995).

[33] Gonzalez R. C. and Woods R. E., *Digital Image Processing*, Prentice Hall, Upper Saddle River, NY, (2002).

[34] Dubois F., Novella Requena M. L., Minetti C., Monnom O., and Istasse E., Partial coherence effects in digital holographic microscopy with a laser source, *Appl. Opt.*, **43**, 1131 – 1139, (2004).

[35] Cortes C. and Vapnik V., Support vector network, *Machine Learning*, **20**, 273 – 297, (1995).

[36] van der Heijden F., Duin R. P. W., de Ridder D., and Tax D. M. L., Parameter Estimation and State Estimation, *Classification*, John Wiley & Sons, Ltd, Chichester, (2004).

144

[37] Webb A. , *Statistical Pattern Recognition*, John Wiley & Sons, Ltd, Chichester, (2002).

[38] Chang C. C. and Lin C. J. , LIBSVM: a library for support vector machines, *ACM Trans. Intell. Syst. Technol.* ,**2**, 1 –27, (2011).

[39] Grandchamp X. , Coupier G. , Srivastav A. , Minetti C. , and Podgorski T. , Lift and down – gradient shear – induced diffusion in red blood cell suspensions, *Phys. Rev. Lett.* , **110**, 108101, (2013).

[40] Olla P. , The lift on a tank – treading ellipsoidal cell in a shear flow, *J. Phys. II*, **7**, 1533, (1997).

[41] Callens N. , Minetti C. , Coupier G. , Mader M. , Dubois F. , Misbah C. , and Podgorski T. , Hydrodynamic lift of vesicles under shear flow in microgravity, *Europhys. Lett.* ,**83**(2) , 24002, (2008).

145

第7章 可编程显微术

Tobias Haist[1], Malte Hasler[1], Wolfang Osten[1], Micha[1] Baranek[2]
[1]德国斯图加特大学光技术研究所
[2]捷克奥洛穆茨帕拉基大学光学系

7.1 引　　言

如今,在对显微镜样本的研究中涌现出大量成像方法,其中,绝大多数方法都包含了一些参数,这些参数能够对成像产生重要的影响。对于显微镜的使用者而言,选择一个完美方法组合来处理手头的成像任务是不可能的,至少大部分情况下是这样的。

可编程显微术是一项可以让我们在不同的成像方法间实现高速轻松切换的技术。如果用 p_0 表示成像方法,可以用 p_1、p_2 等表示其参数,"最佳成像"则表示用这一整套参数 $p(p_0, p_1, p_2, \cdots)$ 来生成给定任务最符合的图像。

在多图像情况下,利用由不同参数 p 生成的多幅图像,我们可以从中找到一个令人满意甚至是非常完美的成像结果。此外,我们还可以通过数字后处理技术将对上述不同参数所得图像进行处理来生成一幅最佳图像。

截至目前,仅有几个非常基本的成像实例运用了上述方法,但我们认为,这一理论方法很可能会促生新一代先进显微镜。幸运的是,实现这些方法并没有太多的硬件要求。只要将可编程元件嵌入到显微镜光学系统中便可。

目前人们首选的方法是在显微镜的照明或成像光路中使用空间光调制器(Spatial Light Modulator,SLM)。这一方法在过去的许多不同的有趣应用中都有所涉及。尤其是在最近十年里,伴随着高质量空间光调制器的出现,人们对各种利用 SLM 的显微术开展了深入研究。在此,我们列出几种比较重要的方法,如光学显微操纵术[1-4]、多光子显微术[5-7]、结构光照明[8-11]、拉曼成像与相干反斯托克斯拉曼成像[12]、点扩散函数工程学[13]、相干显微术[14]、显微光谱学[15]、立体显微术[16,17]、全息显微术[18,19]、相位衬度成像法[20-25]、共焦距成像法[26]、光刻[27-30]、多点成像及光谱学[15,31,32]、像差校正[33-36]。

这种可编程显微术的主要优势在于我们能够迅速地从一个成像方法切换到下一个成像方法,而此过程总是采用同一个图像传感器。因此,我们可以获得一个样本的不同信息,而多幅图像可以有效地组合成一幅最终想要的图像。

在本章中,首先介绍了一些在成像光路中使用空间光调制器的方法,其次将讨论在实施可编程显微术的过程中需要考虑的光学设计因素,最后着重介绍目前最为重要的应用:像差校正和相位衬度成像。

7.2　光学设计中的考虑因素及一些典型装置

图 7.1 给出了一个用来操控显微镜成像路径的典型装置示意图。在理想状态下,我们将 SLM 放置在显微镜物镜(Microscope Objective,MO)的出射光瞳共轭平面上。对于常规的 MO,由于其出射光瞳在物镜内部,因此,要想解决上述问题,我们必须使用某种特定的成像方法。绝大多数情况下,我们会使用一个望远成像系统,因为它保留了波前的曲率(SLM 上的平面波经传播后会变为 MO 的光瞳上的平面波)。而且,该系统可以较容易地被整合到目前研究所用的绝大多数显微镜的准直光路中。利用上述方法,SLM 将会位于物体的傅里叶平面中,因此即将写入到 SLM 中的滤波器可视为一幅傅里叶全息图。

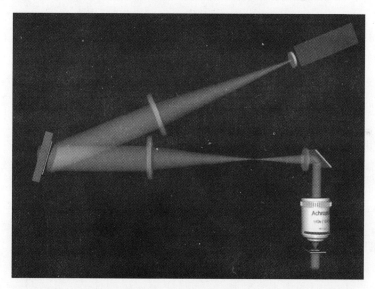

图 7.1　将 SLM 布置于可编程显微成像光路中的基本实验装置。
系统利用一个开普勒望远系统来将显微镜物镜光瞳成像在 SLM 上

对于这种望远成像系统而言,我们要根据 SLM 的有效孔径 D_{SLM} 以及 MO 的光瞳直径 D_{MO} 来选择望远镜的放大倍数 $|\beta'| = f_2/f_1 = D_{SLM}/D_{MO}$。如果该系统使用了不同的物镜,则需要采用一个变焦系统,否则,我们就要在可用像素数目和显微镜可用数值孔径之间进行折中。需要注意的是,系统必需的像素数取决于

具体的应用细节,特别是取决于该系统所使用的载波频率。

在实际中,光调制器永远不会是完美的。而且其在调制性能上的偏差会导致人们不期望看到的衍射级,因此,也会导致像面的对比度损失(下降),后者是因为物体的多个、调整、平移的副本交叠在一起。所以将载波频率叠加到滤波器上是很有必要的。这么做可以从其他成分(如零级衍射)中将过滤图像(+1衍射级)分离出来。这意味着即将写入 SLM 的傅里叶全息图是离轴全息图。图 7.2 展示了这一基本思想。

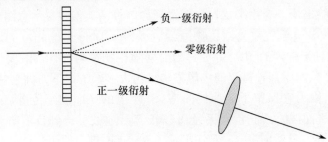

图 7.2　一种载波频率方法,用于从想要的衍射级
(这里为正一级)中分离出不想要的衍射级

另外,也应当注意到高载波频率会降低衍射效率并增强边缘场效应(参见第 7.3 节)。此外,由于 SLM 的响应曲线非常依赖于入射光的波长,因此我们必须仔细表征要显示的图案,从而尽量减少光损失。实践证实,将 4 个灰度级的载波频率加载到 SLM 上是一个很好的折中方法,但当我们使用了空间带宽有限的SLM 时,系统可用的物体光场将会减少,这是因为由载波频率所导致的不同衍射级的角度分离实际上限制了视场。

我们还需记住的一点是,只有在 SLM 的调制效果不太理想时,上述方法才是必需的(可参照第 7.3 节的内容)。

通过对多幅图像进行后处理,我们也有可能去除由不想要的衍射级所产生的图像。我们根据不想要的全息图零级像可以解释这个想法。在使用商用SLM 的时候,该级图像未经特殊的最优防范措施[37]就直接显示出来了。我们在SLM 上加载了两个不同的滤波器,并记录下相应的两幅图像。我们设定加载到SLM 上的其中一幅图像为常数相位,而设定另一幅图像并入了一个滤波器,譬如一个低载波频率的滤波器。然后对这两幅(准确归一化的)图像作差,便有可能消除其中的干扰级(图 7.3)。

对于上述这种不需要强载波频率的成像方法,实验上需要使用非相干光,否则,该成像系统在光强上会表现为非线性,这样的话即便对图像进行作差操作也无法消除我们不想要的图像。

通常情况下,迄今为止发表的绝大多数成果都是使用了相干光进行成像。

148

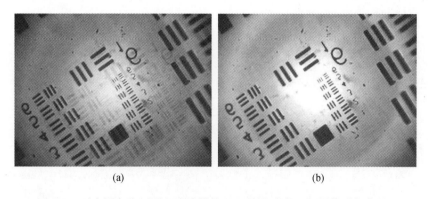

(a)   (b)

图 7.3　对由写入和不写入滤波器的 SLM 所生成的三幅图像进行作差，
以消除不想要的衍射级

（a）单幅图像；（b）减去零级图像和负一级衍射图像后的图像。

但在显微术成像中众所周知的是，相干性在绝大多数情况中会引发许多问题，比如产生散斑，出现与干涉相关的其他干扰项，以及产生伪像（如由光学元件表面灰尘所造成的问题）。通过使用平均方法来避免这些问题的出现，如旋转柔光镜、振动调制器，或者甚至使用不同的 SLM 寻址所得到的多个记录。

当然，更直接的方法是降低照明光源的相干性。为此，在现有的绝大多数可编程成像装置中，我们将 LED 和带通滤波器结合着使用。其中，带通滤波器是必需的，这是因为写入 SLM 的栅格载波频率的色散会导致在像平面出现色差。因此，我们必须根据成像系统的几何结构（放大倍数、传感器像素大小、SLM 的位置）和即将加载到 SLM 上的滤波器或栅格，来计算实际实验中可接受的光谱宽度（和由此导出的相干长度）。Steiger 等人[38] 提出，有一种有效的方法就是使用一个附加的光栅来消除色散。

此外，我们也可以通过调整 SLM 的位置，使其不与 MO 的光瞳共轭来解决相干性问题。与此同时，我们还要考虑系统中光束的直径与 MO 光瞳的位置，因为这很有可能将大幅缩小系统的整体尺寸。而且，在这种情况下，针对可能出现的渐晕问题（当同轴物体上一点的边缘光线落在 SLM 的边缘时会发生渐晕），我们必须仔细分析光学系统，并对照明做出相应的调整。

对于绝大多数相位衬度方法（如基于泽尔尼克的方法或暗场理论，参见第 7.5 节内容）来说，光源必须放置在与 SLM 共轭的平面上。像典型的科勒式照明以及将 SLM 放置于样本的傅里叶平面就是这种情况。如果不采用完美的科勒几何，我们可以得到相对较短光路的系统设计。当然，在物面上的照明光束也要大致均匀，并且照明光源也应该成像在 SLM 上。尽管照明光束的数值孔径有限，但只有当我们需要获得极高分辨率时，该数值孔径才会成为系统的限制。

图 7.4 展示了一个典型的光学设计。它与现有大多数实验装置一样，使用

了一台高清硅基液晶 SLM(Holoeye Pluto,1920 × 1080 像素,8μm 的像素间距,参照第 7.3 节内容)和一台 1/3 英寸电荷耦合器件照相机(SVS – Vistek eco204,1024 × 768 像素)。需要注意的是,要想让 SLM 达到最佳的工作状态,我们就必须保证入射光束的偏振状态。

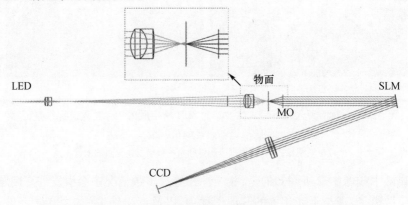

图 7.4 没有采用科勒照明的紧凑装置的原理图。照明光源成像在
SLM 上。而 MO 的光瞳并没有成像在 SLM 上

在 SLM 的 16∶9 屏幕上只有在一个圆形光瞳内的区域是用到的。对于那些对视场(通常与调制器的空间—带宽的积成正比)要求高的应用,我们需要使用一套变形成像系统。

在图 7.5 中,展示了一套更为复杂的实验装置,不过就尺寸而言它并不是最优的。相比于基本的实验装置,我们在该系统中可以选择三种照明方式(均匀透射、结构光透射和均匀反射)。其中,均匀透射照明采用了基于一个大功率 LED(OSRAM Diamond Dragon,λ = 632nm,含一个带宽为 1nm 的滤波器以及一个

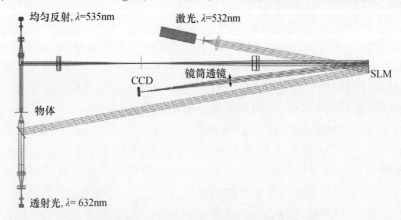

图 7.5 带有可编程成像和照明的扩展系统。这里展示了三种
不同的照明方式。中心路径显示的是成像光路

150

10 × 的 NA = 0.22 的蔡司透镜)的经典科勒照明。反射式的科勒照明与均匀透射照明相比,除了其波长 λ = 532nm 这一点不同外,其余基本相同。这种情况下,波长滤波器也是必需的。此外,还需要一个分束器,用来将光分为照明光束与成像光束。

结构光透射照明则采用了较前两种略微更复杂的激光照明方式。由于 SLM 的波前通常是圆形的,并且 SLM 的显示屏长宽比为 16:9,所以在单独使用 SLM 时,SLM 显示屏中的很大一部分区域并没有使用,而这部分区域则用来控制激光照明。所以在此系统中,激光束扩束并经由 SLM 和一个开普勒望远镜传播到照明光学元件上。

7.3　液晶空间光调制器

当然,对于一台可编程显微镜而言,其核心部分毋庸置疑是 SLM。而在最常见的应用(本章中我们介绍的那些应用)中,将调制器放置在与光瞳共轭的平面上,或至少放置在物体的非共轭平面上,是有好处的。在这种布置下,它的一种优势就是能够实现相位的调制。

接下来我们将针对不同的应用领域介绍相对应的器件选择。对于那些只对像差校正有要求的应用来说,其实验系统要选用非像素化元件(通常为薄膜反射镜[39,40])。同时,这种情况下我们还可以使用一种相对较宽的光谱范围,非但不会产生不想要的衍射级,而且光效率接近100%。不过遗憾的是,此类型的元器件很容易受到损坏以及外部干扰的影响,因而只能被用来校正小振幅的低阶像差,并且它不光要求很高的电压,也需要很昂贵的整体系统(寻址和调制)费用。此外,各式各样其他专业化的声光调制器也已研发成功或处在研发之中,如薄膜、双压电晶片、压电式或静电式反射镜,以及低分辨率液晶调制器,其综述可参考文献[41,42]。但需要注意的是,这些调制器的费用远高于商用科研级显微镜中所用调制器的费用。

而对于那些需要使用到更复杂调制图案的应用而言,我们就需要采用像素化元器件。振幅调制当然是可行的,不过这种调制方式会导致对称衍射级的出现,并造成大量光损失。因此,在绝大多数这些应用中,我们选择使用具有高填充因子的液晶相位调制器。通常情况下,我们使用反射式平行排列的硅基液晶空间光调制器,因为它们具有更大的空间带宽积、很高的效率以及合理的价格。

在使用上述元件来调制入射光时,我们必须要清楚它们的工作性能。在此不再详述(具体可参见文献[43,44]),但是笔者想指出最重要的几点,希望读者可以参考:

- 调制属性(振幅、相位以及偏振的变化,该变化取决于灰度);
- 像素数和像素的几何结构(如填充因子、空间带宽积、像素的传递函数);
- 导致对比度损失的其他因素(散射、吸收、涂层);
- 离散化和量子化;
- 边缘场效应(电学串扰和光学串扰);
- 随时间的变化(例如,由像素刷新和脉宽调制寻址所导致的变化);
- 温度依赖性(例如,由入射光的能量引起的温度升高);
- 偏振依赖性;
- 重建的几何学特质,包括入射角。

许多这些因素以非平凡的方式依赖于次要因素(例如,用于寻址 SLM 的图形板的特征),使得实际情况更为复杂。图 7.6 显示了一幅关于 Holoeye Pluto 调制器上一小部分区域的显微图像,这是在调制器显示带有鼠标指针移动的 Windows 桌面时候拍摄的。从中我们可以清楚地看到,每个像素并不是以一个均匀的方式对光进行调制,并且液晶的局部性质取决于其局部邻域和时间(参见鼠标正在移动时其后的拖曳痕迹)。尤其是当 SLM 与高载波频率相结合使用时,边缘场效应便成为了重要的误差来源。遗憾的是,在当今几乎所有的应用中,人们都没有考虑这些极其复杂的影响因素,并且接受了如下的事实:上述影响因素会导致不想要的衍射级的出现,并且在想要的衍射级中造成光损耗[45]。

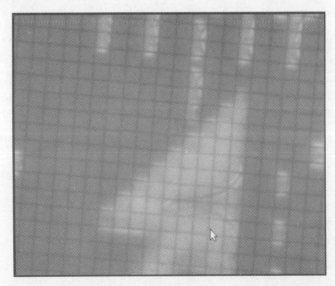

图 7.6 关于 Holoeye Pluto 硅基液晶调制器上一小部分区域的显微图像,
这是在调制器显示带有鼠标指针移动的 Windows 桌面的时候进行拍摄的。
可以清楚地看到强烈的边缘场效应以及由液晶流体动力学所产生的影响

7.4 像差校正

在宽视场显微镜学中,像差校正是 SLM 最有意义的应用之一。每一个成像系统的价格与其使用的光学系统的性能密切相关。而且,在实际情况下,即使我们使用最完美的光学系统,由于样本本身的问题,像差通常也是无法避免的。

显微镜学中最重要的像差(在不考虑散焦的情况下)是球面像差(Spherical Aberration,SA),因为当我们使用"错误的"折射率来对样本进行聚焦时,这种像差就会自动生成[46-48]。

我们可以采用不同的方法来减少甚至消除球面像差。其中最常见的方法是使用带有修正环的物镜,但是通过调节这种修正环来消除像差是一个耗时的手动过程[49]。另一种替代方案是 Sheppard 和 Gu 所提出的可变镜管长度方法[50]。

除了球面像差外,实验系统中还可能会出现其他类型的像差,从而导致成像质量下降。如果想要达到高数值孔径下的最佳分辨率,我们就要将盖玻片的略微倾斜[51]都考虑在内。当然,如果我们聚焦一个很厚的样本,也会因此产生许多像差[52]。

7.4.1 等晕情况

在全息显微术[18,19]中,像差校正很容易实现。由于在实验中我们直接测量了完整的物体波前(并且对图像进行了数字化重建),因而可以在重建前对像差进行数字化的校正。

接下来我们将不再深入阐述全息显微术,而是更多地关注传统的基于成像的宽视场显微镜。在原理上,即便使用一个可编程显微镜,其中 SLM 位于其光瞳共轭平面,像差校正也是很直接的。我们仅需要一种检测像差的方法和一个用于校正像差的 SLM。在这种情况下,我们只需要将畸变波前的共轭像写入 SLM,就可以消除像差,提高成像质量。此外,在使用像素化空间光调制器时,我们通常需要采用一个前文所述的额外载波频率(相位倾斜),这类似于传统的离轴全息术。通过这种方式,在即将显示在 SLM 上的条纹形变上,可以对波前进行编码,甚至可以使用二进制调制器。无论哪种情况,原则上,像差校正是非常简单的,而最主要的挑战在于知道要校正的是什么样的像差。

习惯上,我们使用标准波前传感器的概念,但需要注意的是 SLM 也可以用来检测像差。此外,其他不同方法也是可行的,例如基于场景的 Shack - Hartmann 传感[54]、基于干涉的方法[55],或是基于直接搜索的优化方法[56]。图 7.7 给出的是宽视场显微术中的一个检测和校正像差的系统所得到的一个实例结果[53]。原则上,结合显微导星[35],还可以采用天文自适应光学所使用的许多技术,例如 Shack – Hartmann 传感器、锥形传感器[57]、锥光传感器[58]、曲率传感器[59]和相位恢复理论[60,61]。出于只需要校正低阶泽尔尼克项的考虑,Booth 等人将模态传感器引入了显微镜学[62,63]。

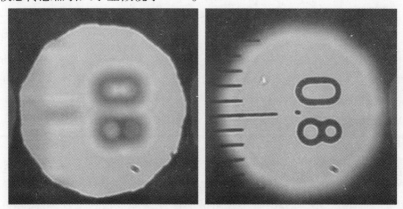

图 7.7　使用 Warber 等人[53]所提出的方法进行的随机像差校正。
图片已经美国光学学会(Optical Society of America,OSA)许可复制

当物面上有一个孤立点的时候,像差的测量就变得非常简单。例如,在激光扫描显微镜中就有类似的情况,我们只需利用迭代法来优化系统的点扩散函数(Point Spread Function,PSF),就可以完全避免波前传感器的影响。为了实现这一目标,人们还提出了其他不同的算法[40, 64 – 66]。

遗憾的是,这些方法并不能用于较大(延展)物体的宽视场显微成像,因为我们不能直接测定其点扩散函数,而只能探测到待成像物体和存在像差的点扩散函数之间的卷积。其像差的测定更为复杂。因此我们需要使用基于场景的像差测定方法[33,34, 53,54, 67 – 69]。

手动校正像差是一种简单而且直接的方法[70,71]。在绝大多数显微镜的应用中,像差仅由很少的几个低阶项主导,使用上述方法将非常有效。图 7.8 展示了这种校正方法的一个实例,其中使用了一个 SLM 显微镜,能很容易地实现衍射极限成像,即使是在高数值孔径的情况下。

7.4.2　场依赖像差

在使用 SLM 进行像差校正时,我们应当考虑的首要问题是像差可能存在场依赖性。如果像差是由样本本身或者是由廉价的显微镜物镜造成的,这种依赖性的情况通常就会出现。此时,需要校正的就不只是一个波前像差了,所以也不能指望能获得整个物场的清晰图像。

而在多图像方法中,我们可以先针对不同的场位置(所谓的等晕面元)使用不同的像差校正法,然后通过数字后处理方法对所获得的图像进行简单的组合。

154

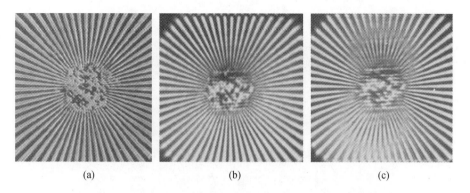

(a)　　　　　　　　　(b)　　　　　　　　　(c)

图 7.8　在三种不同透射方式下的西门子(Siemens)星成像

(a)采用的是 Zeiss Ergoplan(Leitz Wetzlar 物镜,NA = 0.95,l = 540 ~ 580nm);(b)采用的是带有像
差校正的 SLM 显微镜(Olympus UmPlanF 物镜,NA = 0.8,l = 633nm);(c)无像差校正的情况。其
中,最小栅结构的半节距为450nm。出处:Hasler M.,et al.,(2012)。图片已经 OSA 许可复制。

如果此时的像差主要是对称性像差,并且单个图像没有移位,那我们就不需要通
过专门的配准或拼接来组合图像,只需将不同的图像校正后的区域复制到一个
完整的图像中即可。图 7.9 展示了使用上述方法的一个范例。

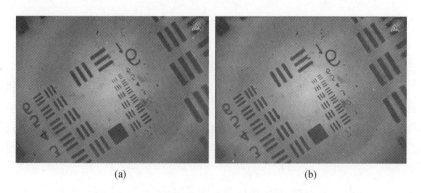

(a)　　　　　　　　　　　　　(b)

图 7.9　使用多图像方法的宽视场像差校正

(a)单一图像校正;(b)多图像校正,它促生了多共轭自适应光学。

7.4.3　散焦

众所周知,散焦是一种非常特殊的像差。在出现散焦时,我们通过使用一个
可编程显微镜,能够很容易地运用多图像方法。具体而言,我们将不同的区域图
案写入 SLM,从而对样本的不同切片进行采样。同样地,可以通过后处理方法
组合图像,从而获得扩展焦深的图像、物体的 3D 表示(图 7.10)或相位物体的可
视化[72]。

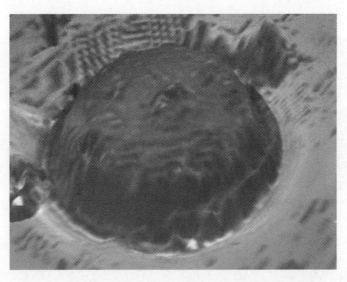

图 7.10　几个散焦图像的组合,能让我们获得样本三维形状

7.5　相位衬度成像

自然界中的绝大多数生物(以及一些重要的非生物)样本或多或少都有些透明度,因此,传统的成像方法的对比度非常低。针对这个问题,人们提出了一种方法是对样本进行染色处理,但这样做可能并不方便,而且它可能会干扰甚至破坏样本。所以在过去的几年里,人们又不断地提出了各种新的相位衬度技术。

在传统的相位衬度显微术中,相位衬度显微镜的使用者改变相位衬度成像的可能性极其有限(通常,只能改变相位衬度物镜或差分干涉衬度中的偏移量)。而可编程显微镜十分适合于相位衬度成像,尤其是在多图像的处理问题中,因为我们可以在不同的相位衬度方法间自由轻松转换,并且实时改变其参数。图 7.11 展示了通过将不同相位衬度滤波器写入 SLM 所获得的图像方差的实例,能给读者留下直观的印象。

散焦(对照上一节内容)实际上是相位衬度滤波的最简单方法,但会降低横向分辨率。非常小的散焦不会引入太多对比度。但在使用多图像(相位恢复)时,这将是一个有趣的方法,正如我们在 7.4.3 节中所描述的那样,利用一个 SLM 可以实现散焦[72]。

7.5.1　暗场成像

从概念上讲,暗场成像是最简单最直接的相位衬度方法。尽管该方法很简单,但它在某些应用中的成像效果让人印象深刻。其基本思想是阻挡将通过物

156

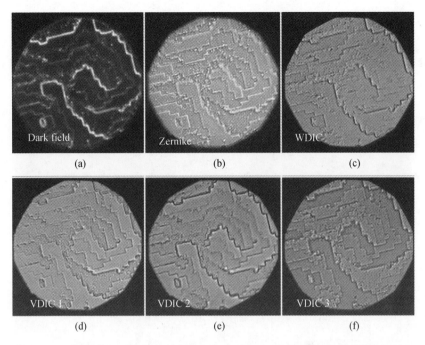

图 7.11 采用不同 SLM 相位衬度设置所获得的模塑的计算机生成全息图中的一部分图像。出处:Warber M. et al. , (2011). 图片已经 OSA 许可复制

体平面且传播不受影响的直射光。这意味着如果没有样本,相机上的图像将是一片漆黑。为达到这一目的,人们使用了相位调制器,并将栅格写入到 SLM 中与光源共轭的所有位置。这样就可以将未受影响的光线引导离开相机(图 7. 12)[73]。当然,正如传统的显微学一样,我们也可以使用环状、点状或甚至更复杂的调制图案。

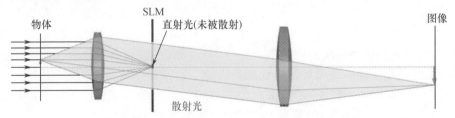

图 7. 12 暗场显微镜学的工作原理图。
未被物体结构偏转的光将被衍射至远离相机的方向

7.5.2 泽尔尼克相位衬度方法

我们对概念略作改变就可以得到泽尔尼克相位衬度方法。在这种情况下,直射光没被阻挡,但在相位上发生了偏移。这会导致直射光与正在散射的光或与物体上的衍射光之间的干涉发生改变,因此,我们将看到物体的透明结构[74]。相比于传统的泽尔尼克相位衬度方法,SLM 的使用同样能让我们实时地改变所有滤波器的参数[21]。对于一个给定的样本,利用该方法我们还能够对滤波器进行优化(图 7.13)。

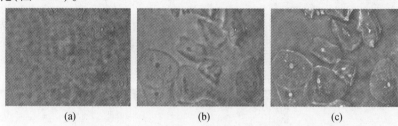

(a)   (b)   (c)

图 7.13 利用可编程显微术进行的人体黏膜细胞成像
(a)亮场图像;(b)第一类泽尔尼克设置;(c)第二类泽尔尼克设置。
显然,使用不同的相位衬度设置,图像的特征也大不相同。

与之前提到的暗场成像方法一样,我们可以使用几乎任意的照明图案[75]。通过移相和记录多幅图像,我们甚至可以进行定量的相位分析。

7.5.3 干涉衬度方法

抛开不受影响的直射光与物体散射光之间的干涉不谈,我们还可以使用一种剪切的方法进行相位衬度成像,在该方法中,来自物体的光场与其自身的剪切光场发生干涉。最常见的是一种名为差分干涉衬度(Differential Interference Contrast,DIC)的横向剪切方法[76,77]。在生物学研究领域中,DIC 颇受欢迎,这是因为即便在使用高数值孔径照明的情况下,我们依然可以使用该方法,并达到较高的横向分辨率和良好的轴向鉴别能力。即便是面对非常小的特征,该方法的成像对比度依然很高,这是因为像面上的强度是剪切方向上物体相位梯度的一个非线性函数(近似于正弦平方[77])。而由于在一个方向上出现“阴影”,因而该方向上的剪切会导致相位物体出现伪 3D 外观,不过这既可以看作是一个优势,也可以看作是一个劣势。其效果在视觉上通常是非常令人满意的(这部分解释了为什么 DIC 受欢迎的原因),但同样也会造成垂直于剪切方向上的信息丢失,进而导致显微镜用户可能会得到不那么真实的 3D 形貌。

我们通过使用基于偏振的剪切方法来实现传统的 DIC,不幸的是,这需要非常复杂且昂贵的装置。如果我们只需要准单色成像,那么以光栅为基础的 DIC[78,79]会是一个很好的替代方案。通过使用一台可编程显微镜,例如加载两个栅格的复数部分叠加,我们便能很容易地实现这一方法[25,73,80]。同样地,我们也可以轻而易举地实时改变系统中所有的参数(包括横向剪切强度、两个副

158

本间的相位偏置、剪切方向)。

有时,用纵向剪切法代替横向剪切法也是一个不错的选择。基于这种想法,人们使用了点像与一个散焦点像间的干涉。这会产生所谓的垂直差分干涉衬度(Vertical Differential Interference Contrast,VDIC)方法[81,82]。

与传统的 DIC 一样,上述方法所得的结果极大地依赖于相位延迟,也就是依赖于点扩散函数的聚焦部分和轻度散焦部分间的相位差。而对于相邻相位缺陷成像,如果给定邻域中的空间相干性,那么成像过程将会变得非常复杂,这可直接类似于传统的相干成像。同样,该方法所得到的强度分布很大程度上依赖于滤波器的几乎所有参数以及样本本身。此外,对于小邻域结构的基于干涉的相位衬度成像而言,情况同样如此,而且有时候我们难以很好地解释这种结构。因此,通过大数值孔径的照明来尽可能地限制空间相干性,这是一个很好的主意。

图 7.14 清楚地展示了使用不同参数对两个相邻的点状相位缺陷进行相干成像的复杂性。通过采用正确的参数,我们可以明显地区分出相邻的相位缺陷。很明显,通过使用不同的参数设置可以实现衬度的反转。利用这一点人们可以将不同参数下所记录的两幅图像进行作差从而形成很强的衬度(参见第 7.5.4 节内容)。

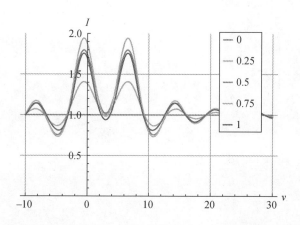

图 7.14　使用有不同参数的 VDIC 进行的关于两个相邻点状相位缺陷的成像

相比于传统的 DIC,VDIC 的主要优势在于各向同性。这可以消除图像的伪3D 外观。图像或多或少会包含一些相同的信息,但具有不同的外观,因此,这也是一种对其他相位衬度方法进行补充的可行工具。导致各向同性的另一种有趣的扩展,它可以使用可编程显微镜轻松实现,便是螺旋相位衬度方法[20,83]。

我们上述介绍的方法或许是最重要的,除此之外,还有许多其他方法以及无穷无尽的变体方法也都是可行的。

7.5.4　组合不同的相位衬度图像

根据上面的介绍,我们已经了解到,相位衬度图像极其依赖于所选的方法及其相应的参数,当然还有样本本身。通过对那些使用不同参数集或不同方法所获得的图像进行组合,也许能提高结构的可见度,或者将隐藏信变得更加可视。这种方法在技术上备受欢迎,因为我们很容易就能进行图像组合。当然,这些图像都是使用同样的静态光学装置和相同的 CCD 获得的。因此不需要进行配准和拼接操作。每个物体细节都保持在完全相同的像素上(至少当物体本身没有进行移动的时候是这样的)。

图 7.15 给出了上述方法的一个例子。这里,利用后处理方法,我们将泽尔尼克相位衬度方法和 DIC 方法所获得的两幅图像进行组合。一方面,泽尔尼克方法对物体相位十分敏感。对于一个或多或少含有均质材料的物体,其相位与局部厚度成正比。另一方面,DIC 对相位梯度十分敏感,因此,非常适合于增强较小的结构的成像效果。所以,在图 7.15 中,我们将泽尔尼克成像用作一幅彩色图像的色度,将 DIC 成像用作该彩色图像的强度。通过这种方式,我们将颜色与局部高度联系在了一起。

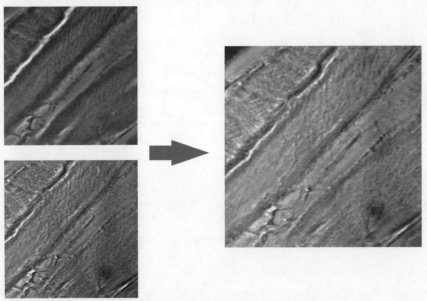

图 7.15　将使用泽尔尼克相位衬度(色度)所获得的图像与使用
DIC(强度)所获得的图像组合以显示相位结构

160

图 7.16 给出了此方法的另外一个例子,在此我们使用两组不同的 VDIC 参数对同一个美军标(United States Air Force,USAF)相位目标(分辨率板)进行成像,再对两幅图像进行作差,其结果表现出很强的衬度(对比度)提升。

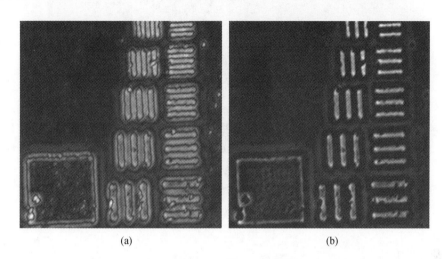

(a)   (b)

图 7.16   对一个由三条杠组成的二进制相位目标的一部分进行成像,
并组合两个 VDIC 图像

(a)条杠周围的深色轮廓清楚地指示了结构的横向扩展;(b)结构的衬度得到了显著提升。

出处:Warber M. et al. ,(2011). 图片已经 OSA 许可复制。

7.6   立体显微术

在立体显微镜中,从两个不同方向上对样本进行成像,而两个方向的夹角就是所谓的三角测量角。实际上,在可编程显微镜中,这可以通过系统光瞳的两个(甚至更多个)不同区域来实现。图 7.17 描绘了这一基本思想[16]。

图 7.17 中,在光瞳的左侧部分,我们将一个栅格显示在 SLM 的左边区域。因此,落到光瞳左侧的光会形成一幅图像,该图像会随着由 SLM 右侧区域所生成的图像而发生平移。所以,在照相机上,我们将得到两个互相分离的物体图像副本。我们可以将这两幅图像用于可视化(例如将其发送到一个 3D 显示器上)或是用于通过立体视觉算法计算物体的形貌特征。

遗憾的是,对于透明物体,我们可能会得到局部衬度反转的情况。所以,对相位衬度成像而言,目前的立体显微技术的成像结果并不是十分令人满意。

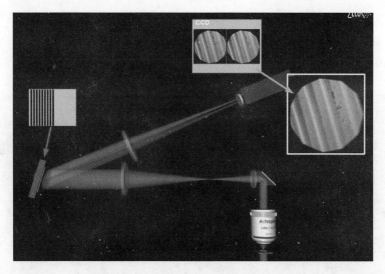

图 7.17　基于 SLM 的立体显微镜工作原理图

7.7　小　　结

本章我们回顾了利用基于 SLM 的可编程显微镜来实现的不同的多维成像方法。通过将一个 SLM 放入一个显微镜的成像光路中,可以通过软件实现许多不同的成像方法。由于可以在视频帧率下实时寻址 SLM,因而可以非常快速地获得图像(利用不同显微方法以及不同参数),然后可以通过后处理方法来组合这些图像。

除了参数优化和成像方法之外,还介绍了多图像方法的优势,它能优化成像质量(场依赖像差、多共轭自适应光学),增强相位衬度图像的对比度,提高相位样本的可视化,以及实现物体的三维配准。

目前,我们只对可能性做了初步的研究。如果对后处理能力进行更深入彻底的挖掘,将会涌现出大量新的成像方法。其实我们只在显微镜的成像光路里使用了 SLM。正如在第 7.2 节所提到的那样,还可以在显微镜的照明光路中使用 SLM。这样,通过对 SLM 编程,就可以灵活地实现更多的成像方法。重要的方法有共聚焦型的结构光照明技术,以及特殊的照明方法,例如拉曼成像方法或基于荧光的成像方法。

不过,基于 SLM 的显微镜也存在着某些缺点,包括显微镜的光效率下降,并且对于绝大多数使用了该显微镜的方法而言,还存在着只能使用准单色光的限制。尽管如此,我们认为显微镜未来的一部分发展在于这种多图像生成和后处理的组合,后者可以通过可编程显微镜的极大灵活性来实现。

162

参 考 文 献

[1] Eriksen R. L. , Mogensen P. C. , and Glückstad J. , Multiple – beam optical tweezers genera-
ted by the generalized phase – contrast method, *Optics Letters*, **27**(4), 267 – 269, (2002).

[2] Grier D. , 2003 A revolution in optical manipulation, *Nature*, **424**, 810 816, (2003).

[3] Hayasaki Y. , Itoh M. , Yatagai T. , and Nishida N. , Nonmechanical optical manipulation
ofmicroparticle using spatial light modulator, *Optical Review*, **6**(1), 24 – 27, (1999).

[4] Reicherter M. , Haist T. , Wagemann E. U. , and Tiziani H. J. , Optical particle trapping
with computer – generated holograms written on a liquid – crystal display, *Optics Lett*ers, **24**
(9), 608, (1999).

[5] Nikolenko V. , Watson B. O. , Araya R. , Woodruff A. , Peterka D. S. , and Yuste R. , SLM
microscopy: scanless two – photon imaging and photostimulation with spatial light modulators,
Front Neural Circuits, **2**, 5, (2008).

[6] Peterka D. S. , Nikolenko V. , Fino E. , Araya R. , Etchenique R. , Yuste R. , et al, Fast
two – photon neuronal imaging and control using a spatial light modulator and ruthenium com-
pounds, *Library*, **7548**, 1 9, (2010).

[7] Qin W. , Shao Y. , Liu H. , Peng X. , Niu H. , and Gao B. , Addressable discrete – line –
scanning multiphoton microscopy based on a spatial light modulator, *Optics Letters*, **37**(5),
827 – 829, (2012).

[8] Chang B. , Chou L. , Chang Y. , and Chiang S. , Isotropic image in structured illumination mi-
croscopy patterned with a spatial light modulator, *Optics Express*, **17**(17), 8206 – 8210,
(2009).

[9] Choi Jr. and Kim D. , Enhanced image reconstruction of three – dimensional fluorescent assays
by subtractive structured – light illumination microscopy, *J. Opt. Soc. Am. A*, **29**(10),
2165 – 2173, (2012).

[10] Hussain A. and Campos J. , Holographic superresolution using spatial light modulator, *Jour-
nal of the European Optical Society Rapid Publications*, **8**, DOI: 10. 2971/jeos. 2013. 13007,
(2013).

[11] Wang Cc. , Lee Kl. , and Lee Ch. , Wide – field optical nanoprofilometry using structured il-
lumination, *Optics Letters*, **34**(22), 3538 – 3540, (2009).

[12] Jesacher A. , Roider C. , Khan S. , Thalhammer G. , Bernet S. , and Ritsch – Marte M. ,
Contrast enhancement in widefield CARS microscopy by tailored phase matching using a spa-
tial light modulator, *Optics Letters*, **36**(12), 2245 – 2247, (2011).

[13] Kenny F. , Lara D. , and Dainty C. , Complete polarization and phase control for focus – sha-
ping in high – NA microscopy, *Optics Express*, **20**(13), 2234 – 2239, (2012).

[14] Schausberger S. E. , Heise B. , Maurer C. , Bernet S. , Ritsch – Marte M. , and Stifter D. ,
Flexible contrast for low – coherence interference microscopy by Fourier – plane filtering with

a spatial light modulator, *Optics Letters*, **35**(24), 4154 – 4156, (2010).

[15] Pham H. , Bhaduri B. , Ding H. , and Popescu G. , Spectroscopic diffraction phase microscopy, *Optics Letters*, **37**(16), 3438 – 3440, (2012).

[16] Hasler M. , Haist T. , and Osten W. , Stereo vision in spatial – light – modulator based microscopy, *Optics Letters*, **37**(12), 2238 – 2240, (2012).

[17] Lee M. P. , Gibson G. M. , Bowman R. , Bernet S. , Ritsch – Marte M. , Phillips D. B. , and Padgett M. J. , A multi – modal stereomicroscope based on a spatial light modulator, *Opt. Express*, **21**(14), 16541 – 16551, (2013).

[18] Mico V. , Garcia J. , Zalevsky Z. , and Javidi B. , Phase – shifting Gabor holographic microscopy, *Journal of Display Technology*, **6**(10), 484 – 489, (2010).

[19] Valencia U. D. and Moliner D. , Common – path phase – shifting lensless holographic microscopy, *Optics Letters*, **35**(23), 3919 – 3921, (2010).

[20] Bernet S. , Jesacher A. , Maurer C. , and Ritsch – Marte M. , Quantitative imaging of complex samples by spiral phase contrast microscopy, *Optics Express*, **14**(9), 2766 – 2773, (2006).

[21] Gl ckstad J. and Mogensen P. C. , Optimal phase contrast in common – path interferometry, *Applied Optics*, **40**(2), 268 – 282, (2001).

[22] Khan S. , Jesacher A. , Nussbaumer W. , Bernet S. , and Ritsch – Marte M. , Quantitative analysis of shape and volume changes in activated thrombocytes in real time by single – shot spatial light modulator – based differential interference contrast imaging, *Journal of Biophotonics*, **4**(9), 600 – 609, (2011).

[23] Kim T. and Popescu G. , Laplace field microscopy for label – free imaging of dynamic biological structures, *Optics Letters*, **36**(23), 4704 – 4706, (2011).

[24] Maurer C. , Jesacher A. , Bernet S. , and Ritsch – Marte M. , What spatial light modulators can do for optical microscopy, *Laser & Photonics Reviews*, **5**(1), 81 – 101, (2011).

[25] McIntyre T. J. , Maurer C. , Bernet S. , and Ritsch – Marte M. , Differential interference contrast imaging using a spatial light modulator, *Optics Letters*, **34**(19), 2988 – 2990, (2009).

[26] Heintzmann R. , Hanley Q. S. , Arndt – Jovin D. , and Jovin T. M. , A dual path programmable array microscope (PAM): simultaneous acquisition of conjugate and non – conjugate images, *Journal of Microscopy*, **204**(2), 119 – 35, (2001).

[27] Gittard S. D. , Nguyen A. , Obata K. , Koroleva A. , Narayan R. J. , and Chichkov B. N. , Fabrication of microscale medical devices by two – photon polymerization with multiple foci via a spatial light modulator, *Optics Express*, **2**(11), 267 – 275, (2011).

[28] Haist T. , Wagemann E. U. , and Tiziani H. J. , Pulsed – laser ablation using dynamic computer – generated holograms written into a liquid crystal display, *J. Opt. A: Pure and Applied Optics*, **1**(3), 428 – 430, (1999).

[29] Jesacher A. and Booth M. J. , Parallel direct laser writing in three dimensions with spatially

164

dependent aberration correction, *Optics Express*, **18**(20), 132 – 134, (2010).

[30] Zhou Q. , Yang W. , He F. , Stoian R. , Hui R. , and Cheng G. , Femtosecond multi – beam interference lithography based on dynamic wavefront engineering, *Optics Express*, **21**(8), 53 – 56, (2013).

[31] Nikolenko V. , Peterka D. S. , and Yuste R. , A portable laser photostimulation and imaging microscope, *Journal of Neural Engineering*, **7**(4), 045001, (2010).

[32] Shao Y. , Qin W. , Liu H. , Qu J. , Peng X. , Niu H. , and Gao B. Z. , Ultrafast, large – field multiphoton microscopy based on an acousto – optic deflector and a spatial light modulator, *Optics Letters*, **37**(13), 2532 – 2534, (2012).

[33] D barre D. , Botcherby E. J. , Watanabe T. , Srinivas S. , Booth. , and Wilson T. , Image – based adaptive optics for two – photon microscopy, *Optics Letters*, **34**(16), 2495 – 2497, (2009).

[34] Haist T. , Hafner J. , Warber M. , and Osten W. , Scene – based wavefront correction with spatial light modulators, *Proceedings of* SPIE, **7064**, 70640M – 70640M 11. SPIE, (2008).

[35] Reicherter M. , Gorski W. , Haist T. , and Osten W. , Dynamic correction of aberrations in microscopic imaging systems using an artificial point source, SPIE – Int. Soc. Opt. Eng. *Proceedings of SPIE – the International Society for Optical Engineering*, **5462**(1), 68 – 78, (2004).

[36] Scrimgeour J. and Curtis J. E. , Aberration correction in wide – field fluorescence microscopy by segmented – pupil image interferometry, *Optics Express*, **20**(13), 388 – 394, (2012).

[37] Liang J. , Wu S. Y. , Fatemi F. K. , and Becker M. F. , Suppression of the zero – order diffracted beam from a pixelated spatial light modulator by phase compression, *Applied Optics*, **51**(16), 3294 – 3304, (2012).

[38] Steiger R. , Bernet S. , and Ritsch – Marte M. , SLM – based off – axis Fourier filtering in microscopy with white light illumination, *Optics Express*, **20**(14), 15377 – 15384, (2012).

[39] Paterson C. , Munro I. , and Dainty J. , A low cost adaptive optics system using a membrane mirror, *Optics Express*, **6**, 175 – 185, (2000).

[40] Sherman L. , Ye J. Y. , Albert O. , and Norris T. B. , Adaptive correction of depth – induced aberrations in multiphoton scanning microscopy using a deformable mirror, *Journal of Microscopy*, **206**, 65 – 71, (2010).

[41] Tyson R. , Principles of Adaptive Optics, *Academic Press*, (1988).

[42] Olivier S. , Adaptive optics, in *Micro – Opto – Electro – Mechanical Systems*, MEMotamedi (ed.) SPIE Press, 453 – 475, (2007).

[43] Lazarev G. , Hermerschmidt A. , Kr ger S. , and Osten S. , LCOS spatial light modulators: trends and applications, in Optical Imaging and Metrology, W. Osten, N. Reingang (eds), Springer. 1 – 23, (2012).

[44] Zwick S. , Haist T. , Warber M. , and Osten W. , Dynamic holography using pixelated light modulators, *Applied Optics*, **49**(25), F47 – 58, (2010).

[45] Lingel C. , Haist T. , and Osten W. , Optimizing the diffraction efficiency of SLM – based holography with respect to the fringing field effect, *Applied Optics*, **52**(28), 6877 – 6883, (2013).

[46] Booth M. , Neil M. , and Wilson T. , Aberration correction for confocal imaging in refractive – index – mismatched media, *Journal of Microscopy*, **192**, 90 – 98, (1998).

[47] Booth M. J. , Adaptive optics in microscopy, *Philosophical Transactions. Series A*, *Mathematical*, *Physical*, *and Engineering Sciences*, **365**(1861), 2829 – 2843, (2007).

[48] Toeroek P. , Sheppard C. , and Laczik Z. , Dark – field and differential phase contrast imaging modes in confocal microscopy using a half – aperture stop, *Optik*, **103**(3), 101 – 106, (1996).

[49] Schwertner M. , Booth M. , and Wilson T. , Simple optimization procedure for objective lens correction collar setting, *Journal of Microscopy*, **217**, 184 – 1887, (2005).

[50] Sheppard C. R. J. and Gu M. , Aberration compensation in confocal microscopy, *Applied Optics*, **30**, 3563 – 3568, (1991).

[51] Arimoto R. , and Murray J. M. , A common aberration with water – immersion objective lenses, *Journal of Microscopy*, **216**(1), 49 – 51, (2004).

[52] Schwertner M. , Booth M. J. , and Wilson T. , Simulation of specimen – induced aberrations for objects with spherical and cylindrical symmetry, *Journal of Microscopy*, **215** (Pt 3), 271 – 280, (2004).

[53] Warber M. , Maier S. , Haist T. , and Osten W. , Combination of scene – based and stochastic measurement for wide – field aberration correction in microscopic imaging, *Applied Optics*, **49**(28), 5474 – 5479, (2010).

[54] von der Luehe O. , Wavefront error measurement technique using extended, incoherent light sources, *Optical Engineering*, **27**(12), 1078 – 1087, (1988).

[55] Liesener J. , Seifert L. , Tiziani H. , and Osten W. , Active wavefront sensing and wavefront control with SLMs, *Proc. SPIE*, **5532**(1), 147 – 158, (2004).

[56] Liesener J. , Reicherter M. , and Tiziani H. , Determination and compensation of aberrations using SLMs, *Optics Communications*, **233**, 161 – 166, (2004).

[57] Chamot S. and Dainty C. , Adaptive optics for ophtalmic applications using a pyramid wavefront sensor, *Optics Express*, **14**, 518 – 526, (2006).

[58] Buse K. and Luennemann M. , 3D imaging: wave front sensing utilizing a birefringent crystal, *Phyical Review Letters*, **85**, 3385 – 3387, (2000).

[59] Paterson C. and Dainty J. C. , Hybrid curvature and gradient wave – front sensor, *Opt. Lett.* , **25**(23), 1687 – 1689 (2000).

[60] Rondeau X. , Thiebaut E. , Tallon M. , and Foy R. , Phase retrieval from speckle images. *J. Opt. Soc. Am. A*, **24**, 3354 – 3364, (2007).

[61] Teague M. R. , Image formation in terms of the transport equation. *J. Opt. Soc. Am. A*, **2** (11), 1434, (1985).

166

[62] Neil Ma. , Booth M. J. , and Wilson T. , Closed – loop aberration correction by use of a modal Zernike wave – front sensor, *Optics letters*, **25**(15), 1083 – 1085, (2000).

[63] Neil Ma. , Juskaitis R. , Booth M. J. , Wilson T. , Tanaka T. , and Kawata S. , Adaptive aberration correction in a two – photon microscope, *Journal of Microscopy*, **200**(2) (July), 105 – 108, (2000).

[64] Booth M. J. , Wavefront sensorless adaptive optics for large aberrations, *OpticsLetters*, **32** (1), 5 – 7, (2007).

[65] Liesener J. , Hupfer W. , Gehner A. , and Wallace K. , Tests on micromirror arrays for adaptive optics, *Proc. SPIE*, (2004).

[66] Marsh P. , Burns D. , and Girkin J. , Practical implementation of adaptive optics in multiphoton microscopy, *Opt. Express*, **11**, 1123 – 1130, (2003).

[67] Bowman R. W. , Wright A. J. , and Padgett M. J. , An SLM – based shack – hartmann wavefront sensor for aberration correction in optical tweezers, *Journal of Optics*, **12**(12), 124004, (2010).

[68] Poyneer La. , Scene – based Shack Hartmann wave – front sensing: analysis and simulation, *Applied Optics*, **42**(29), 5807 – 5815, (2003).

[69] Rimmele T. , Richards K. , Hegwer S. , Ren D. , Fletcher S. , Gregory S. , et al, Solar adaptive optics: a progress report. *Proc. SPIE.*, *Adaptive Optical System Technologies II*, **4839**, 635, (2003).

[70] Osten W. , Kohler C. , and Liesener J. , Evaluation and application of spatial light modulators for optical metrology *a Reunion Espanola de Optoelectronica OPTOEL '05*, *Elche*, *Spain*, (2005).

[71] Reicherter M. , Haist T. , Zwick S. , Burla A. , Seifert L. , and Osten W. , Fast hologram computation and aberration control for holographic tweezers, *Proceedings of SPIE*, **5930**, Optical Trapping and Optical Micromanipulation II, 59301Y, (2005).

[72] CamachoL. and Zalevsky Z. , Quantitative phase microscopy using defocusing by means of a spatial light modulator, *Optics Express*, **18**(7), 6755 6766, (2010).

[73] Warber M. , Zwick S. , Hasler M. , Haist T. , and Osten W. , SLM – based phase – contrast filtering for single and multiple image acquisition, *Proc SPIE*, **7442**, Optics and Photonics for Information Processing III, 74420E, (2009).

[74] Zernike F. , How I discovered phase contrast, *Science*, **121**(3141), 345 – 349, (1955).

[75] Maurer C. , Jesacher A. , Bernet S. , and Ritsch – Marte M. , Phase contrast microscopy with full numerical aperture illumination, *Optics Express*, **16**(24), 19821 – 19829, (2008).

[76] Mehta S. B. and Sheppard C. J. R. , Partially coherent image formation in differential interference contrast (DIC) microscope, *Optics Express*, **16**(24), 19462 – 19479, (2008).

[77] Pluta M. , Advanced Light Microscopy, **2**, *Elsevier*, (1989).

[78] David C. , Nohammer B. , Solak H. H. , and Ziegler E. , Differential x – ray phase contrast imaging using a shearing interferometer, *Applied Physics Letters*, **81**(17), 3287, (2002).

167

[79] Lohmann A. and Sinzinger S. , *Optical Information Processing*, TU Illmenau Universit tsbibliothek, (2006).

[80] McIntyre T. J. , Maurer C. , Fassl S. , Khan S. , Bernet S. , and Ritsch – Marte M. , Quantitative SLM – based differential interference contrast imaging, *Optics Express*, **18** (13) , 14063 – 14078, (2010).

[81] Warber M. , Haist T. , Hasler M. , and Osten W. , Vertical differential interference contrast, *Optical Engineering*, **51** (1) , 013204 – 1 – 013204 – 7, (2012).

[82] Warber M. , Hasler M. , Haist T. , and Osten W. , Vertical differential interference contrast using SLMs, *Proc. SPIE*, **8086**, 80861E – 80861E – 10, (2011).

[83] F rhapter S. , Jesacher A. , Bernet S. , and Ritsch – MarteM. , Spiral phase contrast imaging inmicroscopy, *Optics Express*, **13** (3) , 689 – 694, (2005).

168

第8章 光学捕获纳米颗粒的全息三维测量术

Yoshio Hayasaki

日本宇都宫大学光学研究与教育中心

8.1 引　言

　　"光镊"技术[1]是一项用于在液体中无接触地捕获和操控微小物体的著名技术,此技术已被广泛应用于病毒和细菌[2]、单个核糖核酸(RNA)分子[3,4]和脱氧核糖核酸(DNA)分子[5]的操控。此外,该技术还被用于研究生物运动蛋白激酶分子的运动[6]以及 DNA 测序[7]。"光镊"技术不仅可以用于生物学领域,还可以用于微流体系统内的对象分类[8-10]、机械性能测量[11],以及微观结构形态的测量[12]。此外,全息光镊技术[13-15]也已经被成功用于创建任意的 3D 结构[16-18]。

　　在这些应用领域中,对捕获对象的精确位置测量扩展了机械与结构测量能力,由此发展出了多种方法。利用光强的空间变化,人们用一个象限光电二极管(Quadrant PhotoDiode,QPD)对捕获物体位移实现了高时间分辨率和高灵敏度的位置测量[1, 19-23]。然而,同时测量多个物体对象及它们的 3D 位置仍然十分困难。

　　除了上述的 QPD 探测器,我们也可以使用一台照相机对光学捕获对象进行有效的 3D 测量[24]。最近研发出的一种新型高速照相机,其时间分辨率可与QPD 相媲美[25]。同时,有人展示了利用全息方法可以测量直径为微米量级的捕获粒子的 3D 位置[26]。也有人利用立体显微镜测量了捕获对象的 3D 位置[27]。还有人用数字全息显微镜测量了直径为 0.8 μm 的聚苯乙烯球的布朗运动,不过这一技术中并没有使用光镊[28]。不过,尽管人们已经进行了大量的研究,却很少有人研究直径小于光镊技术中所用的焦斑直径的亚波长级粒子(纳米颗粒)的 3D 位置测量。

　　最近,我们演示了利用光镊技术的纳米颗粒位置数字全息测量[29,30],其颗粒直径小于之前研究中测量的纳米颗粒的直径[26-28]。我们通过使用测量探针,利用光镊技术抑制了纳米颗粒的运动,并控制了它的位置。而数字全息术[31]则

169

是我们用来对与光镊无关的粒子进行探测的方法[32-34]。对目标物体的数字聚焦是通过一个衍射图像和一个模板图像之间的匹配[29]来完成的,也使用到了聚对焦图像的特征,如迭代梯度计算[35]、强度局部变化的最大化[36]、相关系数[37]、小波系数的稀疏度[38]以及振幅幅值的积分[39,40]。我们也可以使用一套同轴数字全息装置来探测粒子的位置[31,41,42],在该系统中,除了一套同轴数字全息装置外,还需要使用低相干光[41,43,44]来测量纳米颗粒,因为纳米颗粒所发出的散射光非常弱,会淹没在由不需要的散射光所产生的散斑中。

在测量一个生物系统的运动、状态和功能时,我们可以利用光镊技术来操控金纳米颗粒。Svoboda 和 Block[6]最先展示了直径为 36nm 的金纳米颗粒的 3D 捕获。此后,这项技术得到不断发展,在文献[45-47]中,有人将光学捕获的金纳米颗粒用作近场光学显微镜的探针针尖,在文献[48]中,有人探讨了其热效应。另外,直径为 18~254nm 的金纳米粒子的稳定光学捕获也已成功实现[49],同时,还有人展示了银纳米颗粒[50]和金纳米棒[51]的光学捕获,文献[52-54]介绍了金属纳米颗粒的光阱力的理论计算。国外的研究者用光镊成功捕获了直径为 9.5nm 的金纳米颗粒[55],其中采用 QPD 方法进行探测。此外,全息方法也可以与外差技术[56,57]以及暗视场装置[58]相结合,以测量金纳米颗粒的位置。

在本章中,将介绍利用低相干同轴数字全息术、图像匹配法以及 3D 亚像素估算法来实现光学捕获纳米颗粒的位置测量。在第 8.2 节中,将介绍其光学实验装置、图像处理流程和样本的准备。在第 8.3 节中,将展示实验装置测量的准确性,以及在改变捕获激光功率的情况下对直径为 200nm 和 500nm 的聚苯乙烯颗粒的布朗运动的实验测量结果,还有关于直径为 60nm 的金纳米颗粒的 3D 位置测量。在第 8.4 节中,将介绍一种用于获得更高纳米颗粒 3D 位置测量准确性的方法,该方法使用了一台同轴数字全息显微镜,通过一个低空间频率衰减滤波器来增强与参考光相关的纳米颗粒的弱散射光[59]。在第 8.5 节中,将对本章进行总结。

8.2　实　验　装　置

8.2.1　光镊系统

图 8.1 展示了本实验装置,该装置由一个光镊系统和一台低相干的同轴数字全息显微镜组成。该系统放置在一个隔振光学平台上。在光镊系统中,由一台掺镱光纤激光器(IPG Photonics,YLM-10)发出的波长为 1070nm 的光束经准直后,通过一个数值孔径为 1.25 的 60×油浸显微物镜(Objective Lens,OL)聚焦于样本溶液中。我们通过一个半波片和一个偏振分束器(Polarization Beam

Splitter, PBS)来控制照射在样本上的激光辐射功率,其功率大小为引入激光束之前的测量光功率与 OL 透射率的乘积。

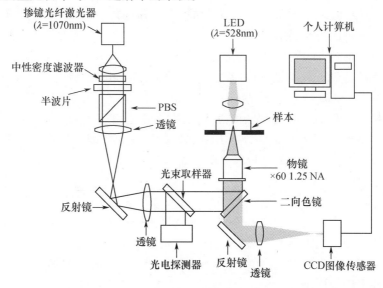

图 8.1　实验装置

样本为用蒸馏水以 1∶48000 稀释的聚苯乙烯微球的悬浮液(直径为 202nm,标准差为 10nm,2.66% 的固体悬浮液,由 Polysciences 股份有限公司生产)、用蒸馏水以 1∶2500 稀释的聚苯乙烯微球的悬浮液(直径为 535nm,标准差为 10nm,2.69% 的固体悬浮液,由 Polysciences 股份有限公司生产)和用蒸馏水以 1∶5000 稀释的金纳米颗粒的悬浮液(直径为 60nm,偏差为 10%,由 Tanaka Precision Metals 公司生产)。

8.2.2　同轴数字全息显微镜

8.2.2.1　光学装置

在同轴数字全息显微镜中,使用的光源为一个中心波长 $\lambda_c = 528\text{nm}$,半峰全宽(半高宽)处的 $\Delta\lambda = 32\text{nm}$ 的绿色发光二极管(Luxeon, Green Revel Star/O)。将绿光会聚得到功率约为 6mW 的强照明光,用其照亮样本(纳米颗粒)。然后来自纳米颗粒上的散射光(物光)和直通光(参考光)被一个 OL 和一个焦距为 300mm 的透镜放大,并在一个制冷电荷耦合器件图像传感器(Bitran, BU50LN)上形成干涉图案,该传感器具有 772×580 像素、16 位的位深、1.0ms 的快门速度,以及 8.6 帧/s 的帧速率。根据 λ_c 和 NA 计算出的衍射极限和显微镜的瑞利长度分别为 $0.61\lambda_c/\text{NA} = 258\text{nm}$ 和 $\lambda_c/\text{NA}^2 = 338\text{nm}$。

此系统的同轴数字全息显微镜的横向和轴向放大倍数估算如下。在估算横向放大倍数时,样本平面上的一个 $10.0\mu m$ 的比例尺是由 CCD 图像传感器上的 121 个间距为 $8.3\mu m$ 的像素进行测量的;因此横向放大倍数 M_L 为 1.0×10^2。相应的样本平面的空间采样间隔为 $\Delta x=\Delta y=83nm$。轴向放大倍数将通过物面和像面的沿轴线方向的位移比率来进行估算。具体来说,固定在一块载玻片上的一个直径为 200nm 的聚苯乙烯颗粒以 500nm 步长沿轴向进行 $0\sim4000nm$ 范围的移动,而 CCD 图像传感器移动到其对焦点(黑点)处。样本沿轴向运动 500nm 相当于 CCD 图像传感器的焦点位置沿轴向运动 $3.9\mu m$,从而轴向放大倍数为 $M_A=3.9$ mm/500nm $=7.8\times10^3$。例如,在成像空间的衍射计算中,$10\mu m$ 的轴向步进相当于在样本空间内移动了 $\Delta z=1.3nm$。

8.2.2.2 衍射计算

在同轴数字全息显微镜中,物光和参考光之间有一个很短的光程差,这样就允许使用低相干光来让它们发生干涉。当波数 $k=2\pi/\lambda$ 时,干涉图像的强度 $|u_k(x,y,z)|^2$ 由来自点光源(纳米颗粒的散射光)的球面波和平面波(直通光)间的干涉来近似计算:

$$|u_k(x,y,z)|^2=\left|A_k^{(r)}\exp(ikz)+\frac{A_k^{(s)}}{\sqrt{x^2+y^2}}\exp\left(ik\frac{x^2+y^2}{2z}\right)\right|^2$$

$$=A_k^{(r)2}+\frac{A_k^{(s)2}}{x^2+y^2}+\frac{2A_k^{(r)}A_k^{(s)}}{\sqrt{x^2+y^2}}\cos k\left(z-\frac{x^2+y^2}{2z}\right) \quad (8.1)$$

其中,$A_k^{(r)}$ 和 $A_k^{(s)}$ 分别表示直通光和散射光的振幅。通常情况下,一个纳米颗粒的散射光很弱[60,61]。因此,如果使用诸如激光器的高相干光源,这些散射光就会淹没在散斑噪声中。而当使用宽带(低相干)光源时,干涉图像的强度公式将可描述为

$$I_h(x,y,z)=\int_k|u_k(x,y,z)|^2dk \quad (8.2)$$

根据干涉图像,我们可以利用角谱法[62]进行衍射计算。实验中的物体是一个非常简单的单一纳米颗粒,因此,拍摄得到的干涉图像的振幅就可以由一个相位恒定且仅含振幅信息的全息图给出。根据在轴向位置 z_m 处所获得的全息图 $u_h(x,y,z_m)$ 可以计算出在轴向位置 z 处的衍射图像的复振幅 $u(x,y,z)$,如下:

$$u(x,y,z)=F_t^{-1}(F_t[u_h(x,y,z_m)]\exp[-2\pi i\sqrt{\lambda^{-2}-\nu_x^2-\nu_y^2}(z-z_m)])$$

$$(8.3)$$

其中,ν_x 和 ν_y 为空间频率平面的 2D 坐标,F_t 和 F_t^{-1} 分别为横向方向上的 2D 傅里叶变换及其逆变换。

172

图 8.2 给出了纳米颗粒 3D 位置测量过程的计算机执行的流程图。首先，我们按固定的时间间隔 Δt 采集 N 幅全息图，利用 $z = z_t + n_z \Delta z$ ($n_z = -N_z/2$, $-N_z/2+1$, $\cdots$, $N_z/2-1$) 来对每幅全息图进行衍射计算，其中 z_t 为获得每幅模板图像时的轴向位置，N_z 代表对每幅全息图进行衍射计算的次数。$N_z = R_Z/\Delta z$，其中 R_Z 代表轴向测量范围。N_z 与总的计算时间密切相关，这是因为衍射计算是所有计算中计算量最大的。实验中给定 $R_Z = 1.95 \mu m$，这比每帧中捕获的纳米颗粒的运动距离还要大。

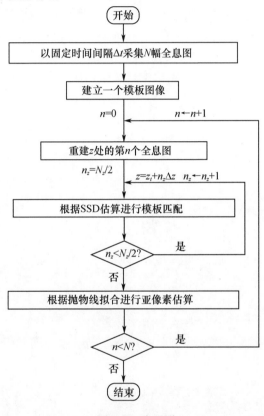

图 8.2　流程图

8.2.2.3　模板匹配

模板匹配是指寻找一个能使衍射图像 $I(x, y, z)$ 和模板图像 $T(\xi, \zeta, z_0)$ 间的平方差之和 (Sum of Squared Differences, SSD) 为最小值的 3D 位置，该模板图像最初被设定为当纳米颗粒处在 z_0 处时的衍射图像。$I(x, y, z)$ 是一个 $L \times L$ 像素的衍射图像，$T(\xi, \zeta, z_0)$ 是位于轴向位置 z_0 处的 $M \times M$ 像素的模板图像，SSD 图由下式给出：

173

$$\mathrm{SSD}(x,y,z) = \sum_{\zeta=0}^{M-1} \sum_{\xi=0}^{M-1} \{I(x+\xi\Delta x, y+\zeta\Delta y, z) - T(\xi\Delta x, \zeta\Delta y, z_0)\}^2 \quad (8.4)$$

我们通过改变 N_z 个衍射图像（由在 t 时刻所获得的全息图计算而得）的 x、y 和 z，来寻找到 SSD 的最小值 $\mathrm{SSD}_0(x,y,z) = \mathrm{SSD}(x_{\min}, y_{\min}, z_{\min})$，并从而确定位置 $(x_{\min}, y_{\min}, z_{\min})$。为了减少计算时间，我们对横向搜索区域做了限定：$|x_n - x_{n-1}| < p\Delta x$ 以及 $|y_n - y_{n-1}| < p\Delta y$，其中 $p = q = 25$。

图 8.3(a) 给出的是一幅干涉图像 $I(x,y,z)$（直径为 200nm 的聚苯乙烯颗粒的全息图）。该图像是一个裁剪出的包围了纳米颗粒所在位置的 51×51 像素区域。图 8.3(b)，(c) 分别给出了在 $z = -689$nm 和 $z = -1300$nm 平面上的衍射图像 $I(x,y,z)$。图 8.3(d) 给出的是 11×11 像素的模板图像 $T(\xi, \zeta, z_0)$。从 $t = 0.00$s 时所获得的全息图衍射图像中选择振幅最小的位置作为纳米颗粒初始的位置，本例中的衍射图像为图 8.3(b)。这是通过实验进行的挑选，但是若要提高轴向分辨率，重要的是根据目标物体的尺寸和形状对挑选进行优化。实验中黑点的直径在半峰全宽（半高宽）处为 309nm，略大于在该位置处的 219nm 的艾里斑直径。这意味着全息显微镜的分辨率几乎等于理论上的分辨率极限。图 8.3(b) 中虚线标示的正方形是裁剪出的作为 $T(\xi, \zeta, z_0)$ 的区域。

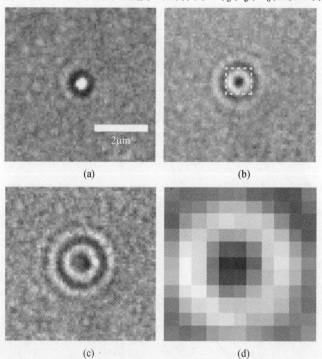

图 8.3　(a) 直径 200nm 的聚苯乙烯颗粒全息图，(b)~(c) 为其在距离为 $z = -689$ nm 和 $z = -1300$nm 处的衍射图像。(b) 中虚线所示的正方形裁剪出了 (d) 中所示的模板图像

174

图 8.4(a)给出的横向 SSD 图是根据 t = 1.17s 时焦平面上衍射图像及模板图像(图 8.3(d))计算而得的,其中包含了处在 SSD_0 的点,白色曲线图是在包含 SSD_0 的中线上获得的。图 8.4(b)给出的是处在 (x_{min}, y_{min}) 位置上的轴向 SSD 图,插图为在 z_{min} 附近的放大图。

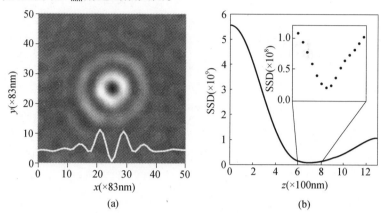

图 8.4 (a)横向 SSD 图和穿过包含 SSD 最小值的中线灰度值曲线图,
(b)轴向 SSD 图,插图是在 SSD 最小值附近的放大图

8.2.2.4 三维亚像素估算

亚像素估算[30]是指在各自三维轴线上进行抛物线拟合(图 8.4)。根据模板匹配所得到的 SSD,我们可由下式估算亚像素位置 x_{sub}:

$$x_{sub} = x_{min} + \Delta x \frac{SSD_{-1} - SSD_1}{2SSD_{-1} - 4SSD_0 - 2SSD_1} \tag{8.5}$$

其中 $SSD_n = SSD(x_{min} + n\Delta x, y_{min}, z_{min})$。在 y 和 z 方向上进行相同的计算便可获得亚像素位置 y_{sub} 和 z_{sub},从而将 $(x_{sub}, y_{sub}, z_{sub})$ 估算为纳米颗粒的位置。我们将上述处理过程用在全部的全息图上便可测量纳米颗粒的运动。在 2D 亚像素估算中,式(8.5)中的计算只在 x 和 y 方向上进行[29],然后通过最小化 Δz 可以提高轴向分辨率。此外,轴向亚像素估算也在很大程度上降低了衍射计算的值。

8.3 纳米颗粒 3D 位置测量的实验结果

8.3.1 固定在玻璃基片上的 200nm 聚苯乙烯颗粒

我们用固定在玻璃上的直径为 200nm 聚苯乙烯颗粒来估算 3D 位置测量的

准确性。图 8.5(a)展示了在 $\Delta z = 13nm$ 处利用 3D 亚像素估算的固定颗粒测量位置随时间的变化。在 x、y 和 z 方向上的标准偏差(Standard Deviation, SD)时间变化(噪声量级)分别为 3.5mm、3.4mm 和 3.2nm。这远小于显微镜的衍射极限及瑞利长度,也小于使用高速照相机和 QPD 测量方案所报道的 SD。

本实验系统有三种类型的噪声,即光学噪声、光电噪声和机械噪声。光学噪声是一种主要由光学污染造成的干扰噪声,其在光学系统中几乎是恒定的。光电噪声主要产生于图像传感器上,它在时间上是随机的。而机械噪声的主要成分为低频分量,因为隔振光学平台消除了来自外部噪声源的高频分量。因此,图 8.5(a)中的高频波动主要是由光电噪声造成的。灰色粗曲线表示通过基于快速傅里叶变换的低通滤波所提取的小于 0.3Hz 的低频分量,其在 x、y 和 z 方向上的 SD 分别为 2.2、2.0 和 0.4nm。图 8.5(b)展示了已经从原始信号中减去低频分量后的高频分量,其在 x、y 和 z 方向上的 SD 分别为 2.3、2.5 和 3.1nm。低频分量在 z 方向上的值小于其在 x 和 y 方向上的值,而高频分量在 z 方向上的值大于其在 x 和 y 方向上的值。

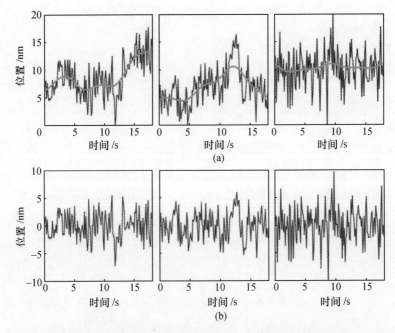

图 8.5 (a)固定在玻璃基片上的直径为 200nm 的聚苯乙烯颗粒的 3D 位置测量。灰色曲线表示利用基于 FFT 的低通滤波器所提取的随时间变化的低频分量。(b)从测量位置的原始时间轨迹中减去低频分量后所剩下的高频分量

176

8.3.2 三维亚像素估算中的轴向步长

衍射计算是3D位置测量中计算复杂度最大的部分,因此为了降低其计算消耗,我们需要增加3D亚像素估算中的轴向步长 Δz。图8.6展示了亚像素估算中轴向步长的测量误差。实心圆表示3D亚像素估算的结果。与其对比,空心圆表示没有进行轴向亚像素估算的2D亚像素估算结果。实曲线上的圆表示轴向位置测量结果的SD,其表达式为

$$SD_z = \sqrt{\frac{1}{N}\sum_{n=1}^{N}\left(z_{\mathrm{sub}}(n) - \overline{z_{\mathrm{sub}}}\right)^2} \tag{8.6}$$

其中,$\overline{z_{\mathrm{sub}}}$为 $z_{\mathrm{sub}}(n)$ 的平均值。需要指出的是,这个著名的公式在此是为了便于理解其与下一个公式之间的区别。对于2D亚像素估算而言,计算中使用的是 $z_{\mathrm{min}}(n)$ 和 $\overline{z_{\mathrm{min}}}$,而不是 $z_{\mathrm{sub}}(n)$ 和 $\overline{z_{\mathrm{sub}}}$。

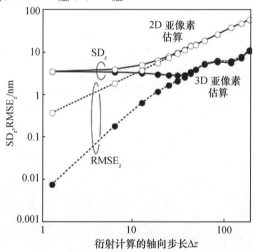

图8.6 对于固定粒子和轴向步长 Δz,其位置测量的 SD_z 和 $RMSE_z$。空心圆和实心圆分别表示2D和3D亚像素估算。实曲线和虚曲线分别表示 SD_z 和 $RMSE_z$

而虚曲线上的圆表示测量的轴向位置 $z_{\mathrm{min}}(n)\big|_{\Delta z=0.13\mathrm{nm}}$ 的均方根差(Root Mean Square Error, RMSE),其中 $z_{\mathrm{min}}(n)\big|_{\Delta z=0.13\mathrm{nm}}$ 表示当给定 Δz 最小值为 0.13nm 并执行2D亚像素估算时所得到的关于真实位置的最可能的值。RMSE 可定义为

$$RMSE_z = \sqrt{\frac{1}{N}\sum_{n=1}^{N}\left(z_{\mathrm{sub}}(n) - z_{\mathrm{min}}(n)\big|_{\Delta z=0.13\mathrm{nm}}\right)^2} \tag{8.7}$$

在2D亚像素估算中,同样使用的是 $z_{\mathrm{min}}(n)$ 而非 $z_{\mathrm{sub}}(n)$。

接下来,我们首先比较一下 2D 和 3D 亚像素估算的结果。对于任意的 Δz,3D 亚像素估算的误差要小于 2D 亚像素估算。当 $\Delta z < {\sim} 40$nm 时,3D 亚像素估算的 SD_z 达到 ~3nm 的下限。SD_z 代表着系统的分辨率,如前所述,其是由干涉条纹的信噪比、图像传感器噪声的 SNR 和光学系统的机械稳定性共同决定的。

光学噪声、光电噪声和机械噪声决定了系统的分辨率,但 $RMSE_z$ 并不受这些噪声的影响,而只取决于衍射计算中的轴向步长 Δz。因此,$RMSE_z$ 随着 Δz 的减小而减小,本实验系统中,Δz 达到了 0.13 这样足够小的值。在 2D 亚像素估算中,$RMSE_z$ 与 Δz 线性相关,因为这是由量化误差引起的。在 3D 亚像素估算中,当 $\Delta z < 10$nm 时,由于使用了抛物线拟合,并且 SSD 的轴向剖面曲线与抛物线函数充分符合,因此我们可以观察到平方关系。当 $\Delta z > 30$nm 时,$RMSE_z$ 表现为复杂的曲线,因为 SSD 的轴向剖面曲线与抛物线函数不同(参见图 8.4(b)),并且随着 Δz 继续增大,$RMSE_z$ 不再对抛物线函数具有依赖性。

8.3.3　光镊中一个直径为 200nm 聚苯乙烯颗粒的布朗运动

图 8.7 向我们展示了一个在光镊捕获空间内进行布朗运动的直径为 200nm 聚苯乙烯颗粒的 3D 位置。其中,激光束的传播方向是从图的底部打向图的顶部,而重力的方向与之相反。全息图的记录速度为 8.6 帧/s。激光强度分别为 I = 4.4、5.6 和 14.8MW/cm^2。随着激光强度的增加,布朗运动随之减弱。图 8.8 展示了布朗运动随捕获激光功率的改变所发生的变化。当 $I < 14.8$MW/cm^2 时,直径为 200nm 的颗粒的布朗运动变化剧烈。当 $I < 4.4$MW/cm^2 时,布朗运动极其剧烈,且粒子被捕获的时间只维持了几秒钟。当 $I > 18.7$MW/cm^2 时,颗粒表现出的运动不到噪声水平的 2 倍:也就是说,几乎不动了。同样地,当 $I < 0.15$MW/cm^2 时,直径为 500nm 的粒子的布朗运动会变剧烈,当 $I > 0.97$MW/cm^2 时,布朗运动几乎停止。在此,我们将光学捕获的阈值功率的最小值定义为 I,此时的粒子可被长时间捕获。直径为 200nm 和 500nm 的聚苯乙烯颗粒的阈值强度分别为 4.4MW/cm^2 和 0.53MW/cm^2。可以看出,这一方法对于确定光学捕获的阈值强度和 3D 方向性质非常有用。

8.3.4　光镊中一个直径为 60nm 的金纳米颗粒的布朗运动

图 8.9 展示了直径为 60nm 的光学捕获金纳米颗粒的测得的 3D 位置。由金纳米颗粒的 3D 运动粗略估算出的可探测的轴向范围为 1200nm(从捕获点起始,覆盖从 +900nm 到 -300nm 的范围)(图 8.10)。当激光强度为 5.6MW/cm^2 时,如图 8.9(a)所示,根据布朗运动可以看出金纳米颗粒剧烈运动,尤其是在轴向方向上,这是因为轴向力要低于横向力。同时轴向运动更加偏向于光束方向,

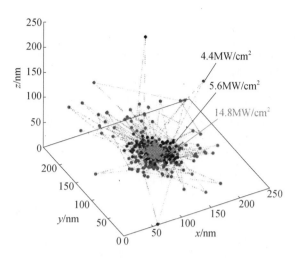

图 8.7　捕获空间体积内直径为 200nm 聚苯乙烯颗粒在不同光强下的运动：蓝点、黑点和红点分别表示光强为 4.4MW/cm² 、5.6MW/cm² 和 14.8MW/cm² 时情况

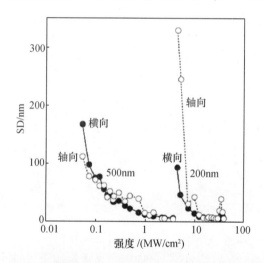

图 8.8　布朗运动随捕获激光强度的变化而改变。颗粒直径为 200 和 500nm。实心圆和空心圆分别表示横向和轴向运动的 SD 值

因此金纳米颗粒有时会离开激光聚焦区域，向轴向可检测区域以外的轴上方（光束方向）运动。这种行为与直径为 200nm 的聚苯乙烯颗粒的行为不同。该行为依赖于散射力和梯度力之间的平衡。一个金纳米颗粒的梯度力远小于其散射力。随着激光强度的增加（图 8.9（b），（c）），金纳米颗粒的运动受到削弱。当激光强度为 46.6MW/cm² 时，金纳米颗粒几乎固定不动了，其横向和轴向变化分别为 6.1nm 和 7.1nm。并且这种情况下的空间分辨率略低于直径为 200nm 的聚苯乙烯颗粒的空间分辨率。

179

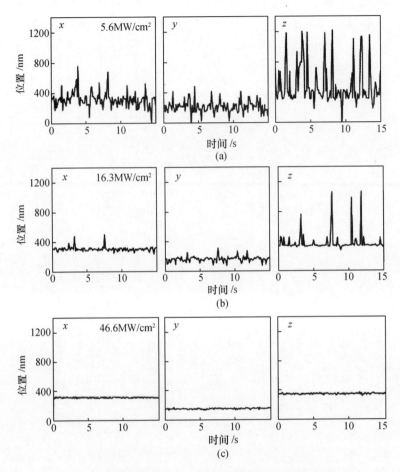

图 8.9　光镊捕获的直径为 60nm 的金纳米颗粒的 3D 位置

(a)$I = 5.6MW/cm^2$；(b)$I = 16.3MW/cm^2$；(c)$I = 46.6MW/cm^2$。

图 8.11 展示了随着捕获激光强度的变化,金纳米颗粒的布朗运动。当强度 $I < 20MW/cm^2$ 时,金纳米颗粒的运动会随激光强度变小而逐渐变大;当 $I = 5.6MW/cm^2$ 时,运动十分剧烈,而且金纳米颗粒有时会离开然后再回到捕获区域;当 $I < 5.6MW/cm^2$ 时,金纳米颗粒离开的时间较长,并且不会再回来。在此,我们将在这种激光聚焦条件下光学捕获的直径为 60nm 的金纳米颗粒的阈值强度的最小值定义为 I,在此情况下,粒子可以被捕获很长一段时间。当 $I > 30MW/cm^2$ 时,金纳米颗粒几乎是完全不动的。沿横向和轴向方向测量变化的 SD 分别为 6.3nm 和 7.1nm。当 $I < 20MW/cm^2$ 时,较小纳米颗粒的较大变化取决于布朗运动。当 $I > 20MW/cm^2$ 时,布朗运动被抑制,因此随机信号只由测量系统中的噪声引发。

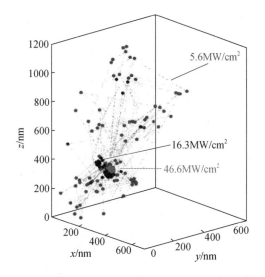

图 8.10　金纳米颗粒运动的 3D 显示

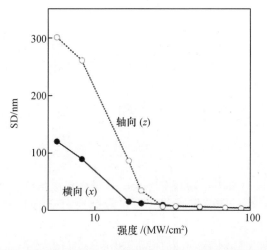

图 8.11　随捕获激光强度的变化,直径为 60nm 的金纳米颗粒的布朗运动

8.4　用于纳米颗粒全息位置探测的微光场技术

8.4.1　微光场光学显微镜

当我们将更小尺寸的纳米颗粒作为研究对象时,由于其散射光光强极低,因而干涉条纹的质量将出现大幅下降,而 3D 测量的准确度也将随之降低。在本节中,我们将介绍一种干涉条纹获取方法,它使用了同轴数字全息显微镜,能在

纳米颗粒3D位置测量过程中获得更高的振幅信噪比。该方法的关键组件是一个只降低参考光光强的低频衰减滤波器(Low - Frequency Attenuation Filter,LFAF),其中,参考光是非散射的直通光,其强度与溶液中一个纳米颗粒所发出的物光强度接近。当LFAF的透射率为1时,数字全息显微镜将变为一个普通的明视场显微镜;相反地,当LFAF的透射率接近于0时,数字全息显微镜将变为暗视场显微镜。本方法使用了中间透射率,也即介于明视场和暗视场之间的值。因此,我们所提出的这个系统就叫做微光场光学显微镜[59]。

我们将一个半径为r折射率为n_1的纳米颗粒浸于折射率为n_0的溶液中,将其作为样本放置在同轴DHM中,在距离d处散射光强的角分布与波数为k的入射光强I_{inc}之间的关系,可由著名的瑞利散射理论给出:

$$I_{sca}(\theta,d) = \frac{k^4 r^6}{d^2}\left(\frac{m^2-1}{m^2+1}\right)\left(\frac{1+\cos^2\theta}{2}\right)I_{inc} = \alpha(\theta,d)I_{inc} \qquad (8.8)$$

其中,$m = n_1/n_0$,α为取决于角θ和距离d的散射系数。式(8.8)表明当r减小时,I_{sca}会以r的6次方减小。散射光和直通参考光I_{ref}之间的干涉信号I可表示为

$$I = I_{ref} + I_{sca} + 2\sqrt{I_{ref}I_{sca}}\cos\theta + N \qquad (8.9)$$

其中,θ为相位,N表示光学噪声和光电噪声的幅值。从式(8.8)中我们可以看出,对一个纳米颗粒而言,$I_{sca} \ll I_{inc}$,所以$I_{ref} \approx I_{inc}$。条纹的SNR可以定义为条纹振幅$2(I_{ref}I_{sca})^{1/2}$除以N,由下式给出:

$$SNR = \frac{2\sqrt{I_{ref}I_{sca}}}{N} \approx \frac{2I_{inc}\sqrt{\alpha}}{N} \approx \frac{2I_{ref}\sqrt{\alpha}}{N} \qquad (8.10)$$

从式(8.10)可以看出,通过减小N和增加α可以提高SNR。其中,我们可以通过使用噪声更小的图像传感器或通过降低不期望的干扰(散斑噪声)来减小N,而通过使用更大波数的光源来增加α。一旦在某个应用中做了这些改进,则只需要通过增加I_{inc}我们就可以提高SNR。然而,I_{inc}受限于图像传感器的最大可探测值(表示为I_{max}),因此,当系统组件选定后,根据纳米颗粒的物理特性,SNR存在一定的上限。

现在我们假设,在纳米颗粒散射后,平面上的I_{ref}被透射率为T_R的LFAF所削减,而I_{inc}增长了$g(>1)$倍。则干涉信号可以表示为

$$I = gT_R I_{ref} + gI_{sca} + 2g\sqrt{T_R I_{ref} I_{sca}}\cos\theta + N \qquad (8.11)$$

严格说来,如果$T_R I_{ref} \gg I_{sca}$,并且调节g以满足条件$gT_R = 1$,则$I < I_{max}$这一条件总能满足,而与传播到图像传感器上的光强成正比的光学噪声则将被保留,所以,正如式(8.12)所示,SNR的增加正比于$T_R^{-1/2}$。该式表明,在我们合理设计

LFAF 的情况下,即如果找到合适的 T_R,则可以得到任意的 SNR 值,其表达式为

$$\text{SNR} \approx \frac{2I_{\text{inc}}\sqrt{\alpha/T_R}}{N} \tag{8.12}$$

从式(8.12)可以看出,当 $\alpha = T_R$ 时,SNR 达到最高值,但是还需要一个非常强的光源来满足 $gT_R = 1$ 的条件。实际上,T_R 使用了图像传感器全部的动态范围,并取决于光源强度和照射样本的可接受强度。

8.4.2 带有低频衰减滤波器的低相干同轴数字全息显微镜

图 8.12 展示了一台带有 LFAF 的低相干同轴数字全息显微镜。光源为光纤耦合的发光二极管,其中心波长为 450nm,谱宽为 25nm。光在样本附近会聚从而提供强照明。实验样本为置于水中的夹在载玻片和盖玻片之间的一个直径为 100nm 的聚苯乙烯颗粒。纳米颗粒散射的光与非散射参考光通过一个 60 × 的物镜(1.25NA)和 LFAF 中的透镜进行放大。LFAF 结构简单,由一个含直径为 1mm 的半透明圆孔的透明薄膜(胶片)组成。我们利用一台低噪声、帧间隔为 29.6ms 的电子倍增电荷耦合器件(Electron Multiplying Charge Coupled Device, EMCCD)图像传感器(DU – 888,由 Andor 生产)来探测干涉条纹。然后在计算机上利用角谱法对拍摄的干涉图像进行重建。其中,轴向放大率为 $M_a = 5.1 \times 10^3$。在纳米颗粒的最大运动范围内,以 $\Delta z = 0.1$nm 的间隔对传播距离 z 进行扫描,并根据这一传播距离计算衍射图像。最后对图像进行后处理,包括图像匹配和亚像素显示,但该处理只在横向方向上进行,这与我们在第 8.2.2 节中所描述的方法几乎相同。

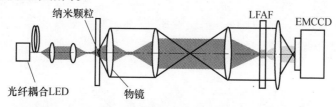

图 8.12 带有低频衰减滤波器的同轴数字全息显微镜

8.4.3 对直径为 100nm 的聚苯乙烯纳米颗粒干涉条纹的改进

图 8.13 给出的是一个固定在玻璃基片上距离物镜焦平面 $z = 1.5\mu$m 处的直径为 100nm 的聚苯乙烯纳米颗粒的干涉条纹,图 8.13(a)为未使用 LFAF($T_R = 1.0$)拍摄的结果,图 8.13(b)为使用了 LFAF($T_R = 0.19$)拍摄的结果,图 8.13(c)为使用了 LFAF($T_R = 0.08$)拍摄的结果。根据这些图像,我们可以看到在使用密度更大的 LFAF 时,干涉条纹的对比度会增强。在实验中,当阻挡了光

源,我们测量到了 10counts/s 的环境噪声标准偏差。同时,我们将 CCD 图像传感器上的入射光强度调整到平均强度为 4.0×10^3counts/s,并使其在使用和不使用 LFAF 的两种情况下的实验过程中均保持不变。

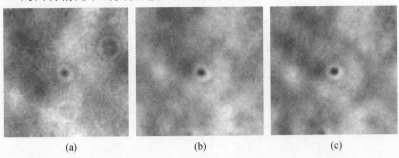

图 8.13　(a)未使用 LFAF($T_R = 1.0$),(b)使用 LFAF($T_R = 0.19$)和
(c)使用 LFAF($T_R = 0.08$)情况下拍摄的纳米颗粒全息图像

图 8.14(a)给出了干涉条纹的 SNR 与 $T_R^{-1/2}$ 之间的函数关系。实心圆和空心圆分别表示当纳米颗粒位于距离焦平面 1.5μm 和 3.0μm 的位置时的结果。我们根据全息图的衍射图像的中心黑点和周围亮环,分别测量出环状条纹强度的最大值和最小值,并据此计算出干涉条纹的对比度。使用 LFAF 和增加 I_{inc} 可以提高 SNR。正如式(8.11)所得出的理论预期的一样,由于本实验中 $\alpha/T_R \ll 1$,因此 SNR 正比于 $T_R^{-1/2}$。实验中,我们从 100 幅全息图得出了一个直径为 100nm 的粒子的 3D 位置,然后计算沿 x、y 和 z 方向的标准偏差 σ_x、σ_y 和 σ_z,并据此来评估测量的准确度。图 8.14(b),(c)分别展示了 σ_y 和 σ_z 与 $T_R^{-1/2}$ 之间的函数关系。这里,由于 σ_x 和 σ_y 很相似,故此这里没有给出 σ_x 的结果。由于我们使用了大密度的 LFAF,SNR 得到提高,进而进一步提高了纳米颗粒的 3D 位置测量准确度。

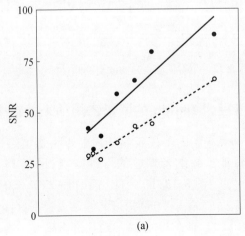

(a)

184

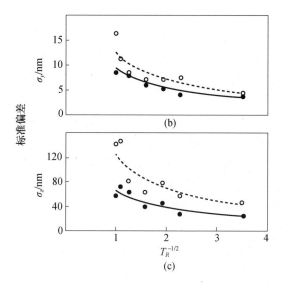

图 8.14 （a)恒定参考光强度下 SNR 与 $T_R^{-1/2}$ 之间的函数关系。沿 y
方向(b)和 z 方向(c)的标准偏差与 $T_R^{-1/2}$ 之间的函数关系。实心圆和
空心圆分别代表了当纳米颗粒离开焦平面的距离 $z = 1.5\mu m$ 和 $3.0\mu m$ 时的结果

8.5 小 结

本章首先描述了一种对光学捕获纳米颗粒的位置测量方法,该方法使用了一台低相干同轴数字全息显微镜,采用了基于 SSD 估算和 SSD 图 3D 亚像素估算的图像匹配方法。本章介绍了其光学装置、图像处理程序和样本准备过程。本章还展示了所捕获纳米颗粒的运动行为以及显微镜的空间分辨率。

接下来,我们阐述了在水中利用光镊所捕获的一个直径为 200nm 的聚苯乙烯颗粒的 3D 位置测量。光镊在小于约 3nm 的体积内对直径为 200nm 的聚苯乙烯颗粒进行 3D 定位,其 SD 与噪声水平相差不大,即达到了全息显微镜的空间分辨率极限。我们根据固定在玻璃基片上的一个直径为 200nm 的聚苯乙烯颗粒的位置测量得出横向和轴向分辨率,其中,横向分辨率远小于显微镜的衍射极限,轴向分辨率远小于显微镜的瑞利长度。另外,我们对水中由光镊所捕获的直径为 200nm 的聚苯乙烯颗粒的运动也进行了测量。当 $I > 18.7MW/cm^2$ 时,粒子表现出的运动不到噪声水平的 2 倍(也就是说,几乎不动)。我们将该运动与直径为 500nm 的聚苯乙烯颗粒的运动进行了对比,结果表明,捕获直径为 200nm 和 500nm 的颗粒的阈值激光强度分别为 $4.4MW/cm^2$ 和 $0.53MW/cm^2$。

我们还测量了在水中由光镊所捕获的一个直径为 60nm 的金纳米颗粒的

185

3D 位置。其阈值捕获强度为 $I = 5.6\mathrm{MW/cm^2}$，当 $I > 30\mathrm{MW/cm^2}$ 时金纳米颗粒几乎固定不动了。我们对固定在玻璃基片上和通过有着足够大光学捕获激光强度的光镊固定的金纳米颗粒的运动进行对比，还分别对三种噪声（光学噪声、光电噪声和机械噪声）进行了分析。

全息方法是对光学捕获阈值进行详尽研究的一种强有力的工具，尤其是在测量某个方向上性质的 3D 测量能力方面。同时，阈值强度不仅仅依赖于粒子的性质，还取决于粒子和其周围环境之间的关系。关于阈值的进一步研究将非常有意义。本系统与方法将有助于在流体和生物系统中利用光学捕获的纳米颗粒进行 3D 机械测量。

此外，为了使用同轴数字全息显微镜观察到更小的微粒，我们开发了微光场方法，这种方法基于增强照明，并使用了一个低空间频率的光衰减滤波器。利用此方法，我们可以突破传统的纳米颗粒全息测量的局限，同时提高了干涉条纹的质量和纳米颗粒 3D 测量的准确度。

最后，在本章中我们还提出了一种用于纳米颗粒定位的光镊方法，使用了一台同轴数字全息显微镜和多种图像处理方法来测量纳米颗粒位置，还用到了一种用于获得更高的纳米颗粒干涉条纹质量的方法。这些有用的方法很可能是改进先进显微镜所必需的。同时，纳米颗粒技术前景十分广阔，未来可用于各种科学和工程领域，而纳米颗粒的 3D 位置测量也必将在这些领域中大展拳脚。

参 考 文 献

[1] Ashkin A., Dziedzic J. M., Bjorkholm J. E., and Chu S., Observation of a single – beam gradient force optical trap for dielectric particles, *Opt. Lett.*, **11**, 288 – 290, (1986).

[2] AshkinA., and Dziedzic J. M., Optical trapping andmanipulation of viruses and bacteria, *Science*, **235**, 1517 – 1520, (1987).

[3] TinocoJr., I., Collin D., and Li P. T. X., Unfolding single RNA molecules: bridging the gap between equilibrium and non – equilibrium statistical thermodynamics, *Q. Rev. Biophys.*, **38**, 291 – 301, (2005).

[4] Neuman K. C., and Nagy A., Single – molecule force spectroscopy: optical tweezers, magnetic tweezers and atomic force microscopy, *Nature Methods*, **5**, 491 – 505, (2008).

[5] Ichikawa M., Matsuzawa Y., Koyama Y., and Yoshikawa K., Molecular fabrication: aligning DNA molecules as building blocks, *Langmuir*, **19**, 5444 – 5447, (2003).

[6] Svoboda K., Schmidt C. F., Schnapp B. J., and Block S. M., Direct observation of 18 kinesin stepping by optical trapping interferometry, *Nature*, **365**, 721 – 727, (1993).

[7] Greenleaf W. J. and Block S. M., Single – molecule, motion – based DNA sequencing using RNA polymerase, *Science*, **313**, 801 – 803, (2006).

[8] MacDonald M. P. , Spalding G. C. , and Dholakia K. , Microfluidic sorting in an optical lattice, *Nature*, **426**, 421 – 424, (2003).

[9] Ladavac K. , Kasza K. , and Grier D. G. , Sorting mesoscopic objects with periodic potential landscapes: optical fractionation, *Phys. Rev. E*, **70**, 010901(R), (2004).

[10] Miyazaki M. and Hayasaki Y. , Motion control of low – index microspheres in liquid based on optical repulsive force of a focused beam array, *Opt. Lett.* , **34**, 821 – 823, (2009).

[11] Nakanishi S. , Shoji S. , Kawata S. , and Sun H. – B. , Giant elasticity of photopolymer nanowires, *Appl. Phys. Lett.* **91**, 063112, (2007).

[12] Eom S. I. , Takaya Y. , and Hayashi T. , Novel contact probing method using single fiber optical trapping probe, *Prec. Eng.* , **33**, 235 – 242, (2009).

[13] Dufresne E. R. and Grier D. G. , Optical tweezer arrays and optical substrates created with diffractive optical elements, *Rev. Sci. Instrum.* , **69**, 1974 – 1977, (1998).

[14] Hayasaki Y. , Itoh M. , Yatagai T. , and Nishida N. , Nonmechanical optical manipulation of microparticles using spatial light modulator, *Opt. Rev.* , **6**, 24 – 27, (1999).

[15] Reicherter M. , Haist T. , Wagemann E. U. , and Tiziani H. J. , Optical particle trapping with computer – generated holograms written on a liquid – crystal display, *Opt. Lett.* , **24**, 608 – 610, (1999).

[16] Jordan P. , Clare H. , Flendrig L. , Leach J. , Cooper J. , and Padgett M. , Permanent 3D microstructures in a polymeric host created using holographic optical tweezers, *J. Mod. Opt.* , **51**, 627 – 632, (2004).

[17] Roichman Y. and Grier D. G. , Holographic assembly of quasicrystalline photonic heterostructures, *Opt. Express*, **13**, 5434 – 5439, (2005).

[18] Agarwal R. , Ladavac K. , Roichman Y. , Yu G. , Lieber C. M. , and Grier D. G. , Manipulation and assembly of nanowires with holographic optical traps, *Opt. Express*, **13**, 8906 – 8912, (2005).

[19] Gittes F. and Schmidt C. F. , Interference model for back – focal – plane displacement detection in optical tweezers, *Opt. Lett.* , **23**, 7 – 9, (1998).

[20] Pralle A. , Prummer M. , Florin E. L. , Stelzer E. H. K. , and Hörber J. K. H. , Three – dimensional high – resolution particle tracking for optical tweezers by forward scattered light, *Microsc. Res. Tech.* , **44**, 378 – 386, (1999).

[21] Meiners J. S. and Quake S. , Direct measurement of hydrodynamic cross correlations between two particles in an external potential, *Phys. Rev. Lett.* , **82**, 2211 – 2214, (1999).

[22] Huisstede J. H. G. , van der Werf K. O. , Bennink M. L. , and Subramaniam V. , Force detection in optical tweezers using backscattered light, *Opt. Express*, **13**, 1113 – 1123, (2005).

[23] Tolic – Norrelykke S. F. , Sch fer E. , Howard J. , Pavone F. S. , J licher F. , and Flyvbjerg H. , Calibration of optical tweezers with positional detection in the back focal plane, *Rev. Sci. Instrum.* , **77**, 103101, (2006).

187

[24] Gibson G. M. , Leach J. , Keen S. , Wright A. J. , and Padgett M. J. , Measuring the accuracy of particle position and force in optical tweezers using high – speed video microscopy, *Opt. Express*, **16**, 14561 – 14570, (2008).

[25] Otto O. , Gutsche C. , Kremer F. , and Keyser U. F. , Optical tweezers with 2. 5kHz bandwidth video detection for single – colloid electrophoresis, *Rev. Sci. Instrum.* , **79**, 023710, (2008).

[26] Lee S. H. and Grier D. G. , Holographic microscopy of holographically trapped three – dimensional structures, *Opt. Express*, **15**, 1505 – 1512, (2007).

[27] Bowman R. , Gibson G. , and Padgett M. , Particle tracking stereomicroscopy in optical tweezers: control of trap shape, *Opt. Express*, **18**, 11785 – 11790, (2010).

[28] Dixon L. , Cheong F. C. , and Grier D. G. , Holographic deconvolution microscopy for high – resolution particle tracking, *Opt. Express*, **19**, 16410 – 16417, (2011).

[29] Higuchi T. , Pham Q. D. , Hasegawa S. , and Hayasaki Y. , Three – dimensional positioning of optically – trapped nanoparticles, *Appl. Opt.* , **50**, H183 – H188, (2011).

[30] Sato A. , Pham Q. D. , Hasegawa S. , and Hayasaki Y. , Three – dimensional subpixel estimation in holographic position measurement of an optically trapped nanoparticle, *Appl. Opt.* , **52**, A216 – A222, (2013).

[31] Onural L. and Scott P. D. , Digital recording of in – line holograms, *Opt. Eng.* , **26**, 1124 – 1132, (1987).

[32] Schnars U. and J ptner W. , Direct recording of holograms by a CCD target and numerical reconstruction, *Appl. Opt.* , **33**, 179 – 181, (1994).

[33] Skarman B. , Wozniac K. , and Becker J. , Simultaneous 3D – PIV and temperature measurement using a new CCD based holographic interferometer, *Flow Meas. Instrum.* , **7**, 1 – 6, (1996).

[34] Garcia – Sucerquia J. , Xu W. , Jericho S. K. , Klages P. , M. Jericho H. , and Kreuzer H. J. , Digital in – line holographic microscopy, *Appl. Opt.* , **45**, 836 – 850, (2006).

[35] Yu L. and Cai L. , Iterative algorithm with a constraint condition for numerical reconstruction of a three – dimensional object from its hologram, *J. Opt. Soc. Am. A*, **18**, 1033 – 1045, (2001).

[36] Ma L. , Wang H. , Li Y. , and Jin H. , Numerical reconstruction of digital holograms for three – dimensional shape measurement, *J. Opt. A*, **6**, 396 – 400, (2004).

[37] Yang Y. , Kang B. S. , and Choo Y. J. , Application of the correlation coefficient method for determination of the focus plane to digital particle holography, *Appl. Opt.* , **47**, 817 – 824, (2008).

[38] Liebling M. and Unser M. , Autofocus for digital Fresnel holograms by use of a Fresnelet – sparsity criterion, *J. Opt. Soc. Am. A*, **21**, 2424 – 2430, (2004).

[39] Dubois F. , Schockaert C. , Callens N. , and Yourassowski C. , Focus plane detection criteria in digital holography microscopy by amplitude analysis, *Opt. Express*, **14**, 5895 – 5908,

188

(2006).

[40] Mallahi E. and Dubois F. , Dependency and precision of the *refo*cusing criterion based on amplitude analysis in digital holographic microscopy, *Opt. Express*, **19**, 6684 – 6698, (2011).

[41] Dubois F. , Callens N. , Yourassowsky C. , Hoyos M. , Kurowski P. , and Monnom O. , Digital holographic microscopy with reduced spatial coherence for three dimensional particle flow analysis, *Appl. Opt.* , **45**, 864 – 871, (2006).

[42] Cheong F. C. , Krishnatreya B. J. , and Grier D. G. , Strategies for three – dimensional particle tracking with holographic video microscopy, *Opt. Express*, **18**, 13563 – 13573, (2010).

[43] Pedrini G. and Tiziani H. J. , Short – coherence digital microscopy by use of a lensless holographic imaging system, *Appl. Opt.* , **41**, 4489 – 4496, (2002).

[44] Tamano S. , Hayasaki Y. , and Nishida N. , Phase – shifting digital holography with a low – coherence light source for reconstruction of a digital relief object hidden behind a light – scattering medium, *Appl. Opt.* , **45**, 953 – 959, (2006).

[45] Sugiura T. , Okada T. , Inouye Y. , Nakamura O. , and Kawata S. , Gold – bead scanning near – field optical microscope with laser – force position control, *Opt. Lett.* , **22**, 1663 – 1665, (1997).

[46] Kalkbrenner T. , Ramstein M. , Mlynek J. , and Sandoghdar V. , A single gold particle as a probe for apertureless scanning near – field optical microscopy, *J. Microscopy*, **202**, 72 – 76, (2001).

[47] Ukita H. , Uemi H. , and HIrata A. , Near field observation of a refractive index grating and a topological grating by an optically – trapped gold particle, *Opt. Rev.* , **11**, 365 – 369, (2004).

[48] Seol Y. , Carpenter A. E. , and Perkins T. T. , Gold nanoparticles: enhanced optical trapping and sensitivity coupled with significant heating, *Opt. Lett.* , **31**, 2429 – 2431, (2006).

[49] Hansen P. M. , Bhatia V. K. , Harrit N. , and Oddershede L. , Expanding the optical trapping range of gold nanoparticles, *Nano Lett.* , **5**, 1937 – 1942, (2005).

[50] Bosanac L. , Aabo T. , Bendix P. M. , and Oddershede L. B. , Efficient optical trapping and visualization of silver nanoparticles, *Nano Lett.* , **8**, 1486 – 1491, (2008).

[51] Selhuber – Unkel C. , Zins I. , Schubert O. , and Sønnichsen C. , Oddershede L. B. , Quantitative optical trapping of single gold nanorods, *Nano Lett.* , **8**, 2998 – 3003, (2008).

[52] Furukawa H. , and Yamaguchi I. , Optical trapping of metallic particles by a fixed Gaussian beam, *Opt. Lett.* , **23**, 216 – 218, (1998).

[53] GuM. and Morrish D. , Three – dimensional trapping of Mie metallic particles by the use of obstructed laser beams, *J. Appl. Phys.* , **91**, 1606 – 1612, (2002).

[54] Saija R. , Denti P. , Borghese F. , Marag O. M. , and M. Iat. A. , Optical trapping calculations for metal nanoparticles. Comparison with experimental data for Au and Ag spheres, *Opt. Express*, **17**, 10231 – 10241, (2009).

[55] Hajizadeh F. and Reihani S. N. S. , Optimized optical trapping of gold nanoparticles, *Opt.*

189

Express,**18**, 551 – 559, (2010).

[56] Atlan M. , Gross M. , Desbiolles P. , Absil . , Tessier G. , and Coppey – Moisan M. , Heterodyne holographic microscopy of gold particles, *Opt. Lett.* ,**33**, 500 – 502, (2008).

[57] Absil E. , Tessier G. , Gross M. , Atlan M. , Warnasooriya N. , Suck S. , *et al.* , Photothermal heterodyne holography of gold nanoparticles, *Opt. Express*,**18**, 780 – 786, (2010).

[58] Verpillat F. , Joud F. , Desbiolles P. , and Gross M. , Dark – field digital holographic microscopy for 3D – tracking of gold nanoparticles, *Opt. Express*,**19**, 26044 – 26055, (2011).

[59] Pham Q. D. , Kusumi Y. , Hasegawa S. , and Hayasaki Y. , Digital holographic microscope with low – frequency attenuation filter for position measurement of nanoparticle, *Opt. Lett.* , **37**, 4119 – 4121, (2012).

[60] Kerker M. , The scattering of light and other electromagnetic radiation. *Academic Press*, New York, **3**, (1969).

[61] Bohren C. F. and Huffman D. R. , Absorption and scattering of light by small particles. *John Wiley & Sons*, Inc. , New York, **4**, (1983).

[62] Goodman J. W. , Introduction to Fourier optics, 2nd edn, *McGraw – Hill*, New York, 3. 10, (1996).

190

第9章 数字全息显微术：一项以纳米级灵敏度定量探究细胞动力学的新型成像技术

Pierre Marquet[1,2], Christian Depeursinge[3]

[1] 瑞士神经科学精神病学中心、沃多瓦大学中心医院、瑞士精神病学部门

[2] 瑞士洛桑联邦理工学院微工程研究院大脑意识研究所

[3] 瑞士洛桑联邦理工学院微工程研究院

9.1 概 述

在本章的第一部分中，我们将介绍"数字光学"这一新概念，并将详细阐述其在全息显微术领域中是如何促成纳米级数字全息定量相位显微术（Digital Holographic Quantitative Phase Microscopy，DH – QPM）的发展，此技术兼具可行性与灵活性，尤其适用于细胞成像领域。在第二部分中，我们将重点介绍由定量相位信号所提供的原始生物信息，同时详细阐释在细胞生物学领域内最与之相关的 DH – QPM 应用，包括细胞的自动计数、识别、分类、3D 跟踪以及生理和病理状态鉴别。此外，我们还将介绍如何利用相位信号来具体地计算一些重要的细胞生物物理参数，包括干质量、蛋白质含量和产量、纳米级薄膜波动、绝对体积、跨膜透水性，以及如何利用这些不同的生物物理参数实现神经元活动的非侵入式、多位点式光学记录。

9.2 引 言

一直以来，光学显微镜都是技术领域和医药领域内最有成效的科学仪器之一。人类首次观察到细胞和微生物在 19 世纪时。这些观测被认为是现代生物学与医学发展史的开端。不过在另一方面，光学显微镜的一些局限性也很快就随之显露出来，尤其是其分辨率受限于著名的阿贝（Abbe）定律，并且由于传统光学显微镜是模拟式的，因而缺乏定量的信息。

对于细胞生物学领域来说，突破这些局限性显得尤为关键。尤其是在研究

细胞结构和细胞动力学方面,能尽可能定量地对其进行研究对于阐明细胞的生理性或病理性过程机制是至关重要的。此外,由于大多数生物细胞在光学性质(包括吸光度、反射率等)方面与其周围的环境只是稍有差别,所以要想获得细胞结构和细胞动力学的高分辨率定量的可视化(显示)仍是一项难度不小的挑战。

因此,为了突破上述这些局限,人们研究并发明了多种对比生成模式。在这些生成模式中,那些基于波前相位信息,能表现出透明样本的内在对比度的模式,已被实验证明与细胞结构的非侵入性可视化有关,尤其是20世纪中叶Zernicke创造的相衬法(Phase Contrast,PhC)[1]。目前,PhC以及Normarski发明的差干涉对比法(Differential Interference Contrast,DIC)都是高分辨率光学显微术中被广泛运用的对比生成技术。相比于荧光技术,PhC和DIC可以对透明样本进行可视化成像,尤其是不需要使用任何染色造影剂就能看见细微的亚细胞结构组织。基本上,PhC和DIC这两种非侵入性对比生成技术在可探测到的调制强度下能对微小的相对相移进行转换,该相对相移是由与周边环境仅存在细微折射率差异的透明微观物体引起的,并且该现象出现在样本透射光和未偏离的背景光波之间(PhC)以及两个正交偏振透射光波之间(DIC)。不过,PhC和DIC并不能直接定量测量相移或光程,因此,PhC或DIC的信号变化只是定性的,并且很难用特定生物物理细胞参数的定量改变来解释。

相比之下,干涉显微术则能够根据物波(透过样本的光波)和参考波之间的干涉直接测量光程。尽管在20世纪50年代人们就已经知道可以利用干涉显微术进行定量的相位测量从而实现细胞成像,但是在Barer[2]的开创性工作之后,生物学领域也仅仅发表过几例对活体细胞进行动态成像[3]的成果。实际上,这是因为相移对实验工件非常敏感,包括透镜的自身缺陷、振动或热漂移所产生的噪声等。因此,时间相移干涉方法对光学机械设计要求很高,同时价格也十分昂贵,从而阻碍了其在生物学领域中更大范围的应用。

同一时间,Gabor在1948年发明了全息技术[4],并展示了该技术的无透镜成像能力,而之所以可以无透镜是因为其能够准确重建观察样本(物光)所发出的全部波前信息(振幅和相位)。不过,由于光学机械设计价格高昂,而且找不到实验可用的光学长相干光源,所以在当时很少有相应的应用发展起来。

数十年来,在众多的对比生成模式中,共聚焦结构的荧光显微术,即共聚焦荧光激光扫描显微术及其在多光子荧光激发方面的扩展技术已经成为生物学细胞成像中的一项强有力的并广为使用的技术[5,6]。

如今,一方面要将定量和具体的数据引入光学显微术中,另一方面又要达到纳米级的精度,这两种想法越来越明确地激励着人们去提出光学显微术的新概念,研究和发展光学显微新技术。其中的绝大多数都需要信息学和算法来提供新方法。事实上,目前光学数据的处理越来越容易,也越来越快,这有力地推动了新技术的发展和各项性能的提高,并且促进了科学成果的再创造。实际上,定量显微术的发展非常有利于从图像中提取有用的数据信息。更一般地来说,对从显微图像中提取的越来越多的参数进行定量评估是一个全新研究领域的基础,该领域有时被称作生物图像信息学,而前述的显微图像包括相位、荧光图像或非线性图像,非线性图像例如第二谐波[7]和第三谐波,或者甚至相干反斯托克斯拉曼散射[8]。与此同时,超分辨显微术是光学显微术的另一个复兴方向[9]。这是源于人们对显微学背后的物理原理有了进一步的了解。自此以后,光波的相干特性的使用允许突破衍射极限,并能实现微观或纳米级物体的全 3D 图像。超分辨也成为了人们在光学显微术中能够在衍射极限外(由阿贝定律定义)实现目标物体成像时普遍接受的术语。

事实上,部分相干光产生的干涉可以用于构建光束:产生的条纹用于结构照明显微术(Structured Illumination Microscopy,SIM),而组合焦斑用于受激发射损耗显微术和基态损耗显微术。这些光束构建法可以实现比显微镜物镜本身带通更大的图像带通。同时,这些新型的超分辨技术都是建立在对天然的或精心挑选的荧光团的荧光成像的基础上的。其中大多数技术(SIM 除外)都利用荧光染料或荧光蛋白的非线性响应进一步扩大图像的谱域,从而获得超分辨图像。

使用光信号的统计处理也是一个不错(补充)的方法,能改善对单个荧光分子的定位,能使分辨率超越衍射极限[10]。Palm 法、Storm 法及其派生法都是这种方法的范例。这些方法得益于荧光标记方法的使用,在生物学中价值极高。然而,上述方法并不能提供与样本的介电特性有关的任何信息,而通过介电特性也可以得到重要的生物物理参数。实际上,我们可以通过使用新型数字干涉和/或全息方法来探测这些介电特性。

另外,在全息术和干涉术领域中,科学的进步推动了激光器以及数据采集设备成本的降低,加之其促进了计算设备的发展、个人计算机和数字信号处理器的大范围普及,从而彻底改变了人类的思维方式。实际上,科学的进步还促进了与全息术[11-41]和干涉法[42-78]相关的各种定量相位显微(Quantitative Phase Microscopy,QPM)技术的发展。较之传统的干涉显微术,QMP 技术实施起来要简单得多,同时其还可以给出可靠的观测样本的定量相位映射。值得一提的是,基于传输 - 强度方程[79,80]、四光横向剪切干涉法[81]以及相位恢复算法[82-85]等其他方法的 QPM 技术也同样得到了发展。最后,我们还注意到部分学者尝试使用 DIC 和 PhC 方法作为定量成像技术[86-92]。

在本章的第一部分,我们将介绍传统全息术的原理以及目前最先进的数字全息显微术的原理,并将重点强调利用数字化方式在开发具有纳米级轴向灵敏度的可行且灵活的定量相位显微技术中所具有的关键优势。第二部分我们将介绍数字全息定量相位显微术(Digital Holographic Quantitative Phase Microscopy，DH–QPM)在细胞生物学领域内最为相关的应用。我们还将特别介绍如何根据定量相位信号确定出具体的生物物理细胞参数，以及如何利用这些参数来解决重要的生物学问题，其中就包括神经元活动的光学监测。

9.3　全息技术

9.3.1　传统全息术

1948 年 Gabor 发明了全息技术，旨在通过开发此技术的无透镜成像能力[93]来提高 X 射线空间分辨的探测能力。这可能会导致在照亮记录全息图的过程(重建过程)中形成一个将被观测样本发出的完整波前放大特定倍数的复制品[94,95]。然而，正如 Gabor 所阐述的那样，在进行重建过程中的照明时，由于全息图衍射波前在传播过程中存在不同的衍射级，因此全息术的成像可能会大幅降低图像质量。之后，Leith 和 Upatneik 解决了这一问题，他们提出在略微不同于物光的传播方向上使用参考光[96,97]。这一方法称为离轴几何法，有人已经从计算角度基于衍射形成机理分析了这一方法[98]，并最先使用了定量相位测量[99]。实际上，由于光源的相干限制，离轴光路结构最初的发展是通过一种共光路结构实现的。此外，具有很长相干长度的高功率激光光源的出现，也能够充分利用这一"干涉结构"的多功能性。值得注意的是，最近有人也对各种情况下的短相干长度光源进行了研究[73,100,101]。较短的相干长度能够提高横向分辨率，降低相干噪声，相干噪声会影响重建图像的质量，尤其是相位灵敏度。然而，这些低相干性实现需要更为复杂的实验设计，这就要求我们必须调整相干区域(既包括空域也包括时域)从而确保能够得到最优的干涉[102]。

9.3.2　从传统全息术到数字全息术

20 世纪 60 年代末，Goodman 使用光导摄像管探测器对一个可以在计算机上重建的全息图进行了编码，此后人们逐渐开始在全息术中使用数字化手段[103]。然而，在出现了价格更为便宜的数字探测器和电荷耦合元件照相机之后，人们才开始真正对数字全息术进行深入研究。20 世纪 90 年代中期，在反射宏观全息图[104]和在内窥镜应用中的显微全息图[105]例子中，人们验证了将 CCD 照相机用于全息领域的可行性。此外，全息图重建的另一个方法是使用最初为干涉法[106,107]而开发的相移技术[14]，这利用了数字探测器快速记录多帧图像的能力。迄今为止，全息术从本质上可视为一种成像技术，它可以通过全部波前的复原进行无透镜成像或是对在焦外记录的物体进行聚焦成像。与传统的方法相

194

反,数字化处理把波前看作是振幅和相位的组合,从而开发出了基于全息术的定量相位成像方法[13]。

9.3.3 数字全息方法

物光复原的两种主要方法分别是时间解码方法(即相移法)和空间解码方法(即离轴法)。其中,第一种相移重建法以多帧图像的组合为基础,其能够在时间采样过程中抑制零阶和某一交叉项产生的干扰[108,109]。最著名的相移算法是 Yamaguchi[14]提出的,它基本思想是记录由 1/4 波长的相移分开的四帧图像。之后,人们考虑了对从干涉法衍生出的各种图像帧进行组合的方式[107,108],发明了许多不同的产生相移的方法,包括高精度压电换能器(在参考光中移动反射镜),使用光频移动的声光调制器等。相移法的一个主要问题在于要从干涉装置中采集多帧图像才能进行重建,而这些装置通常对振动非常敏感,所以在采集过程中我们很难确保稳定的相移和恒定的样本状态。此外,由于位移的幅度为数百纳米,所以对相移准确度的要求非常高,这意味着实验系统需要使用高精度换能器。因此,若要解决上述问题,要么减少重建所需的图像帧数(这种尝试发明了两帧重建法[110,111]),要么像多路复用法一样同时记录不同的相移帧图像[112]。另一方面,人们发展了更加精确的算法以降低相移法的精度要求[113-115]。

物波复原的第二种主要方法基于一种离轴的实验结构,使用这样的结构时,编码在全息图中的不同衍射项(零级波、实像和虚像)沿不同方向传播,确保了重建时所需的分离性。这一结构就是首次使用在全数字记录与重建全息术时所使用的结构[105-116]。

实际上,基于离轴结构的重建方法通常要依靠傅里叶方法来过滤某一衍射项。Takeda 等人[117]最先在干涉地形学背景下提出了这一概念。随后,这一方法得到了扩展,并被用在光滑形貌测量的相位恢复问题上[118],并逐渐被推广用于需要进行振幅和相位恢复[13]的数字全息显微术中。正如我们在下一段中即将讨论的那样,这种方法的主要性质在于其仅通过一次采集就能还原复杂物光,从而可以大幅降低了系统振动的影响。然而,由于可在全息图中对衍射级进行空间编码,这种单次采集方法有可能会以牺牲可用带宽作为代价。此外,参考光和物光之间的角度造成的频率调制也必须确保全息图中编码的不同衍射级所包含信息是相互分离的,其频率需与数字探测器的采样能力相兼容。

9.3.4 数字全息显微术

9.3.4.1 最先进的技术

将数字全息方法应用于显微学的主要特征是以数字形式来采集和重建显微

样本的衍射波前。数字全息显微术的创新之处在于其在图像采集前无需聚焦。相比于已成形图像的采集,用数码照相机对全息图进行采集则显得更加灵活,同时"信息更加丰富"。这种全息方法的成果是一种新型显微镜,称为数字全息显微镜(Digital Holographic Microscope,DHM)[13,119],它包含有一个显微镜物镜,其用来调整照相机的采样能力使之能适应全息图的信息量,并对显微样本散射的3D复波前进行重建,参见图9.1(b)。此外,DHM能够提供一些可以用来描述复波前的数据,这些数据可直接从数字化全息图中提取。然后将这组复数数据传播到样本的像平面内,从而恢复出目标物体的真实放大图像。由波前数值重建所提供的复数据使得完整模拟光波传播成为可能,并为通过数值方法调节、校正像差和失真现象开辟了道路,从而避免了为获得必要的光束操控所需的光学装置复杂性[120-123]。无论从哪个角度来看,引入数值方法来模拟复杂的光学系统都是现代光学的一个重大突破[124]。这一方法带来了后续的重建工作以及人们对强度或定量相位图像的关注。事实上,传播的波前给出了图像的深度分布,因此我们不需要借助于复杂的光学装置就可以延伸景深[125]。此外,借助于干涉探测,重建的波前可提供高灵敏度相位测量,我们可以根据波长和其他包括积分时间在内的参数,以超高的分辨率对光程长度进行评估,在实际实验中甚至可以达到亚纳米量级。上述这种波前重建可在一台个人计算机上实时完成,其全息图由一个数码照相机进行记录。

　　光学装置:一台数字全息显微镜[126]由一个用于生成全息图的光学装置和专门一套对此全息图进行数字处理的软件组成。其中,全息图是由物光和与之分离的参考光之间的干涉结果。通过调节参考光的强度和偏振,可以优化对比度及信号。这套装置的目标在于准确估计对应于由显微镜物镜所放大的样本的虚像或实像的传播波前。随着逐渐增加重建距离,在沿光束方向的不同位置上计算波前可以得出波前的三维分布。此外,人们还提出了不同的用来实现全息显微术[127-129]的光学装置。我们优先选用显微镜物镜的数值孔径最大的光学装置[13]。图9.1(a)描述了我们所研发和所使用的用于探究细胞结构和细胞动力学的典型装置:DHM可以记录透射式架构中样本衍射波所对应的数字全息图,这要借助于一台插到马赫-曾德尔干涉仪出射口的CCD(或互补金属氧化物半导体)照相机。

　　针对于具体的应用,我们也可以使用其他架构,在此不作详述。一个重要问题是,我们需要使用参考光束,该光束的强度和偏振需要可控。对比度和信号也会得到相应的改善。以全息原理为基础的其他有价值的概念也得到了发展:尤其是对多幅全息图的叠加概念。我们可以生成几个带有与若干偏振状态相对应的参考波的全息图,来分析应变电介质或生物分子[130,131]样本的双折射特性,还可以生成对应于不同波长的参考波,在单幅全息图中就可以使用合成波长[132]。

196

重建:正如数字全息术在其他方面的发展一样,重建方法是以衍射理论为基础的。通过在距离样本像平面有限的距离处拦截显微镜物镜(Microscope Objective,MO)发出的波前,我们便可以生成一种位于菲涅耳区域的全息图。因此,惠更斯-菲涅耳衍射表达式可看作是一种计算重建波传播的有效公式。

我们可以利用 MO 调整物体光场从而使之适应照相机的采样能力:将波矢 $k_{x \text{ or } y}$ 的横向分量除以 MO 的放大系数 M,通过电子照相机就可以对离轴全息干涉条纹进行充分采样,如图 9.1(b)所示。

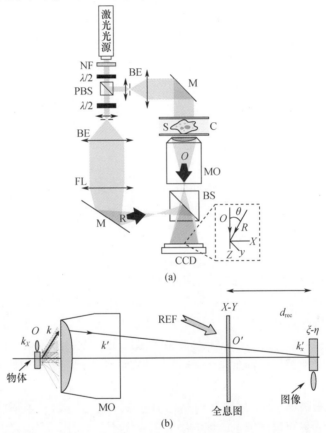

(a)

(b)

图 9.1　光学装置:(a)透射式 DHM,(b)MO 的作用:放大样本图像,以便可以根据香农 (Shannon)定理,使用电子照相机对全息图进行采样。出处:Marquet P.,Depeursinge C.,Magistretti P. J.,Neural cell dynamics explored with digital holographic microscopy, Annual Review of Biomedical Engineering,**15**,407–431,(2013).

在经过 MO 之后所得到的全息图源自由 MO 生成的物光与波场 O 之间的叠加,波场 O 是由样本和一束参考波 R 发射出的,与 O' 之间具有不可消除的互相干性。事实上,全息图的强度可由式(9.1)给出:

197

$$I_H(x,y) = (R+O')^* \cdot (R+O') = |R|^2 + |O'|^2 + R^*O' + RO'^* \quad (9.1)$$

正如在全息术中常见的那样,波前的重建可以在全息图平面通过采用与参考波相匹配的光对其照射来实现。充分利用全数字化方法,根据全息图的强度分布模拟参考光 R_{num} 的衍射过程,便能够通过一台计算机完整获得物体波前的重建。然后通过在全息图平面计算重建的物体波前的传播,可以得出物体波前的空间分布。全息术的使用者应该都知道,在波前重建过程中会产生一些传播光束:零阶光束和高阶光束(主要为 +1 阶和 -1 阶的高阶光束)。+1 阶和 -1 阶这两阶光束会产生看起来像是孪生像的虚像和实像,并且它们是关于全息平面的相互反射像。如果参考光是"同轴的",也就是说其传播方向与物波 O' 平行,则传播的实像和虚像在任何进行重建的平面上看起来都像是叠加的。因此,未聚焦孪生像的存在似乎"模糊"了样本图像。为了消除这种模糊,我们必须通过过滤的方法消除所有散射光束,只有一种情况例外,即可以精确重建聚焦的虚像 O'^* 和/或实像 O' 的情况。

具体来说,重建法是以物体波场 O'_{rec} 的恢复为基础的。通常情况下在全息平面 $x-y$ 上重建或恢复物体波场 O'_{rec},需要计算全息图强度与在计算机中生成并经过进一步调整与原始的参考光相匹配的参考光 R_{num} 的乘积:

$$O'_{rec}(x,y) = I_{Hfiltered}(x,y) \cdot R_{num}(x,y) / |R_{num}|^2 \quad (9.2)$$

实际上,通过全息图 $I_H(x,y)$ 的滤波,我们可以分离出在式(9.1)中的一个交叉项(RO'^* 或 R^*O'),此外,滤波过程可以在时间域或空间域中进行。

在时间域中,通过相继拍摄的多幅相移全息图(至少 3 幅,通常 4 幅),我们可以消除式(9.1)中与零级项相对应的平方项和与虚像相对应的某一交叉项。时域滤波法由 Yamaguchi[14,133] 提出并将其运用于全息术,其与前述的"相移干涉术"相似。尽管这一方法的优点是能够保留完整的空间带宽,但是其主要不便之处在于必须拍摄多幅全息图,这就会使得运动模糊的瞬时图像难以重建。

在空间域中,交叉项的过滤可以通过在稍微离轴的几何结构中采集一幅数字化全息图来实现[126]。离轴几何结构引入了一种空间载波频率,而解调恢复了波前的全部空间频率信息。该方法的主要优势在于用于复波场重建的所有信息来自于同一幅全息图[13]。同时,在显微术中我们可以不受限制地获取 MO 传送的光束的完整带宽。

最后,选择全息图傅里叶域中与式(9.1)第三项相对应的信号[134]便可以完整恢复波前 O'。只要将在全息图 $x-y$ 平面中生成的波前传播到位于 d_{rec} 处的物体平面 $\xi-\eta$ 上,我们就可以完成对波前的 3D 重建。它可以通过计算波场的菲涅耳变换轻易实现。用于计算的数学表达式为

$$O'(\xi,\eta) = -\mathrm{i} \cdot \exp(\mathrm{i}kd_{rec}) \cdot F^{\sigma}_{Fresnel}[O'(x,y)] \quad (9.3)$$

在旁(近)轴近似下,当完成离散化之后,该等式可以通过如下形式进行计算:

$$F_{\text{Fresnel}}^{\sigma}\left[O'(x,y)\right] = \frac{1}{\sigma^2}\exp\left[\frac{i\pi}{\sigma^2}(\xi^2+\eta^2)\right]\cdot F_{\text{Fourier}}\left\{O'(x,y)\exp\left[\frac{i\pi}{\sigma^2}(x^2+y^2)\right]\right\}$$

(9.4)

其中

$$\sigma = \sqrt{\lambda d_{\text{rec}}} = \sqrt{2\pi\frac{d_{\text{rec}}}{k}}$$

(9.5)

当重建距离 d_{rec} 趋向于无穷大时,参数 σ 也趋向于无穷大,菲涅耳变换将等同于傅里叶变换。

此外,我们在实施 DHM 的过程中并未花时间制造外差效果或移动反射镜,因此该显微镜的设计简单又稳定。实验过程中 DHM 会产生许多的定量数据,这些数据是同时从重建的复物体波前的振幅和定量相位中推导出来的。

需要注意的是,我们的方法需要对几个重建参数做出调整[13],其可以通过使用我们团队研发的一种计算机辅助方法来实现,并且还需要进行一些图像的后处理过程,从而提高相位的准确度[135]。通过使用高数值孔径,我们实现了亚微米级别的横向分辨率:300nm 的横向分辨率,这相当于衍射极限分辨率。据估计,相位测量的准确度约为 0.1°。在反射式几何结构中,这相当于在 632nm 波长上有着低于 1nm 的垂直分辨率。在透射式几何架构中,对于活体细胞而言,此分辨率仅限于几纳米。

通过对低阶散射光进行相干探测,我们表征了噪声对全息图生成和图像重建的影响,进而提高了信噪比[136,137]。该改进通常被描述为信号的"相干放大"。

9.4　使用数字全息定量相位显微术进行细胞成像

相位物体通常是如活体细胞或组织细胞一类的生物标本,也就是如前所述,是透明的,并且我们通常使用 PhC 对其进行观察。细胞中存在有机分子,包括蛋白质、DNA、细胞器和细胞核,这些将导致折射率(Refractive Index,RI)上的差异,相位信号由此而生。所以,DH-QPM 通过定量地提供这些有机分子在透射波前上所引起的相位延迟,来对细胞进行可视化成像[15]。该定量相位信号由下面的表达式给出:

$$\Phi = \frac{2\pi}{\lambda}(\bar{n}_c - n_m)d$$

(9.6)

式中:d 为细胞厚度;$\bar{n}_c$ 为在透过样本的光线的光程长度(Optical Path Length,

OPL)上的细胞内 RI 平均值;n_m 为周围介质的 RI。

　　DH – QPM 可以精确确定相位或 OPL,其正比于光束传播方向上的 RI 积分。在显微镜中,点对点的 OPL 测定会产生一个 PhC 的绝对值图像,并有着与高质量干涉仪相媲美的极高准确度。此外,DH – QPM 提供了大为改善的灵活性,并且能够借助一台计算机调整参考平面(无须定位光束或物体)。图 9.2(b)给出的是培养的活体神经元细胞的一幅定量相位图像。

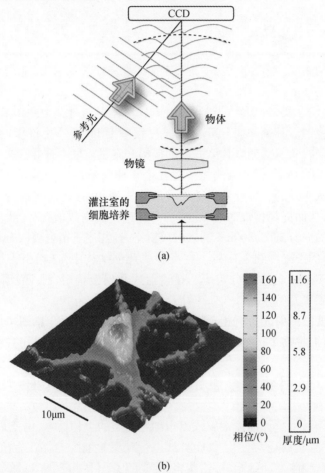

图 9.2　培养的鼠皮层神经元活体细胞的数字全息显微术。(a)装在密闭的灌注室内经透照的培养细胞的原理示意图,(b)培养的神经元活体细胞的伪彩色 3D透视图像。每个像素代表对由灵敏度相当于几十纳米的细胞所引起的相位延迟或细胞光程长度(OPL)的一个定量测量。通过使用解耦过程所获得的神经元细胞体折射率的测量平均值,我们可以构建出 OPL(°)与 z 轴方向上(μm)的形态相映射的比例尺(参见右侧刻度尺)

9.4.1 细胞计数、识别、分类和分析

接下来将介绍在细胞成像领域将 DH - QPM 与数字光学的独特性能(实时成像、景深扩展等)相结合的几个原创应用。

DHM - QP 为我们提供了一种可以替代传统 PhC 和 DIC 的定量方法。事实上,定量的相位信号尤其适合于新算法的开发,以生物物理细胞参数为基础,我们可以进行自动细胞计数[16,17,138,139]、识别和分类[18,19,21,140-143]。同时,由于定量相位信号还可以提供一些关于细胞内环境的信息,这有助于调整细胞内的 RI,人们还基于此提出了一些可以对生理和病理生理状态进行辨别的有趣方法,该方法尤其是在辅助生殖领域[20,22,144]和肿瘤研究领域[23,24,61]非常有用。例如,有人提出,定量评估 DHM - QP 所记录的相移,可以提供关于精子头部或细胞核的结构以及构成的新信息,这一提议对于临床实践很有帮助。

同时,数字传播的能力还可以运用于自动对焦[25-27]以及景深扩展[28-30,125],从而可以高效地追踪粒子[31,145,146],其中就包括那些能够生成二次谐波[147,148]的粒子。此外,人们还实现了关于 3D 细胞迁移研究的应用[18,25,32,33,35,149-151],提供传统显微镜浅景深的替代方案,传统显微镜浅景深阻碍了对环境中细胞的任意快速 3D 跟踪。

9.4.2 细胞干质量、细胞生长和细胞周期

正如我们在前面所述,观测细胞在透射光的波前上所引起的定量相移与细胞内 RI 成正比,而 RI 主要取决于蛋白质含量。因此,根据 Barer 在 50 多年前建立的一种对应关系[2,152],这种定量相移测量可以用来直接监测蛋白质的生成过程。在干涉显微术理论框架中,一个细胞所引起的相移与其干质量(Dry Mass,DM)相关,可用下式表示(已转换为国际单位制):

$$DM = \frac{10\lambda}{2\pi\alpha}\int_{S_c} \Delta\varphi ds = \frac{10\lambda}{2\pi\alpha} \overline{\Delta\varphi} S_c \tag{9.7}$$

式中:$\overline{\Delta\varphi}$ 为整个细胞所引起的平均相移;λ 为照明光源的波长;S_c 为投影的细胞表面;α 为常数,称为特定折射增量(m^3/kg),它与细胞的内含物有关。如果我们考虑一个典型细胞内的所有成分混合,α 约等于 $1.8 \sim 2.1 \times 10^{-3} m^3/kg$。

近年来,几个使用不同 QPM 技术的团队已经开始利用相位与 DM 的这种关系对细胞生长动力学和细胞周期进行研究[36,153-156]。这一关系也被直接或间接地用来计算红细胞(Red Blood Cell,RBC)中血红蛋白的含量[157-161]。

9.4.3 细胞膜波动和生物力学特性

RBC 在通过比自身细胞直径小的毛细血管时通常会受到挤压。RBC 的这

种抗压能力要归功于细胞膜结构卓越的弹性。此结构表现出较强的抗拉伸能力,因而 RBC 在透过脂质双分子层时不会出现泄漏的情况,然而其抗弯曲和抗剪切的能力较差,致使细胞在通过细小的毛细血管时很容易发生形态变化。这些弹性特征的结果就是 RBC 会呈现出纳米级的自发性细胞膜波动(Cell Membrane Fluctuations,CMF),通常被称为闪变。QPM 技术的灵敏度很高,能让我们定量测量整个细胞表面的 RBC 膜波动,因此,不同的 QPM 技术通过提供关于 RBC 膜 的 生物力学特性的定量信息,为研究 CMF 指明了新的方向[37,52,68,69,161,162]。此外,我们还应注意到,DHM 和光镊的结合是一个非常有前景的技术手段,尤其是在沿轴线方向监测捕获到的物体,以及在操控和测试细胞生物力学特性等方面[18,38,163-165]。

9.4.4 绝对细胞体积和跨膜水分运动

上述各种应用中我们重点介绍了相位信号在细胞动力学方面所承载的丰富信息。然而,正如式(9.1)所示,从本质上讲,与 $\bar{n}_c$ 相关的细胞内物体信息和与厚度 d 有关的形态学信息通常混合在一起。这种双重依赖性会导致人们很难对相位信号进行合理的解释。作为一个例证,一个简单的低渗休克会引起(先验)令人震惊的相位信号下降[39],然而,在这种情况下我们很难对相位信号的下降做出解释,这是因为如果由渗透水稀释了细胞内含物,从而引起 $\bar{n}_c$ 下降,其导致的细胞肿胀会产生同样的效果。因此,人们研发了一些分别测量细胞形态和 RI 的方法。一些研究者[166,167]通过捕获间隔一定距离的两个盖玻片间的细胞,测量出了细胞内 RI。然而,这种方法阻止了细胞运动,无法探测动态的细胞过程。最近,光谱相位显微方法的出现[134-136]弥补了这一缺陷,至少是在研究具有较高的内在色散特性的细胞(包括 RBC)的情况下(因为存在血红蛋白色素)。然而,这种光谱方法只适用于非常有限的细胞类型,其中大多数细胞的本征弥散几乎和水一致。而我们研发了另外一种方法,称为解耦法,主要基于细胞外 RI 的调整 n_m,根据相位信号 Φ 分别测量参数 $\bar{n}_c$ 和 d。从根本上说,这一方法就是对细胞外 RI 的 n_m 值进行轻微的改动,对于每个像素 i,记录对应于 n_m 的两个不同值的两幅全息图,从而对下列方程组所描述的两个定量相位图像(Φ_1 和 Φ_2)进行重建:

$$\Phi_{1,i} = \frac{2\pi}{\lambda_1}(\bar{n}_{c,i} - n_{m,1})d_i \tag{9.8}$$

$$\Phi_{2,i} = \frac{2\pi}{\lambda_2}(\bar{n}_{c,i} - n_{m,2})d_i \tag{9.9}$$

其中,λ_1 和 λ_2 为光源的波长。

通过求解该方程组,我们可以得到每个像素 i 的 $\bar{n}_{c,i}$ 与 d_i。同时,我们也考

虑了调整 n_m 的两种不同方法。第一种方法需要连续灌注一种标准细胞灌注溶液,以及第二种有着不同 RI 但具有相同渗透压浓度(避免细胞体积发生变化)的溶液,以此在同一波长($\lambda_1 = \lambda_2$)下记录相应的两幅全息图[39]。实际上,在这一步中我们便可以对一些高度相关的 RBC 参数进行定量测量,其中就包括平均红细胞体积和红细胞的平均血红蛋白浓度[157]。然而,由于在实际操作中存在着溶液交换时间,导致这一方法无法检测在快速生物过程中所发生的细胞形态以及 RI 的动态变化。为了克服这些缺点,我们研发了第二种方法,双波长($\lambda_1 \neq \lambda_2$)DHM(DW – DHM),该方法利用细胞外染料($n_{m,1} = n_m(\lambda_1) \neq n_m(\lambda_2) = n_{m,2}$)增强细胞外介质的色散,从而分别对细胞内 RI 和绝对细胞体积进行实时测量[168]。

　　这一方法能够在保持细胞正常生理功能的情况下监测细胞的体积变化[169],故而已被成功地用于研究渗透水的膜通透性 P_f,在所采用的渗透梯度一定的情况下,P_f 代表在单位时间内单位膜表面积的水体积通量。表 9.1 给出了在绝对细胞体积监测的情况下针对各种类型细胞所进行的 P_f 测量。

　　众所周知,水会通过多条路径穿过细胞膜(透过脂质双分子层、跨膜蛋白、专门的水通道、水通道蛋白[AQP]等的简单扩散)。根据表 9.1 的结果来看,人体 RBC 的高膜透水性主要是由其水通道 AQP1 的内生表达所决定的。然而,RBC 同时也提供了一个例子:基于氯化汞(AQP1 的一种强效且快速抑制剂)AQP1 的药理学抑制原理,能轻易改变水的传输机制。此外,星形胶质细胞的高透水性通常归因于内源性表达的水通道蛋白 AQP4,有研究表明,有 AQP4 缺陷的老鼠的星形胶质细胞的水渗透性会减小为无缺陷时的 1/7。同样,从神经元细胞的原代培养物中测得的非常高的透水性,可能是由表现出内在透水性的特定溶质转运蛋白的一种表达增加所造成的结果。

表 9.1　渗透实验:不同类型细胞的测量参数。胆固醇(CHO)细胞($n = 46$)、人胚肾(HEK)细胞($n = 14$)、神经元细胞($n = 11$)、星形胶质细胞($n = 19$)和血红细胞(RBC)($n = 22$)。摘自文献[170]。

	初始的细胞体积 /μm^3	初始渗透压浓度和低渗渗透压浓度的相应比值	初始的细胞表面积 /μm^2	渗透水的膜通透性 /(10^{-3} cm/s)
胆固醇细胞	1160 ± 669	1.452	747 ± 340	165 ± 0.318
人胚肾细胞	1996 ± 562	1.667	676 ± 153	3.04 ± 0.87
神经元细胞	1671 ± 1162	1.452	475 ± 226	4.69 ± 2.89
星形胶质细胞	861 ± 324	1.452	475 ± 137	7.64 ± 3.54
血红细胞	95 ± 48	1.553	129 ± 44	5.2 ± 2.9
在氯化汞中的血红细胞	101 ± 49	1.553	135 ± 45	1.5 ± 1.2

　　另外,根据细胞内 RI 和干质量间的线性关系以及干质量平衡方程,可以确

定跨膜通量 n_f 的 RI[170]。之后,利用高精度的 n_f,可以知道跨膜水通量是否伴随着溶质转移,并且能够表征相关的跨膜转运过程。例如,将将谷氨酸持续用于星形胶质细胞之后,我们就能探测到细胞干质量的增加,这与预期的通过特定协同转运从而摄取谷氨酸的生理过程十分吻合。

综上所述,P_f、n_f 和绝对细胞体积这几个指数能够提供许多有用的信息,而这些信息与跨膜水运动以及细胞体积调节这些复杂过程中所涉及的不同机制高度相关。

9.4.5 神经元细胞动力学研究

神经组织的一个显著特点是不同显型的神经元细胞间通过突触连接形成复杂的网络结构。尽管最初的连接主要是通过分子机制形成的,但毫无疑问的是,那些能够在不同时间和不同特异性级别上影响神经元功能和连接的脑电活动,在神经网络/回路的发展和功能整合中发挥了关键作用。然而,人们对于脑电活动是如何影响神经网络的结构和功能的认识却十分有限。因此需要发展新的技术与方法,从而实现对局部神经元网络活动的非侵入性分析。

对于神经元活动的研究而言,电生理学方法,尤其是电压钳和膜片钳技术,可以通过设置穿过神经元膜的电压以及在单一的离子通道上直接测量电流,来实现重大突破。膜片钳是评估离子通道功能的最佳标准方法,可以在飞安(10^{-15}A)的范围内以微秒的时间分辨率辨别离子流。

然而,膜片钳技术仍然是一个具有高度侵入性的费力过程,需要精确的微操作和较高的操作技巧,这通常将电压记录限制在形成一个神经网络的有限数目的细胞上。对于膜电位的测量来说,光学技术似乎是一个理想的解决方案,因为这种技术相对来说具有非侵入性,而且在低放大率或高放大率条件下都能正常工作。例如,将钙指示剂与高分辨率双光子显微镜结合着使用,能让我们测量到哺乳动物细胞中的几百甚至几千个神经元的尖峰活动,同时还能单独跟踪每个神经元的活动[171,172]。不过,上述的钙成像方法也存在不足之处,它并不能完全替代电压成像[172]。

实际上,由于测量本身存在着一些与物理限制相关的重要挑战,包括靠近薄膜区域的电场,本质上为二维的细胞质膜(在不破坏其属性的情况下无法包含任意数目的电压生色团),以及细胞质膜(在附着有生色团的神经元内,其只占总细胞膜面积一小部分)等,以上这些挑战致使电压成像法的发展落后于钙成像法。另外,哺乳动物细胞的神经元的相对较高的电学响应速度也是电压测量的一个严峻挑战。

所以,尽管有着某些很有潜力的特征,不同电压成像法仍然会受到较差的信噪比和次级副作用的影响,并且在对神经元集群活动进行成像时也无法达到单细胞的分辨率[172]。

9.4.5.1 测量跨膜水分运动以分辨神经网络活动

众所周知,神经元的活动会引起亚细胞级[173-176]、细胞级[177,178]和组织级[179-181]的内在光学特性的改变。因此,我们通过使用多模态显微镜,并将 DH – QPM 与荧光显微术[182]或与电生理学[41]相结合,来对谷氨酸(大脑中主要的兴奋性神经递质,80% 的突触都可以分泌)所引起的神经元反应的早期阶段进行研究,并可以同时对 DHM 定量相位信号和细胞内离子稳态动力学或跨膜离子流动力学进行监测。实际上,通过一个完善的生物模型开展将电生理学和 DH – QPM 相结合的实验,我们就可以精确研究跨膜离子流和水分运动间的关系。具体来说,我们已经建立起了一个净跨膜电流和相位信号间的数学关系,该数学关系包括一些细胞形态学参数和代表与通过细胞膜转运的净电荷相关的水分的运动量参数 $\varepsilon(\mathrm{mlC}^{-1})$。此数学关系的建立开启了使用 DH – QPM 对跨膜电流同时进行多位点光学记录的可能性[41]。

此外,谷氨酸可以引起早期的神经元肿胀,激活特定的离子型受体,即 N – 甲基 – D – 天冬氨酸(NMDA)、2 – 氨基 – 3 –(3 – 羟基 – 5 – 甲基 – 异恶唑 – 4 – 基)丙酸酯(AMPA)和红藻氨酸受体,这促进了与其相关的离子通道的开放,从而允许 Ca^{2+} 和 Na^+ 流向它们的电化学梯度。更具体地说,跟踪鼠皮层神经元的原代培养中谷氨酸的各种应用,多模态 DH – QPM 电生理学装置记录下了一股非常强的内向电流和相位信号的减弱,该相位信号的振幅与谷氨酸浓度和施用的持续时间均成正比。该内向电流与谷氨酸介导的离子型受体的激活(活化)一致,并且由于渗透水的流入伴随着净离子的流入所造成的细胞内 RI 的稀释,引起了相位的降低,进而导致了预期神经元肿胀。MK801 和 CNQX 分别为 NMDA 和 AMPA/红藻氨酸离子型受体特定的拮抗剂,它们的存在抑制了这些相位信号,从而展示了相位信号受体特异性的属性。因此,这些实验揭示了跨膜水分运动是导致神经元细胞内光学特性因活动而发生改变的原因之一。实际上,DH – QPM 表明,谷氨酸主要产生三种不同的神经元光响应:双相响应、可逆下降(Reversible Decrease, RD)响应和不可逆下降(Irreversible Decrease, ID)响应,这些光响应主要由 NMDA 受体进行调节。光信号的形状和振幅与某一特定的神经元类型并不相关,而是反映了与 NMDA 活动程度相关的神经元的病理生理学状态[40]。这些不同的相位响应可以分为两部分:一部分较为迅速,并伴随着谷氨酸介导的电流的产生(I_{GLUT}),图 9.3 描述了其相位的下降;另一部分较为缓慢,当 $I_{\mathrm{GLUT}} = 0$ 时,通常对应于相位恢复或相位稳定(ID 响应)的状态。相位恢复比快速的部分要慢得多,很可能对应着多个机制的非电生神经元体积调节。实际上,钠耦合和/或钾耦合氯化物运动的两个抑制剂,呋喃苯胺酸和布美他尼,会大幅地修正相位恢复,这表明在光学响应过程中涉及了两个神经元协同转运蛋白,NKCC1(Na - K - Cl)和KCC2(K - Cl)。这一观察结果引起了人们极大的兴趣,因为它表明DH - QPM是首个可以在生理的和/或病理的神经元条件下对非电生协同转运蛋白活动进行就地动态监测的成像技术[40]。有趣的是,图9.3所展示的时间进程表明水的运动至少在0.1s的数量级内,其相对于所记录的电流并没有较发生显著的延迟。

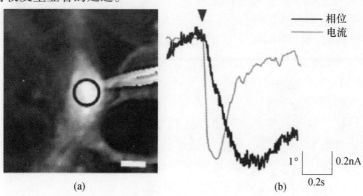

图9.3 与谷氨酸介导的神经元活动有关的相移。(a)DHM记录的原代培养中修补过的鼠皮质神经元的定量相位图像。细胞中间的圆圈标明了我们感兴趣的记录相位信号的区域(比例尺:10μm)。(b)谷氨酸(500μm,200 ms;箭头处)在神经元上的局部应用,触发了与一股内向电流相关的相位信号的瞬时大幅度降低。相位用度表示。出处:Marquet P., Depeursinge C., Magistretti P. J., Neural cell dynamics explored with digital holographic microscopy, *Annual Review of Biomedical Engineering*, 15, 407 – 431, (2013).

通过测量I_{GLUT}以及伴随的与早期神经元肿胀相对应的快速相位下降,我们可以估算出参数ε_{GLUT}(ml · C^{-1})。实际上,ε_{GLUT}的值在60 ~ 120μm^3 · nC^{-1}范围内,相当于每个离子跨膜转运了340 ~ 620个水分子。由一个谷氨酸脉冲(500μm,0.2s)所引起的典型细胞内RI变化约为0.002 ~ 0.003,对应于与参数$(\bar{n}_c^2 - \bar{n}_m^2)$成正比的散射势垒发生相应的显著变化(7% ~ 10%),我们从中可以估算出其散射系数。对一个典型的1500fL神经元细胞体而说,相关的神经元肿胀约为100fL,相应的细胞体积变化为6% ~ 7%。值得一提的是,这些数量级相当于零点几秒内的一个外源性谷氨酸应用。内源性谷氨酸的生理性释放可能会引起较小的水运动和细胞内RI变化。此外,与那些发生在相位恢复期间的水流动不同,这些早期显著而又迅速的水流背后的机制仍有待进一步的研究。

9.5 今后的问题

全息术在显微学领域内的应用引起了越来越多学者的兴趣。而DHM所具有的灵活性使之可以轻松迎合显微学家和生物学家的各种需要。对复波前的重建可以生成定量相位,在经过一些统计处理后,其精度可达到纳米级甚至亚纳米级。全息方法的主要优势在于能够根据在很短的时间间隔内所记录的单幅全息图实现深度重建和成像。

正如我们在上述不同的应用领域中所阐述的,DH-QPM 非常适合于细胞结构和细胞动力学的定量研究。实际上,即使是在长时间的实验中,我们也同样需要使用低能级和短曝光时间来避免光损伤。此外,作为一种非标记技术,DHM 不需要改变任何溶液,也无须使用任何染料,这为高通量筛选创造了有利条件。然而,尽管高灵敏度的定量相位信号提供了关于细胞形态和内含物的独特信息,但是其对于用来分析特定生物机制方面的生物物理参数方面的解释仍然存在较大的缺陷。所以,正如我们在解耦法中所阐释的,任何让我们能够从相位信号中分离出与细胞形态学和细胞内含物相关的测量信息的技术的发展,都代表着向解决相关生物学问题迈出重要一步。在此背景下,以 DHM 为基础的实时光学衍射层析成像术得到了显著的发展,其能够直接得到三维的 RI 图像,并合成一个放大的数值孔径从而提供超分辨相位图像,这种方法十分具有前景[183-188]。此外,随着未来技术的发展,我们的确能够对细胞内 RI 进行高分辨率的三维成像,从而得出与细胞结构和细胞质区室化相关的宝贵信息,该信息在诸如蛋白质合成的多个基本细胞机制中都发挥着关键作用。

另一方面,将 DH-QPM 整合到多模态显微镜中可以提供关于细胞状态的各种不同类型的信息,这也是一种颇具前景的方法,使用该方法可以让我们全面了解细胞结构和细胞动力学。例如,利用 DH-QPM 与荧光显微术和/或 DH-QPM 与电生理学记录相结合的多模态方法,可以使我们有效探究细胞体积调节、离子稳态、跨膜水运动等复杂过程背后的机制,以及它们各自在神经元活动中所扮演的角色。

致　　谢

我们十分感谢以下团队或个人的大力支持:洛桑联邦理工学院(EPFL)微视与显微诊断小组(SCI/STI/CHD 团队)的 Florian Charrière、Jonas Kühn、Nicolas Pavillon、Etienne Shafer 和 Yann Cotte;EPFL 大脑意识研究所神经能量学和细胞动力学实验室的 Benjamin Rappaz 和 Pascal Jourdain;沃多瓦大学中心医院(Centre Hospitalier Universitaire Vaudois,CHUV)神经科学精神病学中心的 Daniel Boss 以及 Lyncée Tec SA 公司的 Etienne Cuche、Tristan Colomb、Frederic Montfort、Nicolas Aspert 和 Yves Emery。我们也感谢瑞士国家科学基金会(Swiss National Science Foundation,SNSF)项目(CR3213_132993)的资助。

参 考 文 献

［1］Zernike F. , Phase contrast, a new method for the microscopic observation of transparent objects, *Physica*,**9**, 686 – 6898, (1942).

［2］Barer R. , Interference microscopy and mass determination, *Nature*,**169**, 366 – 367, (1952).

［3］Dunn G. A. and Zicha D. , Phase – shifting interference microscopy applied to the analysis of cell behavior, *Sym. Soc. Exp. Biol.* ,**47**, 91 – 106, (1993).

［4］Gabor D. , A new microscopic principle, *Nature*,**161**, 777 – 778, (1948).

［5］Conchello J. A. and Lichtman J. W. , Optical sectioning microscopy, *Nat. Methods*,**2**, 920 – 931, (2005).

［6］Giepmans B. N. , Adams S. R. , Ellisman M. H. , and Tsien R. Y. , The fluorescent toolbox for assessing protein location and function, *Science*,**312**, 217 – 224, (2006).

［7］Campagnola P. , Second harmonic generation imaging microscopy: applications to diseases diagnostics, *Anal. Chem.* ,**83**, 3224 – 3231, (2011).

［8］Fujita K. and Smith N. I. , Label – free molecular imaging of living cells, *Molecules and cells*, **26**, 530 – 5, (2008).

［9］Schermelleh L. , Heintzmann R. , and Leonhardt H. , A guide to super – resolution fluorescence microscopy, *J Cell Biol* **190**, 165 – 175, (2010).

［10］Gould T. J. , Hess S. T. , and Bewersdorf J. , Optical nanoscopy: from acquisition to analysis, *Annu. Rev. Biomed. Eng.* ,**14**, 231 – 254, (2012).

［11］Indebetouw G. and Klysubun P. , Spatiotemporal digital microholography, *J. Opt. Soc. Am. A*,**18**, 319 – 325, (2001).

［12］Klysubun P. and Indebetouw G. , A posteriori processing of spatiotemporal digital microholograms, *J. Opt. Soc. Am. A*,**18**, 326 – 331, (2001).

［13］Cuche E. , Marquet P. , and Depeursinge C. , Simultaneous amplitude – contrast and quantitative phase – contrast microscopy by numerical reconstruction of Fresnel off – axis holograms, *Appl. Optics*,**38**, 6994 – 7001, (1999).

［14］Yamaguchi I. and Zhang T. , Phase – shifting digital holography, *Opt. Lett.* ,**22**, 1268 – 1270, (1997).

［15］Marquet P. , Rappaz B. , Magistretti P. J. , Cuche E. , Emery Y. , *et al.* , Digital holographic microscopy: a noninvasive contrast imaging technique allowing quantitative visualization of living cells with subwavelength axial accuracy, *Opt. Lett.* ,**30**, 468 – 470, (2005).

［16］Mihailescu M. , Scarlat M. , Gheorghiu A. , Costescu J. , Kusko M. , *et al.* , Automated imaging, identification, and counting of similar cells from digital hologram reconstructions, *Appl. Optics*,**50**, 3589 – 3597, (2011).

［17］Molder A. , Sebesta M. , Gustafsson M. , Gisselson L. , Wingren A. G. , and Alm K. , Non – invasive, label – free cell counting and quantitative analysis of adherent cells using digital holography, *Journal of Microscopy*, **232**, 240 – 247, (2008).

[18] DaneshPanah M. , Zwick S. , Schaal F. , Warber M. , Javidi B. , and OstenW. , 3D holographic imaging and trapping for non – invasive cell identification and tracking, *J. Disp. Technol.* , **6**, 490 – 499, (2010).

[19] Moon I. , Javidi B. , Yi F. , Boss D. , and Marquet P. , Automated statistical quantification of three – dimensional morphology and mean corpuscular hemoglobin of multiple red blood cells, *Opt. Express*, **20**, 10295 – 10309, (2012).

[20] Crha I. , Zakova J. , Huser M. , Ventruba P. , Lousova E. , and Pohanka M. , Digital holographic microscopy in human sperm imaging, *J. Assist. Reprod. Gen.* , **28**, 725 – 729, (2011).

[21] Liu R. , Dey D. K. , Boss D. , Marquet P. , and Javidi B. , Recognition and classification of red blood cells using digital holographic microscopy and data clustering with discriminant analysis, *J. Opt. Soc. Am. A*, **28**, 1204 – 1210, (2011).

[22] Memmolo P. , Di Caprio G. , Distante C. , Paturzo M. , Puglisi R. , *et al.* , Identification of bovine sperm head for morphometry analysis in quantitative phase – contrast holographic microscopy, *Opt. Express*, **19**, 23215 – 26, (2011).

[23] Janeckova H. , Vesely P. , and Chmelik R. , Proving tumour cells by acute nutritional/energy deprivation as a survival threat: a task for microscopy, *Anticancer Res.* , **29**, 2339 – 2345, (2009).

[24] Mann C. J. , Yu L. F. , Lo C. M. , and KimM. K. , High – resolution quantitative phase – contrast microscopy by digital holography, *Opt. Express*, **13**, 8693 – 8698, (2005).

[25] Choi Y. S. and Lee S. J. , Three – dimensional volumetric measurement of red blood cell motion using digital holographic microscopy, *Appl. Optics*, **48**, 2983 – 2990, (2009).

[26] Langehanenberg P. , Ivanova L. , Bernhardt I. , Ketelhut S. , Vollmer A. , *et al.* , Automated three – dimensional tracking of living cells by digital holographic microscopy, *J. Biomed. Opt.* , **14**, 014018, (2009).

[27] ToyM. F. , Richard S. , Kuhn J. , Franco – Obregon A. , Egli M. , and Depeursinge C. , Digital holographic microscopy for the cytomorphological imaging of cells under zero gravity, *Three – Dimensional and Multidimensional Microscopy: Image Acquisition and Processing*, XIX, 8227, (2012).

[28] Antkowiak M. , Callens N. , Yourassowsky C. , and Dubois F. , Extended focused imaging of a microparticle field with digital holographic microscopy, *Opt. Lett.* , **33**, 1626 – 1628, (2008).

[29] Colomb T. , Pavillon N. , Kuhn J. , Cuche E. , Depeursinge C. , and Emery Y. , Extended depth – of – focus by digital holographic microscopy, *Opt. Lett.* , **35**, 1840 – 1842, (2010).

[30] McElhinney C. , Bryan Hennelly. , and Naughton T. , Extended focused imaging for digital holograms of macroscopic three – dimensional objects, *Appl. Optics*, **47**, D71 – D79, (2008).

[31] Warnasooriya N. , Joud F. , Bun P. , Tessier G. , Coppey – Moisan M. , *et al.* , Imaging gold nanoparticles in living cell environments using heterodyne digital holographic microscopy, *Opt. Express* ,**18**, 3264 – 3273, (2010).

[32] Bohm M. , Mastrofrancesco A. , Weiss N. , Kemper B. , von Bally G. , *et al.* PACE4, a member of the prohormone convertase family, mediates increased proliferation, migration and invasiveness of melanoma cells in vitro and enhanced subcutaneous tumor growth in vivo, *J. Invest. Dermatol.* ,**131**, S108, (2011).

[33] Dubois F. , Yourassowsky C. , Monnom O. , Legros J. C. , Debeir O. , *et al.* , Digital holographic microscopy for the three – dimensional dynamic analysis of in vitro cancer cell migration, *J. Biomed. Opt.* ,**11**, 054032, (2006).

[34] Sun H. , Song B. , Dong H. , Reid B. , Player M. A. , *et al.* , Visualization of fast – moving cells in vivo using digital holographic video microscopy, *J. Biomed. Opt.* ,**13**, 014007 – 014009, (2008).

[35] DaneshPanah M. and Javidi B. , Tracking biological microorganisms in sequence of 3D holographic microscopy images, *Opt Express* **15**, 10761 – 10766, (2007).

[36] Rappaz B. , Cano E. , Colomb T. , Kuhn J. , Depeursinge C. , *et al.* , Noninvasive characterization of the fission yeast cell cycle by monitoring dry mass with digital holographic microscopy, *J. Biomed. Opt.* ,**14**, 034049, (2009).

[37] Rappaz B. , Barbul A. , Hoffmann A. , Boss D. , Korenstein R. , *et al.* , Spatial analysis of erythrocyte membrane fluctuations by digital holographic microscopy, *Blood Cell Mol. Dis.* , **42**, 228 – 232, (2009).

[38] Cardenas N. , Yu L. F. , and Mohanty S. K. , Stretching of red blood cells by optical tweezers quantified by digital holographic microscopy, *Optical Interactions with Tissue and Cells*, XXII,7897, (2011).

[39] Rappaz B. , Marquet P. , Cuche E. , Emery Y. , Depeursinge C. , and Magistretti P. J. , Measurement of the integral refractive index and dynamic cell morphometry of living cells with digital holographic microscopy, *Opt. Express* ,**13**, 9361 – 9373, (2005).

[40] Jourdain P. , Pavillon N. , Moratal C. , Boss D. , Rappaz B. , *et al.* , Determination of transmembrane water fluxes in neurons elicited by glutamate ionotropic receptors and by the cotransporters KCC2 and NKCC1: adigital holographic microscopy study, *J. Neurosci.* ,**31**, 11846 – 11854, (2011).

[41] Jourdain P. , Boss D. , Rappaz B. , Moratal C. , Hernandez MC. , *et al.* , Simultaneous optical recording in multiple cells by digital holographic microscopy of chloride current associated to activation of the ligand – gated chloride channel GABA(A) receptor, *PloS One* ,**7**, e51041, (2012).

[42] Popescu G. , Ikeda T. , Best C. A. , Badizadegan K. , Dasari R. R. , and Feld M. S. , Erythrocyte structure and dynamics quantified by Hilbert phase microscopy, *J. Biomed. Opt.* , **10**, 060503, (2005).

210

[43] Veselov O. , Lekki J. , Polak W. , Strivay D. , Stachura Z. , *et al.* , The recognition of biological cells utilizing quantitative phase microscopy system, *Nucl. Instrum. Meth. B* , **231**, 212 – 217, (2005).

[44] Indebetouw G. , Tada Y. , and Leacock J. , Quantitative phase imaging with scanning holographic microscopy: an experimental assessment, *Biomed Eng Online* **5**, (2006).

[45] Amin M. S. , Park Y. , Lue N. , Dasari R. R. , Badizadegan K. , *et al.* , Microrheology of red blood cell membranes using dynamic scattering microscopy, *Opt. Express*, **15**, 17001 – 17009, (2007).

[46] Fang – Yen C. , Oh S. , Park Y. , Choi W. , Song S. , *et al.* , Imaging voltage – dependent cell motions with heterodyne Mach Zehnder phase microscopy, *Opt. Lett.* , **32**, 1572 – 1574, (2007).

[47] Park Y. , Popescu G. , Badizadegan K. , Dasari R. R. , and Feld M. S. , Fresnel particle tracing in three dimensions using diffraction phase microscopy, *Opt. Lett.* , **32**, 811 – 813, (2007).

[48] Whelan M. P. , Lakestani F. , Rembges D. , and Sacco M. G. , Heterodyne interference microscopy for non – invasive cell morphometry   art, **66310**E, *Novel Optical Instrumentation for Biomedical Applications III* , **6631**, E6310, (2007).

[49] Brazhe A. R. , Brazhe N. A. , Rodionova N. N. , Yusipovich A. I. , Ignatyev P. S. , *et al.* , Non – invasive study of nerve fibres using laser interference microscopy, *Philos. T. R. Soc. A* , **366**, 3463 – 3481, (2008).

[50] Lue N. , Choi W. , Badizadegan K. , Dasari R. R. , Feld M. S. , and Popescu G. , Confocal diffraction phase microscopy of live cells, *Opt. Lett.* , **33**, 2074 – 2076, (2008).

[51] Pavani S. R. P. , Libertun A. R. , King S. V. , and Cogswell C. J. , Quantitative structured – illumination phase microscopy, *Appl. Optics* , **47**, 15 – 24, (2008).

[52] Popescu G. , Park Y. , Choi W. , Dasari R. R. , Feld M. S. , and Badizadegan K. , Imaging red blood cell dynamics by quantitative phase microscopy, *Blood Cell Mol. Dis.* , **41**, 10 – 16, (2008).

[53] Tychinsky V. P. , Kretushev A. V. , Klemyashov I. V. , Vyshenskaya T. V. , Filippova NA. , *et al.* , Quantitative real – time analysis of nucleolar stress by coherent phase microscopy, *J. Biomed. Opt.* , **13**, 064032, (2008).

[54] Warger W. C. and DiMarzio C. A. , Modeling of optical quadrature microscopy for imaging mouse embryos   art, **68610**T, *Three – Dimensional and Multidimensional Microscopy: Image Acquisition and Processing XV* , eds JA Conchello. , CJ Cogswell. , T Wilson. , TG Brown. , **6861**, T8610 – T, (2008).

[55] Lee S. , Lee J. Y. , Yang W. , and Kim D. Y. , Themeasurement of red blood cell volume change induced by Ca($^{2+}$) based on full field quantitative phase microscopy, *Imaging, Manipulation, and Analysis of Biomolecules, Cells, and Tissues VII* , **7182**, (2009).

[56] Park Y. , Yamauchi T. , Choi W. , Dasari R. , and Feld M. S. , Spectroscopic phase micros-

copy for quantifying hemoglobin concentrations in intact red blood cells, *Opt. Lett.*, **34**, 3668 – 3670, (2009).

[57] Shaked N. T., Zhu Y. Z., Rinehart M. T., and Wax A., Two – step – only phase – shifting interferometry with optimized detector bandwidth for microscopy of live cells, *Opt. Express*, **17**, 15585 – 15591, (2009).

[58] Moradi A. R., Ali M. K., Daneshpanah M., Anand A., and Javidi B., Detection of calcium – induced morphological changes of living cells using optical traps, *IEEE Photonics J.*, **2**, 775 – 783, (2010).

[59] Shaked N. T., Finan J. D., Guilak F., and Wax A., Quantitative phase microscopy of articular chondrocyte dynamics by wide – field digital interferometry, *J. Biomed. Opt.*, **15**(1), 010505, (2010).

[60] Tychinsky V. P. and Tikhonov A. N., Interference microscopy in cell biophysics, 2, Visualization of individual cells and energy – transducing organelles, *Cell Biochem. Biophys.*, **58**, 117 – 128, (2010).

[61] Wang P., Bista R. K., Khalbuss W. E., Qiu W., Uttam S., *et al.*, Nanoscale nuclear architecture for cancer diagnosis beyond pathology via spatial – domain low – coherence quantitative phase microscopy, *J. Biomed. Opt.*, **15**, 066028, (2010).

[62] Xue L., Lai J. C., and Li Z. H., Quantitative phase microscopy of red blood cells with slightly – off – axis interference, *Optics in Health Care and Biomedical Optics IV*, **7845**, 784505 – 784508, (2010).

[63] Yamauchi T., Sugiyama N., Sakurai T., Iwai H., and Yamashita Y., Label – free classification of cell types by imaging of cell membrane fluctuations using low – coherent full – field quantitative phase microscopy, *Three – Dimensional and Multidimensional Microscopy: Image Acquisition and Processing XVII*, **7570**, 75700X – X – 8, (2010).

[64] Yang W., Lee S., Lee J., Bae Y., and Kim D., Silver nanoparticle – induced degranulation observed with quantitative phase microscopy, *J. Biomed. Opt.*, **15**, 045005, (2010).

[65] Gonzalez – Laprea J., Marquez A., Noris – Suarez K., and Escalona R., Study of bone cells by quantitative phase microscopy using a Mirau interferometer, *Rev. Mex. Fis.*, **57**, 435 – 440, (2011).

[66] Lee S., Kim Y. R., Lee J. Y., Rhee J. H., Park C. S., and Kim D. Y., Dynamic analysis of pathogen – infected host cells using quantitative phase microscopy, *J. Biomed. Opt.*, **16**, 036004, (2011).

[67] Kim M., Choi Y., Fang – Yen C., Sung Y. J., Dasari R. R., *et al.*, High – speed synthetic aperture microscopy for live cell imaging, *Opt. Lett.*, **36**, 148 – 150, (2011).

[68] Lee S., Lee J. Y., Park C. S., and Kim D. Y., Detrended fluctuation analysis of membrane flickering in discocyte and spherocyte red blood cells using quantitative phase microscopy, *J. Biomed. Opt.*, **16**, 076009, (2011).

[69] Park Y. K., Best C. A., Auth T., Gov N. S., Safran S. A., *et al.*, Metabolic remodeling

212

of the human red blood cell membrane, *P. Natl. Acad. Sci. USA*, **107**, 1289 – 1294, (2010).

[70] Wang P. , Bista R. , Bhargava R. , Brand R. E. , and Liu Y. , Spatial – domain Low – coherence Quantitative Phase Microscopy for Cancer Diagnosis, *Optical Coherence Tomography and Coherence Domain Optical Methods in Biomedicine XV*, **7889**, (2011).

[71] Wang R. , Ding H. F. , Mir M. , Tangella K. , and Popescu G. , Effective 3D viscoelasticity of red blood cells measured by diffraction phase microscopy, *Biomed. Opt. Express*, **2**, 485 – 490, (2011).

[72] Yamauchi T. , Iwai H. , and Yamashita Y. , Label – free imaging of intracellular motility by low – coherent quantitative phase microscopy, *Opt. Express*, **19**, 5536 – 5550, (2011).

[73] Yaqoob Z. , Yamauchi T. , Choi W. , Fu D. , Dasari R. R. , and Feld M. S. , Single – shot full – field reflection phase microscopy, *Opt. Express*, **19**, 7587 – 7595, (2011).

[74] Ansari R. , Aherrahrou R. , Aherrahrou Z. , Erdmann J. , Huttmann G. , and Schweikard A. , Quantitative analysis of cardiomyocyte dynamics with optical coherence phase Microscopy, *Optical Coherence Tomography and Coherence Domain Optical Methods in Biomedicine Xvi*, **8213**, 821338, (2012).

[75] Cardenas N. and Mohanty S. K. , Investigation of shape memory of red blood cells using optical tweezers and quantitative phase microscopy, *Imaging, Manipulation, and Analysis of Biomolecules, Cells, and Tissues X*, **8225**, 82252B, (2012).

[76] Pan F. , Liu S. , Wang Z. , Shang P. , and XiaoW. , Dynamic and quantitative phase – contrast imaging of living cells under simulated zero gravity by digital holographic microscopy and superconducting magnet, *Laser Phys.* , **22**, 1435 – 1438, (2012).

[77] Tychinsky V. P. , Kretushev A. V. , Vyshenskaya T. V. , and Shtil A. A. , Dissecting eukaryotic cells by coherent phase microscopy: quantitative analysis of quiescent and activated T lymphocytes, *J. Biomed. Opt.* , **17**, 076020, (2012).

[78] Yamauchi T. , Sakurai T. , Iwai H. , and Yamashita Y. , Long – term measurement of spontaneous membrane fluctuations over a wide dynamic range in the living cell by low – coherent quantitative phase microscopy, *Imaging, Manipulation, and Analysis of Biomolecules, Cells, and Tissues X*, **8225**, 82250A, (2012).

[79] Curl C. L. , Bellair C. J. , Harris P. J. , Allman B. E. , Roberts A. , et al. , Quantitative phase microscopy: a new tool for investigating the structure and function of unstained live cells, *Clin. Exp. Pharmacol. P.* , **31**, 896 – 901, (2004).

[80] Almoro P. F. , Waller L. , Agour M. , Falldorf C. , Pedrini G. , et al. , Enhanced deterministic phase retrieval using a partially developed speckle field, *Opt. Lett.* , **37**, 2088 – 2090, (2012).

[81] Bon P. , Maucort G. , Wattellier B. , and Monneret S. , Quadriwave lateral shearing interferometry for quantitative phase microscopy of living cells, *Opt. Express*, **17**, 13080 – 13094, (2009).

[82] Almoro P. F. , Pedrini G. , Gundu P. N. , Osten W. , and Hanson S. G. , Phasemicroscopy of technical and biological samples through random phase modulation with a diffuser, *Opt. Lett.* ,**35**, 1028 – 1030, (2010).

[83] Zhang Y. , Pedrini G. , Osten W. , and Tiziani H. J. , Phase retrieval microscopy for quantitative phase – contrast imaging, *Optik*,**115**, 94 – 96, (2004).

[84] Chhaniwal V. K. , Anand A. , Faridian A. , Pedrini G. , OstenW. , and Javidi B. , Single beam quantitative phase contrast 3D microscopy of cells, *Proc. SPIE*,**8092**, 80920D – D – 8, (2011).

[85] Bao P. , Situ G. , Pedrini G. , and Osten W. , Lensless phase microscopy using phase retrieval with multiple illumination wavelengths, *Appl. Optics*,**51**, 5486 – 5494, (2012).

[86] Cogswell C. J. , Smith N. I. , Larkin K. G. , and Hariharan P. , Quantitative DIC microscopy using a geometric phase shifter, *Three – Dimensional Microscopy*: *Image Acquisition and Processing IV*, **2984**, 72 – 81, (1997).

[87] Ishiwata H. , Yatagai T. , Itoh M. , and Tsukada A. , Quantitative phase analysis in retardation modulated differential interference contrast (RM – DIC) microscope, *Interferometry '99*: *Techniques and Technologies*,**3744**, 183 – 187, (1999).

[88] Totzeck M. , Kerwien N. , Tavrov A. , Rosenthal E. , and Tiziani H. J. , Quantitative Zernike phase – contrast microscopy by use of structured bi*refr*ingent pupil – filters and phase – shift evaluation, *P. Soc. Photo – Opt. Ins.* ,**4777**, 1 – 11, (2002).

[89] King S. V. , Libertun A. , Piestun R. , Cogswell C. J. , and Preza C. , Quantitative phase microscopy through differential interference imaging, *J. Biomed. Opt.* , **13**, 024020, (2008).

[90] Kou S. S. , Waller L. , Barbastathis G. , and Sheppard C. J. R. , Transport – of – intensity approach to differential interference contrast (TI – DIC) microscopy for quantitative phase imaging, *Opt. Lett.* ,**35**, 447 – 449, (2010).

[91] Fu D. , Oh S. , Choi W. , Yamauchi T. , Dorn A. , *et al.* , Quantitative DIC microscopy using an off – axis self – interference approach, *Opt. Lett.* ,**35**, 2370 – 2302, (2010).

[92] Gao P. , Yao B. L. , Harder I. , Lindlein N. , and Torcal – Milla F. J. , Phase – shifting Zernike phase contrast microscopy for quantitative phase measurement, *Opt. Lett.* , **36**, 4305 – 4307, (2011).

[93] Pavillon N. , Cellular dynamics and three – dimensional refractive index distribution studied with quantitative phase imaging, *Doctoral dissertation*, (2011).

[94] Gabor D. , A new microscopic principle, *Nature* **161**, 777, (1948).

[95] Gabor D. , Microscopy by reconstructed wave – fronts, *Proceedings of the Royal Society of London*, *Serie A*, *Mathematical and Physical Sciences*,**197**, 454 – 487, (1949).

[96] Leith E. N. and Upatnieks J. , Wavefront reconstruction with diffused illumination and three – dimensional objects, *J. Opt. Soc. Am.* ,**54**, 1295 – 1301, (1964).

[97] Leith E. N. and Upatniek J. , Reconstructed wavefronts and communication theory, *J. Opt.*

214

Soc. Am. ,**52**, 1123, (1962).

[98] Wolf E. and Shewell J. R. , Diffraction theory of holography, *J. Math. Phys.* ,**11**, 2254, (1970).

[99] Carter W. H. , Computational reconstruction of scattering objects from holograms, *J. Opt. Soc. Am.* ,**60**, 306 – 314, (1970).

[100] Dubois F. , Callens N. , Yourassowsky C. , Hoyos M. , Kurowski P. , and Monnom O. , Digital holographic microscopy with reduced spatial coherence for three – dimensional particle flow analysis, *Appl. Optics* ,**45**, 864 – 871, (2006).

[101] Kemper B. , St rwald S. , Remmersmann C. , Langehanenberg P. , and von Bally G. , Characterisation of light emitting diodes (LEDs) for application in digital holographic microscopy for inspection of micro and nanostructured surfaces, *Opt. Laser Eng.* , **46**, 499 – 507, (2008).

[102] Ansari Z. , Gu Y. , Tziraki M. , Jones R. , French P. M. W. , *et al.* , Elimination of beam walk – off in low – coherence off – axis photorefractive holography, *Opt. Lett.* ,**26**, 334 – 336, (2001).

[103] Goodman J. W. and Lawrence R. W. , Digital image formation from electronically detected holograms, *Appl. Phys. Lett.* ,**11**, 77 – 79, (1967).

[104] Schnars U. and J ptner W. , Direct recording of holograms by a CCD target and numerical reconstruction, *Appl. Optics* ,**33**, 179 – 181, (1994).

[105] Coquoz O. , Conde R. , Taleblou F. , and Depeursinge C. , Performances of endoscopic holography with a multicore optical – fiber, *Appl. Optics* ,**34**, 7186 – 7193, (1995).

[106] Bruning J. H. , Herriott D. R. , Gallaghe J. E. , Rosenfel D. P. , White A. D. , and Brangacc D. J. , Digital wavefront measuring interferometer for testing optical surfaces and lenses, *Appl. Optics* ,**13**, 2693 – 2703, (1974).

[107] Carr P. , Installation et utilisation du comparateur photo lectrique et interf rentiel du Bureau International des Poids et Mesures, *Metrologia* ,**2**, 13 – 33, (1966).

[108] Kreis T. , Handbook of holographic interferometry: optical and digital methods, *Weinheim, FRG: Wiley – VCH Verlag GmbH & Co. , KGaA*, (2005).

[109] Rastogi P. , Holographic interferometry: principles and methods, *NY: Springer – Verlag*, (1994).

[110] Guo P. and Devaney A. J. , Digital microscopy using phase – shifting digital holography with two reference waves, *Opt. Lett.* ,**29**, 857 – 859, (2004).

[111] Liu J. P. and Poon T. C. , Two – step – only quadrature phase – shifting digital holography, *Opt. Lett.* ,**34**, 250 – 252, (2009).

[112] Awatsuji Y. , Sasada M. , and Kubota T. , Parallel quasi – phase – shifting digital holography, *Appl. Phys. Lett.* ,**85**, 1069 – 1071, (2004).

[113] Guo C. S. , Zhang L. , Wang H. T. , Liao J. , and Zhu Y. Y. , Phase – shifting error and its elimination in phase – shifting digital holography, *Opt. Lett.* ,**27**, 1687 – 1689, (2002).

215

[114] Xu X. F. , Cai L. Z. , Wang Y. R. , Meng X. F. , Sun W. J. , *et al.* , Simple direct extraction of unknown phase shift and wavefront reconstruction in generalized phase – shifting interferometry: algorithm and experiments, *Opt. Lett.* ,**33**, 776 – 778 , (2008).

[115] Wang Z. and Han B. , Advanced iterative algorithm for phase extraction of randomly phase – shifted interferograms, *Opt. Lett.* ,**29**, 1671 – 1673 , (2004).

[116] Schnars U. and Juptner W. , Direct recording of holograms by a CCD target and numerical reconstruction, *Appl. Optics* ,**33**, 179 – 181 , (1994).

[117] Takeda M. , Ina H. , and Kobayashi S. , Fourier – transform method of fringe – pattern analysis for computer – based topography and interferometry, *J. Opt. Soc. Am.* ,**72**, 156 – 160 , (1982).

[118] Kreis T. , Digital holographic interference – phase measurement using the Fourier – transform method, *J. Opt. Soc. Am. A* , **3**, 847 – 855 , (1986).

[119] Cuche E. , Poscio P. , and Depeursinge C. , Optical tomography by means of a numerical low – coherence holographic technique, *Journal of Optics – Nouvelle Revue. D. Optique* ,**28**, 260 – 264 , (1997).

[120] Montfort F. , Charri re F. , Colomb T. , Cuche E. , Marquet P. , and Depeursinge C. , Purely numerical compensation for microscope objective phase curvature in digital holographic microscopy: influence of digital phase mask position, *J. Opt. Soc. Am. A* ,**23**, 2944 – 2953 , (2006).

[121] Colomb T. , Montfort F. , K hn J. , Aspert N. , Cuche E. , *et al.* , Numerical parametric lens for shifting, magnification and complete aberration compensation in digital holographic microscopy, *J. Opt. Soc. Am. A* ,**23**, 3177 – 190 , (2006).

[122] Colomb T. , K hn J. , Charri re F. , Depeursinge C. , Marquet P. , and Aspert N. , Total aberrations compensation in digital holographic microscopy with a reference conjugated hologram, *Opt. Express* ,**14**, 4300 – 4306 , (2006).

[123] Colomb T. , Cuche E. , Charri re F. , K hn J. , Aspert N. , *et al.* , Automatic procedure for aberration compensation in digital holographic microscopy and applications to specimen shape compensation, *Appl. Optics* ,**45**, 851 – 863 , (2006).

[124] Colomb T. , Charriere F. , Kuhn J. , Marquet P. , and Depeursinge C. , Advantages of digital holographic microscopy for real – time full field absolute phase imaging – art, **686109**, *Three – Dimensional and Multidimensional Microscopy: Image Acquisition and Processing XV* ,**6861**, 86109 , (2008).

[125] Ferraro P. , Grilli S. , Alfieri D. , Nicola S. D. , Finizio A. , *et al.* , Extended focused image in microscopy by digital Holography, *Opt. Express* ,**13**, 6738 – 6749 , (2005).

[126] Cuche E. , Bevilacqua F. , and Depeursinge C. , Digital holography for quantitative phase – contrast imaging, *Opt. Lett.* ,**24**, 291 – 293 , (1999).

[127] Haddad W. S. , Cullen D. , Solem J. C. , Longworth J. W. , McPherson A. , *et al.* , Fourier – transform holographic microscope, *Appl. Optics* ,**31**, 4973 – 4978 , (1992).

216

[128] Takaki Y. , Kawai H. , and Ohzu H. , Hybrid holographic microscopy free of conjugate and zero – order images, *Appl. Optics* ,**38**, 4990 – 4996, (1999).

[129] Xu W. , Jericho M. H. , Meinertzhagendagger I. A. , and Kreuzer H. J. , Digital in – line holography for biological applications, *PNAS* ,**98**, 11301 – 11305, (2001).

[130] Colomb T. , Dahlgren P. , Beghuin D. , Cuche E. , Marquet P. , and Depeursinge C. , Polarization imaging by use of digital holography, *Appl. Optics* ,**41**, 27 – 37, (2002).

[131] Colomb T. , D rr F. , Cuche E. , Marquet P. , Limberger H. , *et al.* , Polarization microscopy by use of digital holography: application to optical fiber b*iref*ringence measurements, *Appl. Optics* ,**44**, 4461 – 4469, (2005).

[132] Kuhn J. , Colomb T. , Montfort F. , Charriere F. , Emery Y. , *et al.* , Real – time dual – wavelength digital holographic microscopy with a single hologram acquisition, *Opt. Express*, **15**, 7231 – 7242, (2007).

[133] Zhang T. and Yamaguchi I. , Three – dimensional microscopy with phase – shifting digital holography, *Opt. Lett.* ,**23**, 1221 – 1223, (1998).

[134] Cuche E. , Marquet P. , and Depeursinge C. , Spatial filtering for zero – order and twin – image elimination in digital off – axis holography, *Appl. Optics* ,**39**, 4070 – 4075, (2000).

[135] Cuche E. ,Marquet P. , and Depeursinge C. , Aperture apodization using cubic spline interpolation: application in digital holographic microscopy, *Opt. Commun.* **182**, 59 – 69, (2000).

[136] Charri re F. , Colomb T. , Montfort F. , Cuche E. , Marquet P. , and Depeursinge C. , Shot – noise influence on the reconstructed phase image signal – to – noise ratio in digital holographic microscopy, *Appl. Optics* ,**45**, 7667 – 7673, (2006).

[137] Charri re F. , Rappaz B. , K hn J. , Colomb T. , Marquet P. , and Depeursinge C. , Influence of shot noise on phase measurement accuracy in digital holographic microscopy, *Opt. Express* ,**15**, 8818 – 8831, (2007).

[138] Seo S. , Isikman S. O. , Sencan I. , Mudanyali O. , Su T. W. , *et al.* , High – throughput lens – free blood analysis on a chip, *Analytical Chemistry* ,**82**, 4621 – 4627, (2010).

[139] Milgram J. H. , Li W. C. , Computational reconstruction of images from holograms, *Appl. Optics* ,**41**, 853 – 864, (2002).

[140] Yi F. , Lee C. G. , and Moon I. K. , Statistical analysis of 3D volume of red blood cells with different shapes via digital holographic microscopy, *J. Opt. Soc. Korea* ,**16**, 115 – 120, (2012).

[141] Moon I. , Yi F. , and Javidi B. , Automated three – dimensional microbial sensing and recognition using digital holography and statistical sampling, *Sensors – Basel* ,**10**, 8437 – 8451, (2010).

[142] Javidi B. , Daneshpanah M. , and Moon I. , Three – dimensional holographic imaging for identification of biological micro/nanoorganisms, *IEEE Photonics J.* ,**2**, 256 – 259, (2010).

[143] Anand A. , Chhaniwal V. K. , and Javidi B. , imaging embryonic stem cell dynamics using

217

quantitative 3 – D digital holographic microscopy, *IEEE Photonics J.*, **3**, 546 – 554, (2011).

[144] Miccio L. , Finizio A. , Memmolo P. , Paturzo M. , Merola F. , *et al.* , Detection and visualization improvement of spermatozoa cells by digital holography, *Molecular Imaging III*, eds Lin CP. , Ntziachristos V. , 8089, (2011).

[145] Antkowiak M. , Callens N. , Schockaert C. , Yourassowsky C. , and Dubois F. , Accurate three – dimensional detection of micro – particles by means of digital holographic microscopy – art, **699514**, *Optical Micro and Nanometrology in Microsystems Technology II*, eds Gorecki C. , Asundi AK. , Osten W. , **6995**, 99514, (2008).

[146] Bae Y. , Lee S. , Yang W. , and Kim D. Y. , Three – dimensional single particle tracking using off – axis digital holographic microscopy, *Nanoscale Imaging*, *Sensing*, *and Actuation for Biomedical Applications VII*, **7574**, 757408, (2010).

[147] Hsieh C. L. , Grange R. , Pu Y. , and Psaltis D. , Three – dimensional harmonic holographic microcopy using nanoparticles as probes for cell imaging, *Opt. Express*, **17**, 2880 2891, (2009).

[148] Shaffer E. and Depeursinge C. , Digital holography for second harmonic microscopy: application to 3D – tracking of nanoparticles, *Biophotonics: Photonic Solutions for Better Health Care II*, **7715**, (2010).

[149] Mann C. J. , Yu L. F. , and Kim M. K. , Movies of cellular and sub – cellular motion by digital holographic microscopy, *Biomed. Eng. Online*, **5**, 21, (2006).

[150] Sun H. Y. , Song B. , Dong H. P. , Reid B. , Player M. A. , *et al.* , Visualization of fast – moving cells in vivo using digital holographic video microscopy, *J. Biomed. Opt.* , **13**, 014007, (2008).

[151] Javidi B. , Moon I. , and Daneshpanaha M. , Detection, identification and tracking of biological micro/nano organisms by computational 3D optical imaging, *Biosensing III*, **7759**, 77590R – R – 6, (2010).

[152] Barer R. , Determination of dry mass, thickness, solid and water concentration in living cells, *Nature*, **172**, 1097 1098, (1953).

[153] Popescu G. , Park Y. , Lue N. , Best – Popescu C. , Deflores L. , *et al.* , Optical imaging of cell mass and growth dynamics, *Am. J. Physiol – Cell Ph.* , **295**, C538 – C544, (2008).

[154] Kemper B. , Bauwens A. , Vollmer A. , Ketelhut S. , Langehanenberg P. , *et al.* , Label – free quantitative cell division monitoring of endothelial cells by digital holographic microscopy, *J. Biomed. Opt.* , **15**, 036009, (2010).

[155] Mir M. , Wang Z. , Shen Z. , Bednarz M. , Bashir R. , *et al.* , Optical measurement of cycle – dependent cell growth, *P. Natl. Acad. Sci. USA*, **108**, 13124 – 13129, (2011).

[156] Zicha D. and Dunn G. A. , An image – processing system for cell behavior studies in subconfluent cultures, *J. Microsc – Oxford*, **179**, 11 – 21, (1995).

[157] Rappaz B. , Barbul A. , Emery Y. , Korenstein R. , Depeursinge C. , *et al.* , Comparative

218

study of human erythrocytes by digital holographic microscopy, confocal microscopy, and impedance volume analyzer, *Cytom Part A* **73**A, 895 – 903, (2008).

[158] Yusipovich A. I. , Parshina E. Y. , Brysgalova N. Y. , Brazhe A. R. , Brazhe N. A. , *et al.* , Laser interference microscopy in erythrocyte study, *J. Appl. Phys.* , **105**, 102037, (2009).

[159] Pham H. , Bhaduri B. , Ding H. F. , and Popescu G. , Spectroscopic diffraction phase microscopy, *Opt. Lett.* , **37**, 3438 – 3440, (2012).

[160] Rinehart M. , Zhu Y. Z. , and Wax A. , Quantitative phase spectroscopy, *Biomed. Opt. Express* , **3**, 958 – 965, (2012).

[161] Jang Y. , Jang J. , and Park Y. , Dynamic spectroscopic phase microscopy for quantifying hemoglobin concentration and dynamic membrane fluctuation in red blood cells, *Opt. Express* , **20**, 9673 – 9681, (2012).

[162] Boss D. , Hoffmann A. , Rappaz B. , Depeursinge C. , Magistretti P. J. , *et al.* , Spatially – resolved eigenmode decomposition of red blood cells membrane fluctuations questions the role of ATP in flickering, *Plos One* , **7**, e40667, (2012).

[163] Mauritz J. M. A. , Esposito A. , Tiffert T. , Skepper J. N. , Warley A. , *et al.* , Biophotonic techniques for the study of malaria – infected red blood cells, *Med. Biol. Eng. Comput.* , **48**, 1055 – 1063, (2010).

[164] Cardenas N. , Yu L. F. , and Mohanty S. K. , Probing orientation and rotation of red blood cells in optical tweezers by digital holographic microscopy, *Optical Diagnostics and Sensing XI: Toward Point – of – Care Diagnostics and Design and Performance Validation of Phantoms Used in Conjunction with Optical Measurement of Tissue III* , **7906**, 790613 – 790619, (2011).

[165] EsselingM. , Kemper B. , Antkowiak M. , Stevenson D. J. , Chaudet L. , *et al.* , Multimodal biophotonic workstation for live cell analysis, *J. Biophotonics* , **5**, 9 – 13, (2012).

[166] Lue N. , Popescu G. , Ikeda T. , Dasari R. R. , Badizadegan K. , and Feld M. S. , Live cell refractometry using microfluidic devices, *Opt. Lett.* , **31**, 2759 – 2761, (2006).

[167] Kemper B. , Kosmeier S. , Langehanenberg P. , von Bally G. , Bredebusch I. , *et al.* , Integral refractive index determination of living suspension cells by multifocus digital holographic phase contrast microscopy, *J. Biomed. Opt.* , **12**, 054009 (5 pages), (2007).

[168] Rappaz B. , Charri re F. , Depeursinge C. , Magistretti P. J. , and Marquet P. , Simultaneous cell morphometry and refractive indexmeasurement with dual – wavelength digital holographicmicroscopy and dye – enhanced dispersion of perfusion medium, *Opt. Lett.* , **33**, 744 – 746, (2008).

[169] Boss D. , Kuhn J. , Jourdain P. , Depeursinge C. , Magistretti P. J. , and Marquet P. , Measurement of absolute cell volume, osmotic membrane water permeability, and refractive index of transmembrane water and solute flux by digital holographic microscopy, *J. Biomed. Opt.* , **18**, 036007.

219

[170] Boss D. , Kuehn J. , Jourdain P. , Depeursinge C. , Magistretti P. J. , and Marquet P. , Measurement of absolute cell volume and osmotic water membrane permeability by real time dual wavelength holographic microscopy, *J. Biomed. Opt.* , in press, (2013).

[171] Cossart R. , Aronov D. , and Yuste R. , Attractor dynamics of network UP states in the neocortex, *Nature*, **423**, 283 – 288, (2003).

[172] Peterka D. S. , Takahashi H. , and Yuste R. , Imaging voltage in neurons, *Neuron*, **69**, 9 – 21, (2011).

[173] Carter K. M. , George J. S. , and Rector D. M. , Simultaneous birefringence and scattered light measurements reveal anatomical features in isolated crustacean nerve, *J. Neurosci. Methods*, **135**, 9 – 16, (2004).

[174] Cohen L. B. , Changes in neuron structure during action potential propagation and synaptic transmission, *Physiol. Rev.* , **53**, 373 – 418, (1973).

[175] Tasaki I. , Watanabe A. , Sandlin R. , and Carnay L. , Changes in fluorescence, turbidity, and birefringence associated with nerve excitation, *Proc. Natl. Acad. Sci. USA*, **61**, 883 – 888, (1968).

[176] Hill D. K. and Keynes R. D. , Opacity changes in stimulated nerve, *J. Physiol*, **108**, 278 – 281, (1949).

[177] Tasaki I. and Byrne P. M. , Rapid structural changes in nerve fibers evoked by electric current pulses, *Biochem. Biophys. Res. Commun.* , **188**, 559 – 564, (1992).

[178] Stepnoski R. A. , LaPorta A. , Raccuia – Behling F. , Blonder G. E. , Slusher R. E. , and Kleinfeld D. , Noninvasive detection of changes in membrane potential in cultured neurons by light scattering, *Proc. Natl. Acad. Sci. USA*, **88**, 9382 – 9386, (1991).

[179] Holthoff K. and Witte O. W. , Intrinsic optical signals in rat neocortical slices measured with near – infrared dark – field microscopy reveal changes in extracellular space, *J. Neurosci.* , **16**, 2740 – 2749, (1996).

[180] Andrew R. D. , Adams J. R. , and Polischuk T. M. , Imaging NMDA – and kainite – induced intrinsic optical signals from the hippocampal slice, *J. Neurophysiol.* , **76**, 2707 – 2717, (1996).

[181] MacVicar B. A. and Hochman D. , Imaging of synaptically evoked intrinsic optical signals in hippocampal slices, *J. Neurosci.* , **11**, 1458 – 1469, (1991).

[182] Pavillon N. , Benke A. , Boss D. , Moratal C. , Kuhn J. , *et al.* , Cell morphology and intracellular ionic homeostasis explored with a multimodal approach combining epifluorescence and digital holographic microscopy, *J. Biophotonics.* , **3**, 432 – 436, (2010).

[183] Charri re F. , Marian A. , Montfort F. , K hn J. , Colomb T. , *et al.* , Cell refractive index tomography by digital holographic microscopy, *Opt. Lett.* , **31**, 178 – 810, (2006).

[184] Debailleul M. , Georges V. , Simon B. , Morin R. , and Haeberle O. , High – resolution three – dimensional tomographic diffractive microscopy of transparent inorganic and biological samples, *Opt. Lett.* , **34**, 79 – 81, (2009).

220

[185] Choi W. , Fang – Yen C. , Badizadegan K. , Oh S. , Lue N. , *et al.* , Tomographic phase microscopy, *Nat. Methods*, **4**, 717 – 719, (2007).

[186] Sheppard C. J. R. and Kou S. S. , 3D imaging with holographic tomography, *International Conference on Advanced Phase Measurement Methods in Optics an Imaging*, **1236**, 65 – 69, (2010).

[187] Park Y. , Diez – Silva M. , Fu D. , Popescu G. , Choi W. , *et al.* , Static and dynamic light scattering of healthy and malaria – parasite invaded red blood cells, *J. Biomed. Opt.* , **15**, 020506, (2010).

[188] Cotte Y. , Toy F. M. , Jourdain P. , Pavillon N. , Boss D. , et al. , Marker – free phase nanoscopy, *Nat. Photonics*, **7**, 113 117, (2013).

第10章 超分辨全息方案

Amihai Meiri[1], Eran Gur[2], Javier Garcia[3], Vicente Micó[3],
Bahram Javidi[4], Zeev Zalevsky[1]

[1]以色列巴伊兰大学工学院
[2]以色列阿齐里利工程学院电气工程和电子学系
[3]西班牙瓦伦西亚大学光学系
[4]美国康涅狄格大学电气与计算机工程系

10.1 引　　言

光学成像在其记录过程中存在一个固有缺陷:记录介质(照相胶片或数码照相机)只能捕获入射光的强度,因此在这个过程中丢失了电场相位的三维数据。1948 年,Gabor 发明了一种技术,他引入参考光场到记录的物体中,从而避免了相位信息的丢失[1]。这一技术被称为全息术,可以记录物体光场和参考光场之间的干涉图案。这些干涉条纹由物体的相位决定,因此能够保留这些相位信息。如果我们将记录的物体表示为振幅和相位的形式,$a = |a|e^{j\phi}$,同时结合参考光场 A,则可以记录得到干涉条纹的强度,如下:

$$||a|e^{j\phi} + A|^2 = |a|^2 + |A|^2 + aA\cos\phi \tag{10.1}$$

第一项记录的是物体光场的强度(与传统成像系统中的一样),第二项是参考光场的强度,最后一项表明相位信息得以保留,并被记录在了成像介质中。

与任何一个成像系统一样,全息术的分辨率和视场也是有限的。此外,该技术的另一个缺陷是存在多余的信息:参考光束的强度(式(10.1)中的第二项)以及下一节即将描述的所谓孪生像问题。这两个因素都会降低全息图的图像质量。

本章我们将介绍如何将金属纳米粒子利用于全息术从而达到提高分辨率、扩大视场,以及消除孪生像和参考场的效果。

10.2 数字全息术

图 10.1 给出了 Gabor 最初提出的全息术方案。在 Gabor 全息图中,我们假

定物体具有高透射性,并且其透射函数为

$$T(x,t) = T + \Delta T(x,y) \tag{10.2}$$

其中,T 代表平均透射量,$\Delta T(x,y)$ 代表其空间变化。则物体具有高透射率意味着 $\Delta T \ll T$。在这一架构中,T 为参考光束。如前所述,考虑到散射的物体光束 a 和参考光束 A,我们可以将记录的强度表示为

$$I = |A + a|^2 = |A|^2 + |a|^2 + A^* a + Aa^* \tag{10.3}$$

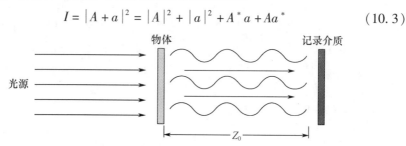

图 10.1　Gabor 全息图。出处:Meiri A.，Gur E.，Garcia J.，Micó V.，
Javidi B.，Zalevsky Z.，(2013)。图片已经国际光学工程学会
(Society of Photo – optical Instrumentation Engineers,SPIE)许可复制

如果我们用参考光束 A' 照射确定的记录介质 I,结果为 $I' = A'I$。需要注意的一点是,在表示记录强度和重建强度时,我们假定所形成的全息图的振幅透射率与曝光度成正比,并且为了便于论证,我们假设这一比例常数为 1,在这种情况下再泛化该理论就会变得简单明了[2]。观察式(10.3)中的四项,由于我们假设了物体的透射率,所以可以忽略第二项,这样就剩下三项:式(10.3)的第一项为参考光束的强度,第三项是我们想要的待乘以常数的光场,最后一项是物体光场的复共轭,称为孪生像。参考光束和孪生像会降低全息图的质量,这是同轴全息图的主要缺点。

为了解决直流项(参考波)以及孪生像问题,Leith 和 Hupetnieks[3] 提出可以使用一种离轴装置,在该装置中,参考光以 $Ae^{-j2\pi\sin2\theta x/\lambda}$ 的角度入射在记录介质上,其中 θ 为参考光束与光轴之间的夹角。这种情况下,记录的全息图为

$$I = |a + Ae^{-j2\pi\sin2\theta x/\lambda}|^2 = |A|^2 + |a|^2 + A^* e^{j2\pi\sin2\theta x/\lambda} a + Ae^{-j2\pi\sin2\theta x/\lambda} a^*$$

$$\tag{10.4}$$

式中,自由空间的传播导致最后两项的相位因子转化为空间移动。现在我们有两个同轴场(物体的强度和参考光束的强度),另外还有两个离轴场(最后两项,一个位于光轴之上,另一个位于光轴之下)。通过这样的方法我们就可以在空间中过滤掉不需要的项。同时,需要注意的是该方法所获得的信息带宽要小于利用同轴全息图方法所获得的信息。

因为记录的全息图中包含了物体的所有信息,所以以数字化方式记录的全

息图不需要重建,我们就能够对其包含的信息进行数字化分析。数字化分析过程的一个实例便是考查全息图的聚焦问题。在前面介绍全息术基本理论的时候,我们忽略了全息图的轴向位置。然后,我们分别在参考光束、物体以及重建物体所在位置处放置一个点源进行观察,可以观察到在记录介质前方 Z_0 处,物体光束导致生成了一个虚像,而在记录介质后方 Z_0 处,出现了作为孪生像的实像[2]。当距离 Z_0 相对较大时,我们便会观察到被记录下的未聚焦的全息图。通过以数字化方式实现菲涅耳衍射积分,我们可以将记录的全息图传播一段距离 $-Z_0$ 并得到聚焦的虚像。由于实像(孪生像)高度未聚焦,因此其对记录的全息图的质量影响相对较小。在使用显微技术的情况下,当显微距离较小时,这一方案还不够完美,必须借助于其他方法消除孪生像,如相位恢复[4]、去卷积[5]以及在不同的轴向距离处记录多幅全息图[6]。

10.3　金属纳米粒子

由于在大小、形状以及材质上的不同,金属纳米粒子吸引了众多研究者的目光,尤其是在成像领域和生物医学工程领域。它们的吸引力源于其吸收光谱和散射光谱对上述属性都十分敏感[7,8],而之所以如此灵敏是因为入射电场导致传导带中的电子出现振荡。当这些电子振荡出现相干振荡时,其吸收和散射达到峰值,并且伴随着一种明显的共振现象[9],这种现象被称作表面等离子共振(Surface Plasmon Resonance,SPR)。

这些纳米粒子中最简单的形状是球体(图 10.2)。我们可以看一下金(Au)球,其表面颜色为红色,并且其颜色的深浅取决于纳米粒子的大小。图 10.3 给出的就是 SPR 的一个例子,其中包括了各种尺寸纳米球的吸收光谱。

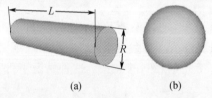

(a)　　　　　　　(b)

图 10.2　制作成各种形状的金属纳米粒子。(a)长径比为 L/R 的纳米棒;
(b)纳米球。出处:Meiri A.,Gur E.,Garcia J.,Micó V.,Javidi B.,
and Zalevsky Z.,(2013).图片已经 SPIE 许可复制

需要注意的是,金属纳米粒子消光光谱的灵敏度并不仅受限于其大小,形状也是一个重要的因素。例如纳米棒,即雪茄形的纳米粒子,其表现出的光谱与纳米球(其峰值是红移)不同。此外,粒子长度与直径的比值,即长径比,也决定了消光峰值的位置[10]。此外,其他决定光谱的因素还有周围介质的折射率[11],制

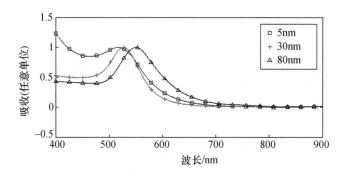

图 10.3　各种尺寸金纳米球的测量光谱。出处：Meiri A.，Gur E.，Garcia J.，Micó
V.，Javidi B.，and Zalevsky Z.，(2013).图片已经 SPIE 许可复制

作纳米粒子的材质[7]以及由于粒子间耦合造成的密度差异[12,13]。

　　金属纳米粒子的吸引人之处不仅在于 SPR,它们还具有高散射的横截面,可降低了图像采集时间和高稳定性[14],以上是相比于在各种成像系统中被广泛使用的荧光标记物[15,16]而言的。

　　金属纳米粒子由于其体积较小,且运动形式为布朗运动,通常悬浮在液体中。Gur 等人[17]将布朗运动用作一种随机编码掩模,用于超分辨显微术,该技术是本章我们即将介绍的各种方法的基础,因此我们首先简要介绍一下这项技术。

　　当金属纳米粒子悬浮于液体中并放置在高分辨率物体附近时,它们的位置会不断发生变化。每个金属纳米粒子将非传播近场耦合到一个可以被照相机记录的传播场。由于近场不受衍射限制,所以它的分辨率也不受其限制,但会受纳米粒子大小的限制,这种限制在某种程度上类似于无孔径近场扫描光学显微镜(apertureless Near field Scanning Optical Microscope,aNSOM)[18]。如果我们用 $s(x)$ 表示高分辨率物体,用 $g(x,t)$ 表示随时间变化的随机纳米粒子掩模,用 $p(x)$ 表示光学系统的点扩散函数(Point Spread Function,PSF),则照相机拍摄的每帧图像可以表示为

$$I(x,t) = \int s(x')g(x',t)p(x - x')\mathrm{d}x' \tag{10.5}$$

　　在多帧图像被记录的情况下,随着时间的推移,纳米粒子会将待成像物体的整个区域覆盖。由于纳米粒子体积小,我们可以把每个纳米粒子看作一个点源,因此在记录介质上的每个纳米粒子就会具有 PSF 的形状。如果这些纳米粒子足够稀疏(需要至少半波长的距离),就可以对这些纳米粒子中的每一个进行定位,并且计算每帧的掩模。此外,由于 PSF 的中心是高斯型的,因此可以通过简单的高斯拟合对其准确定位。需要注意的是,该定位存在误差,该误差取决于探测到的光子数目,并且误差精度达到几纳米[19-22]。

将每帧乘以计算出的纳米粒子掩模并且对时间取平均,我们可以得到

$$R(x) = \int \left[\int s(x') g(x',t) p(x-x') \mathrm{d}x' \right] \tilde{g}(x,t) \mathrm{d}t \qquad (10.6)$$

其中,$\tilde{g}(x,t)$是计算出的纳米粒子掩模。由于纳米粒子掩模具有随机性并且定位精度高,因此可以假定

$$\int g(x',t) \tilde{g}(x,t) \mathrm{d}t = \kappa + \delta(x'-x) \qquad (10.7)$$

将式(10.7)代入式(10.6),得到

$$R(x) = s(x) p(0) + \kappa \int s(x') p(x-x') \mathrm{d}x' \qquad (10.8)$$

此处,第一项为乘上一个常数(PSF 中心处的值)的高分辨率物体,第二项为光学系统拍摄到的低分辨率物体。由于这一项是常规拍摄的图像,可以将其从 $R(x)$ 中减去,从而得到 $s(x)$。

10.4　数字全息术中的分辨率增强

我们可以将上一节介绍的原理用于数字全息架构中[23]。图 10.4 展示了这一装置,该装置记录了一幅傅里叶平面全息图。在该装置中,我们将物体放置在靠近小孔的位置处,而小孔的作用是用来提供全息术记录过程中所需的参考光束。

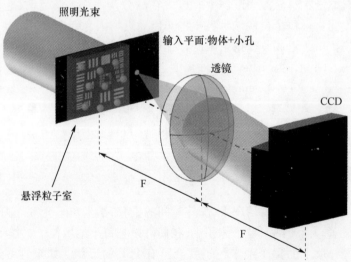

图 10.4　数字全息术超分辨率装置。出处:Zalevsky Z., Gur E., Garcia J., Micó V., and Javidi B., (2012). 图片已经美国光学学会许可复制

我们用 $s(x_1)$ 表示想要分辨的高分辨率物体,用 $g(x_1,t)$ 表示随机解码图案。

小孔位于傅里叶域全息图内,其与物体 $s(x_1)$ 之间的距离为 Δx。探测器用来获取复合输入光场的傅里叶变换。鉴于 CCD 的性质,探测到的结果会乘上宽度为 D 的矩形函数。因此,在 CCD 平面上,我们可将在 CCD 上所获得的表达式表示为

$$I(x_2,t) = \left| \int (\delta(x - \Delta x) + s(x_1)g(x_1,t)) e^{-2\pi i x_1 x_2/\lambda F} dx_1 \right|^2 \text{rect}\left(\frac{x_2}{D}\right)$$

(10.9)

我们将这一表达式扩展为三项: $I(x_2,t) = T_1(x_2,t) + T_2(x_2,t) + T_3(x_2,t)$,其中:

$$\begin{cases} T_1(x_2,t) = \left(1 + \int s(x_1)g(x_1,t) e^{-2\pi i x_1 x_2/\lambda F} dx_1\right) \text{rect}\left(\frac{x_2}{D}\right) \\ T_2(x_2,t) = \left(e^{-2\pi i \Delta x x_2/\lambda F} \int s(x_1)g(x_1,t) e^{-2\pi i x_1 x_2/\lambda F} dx_1\right) \text{rect}\left(\frac{x_2}{D}\right) \\ T_3(x_2,t) = \left(e^{2\pi i \Delta x x_2/\lambda F} \int s^*(x_1)g^*(x_1,t) e^{2\pi i x_1 x_2/\lambda F} dx_1\right) \text{rect}\left(\frac{x_2}{D}\right) \end{cases}$$

(10.10)

在解码时,第一步是对 $I(x_2,t)$ 进行傅里叶逆变换,这一过程使得上述三个项在空间上得到分离。由于指数项 $e^{\pm 2\pi i \Delta x x_2/\lambda F}$ 的存在,T_1 项将出现在光轴上,T_2、T_3 项将出现在 $+1$ 和 -1 级上。该分离让我们可以只研究我们感兴趣的项,即 T_2 项。T_2 的傅里叶逆变换可以写作

$$\text{I.F.T}\{T_2(x_2,t)\} = s(x_3 - \Delta x)g(x_3 - \Delta x,t) \otimes \left(D\text{sinc}\left(\frac{x_3}{\lambda F}D\right)\right)$$

(10.11)

其中,$\otimes$ 表示卷积。前两项是先将物体的傅里叶变换乘以掩模和由德尔塔函数导致的位移项,再对所得到的整体进行傅里叶逆变换的结果。德尔塔函数是在 T_2 中的积分之前的指数项进行傅里叶逆变换的结果。最后一项是 rect 函数的傅里叶变换。

按照第 10.3 节相同的方法,我们可以计算出解码掩模。我们将计算出的项乘以解码图样并进行时间平均,得出

$$R(x_3) = \int \text{I.F.T}\{T_2(x_3,t)\} g(x_3 - \Delta x,t) dt$$

(10.12)

将式(10.11)代入式(10.12)得出

$$R(x_3) = \int s(x_3 - \Delta x)g(x_3 - \Delta x,t) \otimes \left(D\text{sinc}\left(\frac{x_3}{\lambda F}D\right)\right) g(x_3 - \Delta x,t) dt$$

(10.13)

现在我们看一下式(10.13)中与时间相关的项,也就是纳米粒子掩模。由于纳米粒子体积小且随机分布,我们可以将此项写作

$$\int g(x' - \Delta x, t) g(x_3 - \Delta x, t) \, \mathrm{d}t = \kappa + \delta(x' - x_3) \qquad (10.14)$$

然后得出重建公式:

$$R(x_3) = D\kappa \int s(x' - \Delta x) \mathrm{sinc}\left(\frac{x_3 - x'}{\lambda F}D\right) \mathrm{d}x' + \Delta x s(x_3 - \Delta x) \qquad (10.15)$$

其中,第一项是来自式(10.13)的卷积,其对应的是低分辨率图像,将高分辨率物体和由 CCD 的有限尺寸而产生的 sinc 函数进行卷积就能得出该图像。第二项是我们感兴趣的项,它是所述方法所得到的高分辨率重建结果。图 10.5 给出的是对原始物体、低分辨率物体和超分辨率重建的仿真结果。

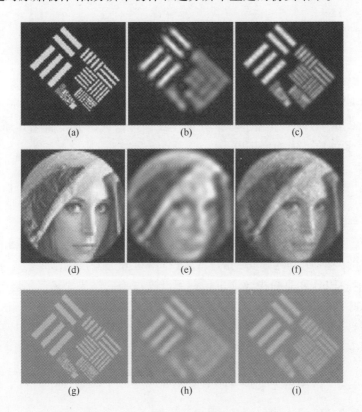

图 10.5　二进制振幅分辨率板(第一行),Lena 图像(第二行)和相位分辨率板(第三行)的数值模拟。左边一列为原始高分辨率物体;中间一列为低分辨率数字全息图;右边一列为使用了金属纳米粒子的超分辨率物体。出处:Zalevsky Z.,Gur E.,Garcia J.,Micó V.,and Javidi B.,(2012). 图片已经美国光学学会许可复制

228

10.5 数字全息术的视场扩大

通过在物平面内放置纳米粒子可以提高分辨率,这一效果可以用傅里叶变换的不确定性原理来解释。此原则指出

$$\Delta x \Delta f_x = \text{const} \tag{10.16}$$

其中,x 是空间坐标,f_x 是空间频率。Δ 表示这两个参数中任意一个的不确定性或是取值范围。通过在物平面使用金属纳米粒子,我们把在每个时间范围内的物体采样范围限制到更小的 Δx 内,此时 Δx 的大小等于金属纳米粒子的大小;因此,Δf_x 会增大,也就是说,照相机可以记录下更多的空间频率。由于在光学傅里叶变换中,频率对应真实的空间坐标,这就意味着我们实际上需要在傅里叶平面增加 CCD 的尺寸。并且根据上面的讨论,我们可以看出就乘积因子而言,傅里叶变换和傅里叶逆变换是一样的,因此,如果我们减少 CCD 平面(傅里叶平面)内的采样点,就可以在物平面内得到更大的视场。而由于 CCD 上像素的大小有限,因此我们无法得到足够大的视场,但是使用金属纳米粒子我们就可以在 CCD 平面上进行二次采样,从而在物平面内获得更大范围的视场。

在这种情况下,我们感兴趣的项 T_2 等于

$$T_2(x_2) = \left[\left(e^{-2\pi i \Delta x x_2 / \lambda F} \int s(x_1) e^{-2\pi i x_1 x_2 / \lambda F} dx_1 \right) g(x_2, t) \right] \otimes p(x_2) \tag{10.17}$$

其中 $p(x_2)$ 就是 PSF,其降低了所记录的数字全息图的分辨率(原因在于 CCD 像素大小有限)。解码过程包括与高分辨率图案 $g(x_2, t)$ 相乘、傅里叶逆变换以及时间平均操作:

$$R(x_3) = \int \text{I. F. T}\{ T_2(x_2) g(x_3, t) \} dt \tag{10.18}$$

从而

$$R(x_3) = \iint \left[\left(s(x_3 - \Delta x) \otimes G\left(\frac{x_3}{\lambda F}, t \right) \right) P\left(\frac{x_3}{\lambda F}, t \right) \right] \otimes G\left(\frac{x_3}{\lambda F}, t \right) dt \tag{10.19}$$

其中,G 和 P 分别为 g 和 p 的傅里叶变换。由于

$$\int G\left(\frac{x'}{\lambda F}, t \right) G\left(\frac{x_3 - x'_3}{\lambda F}, t \right) dt = \delta(x' - x_3 - x'_3) + \kappa \tag{10.20}$$

所以

$$R(x_3) = s(x_3 - \Delta x) \int P\left(\frac{x'_3}{\lambda F}, t \right) dx'_3 + \kappa \eta_S \eta_P \tag{10.21}$$

其中,η_S 和 η_P 分别为 S 和 P 的平均值。图 10.6 给出了这种方法的仿真结果。

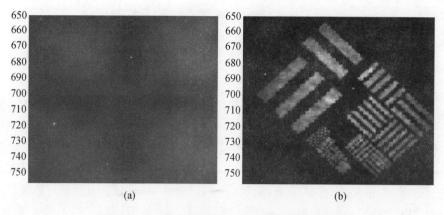

图 10.6 数字全息图视场重建的数值模拟结果

(a)视场减小到原来的1/8；(b)使用纳米粒子掩模方法，对原始视场进行的成功复原。

出处：Zalevsky Z. , Gur E. , Garcia J. , Micó V. , and Javidi B. , (2012).

图片已经美国光学学会许可复制。

10.6 消除直流项和孪生像

在同轴全息方法中，我们也可以使用同样的技术来消除记录的全息图中的DC项和孪生像。假设在一幅全息图中金属纳米粒子放置在靠近物体的位置，则时变记录帧可以写成

$$I(x,t) = |a(x)g(x,t) + A|^2 \qquad (10.22)$$

其中，参照物被假定为平面波。与之前一样，我们拍摄多帧图像，从而确定纳米粒子的位置，并计算每帧的解码掩模 $\bar{g}(x,t) \approx g(x,t)$。随后每帧图像都以数字化的形式乘上纳米粒子掩模的复共轭，并对所有帧进行时间平均：

$$O(x) = \int I(x,t)\bar{g}^*(x,t)\,\mathrm{d}t \qquad (10.23)$$

式(10.23)也可以写作

$$O(x) = \int |A|^2 \bar{g}^*(x,t)\,\mathrm{d}t + \int |a(x)g(x,t)|^2 \bar{g}^*(x,t)\,\mathrm{d}t$$

$$+ \int A^* a(x)g(x,t)\bar{g}^*(x,t)\,\mathrm{d}t + \int A a^*(x)g^*(x,t)\bar{g}^*(x,t)\,\mathrm{d}t$$

$$(10.24)$$

现在我们想要去掉除第三项外的所有项，该项包含着实际的成像物体。为此，我们选择的纳米粒子应满足如下条件：

230

$$g(x,t) = \exp(i\phi(x,y)) \tag{10.25}$$

其中,$\phi(x,t)$有四种取值:$\phi(x,t) = n\pi/2 (n = 0,1,2,3)$,这四个值可源自四个不同种类的纳米粒子。由于在计算得出的解码掩模中我们不仅需要知道纳米粒子的位置,还要知道其相位,所以我们可以通过判断已经放置好的纳米粒子属于四个种类中的哪一类来确定其相位。并且我们还可以根据纳米粒子的不同颜色、形状、散射横截面等判断。观察式(10.25),我们发现式(10.24)中的第三项等于

$$\int A^* a(x) g(x,t) \bar{g}^*(x,t) \mathrm{d}t = \int A^* a(x) \mathrm{d}t = \Delta T A^* a \tag{10.26}$$

其中,ΔT为积分时间。鉴于纳米粒子掩模的随机性以及与每个纳米粒子相关联的相位值,其他项的平均值为零,即

$$\int \bar{g}^*(x,t) \mathrm{d}t = \int g^*(x,t) \bar{g}^*(x,t) \mathrm{d}t = \int |g(x,t)|^2 \bar{g}^*(x,t) \mathrm{d}t = 0$$
$$\tag{10.27}$$

从而得到

$$O(x) = \Delta T A^* a \tag{10.28}$$

这就是我们的成像物体,其振幅和相位得以保留。图 10.7 给出的是对 1000 帧记录帧进行重建的仿真结果。图 10.7(a)中的重建振幅图像的噪声图案是该重建的结果,并取决于帧数。

图 10.8 给出的是根据仿真结果计算出的相位重建的相对误差。通过计算图像中所有像素误差的平均值,我们可以发现,即使只记录 100 帧,误差也小至 0.5%,并且随着帧数的增加而迅速减小。这表明使用金属纳米粒子可以精确重建物体相位。

(a)

(b)

(c)   (d)

图 10.7　振幅和相位重建的仿真结果,振幅为一幅 Lena 图像,相位呈高斯分布
(a)原始场振幅;(b)重建场振幅;(c)原始场相位;(d)重建场相位。
出处:Meiri A. , Gur E. , Garcia J. , Micó V. , Javidi B. , and Zalevsky Z. , (2013).
图片已经 SPIE 许可复制。

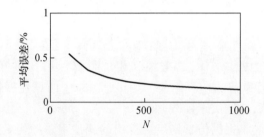

图 10.8　相位误差与帧数之间的函数关系。出处:Meiri A. , Gur E. , Garcia J. ,
Micó V. , Javidi B. , and Zalevsky Z. , (2013). 图片已经 SPIE 许可复制

10.7　其 他 应 用

随机纳米粒子掩模编码的方法也可用于其他领域。接下来我们以联合变换相关器(Joint Transform Correlator,JTC)为例进行介绍[24]。JTC 这一系统可以用于计算所有光学装置中两个函数的关联卷积。图 10.9 是 JTC 的装置图。平行准直光束入射到位于透镜 L_1 焦平面处的两个物体 h_1、h_2 上。记录介质放置在透镜后聚焦面上:参见图 10.9(a)。为了获得我们所想要的结果(h_1 和 h_2 间的关联卷积),我们用平行光束照射记录的透明片。透明片位于透镜 L_2 的焦平面上。在透镜的后聚焦面上可以看到出射结果,见图 10.9(b)。

图 10.9(c)介绍的是使用金属纳米粒子随机掩模的情况。我们将纳米粒子放于靠近物体 h_1 处,将有着和式(10.25)不同的相位。接下来我们可以计算出

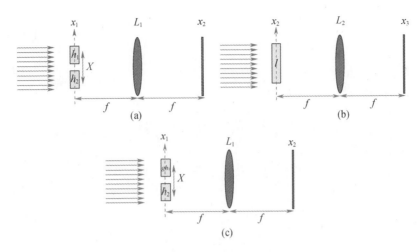

图 10.9   联合变换相关器

(a)记录滤波器;(b)所得到的输出结果。

透明片所记录的强度。在平面 x_1 中的光场可以写作

$$U_1(x_1,t) = h_1(x_1 - X/2)g(x_1 - X/2,t) + h_2(x_1 + X/2) \tag{10.29}$$

其中,g 是随时间变化的纳米粒子相位编码。在透镜 L_1 的后焦平面上,我们发现光场的傅里叶变换可表示为

$$U_2(x_2,t) = \frac{1}{\lambda f} H_1\left(\frac{x_2}{\lambda f}\right) \otimes G\left(\frac{x_2}{\lambda f},t\right)e^{-j\pi x_2 X/\lambda f} + \frac{1}{\lambda f} H_2\left(\frac{x_2}{\lambda f}\right)e^{j\pi x_2 X/\lambda f} \tag{10.30}$$

其中,$\otimes$表示卷积。因此,由透明片记录的强度可写为

$$I(x_2,t) = \frac{1}{\lambda^2 f^2}\left[\left| H_1\left(\frac{x_2}{\lambda f}\right) \otimes G\left(\frac{x_2}{\lambda f},t\right) \right|^2 + \left| H_2\left(\frac{x_2}{\lambda f}\right) \right|^2 \right]$$

$$+ \frac{1}{\lambda^2 f^2}\left[H_1\left(\frac{x_2}{\lambda f}\right) \otimes G\left(\frac{x_2}{\lambda f},t\right)H_2^*\left(\frac{x_2}{\lambda f}\right)e^{-j2\pi x_2 X/\lambda f} \right]$$

$$+ \frac{1}{\lambda^2 f^2}\left[H_1^*\left(\frac{x_2}{\lambda f}\right) \otimes G^*\left(\frac{x_2}{\lambda f},t\right)H_2\left(\frac{x_2}{\lambda f}\right)e^{j2\pi x_2 X/\lambda f} \right] \tag{10.31}$$

现在我们计算纳米粒子掩模的傅里叶变换,将每帧图像乘以对应计算出来的掩模,并进行时间平均:

$$\int I(x_2,t) G\left(\frac{x_2}{\lambda f},t\right)\mathrm{d}t \tag{10.32}$$

结果为

$$I(x_2,t) = \frac{1}{\lambda^2 f^2}\int\left[\left| H_1\left(\frac{x_2}{\lambda f}\right) \otimes G\left(\frac{x_2}{\lambda f},t\right) \right|^2 + \left| H_2\left(\frac{x_2}{\lambda f}\right) \right|^2 \right] G\left(\frac{x_2}{\lambda f},t\right)\mathrm{d}t$$

$$+ \frac{1}{\lambda^2 f^2}\left[\int H_1\left(\frac{x_2}{\lambda f}\right) \otimes G\left(\frac{x_2}{\lambda f},t\right)H_2^*\left(\frac{x_2}{\lambda f}\right)e^{-j2\pi x_2 X/\lambda f}G\left(\frac{x_2}{\lambda f},t\right)\mathrm{d}t \right]$$

$$+ \frac{1}{\lambda^2 f^2} \left[\int H_1^* \left(\frac{x_2}{\lambda f} \right) \otimes G^* \left(\frac{x_2}{\lambda f}, t \right) H_2 \left(\frac{x_2}{\lambda f} \right) e^{j2\pi x_2 X / \lambda f} G \left(\frac{x_2}{\lambda f}, t \right) dt \right]$$

$$(10.33)$$

我们对时间进行积分,可以得到

$$
\begin{cases}
\int \int \left| H_1 \left(\frac{x_2}{\lambda f} \right) \otimes G \left(\frac{x_2}{\lambda f}, t \right) \right|^2 G \left(\frac{x_2}{\lambda f}, t \right) dt = 0 \\
\int \left| H_2 \left(\frac{x_2}{\lambda f} \right) \right|^2 G \left(\frac{x_2}{\lambda f}, t \right) dt = 0 \\
\int G \left(\frac{x_2}{\lambda f}, t \right) G \left(\frac{x_2}{\lambda f}, t \right) dt = 0 \\
\int G^* \left(\frac{x_2}{\lambda f}, t \right) G \left(\frac{x_2}{\lambda f}, t \right) dt = \text{const}
\end{cases}
$$

$$(10.34)$$

在式(10.34)中的前三个积分里,有一个剩余的时变相位项,只有在第4个积分中该项平均值为零,可以去掉。我们利用第10.6节介绍的方法来计算纳米粒子的掩模:我们有四种纳米粒子,其相位各不相同 $\phi(x,t) = n\pi/2$ $(n = 0, 1, 2, 3)$。纳米粒子的掩模为

$$g(x,t) = \exp(i\phi(x,y)) \qquad (10.35)$$

现在我们可以确定出每个纳米粒子的位置,并且通过判断粒子的种类从而确定与之相关的相位。因此可以得到

$$\int I(x_2, t) G \left(\frac{x_2}{\lambda f}, t \right) dt = \frac{1}{\lambda^2 f^2} H_1^* \left(\frac{x_2}{\lambda f} \right) H_2 \left(\frac{x_2}{\lambda f} \right) e^{j2\pi x_2 X / \lambda f} \qquad (10.36)$$

当照射透明片(图10.9(b))时,输出光场为式(10.36)的傅里叶变换,可以表示为

$$U_3(x_3) = \frac{1}{\lambda f} \left[h_1^* (-x_3) \otimes h_2(x_3) \otimes \delta(x_3 + X) \right] \qquad (10.37)$$

此结果便是物体 h_1 和 h_2 在空间中平移 X 距离后的互关联。

参 考 文 献

[1] Gabor D. , A new microscopic principle, *Nature*, **161**, 777 – 778, (1948).

[2] Goodman J. W. , Introduction to Fourier optics, *Roberts and Company Publishers*, (2005).

[3] Leith E. N. , and Upatnieks J. , Reconstructed wavefronts and communication theory, *JOSA*, **52**, 1123 – 1128, (1962).

[4] Liu G. and Scott P. D. , Phase retrieval and twin – image elimination for in – line Fresnel hol-

ograms, *JOSAA*, **4**, 159 – 165, (1987).

[5] Onural L. and Scott P. D. , Digital decoding of in – line holograms, *Optical Engineering*, **26**, 261124 – 261124, (1987).

[6] Zhang Y. and Zhang X. , Reconstruction of a complex object from two in – line holograms, *Optics Express*, **11**, 572 – 578, (2003).

[7] Jain P. K. , Lee K. S. , El – Sayed I. H. , and El – Sayed M. A. , Calculated absorption and scattering properties of gold nanoparticles of different size, shape, and composition: applications in biological imaging and biomedicine, *The Journal of Physical Chemistry B*, **110**, 7238 – 7248, (2006).

[8] Brioude A. , Jiang X. C. , and Pileni M. P. , Optical properties of gold nanorods: DDA simulations supported by experiments, *J. Phys. Chem. B*, **109**, 13138 – 13142, (2005).

[9] Susie E. and El – Sayed M. A. , Why gold nanoparticles are more precious than pretty gold: Noblemetal surface plasmon resonance and its enhancement of the radiative and nonradiative properties of nanocrystals of different shapes, *Chemical Society Reviews*, **35**, 209 – 217, (2006).

[10] Link S. , Mohamed M. B. , and El – Sayed M. A. , Simulation of the optical absorption spectra of gold nanorods as a function of their aspect ratio and the effect of the medium dielectric constant, *The Journal of Physical Chemistry B*, **103**, 3073 – 3077, (1999).

[11] Kelly K. L. , Coronado E. , Zhao L. L. , and Schatz G. C. , The optical properties of metal nanoparticles: the influence of size, shape, and dielectric environment, *J. Phys. Chem. B*, **107**, 668 – 677, (2003).

[12] Su K. H. , Wei Q. H. , Zhang X. , Mock J. J. , Smith D. R. , and Schultz S. , Interparticle coupling effects on plasmon resonances of nanogold particles, *Nano Letters*, **3**, 1087 – 1090, (2003).

[13] Jain P. K. , Huang W. , and El – Sayed M. A. , On the universal scaling behavior of the distance decay of plasmon coupling in metal nanoparticle pairs: a plasmon ruler equation, *Nano Letters*, **7**, 2080 – 2088, (2007).

[14] Browning L. M. , Huang T. , and Xu X. N. , Far – field photostable optical nanoscopy (PHOTON) for real – time super – resolution single – molecular imaging of signaling pathways of single live cells, *Nanoscale*, **4**, 2797, (2012).

[15] Valeur B. , Molecular fluorescence: principles and applications, *VCH Verlagsgesellschaft Mbh*, (2002).

[16] Diaspro A. , Nanoscopy and multidimensional optical fluorescence microscopy, *Chapman & Hall*, (2009).

[17] Gur A. , Fixler D. , Mic V. , Garcia J. , and Zalevsky Z. , Linear optics based nanoscopy, *Optics Express*, **18**, 22222 – 22231, (2010).

[18] Inouye Y. and Kawata S. , Near – field scanning optical microscope with ametallic probe tip, *Optics Letters* **19**, 159 – 161, (1994).

[19] Andersson S. B. , Precise localization of fluorescent probes without numerical fitting, in *4th IEEE International Symposium on Biomedical Imaging: From Nano to Macro*, ISBI 2007 252 – 255, (2007).

[20] Cheezum M. K. , Walker W. F. , and Guilford W. H. , Quantitative comparison of algorithms for tracking single fluorescent particles, *Biophysical Journal*, **81**, 2378 – 2388, (2001).

[21] Carter B. C. , Shubeita G. T. , and Gross S. P. , Tracking single particles: a user – friendly quantitative evaluation, *Physical Biology*, **2**, 60, (2005).

[22] Pertsinidis A. , Zhang Y. , and Chu S. , Subnanometre single – molecule localization, registration and distance measurements, *Nature*, **466**, 647 – 651, (2010).

[23] Zalevsky Z. , Gur E. , Garcia J. , Mic V. , and Javidi B. , Superresolved and field – of – view extended digital holography with particle encoding, *Optics Letters*, **37**, 2766 – 2768, (2012).

[24] Weaver C. S. , and Goodman J. W. , A technique for optically convolving two functions, *Applied Optics*, **5**, 1248, (1966).

236

第三部分
多维成像与显示

第 11 章　三维积分成像与显示

Manuel Martínez – Corral[1], Adrián Dorado[1], Anabel Llavador[1],
Genaro Saavedra[1], Bahram Javidi[2]
[1]西班牙瓦伦西亚大学光学系
[2]美国康涅狄格大学电气与计算机工程系

11.1　引　言

传统照相机无法记录其物镜透射进来的光所携带的所有信息,这确实影响着图像像素传感器的方方面面[1]。任一像素上收集到的辐照度都与所有光的辐照度总和成正比,与光的入射角无关。因此,用传统照相机拍摄的一幅普通照片自然会包含原 3D 物体的一幅 2D 图像(换言之,一幅像素化的 2D 辐照度图),在这幅图像(强度图)中,关于入射光线的振幅和角度(相位)信息全部丢失。

如果有一个系统能将来自原始 3D 场景的所有光线的辐照度和角度方向记录成一幅图像,这将是一件极其有趣的事情。这样的一幅图曾以不同方式进行命名,如积分照相、积分成像、光场图甚至全光图。

人们对 3D 图像捕获和显示的兴趣由来已久。事实上,早在 1838 年,Wheatstone[2]就通过首个立体镜处理了 3D 图像的显示问题。不久后,Rollman 在面对相同的问题时提出了基于立体影片的解决方案[3]。但是这些技术及此后所发展的所有立体技术均存在一个主要问题:它们实际上并不对一个 3D 场景进行 3D 重建。相反,它们会生成一对立体图像,当其投影到左右眼的视网膜上时,会让大脑有种透视视觉和深度辨别的感觉。无论观看者与屏幕的相对位置如何,立体视觉法给不同观看者提供的是相同的透视图;除此之外,立体视觉法的主要缺点来自光线会聚与眼睛自适应性调节之间的相互冲突[4]。当眼球通过自适应调节对焦到某个距离上时,就会出现这样的冲突,而无论眼轴会聚设为何种不同的距离。这是一个高度不自然的心理过程,长时间观看会引起视觉的不适。

首个提出不需要使用任何特殊眼镜就可以显示或观看 3D 图像的方法的科学家是 Gabriel Lippmann,他于 1908 年就提出了积分照相术(Integral Photography,IP)[5-7]。Lippmann 的想法是,如果假设存储了场景的多个视角下的视图,就有可能用一个2D传感器记录下3D场景的信息。为了达到这一目的,Lippmann提出拿掉照相机中的物镜,取而代之的是将一个微透镜阵列(MicroLens Array,MLA)嵌到传感器前方。这种方式可以记录一幅积分图像(Integral Image,InI),即采集了场景不同视角下的基本图像。按照Lippmann的方法所获取的积分图像可以用在许多方案中。其中之一便是用于实现一个IP数字监视器[8-10]。为了完成该项任务,有必要将基本图像的集合投影到一个像素化的显示器上,如液晶显示屏(Liquid Crystal Display,LCD)或LED显示器,并在显示器正前方插入一个微透镜阵列,该MLA与前述获取图像时所使用的阵列类似。在显示过程中,LCD面板的每个像素都会发射出一个光锥,每个光锥在穿过相应的微透镜后会在自由空间产生一个光柱。所有光柱的交点会在显示器前方形成一个辐照度分布,这个辐照度分布将重现原始3D场景的辐照度。这种分布就会让人在进行连续全视差观看时产生3D的感觉,而与他所处的位置无关。由于观看者正在观看的是真实的聚光,所以不存在光线会聚与眼睛适应性调节之间的相互冲突。

积分照相术与全息术类似,由于不需要使用特殊眼镜,所以积分照相术通常被归类为自动立体化技术。但是,自动立体化是一个误导性的名称,因为这个名称意味着积分照相术好像是建立在立体视觉法基础上的,但显然事实并非如此。

Davies和McCormick[11],以及后来的Adelson和Wang[12]提出了另外一种获取积分图像的替代架构。该技术包括在传统照相机的后焦平面(传感器前方)插入一个微透镜阵列。按照这种方式,能够获取远处3D场景中的辐照度图(或全光图)。这种替代架构被命名为全光照相机[1,13,14]、光场照相机[14,15]以及远场IP照相机[16,17]。

积分照相术这一概念最初用于3D图片或电影的拍摄和显示。从这种意义上说,人们在研究如何提高显示分辨率[18-22]、视角[23-25]或景深[26-29]方面已取得了许多重要进展。然而,在过去的几年里,非相干3D场景辐照度分布的计算和重建已经成为这一技术的主要应用领域[30-36]。这种重建对于3D物体的深度分割[37-40],或对于正常照度[41-44]或低照度[45,46]条件下的3D物体感应和识别而言都非常有用。积分照相术这一概念还有其他一些有趣的应用,如3D环境移动物体跟踪[47,48]、偏振鉴别[49]、3D超光谱信息整合[50]、3D显微[51-53]甚至波前感应[54]。

本章旨在以简单的方式揭示积分照相术概念背后的理论、不同的获取辐照图方式之间的关系,以及在3D场景显示时的3D深度重建算法和方法。为此,我们将本章分成了8个小节。在第11.2节中,我们将介绍传统2D图像获取的基本理论。在第11.3节中,我们将定义全光函数和相应的变换规则。在第11.4节中,我们将描述捕捉全光图的不同方法。在第11.5节中,我们将研究当改变参考平面时全光图所需进行的变换,并且还将计算与任一平面相关联的 2D 图片。在第 11.6 节中,我们将根据不同方法所获取的全光图分别进行 3D 场景的重建计算。在第 11.7 节中,我们将介绍如何实现 3D IP 显示。最后,在第 11.8 节中,我们将总结本章的主要成果。

11.2　基　本　理　论

漫反射的或自发光的物体可以被视作各向同性发光点源的连续分布。尽管用球面波前概念能够很自然地描述这一发射过程,但是在下文中,我们将假定我们所要处理的现象可用射线光学理论进行很好的描述,其中,射线是光能的载体并且呈直线传播。我们还假定点源是互不相干的,这样,它们所发射的光不会发生干涉。

捕获 3D 场景出射光所采用的最常见的设备就是照相机。如图 11.1 所示,为了获取一个 3D 场景的图像,照相机被设置为传感器与物体空间的一个平面(即参考平面)共轭。该平面上各点发射出来的光都被快速记录在像素化传感器中。该传感器还记录了离焦点所发出的光,但有些模糊,其模糊程度取决于拍摄系统的几何参数。由于电子传感器的行为非常近似于线性,任何像素都会记录影响该像素的所有光线的辐照度总和。因此,所拍摄的图像包含场景中位于参考平面上的各个部分的清晰图片,以及该场景其余部分的模糊信息。但是,所拍图像并不包含任何照射到像素上的光线辐照度的个性化信息(如振幅和相位)。这种角度信息的缺失会阻碍所拍摄的图像从传统图片中复原该场景的 3D 结构。

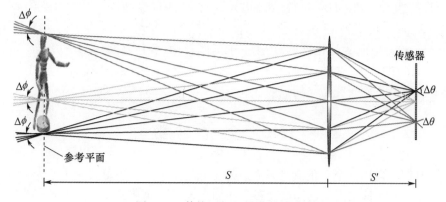

图 11.1　传统照相机的光学原理图

可以准确描述传播光线的角度和空间信息的光度称为辐照度,定义为在给定方向上由不同表面射出的单位立体角单位面积 A 上的辐射光通量 Φ。辐照度用数学术语可表示为

$$L = \frac{\mathrm{d}^2 \Phi}{\mathrm{d}\Omega \mathrm{d}A \cos\theta} \qquad (11.1)$$

式中,θ 表示表面的法线与指定方向之间的角度。该定义允许将光线的概念划定为由一个无穷小的立体角所限定的光锥 $\mathrm{d}\Omega$,如图 11.2 所示。3D 场景所发辐照的 3D 空间分布通常称为光场或全光场。

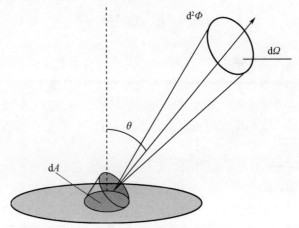

图 11.2　辐照度定义的原理图

可以通过光轨迹上的一个点的空间坐标 $r = (x, y, z)$ 和描述其倾斜的角坐标 $\theta = (\theta, \Phi)$ 来参数化该光线。然后,在空间中给定一个区域,可用五维(5D)函数描述全光场。假设光线在没有遮挡物和漫反射介质的区域里传播,则光线的方向和辐照度不会随着传播而发生改变。那么在描述全光场时就可以省掉一个维度,通过四维(4D)函数就可以对全光场进行参数化。按照 Georgiev 和 Lumsdaine[13] 的文章所述内容,我们可以把全光函数表示为 $L(x, \theta)$,式中 $x = (x, y)$。然而,为简化起见,在接下来的图解中,我们将考虑当全光函数为二维 $L(x, \theta)$ 的情况,这样,我们就只需考虑一个平面上的光线传播。自然,这种简化不会降低下面研究工作的一般性。

11.3　全光函数

我们可以用一个单色点光源生成的全光场是一个最简单的例子。为了构建 4D 全光函数,首先需要选择全光参考平面。该平面通常需要垂直于光束传播的主要方向。然后,需要评估影响到达全光参考平面的光线的倾斜度。假定点源各向同性地辐射,在一个平面(该平面与点源相距 z_0)上的全光场可用斜率为 $\mu = 1/z_0$ 的直线进行表示,因为交点的空间坐标和倾斜角成正比(在近轴近似的适用范围内),如图 11.3 所示。

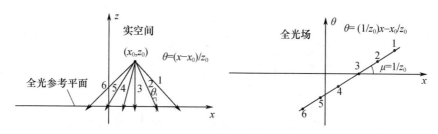

图 11.3　单色点光源所产生的全光场

　　一个平行于全光参考平面的平面物体所产生的全光场,有着与上述全光场类似的复杂度。物体上任意点在全光图中都可表示为一条直线。平面物体所有点(即所有物点)所产生的倾斜线组成了光束,进而构成了全光场,如图 11.4所示。

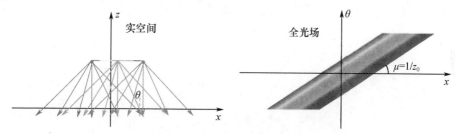

图 11.4　单色平面光源所产生的全光场

　　搞清楚当光在自由空间中传播时或当光透过一个会聚透镜后其全光函数将如何变化,这是一件非常有趣的事情。利用一个传递矩阵[55]可以将这些变换形式化。自由空间传播是指空间坐标的改变而非倾斜角的改变,如图 11.5(a)所示。该传递矩阵的形式如下:

$$T = \begin{bmatrix} 1 & t \\ 0 & 1 \end{bmatrix} \tag{11.2}$$

其中,t 表示传播距离。通过坐标变换可从原始全光场中获得经传播的全光场:

$$\begin{bmatrix} x' \\ \theta' \end{bmatrix} = \begin{bmatrix} 1 & t \\ 0 & 1 \end{bmatrix} \begin{bmatrix} x \\ \theta \end{bmatrix} = \begin{bmatrix} x + t\theta \\ \theta \end{bmatrix} \tag{11.3}$$

可将该公式理解为在空间坐标方向上全光函数的剪切,如图 11.6(a)所示。

　　另一个有趣的事情是弄明白当光透过一个会聚透镜后其全光场会发生了什么样的变化。如图 11.5(b)所示,这种变换意味着入射光线倾斜角的变化,但非空间坐标的改变。根据文献[55],该变换矩阵为

$$C = \begin{bmatrix} 1 & 0 \\ -1/f & 1 \end{bmatrix} \tag{11.4}$$

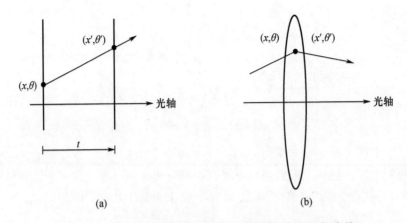

图 11.5　关于(a)自由空间传播和(b)透镜折射的坐标变换

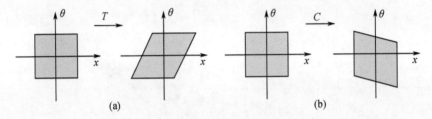

图 11.6　因(a)自由空间传播和(b)透镜折射造成的全光函数剪切

式中,f表示透镜焦距。光经透镜折射之后的全光场能根据入射光获得:

$$\begin{bmatrix} x' \\ \theta' \end{bmatrix} = \begin{bmatrix} 1 & 0 \\ -1/f & 1 \end{bmatrix} \begin{bmatrix} x \\ \theta \end{bmatrix} = \begin{bmatrix} x \\ -x/f + \theta \end{bmatrix} \tag{11.5}$$

在这种情况下,全光函数也会遭到剪切,但此时是发生在角度方向上的剪切,如图 11.6(b)所示。

需要注意的是,根据某一平面上所估算的全光函数,可以通过对该平面上的所有点的辐射进行简单求和来计算"图像"。用数学术语表示就是,可以通过计算全光函数的阿贝尔(Abel)变换[56](或空间轴上的角投影)来实现,即

$$I(x) = \int L(x,\theta)\mathrm{d}\theta \tag{11.6}$$

当采用传统照相机来记录 3D 场景所发射的光时,照相机上任一像素都会获取恰好通过其在物体参考平面中的共轭点的所有光线(图 11.1)。用全光场进行表示就是,照相机上任一像素都会捕获垂直段中所包含的全光场,其垂直段的长度就等于照相机透镜孔径所对的角,参见图 11.7。当然,所记录的图像是通过全光函数的阿贝尔变换得到的。显而易见的是,在照相镜头中,角度信息丢失了,因此 3D 信息也丢失了。

244

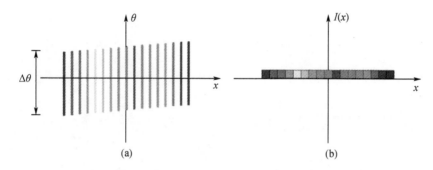

图 11.7　(a)传统照相机获得的全光场,(b)记录的图像,以全光场角投影的方式获得

11.4　全光场的获取方法

11.4.1　积分照相术

有一种非常聪明的方法来记录 3D 物体所产生的全光场的采样信息,即采用多视角照相机系统。Lippmann[5] 提出,这类系统可以通过将一个微透镜阵列放置在一个光传感器前面来实现。实现积分照相获取系统的其他方法是采用一系列放置在一个矩形网格中的数码照相机,这在记录大型 3D 场景的全光场时很有用。任意一个照相机所拍摄的图像在此均被命名为基本图像。如图 11.8 所示,放置在全光参考平面上的照相机阵列(照相机两两等间距)可以获得全光场的采样信息。每个元素图像都包含从照相机入射光瞳中心通过的光线的角度离散信息。因此,每一幅元素图像都包含全光函数的垂直线上的采样信息(参看图 11.8(b)中的黑色包络圈)。反之,全光图中的水平线对应于穿过参考平面的一系列光线,这些光线彼此等距并且平行(参见图 11.8(b)中的白色包络圈)。我们可以对水平线的像素进行分组以形成 3D 场景的子图像。这些子图像在此称为微图像,是 3D 场景的正交视图。正交意味着图像的比例不依赖于物体与透镜之间的距离。最后,倾斜线(参见蓝色点状包络圈)对应的是 3D 场景中一个点所辐照的全光场。

接下来,我们将介绍一个基于积分照相概念的实验装置获取全光场的典型实验(图 11.9)。尽管目前已出现了一些紧凑型的 IP 获取装置[57,58],但在这里我们使用了名为合成孔径的方法[59],其中所有的元素图像都是用一台数码照相机拍摄的,但该照相机需要进行机械平移。元素图像的同步定位、拍摄和记录都是由一个 LabVIEW® 代码控制的。将数码照相机(佳能 450D)聚焦于木板上,两者之间的距离为 630mm。照相机的参数设置为 $f=18mm, f_\#=22.0$,这样,景深就足够大,能得到整个 3D 场景的清晰图像。在此设置下,我们得到了一组元

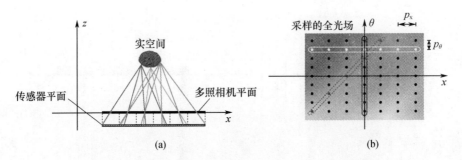

(a)   (b)

图 11.8 （a）用多照相机系统拍摄的全光场；（b）记录的全光场

素图像，共计 $N_H = N_V = 11$ 幅，两两图像的间距为 $P_H = P_V = 10.0$ mm。由于间距小于 CCD 传感器大小（22.2×14.8 mm），所以我们对每幅元素图像进行裁剪以去除黑边部分。此外，我们调整了元素图像的大小，使得所有图像都由 $n_H = n_V = 300$ 个像素组成。

图 11.9 元素图像采集的实验装置实物图

接下来，在图 11.10 中，我们呈现了所拍摄的元素图像子集（$N_H = 11$，$N_V = 5$）。需要注意的是，每幅元素图像存储了 3D 场景的不同角度的信息。根据元素图像集（积分图像），将每幅元素图像中相同局部位置上的像素进行简单的

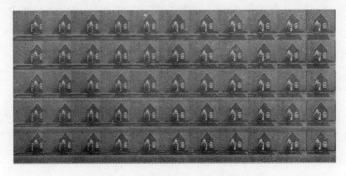

图 11.10 实验获得的元素图像子集

246

提取和组合,我们就能轻而易举地计算出所有的微图像。通过上述操作,我们可以计算出 $N_H \times N_V$ 幅微图像,而每幅微图像都由 $n_H \times n_V$ 个像素组成,其中 $n_H = n_V = 11$, $N_H = N_V = 300$。在图 11.11 中,我们展示了完整的微图像集。

图 11.11 根据积分图像计算而得的微图像。在左上角方框中,
我们展示了 6×6 像素的微图像子集

11.4.2 全光照相机

基于 Lippmann 所提出的概念,有些研究小组(Davies 和 McCormick[11]、Adelson 和 Wang[12],以及后来的 Okano 等人[17])提出了一种新技术,即在单次快照后记录下一个 3D 场景所发出的辐照度。按照 Adelson 和 Wang 的叫法,这种装置称为全光照相机。

该照相机的原理图如图 11.12 所示。在全光照相机中,在传感器的前面安放了一个微透镜阵列。在这种新架构中,3D 场景并不是直接就放在该微透镜阵列前方,而是放在了靠近阵列的投影面,因而这种新结构对于远距离物体成像或者对于诸如显微照相术或检眼镜检查等的特殊应用来说非常有用。在全光方案中,共轭关系非常重要。具体而言,我们需要调整系统,使得参考平面通过照相机透镜与微透镜阵列形成共轭关系[1]。另一方面,像素化传感器与照相机透镜(或者更具体地说,与其出射瞳)通过微透镜进行共轭。传感器所记录的图像在此称为微图像。为了避免微图像之间出现重叠,照相机透镜的孔径角必须与微透镜的孔径角相等。

　　如图 11.12 所示,全光照相机不直接获取 3D 场景射出的全光场,而是拍摄由照相机透镜成像的全光场。但是,由于在它们之间存在简单的比例关系,因而不难计算出物体参考平面的全光场。接下来,在图 11.13 中,我们给出了用图 11.12 中的全光照相机所获取的全光场。需要注意的是,只有中央微透镜的中央像素捕获了倾斜率为 $\theta=0$ 的光线,而非像素捕获了倾斜角正比于相应微透镜中心空间坐标的光线。这就是为什么要对所获取的全光场进行剪切操作的原因。

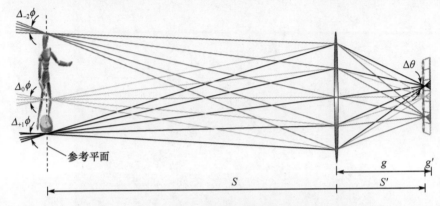

图 11.12　全光照相机原理示意图

　　与我们在第 11.4.1 节中所解释的道理类似,所有垂直叠加内的所有像素都对应着微图像。在此,将在各自的微图像中具有相同相对位置的像素分为一组,从而计算出子图像(参见图 11.13 中的点状包络圈)。正如我们将在后面看到的那样,将对应于微图像的子图像命名为元素图像是合理的,反之亦然。

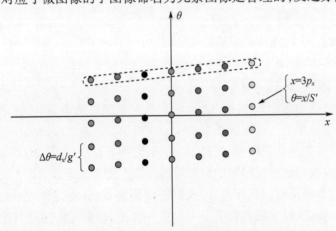

图 11.13　用前一幅图中的全光照相机所获得的抽样全光场

虽然已经出现了一些全光照相机的商业应用[60,61]，但是我们仍然在实验室的开放配置中准备我们自己的全光设备。在图 11.14 中，我们展示了自己的实验设置。采用一个 $f = 100\text{mm}$ 的照相机透镜使得物体参考平面与微透镜阵列共轭。微透镜阵列由 94×59 个焦距为 $f_L = 0.93\text{mm}$ 且方块格尺寸为 $p_x = p_y = 0.222\text{mm}$ 的小透镜（AMUS 公司生产，型号为 APO – Q – P222 – R0.93）组成。照相机的 1:1 大物镜作为中继系统，将微图像成像在照相机的传感器上。

在快照后，我们得到了全光帧，由 94×59 幅微图像组成，每幅微图像的大小为 31×31 像素。全光帧如图 11.15 所示。一对计算所得的子图像如图 11.16 所示。

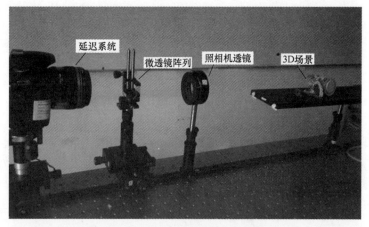

图 11.14　获取全光帧的实验装置

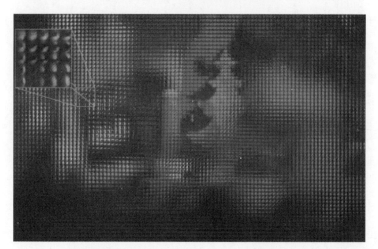

图 11.15　获取的全光帧由 94×59 幅 31×31 像素的微图像组成。
在左上角插图中，展示了一个由 5×5 幅微图像所构成的子集

图 11.16　根据获取的微图像计算而得的两幅子图像(也称元素图像)。根据
图 11.15 中的全光帧,我们可以计算 31×31 幅基本图像,每幅图像的大小为
94×59 像素。需要注意的是,任何一幅子图像都是从不同的角度对 3D 场景进行观测

11.5　在全光空间中漫步

如第 11.3 节中所解释的那样,根据在给定的全光参考平面上估算或获得的全光函数,我们在代数上很容易就能计算出在其他平面上的全光函数,以及这些平面上的 2D 图像。为了例证这一点,我们在全光系统中标记出了一些特殊平面,如图 11.17(a)所示。为了简化计算,在该图中,我们认为微透镜阵列通过照相机透镜与无限远平面共轭,使得 $g=f$。此外,由于 f 比微透镜的焦距大得多,距离 g' 可以近似为 f_L。

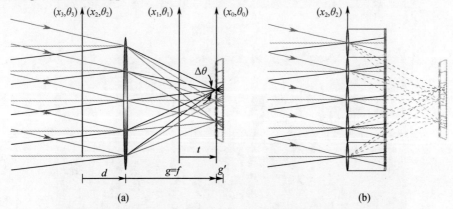

图 11.17　(a)平行于 MLA 的平面上的全光函数的计算原理示意图,
(b)在照相机透镜平面中估算的全光场等价于用 IP 装置所获得的全光场

首先计算下在微透镜阵列前面的一个平面 (x_0, θ_0)(相距 t)上的全光场:

$$\begin{bmatrix} x_1 \\ \theta_1 \end{bmatrix} = \boldsymbol{T}^{-1} \begin{bmatrix} x_0 \\ \theta_0 \end{bmatrix} = \begin{bmatrix} x_0 - t\theta_0 \\ \theta_0 \end{bmatrix} \tag{11.7}$$

因此

$$L_1(x,\theta) = L_0(x - t\theta, \theta) \tag{11.8}$$

所以这一平面上的图片可由下式计算而得：

$$I_1(x) = \int L_0(x - t\theta, \theta)\mathrm{d}\theta \tag{11.9}$$

我们在图 11.18 中例证了这种变换。需要注意的是,式(11.8)和式(11.9)对于正值和负值的 t 均有效,因此,也对微透镜阵列前后的图片计算有效。

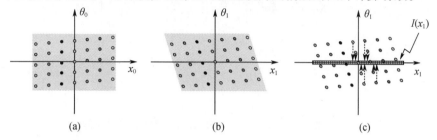

图 11.18　(a)获取的全光场,(b)在平面(x_1,θ_1)上的全光场,
这是在剪切所获得的全光函数之后得到的,以及(c)在平面(x_1,θ_1)
上的辐照度分布,这是在将剪切全光函数进行投影之后得到的

现在我们来计算照相机透镜平面中的全光场(折射前):

$$\begin{bmatrix} x_2 \\ \theta_2 \end{bmatrix} = (\boldsymbol{T} \cdot \boldsymbol{C})^{-1} \begin{bmatrix} x_0 \\ \theta_0 \end{bmatrix} = \begin{bmatrix} 1 & -f \\ 1/f & 0 \end{bmatrix} \begin{bmatrix} x_0 \\ \theta_0 \end{bmatrix} = \begin{bmatrix} x_0 - f\theta_0 \\ x_0/f \end{bmatrix} \tag{11.10}$$

在图 11.19 中,举例说明了这一过程。

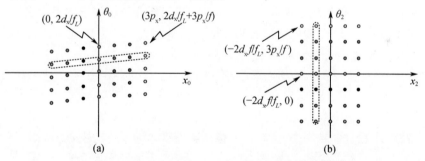

图 11.19　(a)获得的全光场;(b)在紧贴照相机透镜折射
面并位于该折射面之前的平面上的全光场

从式(11.10)和图 11.19(图 11.17(b)中已经举例说明)中我们可以看出,通过将微透镜阵列置于照相机透镜后焦平面所获取的全光场,只不过是全光场的剪切和旋转版本,该全光场是可用置于照相机-透镜平面的一个合适的 IP 系统进行拍摄的。在相反的方向上类似关系同样存在;根据一个 IP 系统所捕获的全光场,可以计算出由合适的全光照相机拍摄的全光场。两种全光场[15]的转换

251

关系,对于根据全光照相机所获微图像计算出元素图像非常有用,反之亦然。利用这一性质我们可以说明图 11.11 中所计算的微图像类似于用合适的全光照相机直接拍摄的微图像。

最后,可以根据全光图像或相应的积分图像计算出平面(x_3, θ_3)上的全光场:

$$\begin{bmatrix} x_3 \\ \theta_3 \end{bmatrix} = \begin{bmatrix} 1 & -d \\ 0 & 1 \end{bmatrix} \begin{bmatrix} x_2 \\ \theta_2 \end{bmatrix} = \begin{bmatrix} 1 - d/f & -f \\ 1/f & 0 \end{bmatrix} \begin{bmatrix} x_0 \\ \theta_0 \end{bmatrix} \tag{11.11}$$

因此该平面上的图片可用下式计算而得:

$$I_3(x) = \int L_2(x - \theta d, \theta) \, \mathrm{d}\theta = \int L_0(x(1 - d/f) - f\theta, x/f) \, \mathrm{d}\theta \tag{11.12}$$

11.6 在不同深度平面上的强度分布重建

正如第 11.5 节中解释的那样,根据一个积分照相装置或一个全光照相机所获得的全光场的采样,我们可以计算出原始 3D 场景在不同横截面上的辐照度分布。尽管积分图像和全光图像携带着相同的信息,但它们适用于不同的方案。特别是,对于重建算法实现而言,使用积分图像更加方便一些,因为积分图像是由少数几个元素图像组成的,每幅图像的像素数较多。

数值重建的算法有很多种。但是所有这些都基于全光函数剪切和阿贝尔转换的相同原理。我们可以更直观地可视化这一过程(图 11.20),通过置于相应微透镜阵列中心的小孔将每个元素图像的像素投影在相应的重建平面之上。

根据这个示意图,我们可以看到重建平面的位置与投影的元素图像的重叠度之间存在明确的关系。具体来说,重叠程度 M 为

$$M = \frac{z_R}{g} = \frac{N}{N - n} \tag{11.13}$$

式中,N 代表每个微透镜的像素数,n 代表与相邻投影元素图像重叠的像素数。显然,重叠程度越高,重建图像的像素数越少。为了避免重建图像出现不平衡的像素值,重建的像素必须进行归一化处理,把有助于任何一个重建像素的投影像素的数量都考虑在内。在投影像素不匹配的平面上(如 n 值为非整数的情况),也可以进行计算重建。但是算法更慢一些,因为它必须评估任一投影像素对重建图像像素的贡献程度。

为了展示重建的性能,我们根据图 11.10 所示的元素图像计算了在某些深度平面上的辐照度分布(即重建图)。重建图如图 11.21 所示。需要注意的是,图像的分辨率与元素图像的分辨率相似[62]。而分割能力,即让失焦平面上图像变模糊的能力,取决于元素图像的数量及其视差。在该实验中,分割能力非常高

252

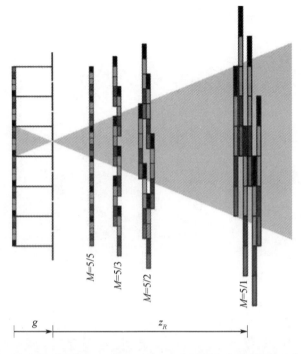

图 11.20　传统重建算法示意图。此图中，每个微透镜像素数均为 $N = 5$

图 11.21　在(a)手平面、(b)眼睛平面、(c)房子平面和(d)木板平面上的 3D 场景重建

以至于在最后一幅重建图像中厨师几乎都消失了。

如前所述，相同的重建算法可以用于图 11.14 中全光实验所获得的图像。在这种情况下，算法的输入不是照相机记录的微图像，而是应用了式(11.10)的变换之后计算而得的元素图像。其重建图像如图 11.22 所示。和先前的情况一样，元素图像的像素数(即微图像的数量)决定了重建图像的分辨率。元素图像的数量(即每幅微图像的像素数)决定了分割能力。这些重建图像的质量比 IP 实验获得的重建图像质量要差一些。这是因为每幅元素图像的像素数要少得多，其视差也小得多。

(a)   (b)   (c)

图 11.22 在(a)旗子平面、(b)杉木平面和(c)图纸平面上的 3D 场景重建

11.7 积分成像显示装置的实现

当人们需要采用积分(或全光)照相术并将图像投影到 IP 显示器上时，需要考虑以下几点。

(1)IP 显示器由一个像素化的显示器(如 LCD 或 LED 显示器)和一个经过调整的微透镜阵列组成，前述调整能使显示面板位于微透镜的前焦平面上。

(2)积分图像(InI)显示器的分辨率是微透镜阵列的像素尺寸(像素数)[63]，所以需要选择一个具有很多个小微透镜的微透镜阵列。

(3)由于透视分辨率取决于任一微透镜后面的传感器像素数，所以需要设置好显示器使得每个微透镜所对应的传感器像素数约为 12~16 个。

(4)对投影到微透镜阵列后面的图像的处理，应以使显示器能投影出无畸变 3D 图像的方式进行。

(5)所显示的 3D 图像应在显示平面的中央，这样 3D 图像的一些部分就会浮于显示面板前，而其他的部分则会显示在其后。

接下来，在图 11.23 中，我们给出了一个积分图像显示器的显示过程示意图。

满足上述所有约束条件的最简单的方式就是将全光帧投影到显示面板上。如前面几节解释的那样，可以直接用全光照相机来记录全光帧。另一个解决方法是用数码照相机阵列记录一组 IP，然后计算变换后的全光帧。IP 和全光拍摄

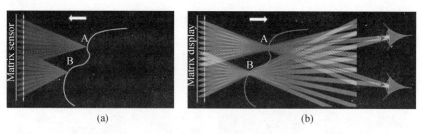

图 11.23　积分照相的拍摄和显示过程原理示意图

(a) 在拍摄阶段,任意一个微透镜都收集了 3D 场景的不同角度信息;(b) 在显示阶段,
显示屏上的任何一个像素都能在透过相应的微透镜之后生成一个光束,
这些光束的交叉形成一个光分布,可用来重建 3D 场景。

这两种方法都需要考虑显示器的参数。比如,我们用带 retina 显示屏的 iPad 作为 IP 显示器,它由 2048×1536 个长宽为 $\Delta x = \Delta y = 89.0$ μm 的 RGB 像素构成,并且采用了一个由 $f_L = 3.0$ mm 且间距 $p_x = p_y = 1.0$ mm 的小透镜所组成的微透镜阵列。因此,全光帧应该由 186×140 个微图像组成,而每幅微图像的大小均为 11×11 像素。

计算而得的全光帧如图 11.11 所示,由微图像精确构成,每幅图像包含 11×11 个像素。因此,它已经做好了被投影到显示装置上的准备。在图 11.24 中我们展示了 IP 显示器的一些视图。可以很容易地看到由显示器显示的 3D 图像的水平和垂直视差。尽管此处无法将其展现出来,但是所显示的场景的一些部分浮出显示器,而其余部分飘进显示器。观看者用双眼可以清楚地看到这些。

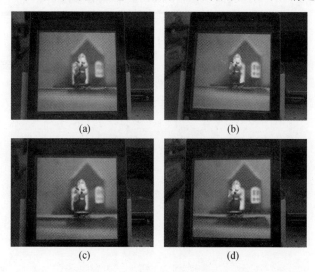

图 11.24　在将图 11.11 所示的全光帧投影到 IP 显示器之后,
显示屏上所显示的 4 幅 3D 图像视图

在我们的第二个显示实验中,我们将直接用全光照相机拍摄所得的全光帧投影到显示面板上,参见图 11.25。需要注意的是,虽然我们在图 11.25 中只展示了水平视差,但是被显示的图像还有垂直视差。根据第 11.6 节所述,该图像的质量比之前的差很多。这是因为所涉及的像素总数要小得多。

(a)   (b)

图 11.25　在将图 11.15 所示的全光帧投影 IP 显示屏之后,
显示屏上所显示的两幅 3D 图像视图

当然也有一些此处未采用的方法可以重新计算全光帧,从而使得微图像的数量和每幅微图像的像素数能够适配于 IP 显示器的参数[64,65]。

11.8　小　　结

本章旨在介绍积分照相术,虽然这种技术早在一个世纪之前就已经提出,但最近人们才发现这种技术是将 3D 照片或影片投影给观众或多人的最有效方法。我们阐释了积分照相概念背后的物理原理以及同一概念的不同实现方式之间的关系。我们也介绍了积分照相术的两种主要实现方式。在这两种方式中,可以采用计算重建算法,也可以采用 IP 显示器。尽管目前积分照相术已得到高度发展,但预计在未来几年还会在分辨率、分割能力、视角和新应用开发方面取得显著进步。

致　　谢

感谢西班牙国家计划 I + D + I(项目编号:DPI2012 - 32994)和加泰罗尼亚自治区政府(项目编号:PROMETEO2009 - 077)对本工作的资金支持。

参 考 文 献

[1] Ng R. , Digital light field photography, *Ph. D. Thesis*, Stanford University, (2006).

[2] Wheatstone C. , Contributionsto the physiology of vision, *Philosophical Transactions of the Royal Society of London*,**4**, 76 – 77, (1837).

[3] Rollmann W. , Notiz zur stereoskopie, *Ann. Phys.* ,**165**, 350 – 351, (1853).

[4] Kooi F. L. and Toet A. , Visual comfort of binocular and 3D displays, *Displays*,**25**, 99 – 108, (2004).

[5] Lippmann G. , Epreuves reversibles donnant la sensation du relief, *J. of Phys.* ,**7**, 821 – 825, (1908).

[6] Ives H. E. , Optical properties of a Lippman lenticulated sheet, *J. Opt. Soc. Am.* ,**21**, 171, (1931).

[7] Burckhardt C. B. , Optimum parameters and resolution limitation of integral photography, *J. Opt. Soc. Am. A*,**58**, 71 – 74, (1968).

[8] Mart nez – Corral M. , Navarro H. , Mart nez – Cuenca R. , Saavedra G. , and Javidi B. , Full parallax 3 – D TV with programmable display parameters, *Opt. Phot. News*,**22**(12), 50, (2011).

[9] Arai J. , Okano F. , Kawakita M. , Okui M. , Haino Y. , Yoshimura M. , *et al.* , Integral three – dimensional television using a 33 – megapixel imaging system, *J. Display Technol.* ,**6**, 422 – 430, (2010).

[10] Miura M. , Arai J. , Mishina T. , Okui M. , and Okano F. , Integral imaging system with enlarged horizontal viewing angle, *Proc. SPIE*,**8384**, 83840o, (2012).

[11] Davies N. , McCormick M. , and Yang L. , Three – dimensional imaging systems: a new development, *Appl. Opt.* ,**27**, 4520 – 4528, (1988).

[12] Adelson E. H. and Wang J. Y. A. , Single lens stereo with plenoptic camera, *IEEE Trans. Pattern Anal. Mach. Intell.* ,**14**, 99 – 106, (1992).

[13] Georgiev T. and Lumsdaine A. , The focused plenoptic camera and rendering, *J. Elect. Imaging*,**19**, 2, (2010).

[14] Ng R. , Levoy M. , Br dif M. , Duval G. , Horowitz M. , and Hanrahan P. , Light field photography with a hand – held plenoptic camera, *Tech. Rep. CSTR*,**2**, (2005).

[15] Levoy M. , Ng R. , Adams A. , Footer M. , and Horowitz M. , Light field microscopy, *ACM SIGGRAPH*,924 – 934, (2006).

[16] Navarro H. , Barreiro J. C. , Saavedra G. , Mart nez – Corral M. , and Javidi B. , High – resolution far – field integral – imaging camera by double snapshot, *Opt. Express*,**20**, 890 – 895, (2012).

[17] Okano F. , Arai J. , Hoshino H. , and Yuyama I. , Three – dimensional video system based on integral photography, *Opt. Eng.* ,**38**, 1072 – 1077, (1999).

[18] Park J. – H. , Hong K. , and Lee B. , Recent progress in three – dimensional information processing based on integral imaging, *Appl. Opt.* ,**48**, H77 – H94 , (2009).

[19] Arai J. , Kawakita M. , Yamashita T. , Sasaki H. , Miura M. , Hiura H. , *et al.* Integral three – dimensional television with video system using pixel – offset method, *Opt. Express*, **21**, 3474 – 3485 , (2013).

[20] Javidi B. and Jang J. – S. , Improved resolution 3DTV, video, and imaging usingmovingmicrooptics array lens techniques and systems (MALTS), *Proc. SPIE* ,**4902** , 1 – 12 , (2002).

[21] LimY. – T. , Park J. – H. ,Kwon K. – C. , andKim N. , Resolution – enhanced integral imagingmicroscopy that uses lens array shifting, *Opt. Express* ,**17** , 19253 – 19263 , (2009).

[22] Navarro H. , Mart nez – Cuenca R. , Molina – Mart n A. , Mart nez – Corral M. , Saavedra G. , and Javidi B. , Method to remedy image degradations due to facet braiding in 3D integral imaging monitors, *J. Disp. Technol.* ,**6** , 404 – 411 , (2010).

[23] Lee B. , Jung S. , and Park J. – H. , Viewing – angle – enhanced integral imaging by lens switching, *Opt. Lett.* ,**27** , 818 – 820 , (2002).

[24] Choi H. , Min S. – W. , Jung S. , Park J. – H. , and Lee B. , Multiple – viewing – zone integral imaging using a dynamic barrier array for three – dimensional displays, *Opt. Express*, **11** , 927 – 932 , (2003).

[25] Mart nez – Cuenca R. , Navarro H. , Saavedra G. , Javidi B. , Mart nez – Corral M. , Enhanced viewing – angle integral imaging by multiple – axis telecentric relay system, *Opt. Express* ,**15** , 16255 – 16260 , (2007).

[26] Zhang L. , Yang Y. , Zhao X. , Fang Z. , and Yuan X. , Enhancement of depth – of – field in a direct projection – type integral imaging system by a negative lens array, *Opt. Express* ,**20** , 26021 – 26026 , (2012).

[27] Bagheri S. , Kavehvash Z. , Mehrany K. , and Javidi B. , A fast optimization method for extension of depth – of – field in three – dimensional task – specific imaging systems, *J. Display Technol.* ,**6** , 412 – 421 , (2010).

[28] Tolosa A. , Martínez – Cuenca R. , Pons A. , Saavedra G. , Mart nez – Corral M. , and Javidi B. , Optical implementation of micro – zoom arrays for parallel focusing in integral imaging, *J. Opt. Soc. Am. A* ,**27** , 495 – 500 , (2010).

[29] Xiao X. , Javidi B. , Mart nez – Corral M. , and Stern A. , Advances in three – dimensional integral imaging: sensing, display, and applications, *Appl. Opt.* ,**52** , 546 – 560 , (2013).

[30] McMillan L. and Bishop G. , Plenoptic modeling: an image – based rendering system, *Proc. ACM SIGGRAPH Conf. on Comp. Graphics* ,39 – 46 , (1995).

[31] Chai J. – X. , Tong X. , Chan S. – C. , and Shum H. – Y. , Plenoptic sampling, *Proc. ACM SIGGRAPH Conf. on Comp. Graphics* ,307 – 318 , (2000).

[32] Kishk S. and Javidi B. , Improved resolution 3D object sensing and recognition using time multiplexed computational integral imaging, *Opt. Express* ,**11** , 3528 – 3541 , (2003).

[33] Hong S. H. , Jang J. S. , and Javidi B. , Three – dimensional volumetric object reconstruc-

258

tion using computational integral imaging, *Opt. Express*, **1**, 483 – 491, (2004).

[34] Levoy M. , Light fields and computational imaging, *IEEE Computer*, **39**, 46 – 55, (2006).

[35] Cho M. and Javidi B. , Computational reconstruction of three – dimensional integral imaging by rearrangement of elemental image pixels, *J. Disp. Technol.* , **5**, 61 – 65, (2009).

[36] Navarro H. , Sánchez – Ortiga E. , Saavedra G. , Llavador A. , Dorado A. , Mart nez – Corral M. , and Javidi B. , Non – homogeneity of lateral resolution in integral imaging, *J. Display Technol.* , **9**, 37 – 43, (2013).

[37] Park J. – H. , Jung S. , Choi H. , Kim Y. , and Lee B. , Depth extraction by use of a rectangular lens array and one – dimensional elemental image modification, *Appl. Opt.* , **43**, 4882 – 4895, (2004).

[38] DaneshPanah M. and Javidi B. , Profilometry and optical slicing by passive three – dimensional imaging, *Opt. Lett.* , **34**, 1105 – 1107, (2009).

[39] Saavedra G. , Martínez – Cuenca R. , Martínez – Corral M. , Navarro H. , Daneshpanah M. , and Javidi B. , Digital slicing of 3D scenes by Fourier filtering of integral images, *Opt. Express*, **16**, 17154 – 17160, (2008).

[40] Park J. H. and Jeong K. M. , Frequency domain depth filtering of integral imaging, *Opt. Express*, **19**, 18729 18741, (2011).

[41] Park J. – H. , Kim J. , and Lee B. , Three – dimensional optical correlator using a sub – image array, *Opt. Express*, **13**, 5116 – 5126, (2005).

[42] Matoba O. , Tajahuerce E. , and Javidi B. , Real – time three – dimensional object recognition with multiple perspectives imaging, *Appl. Opt.* , **40**, 3318 – 3325, (2001).

[43] Cho M. and Javidi B. , Three – dimensional visualization of objects in turbid water using integral imaging, *J. Disp. Technol.* , **6**, 544 – 547, (2010).

[44] Hong S. H. and Javidi B. , Distortion – tolerant 3D recognition of occluded objects using computational integral imaging, *Opt. Express*, **14**, 12085 – 12095, (2006).

[45] Cho M. and Javidi B. , Three – dimensional visualization of objects in turbid water using integral imaging, *J. Disp. Technol.* , **6**, 544 – 547, (2010).

[46] DaneshPanah M. , Javidi B. , and Watson E. A. , Three dimensional object recognition with photon counting imagery in the presence of noise, *Opt. Express*, **18**, 26450 – 26460, (2010).

[47] Zhao Y. , Xiao X. , Cho M. , and Javidi B. , Tracking of multiple objects in unknown background using Bayesian estimation in 3D space, *J. Opt. Soc. Am. A*, **28**, 1935 – 1940, (2011).

[48] Lynch K. , Fahringer T. , and Thurow B. , Three – dimensional particle image velocimetry using a plenoptic camera, *AIAA*, **1056**, 1 – 14, (2012).

[49] Xiao X. , Javidi B. , Saavedra G. , Eismann M. , and Martinez – Corral M. , Three – dimensional polarimetric computational integral imaging, *Opt. Express*, **20**, 15481 – 15488, (2012).

[50] Latorre – Carmona P. , Sánchez – Ortiga E. , Xiao X. , Pla F. , Mart nez – Corral M. , Navarro H. , Saavedra G. , and Javidi B. , Multispectral integral imaging acquisition and processing using a monochrome camera and a liquid crystal tunable filter, *Opt. Express*, **20**, 25960 – 25969, (2012).

[51] Jang J. – S. and Javidi B. , Three – dimensional integral imaging of micro – objects, *Opt. Lett.* , **29**, 1230 – 1232, (2003).

[52] LevoyM. , Zhang Z. , and McDowall I. , Recording and controlling the 4D light field in amicroscope using microlens arrays, *J. Micros.* , **235**, 144 – 162, (2009).

[53] LimY. – T. , Park J. – H. , Kwon K. – C. , andKim N. , Resolution – enhanced integral imagingmicroscopy that uses lens array shifting, *Opt. Express*, **17**, 19253 – 19263, (2009).

[54] Rodríguez – Ramos L. F. , Montilla I. , Fernández – Valdivia J. J. , Trujillo – Sevilla J. L. , and Rodr guez – Ramos J. M. , Concepts, laboratory and telescope test results of the plenoptic camera as a wavefront sensor, *Proc. SPIE*, **8447**, 844745, (2012).

[55] Saleh B. E. A. and Teich M. C. , Fundamentals of Photonics, *Chichester: John Wiley & Sons, Ltd*, (1991).

[56] Gorenflo R. and Vessella S. , Abel integral equations: analysis and applications, *Lect. Notes Math.* , **1461**, Berlin, Heidelberg, New York, *Springer*, (1991).

[57] Tanida J. , Yamada K. , Miyatake S. , Ishida K. , Morinoto T. , Kondou N. , *et al.* , Thin observation module my bound optics (TOMBO): concept and experimental verification, *Appl. Opt.* , **40**, 1806 – 1813, (2001).

[58] ProFUSION25, 5 × 5 digital camera array. Website, available at: *www. ptgrey. com/products/ profusion25/ProFUSION_25_datasheet. pdf*, (2013).

[59] Jang J. S. and Javidi B. , Three – dimensional synthetic aperture integral imaging, *Opt. Lett.* , **27**, 1144 – 1146, (2002).

[60] 3D lightfield camera. Website, available at: *www. raytrix. de*, (2013).

[61] Lightfield based commercial digital still camera. Website, available at: *www. lytro. com*, (2013).

[62] Kavehvash Z. , Martinez – Corral M. , Mehrany K. , Bagheri S. , Saavedra G. , and Navarro H. , Three – dimensional resolvability in an integral imaging system, *J. Opt. Soc. Am. A*, **29**, 525 – 530, (2012).

[63] Martínez – Cuenca R. , Saavedra G. , Martínez – Corral M. , and Javidi B. , Progresses in 3 – D multiperspective display by integral imaging, *Proc. IEEE*, **97**, 1067 – 1077, (2009).

[64] Navarro H. , Martínez – Cuenca R. , Saavedra G. , Martínez – Corral M. , and Javidi B. , 3D integral imaging display by smart pseudoscopic – to – orthoscopic conversion, *Opt. Express*, **18**, 25573 – 25583, (2010).

[65] Jung J. – H. , Kim J. , and Lee B. , Solution of pseudoscopic problem in integral imaging for real – time processing, *Opt. Lett.* , **38**, 76 – 78, (2013).

260

第12章 各种三维显示器的图像格式

Jung – Young Son[1], Chun – Hea Lee[2], Wook – Ho Son[3],
Min – Chul Park[4], Bahram Javidi[5]

[1] 韩国建阳大学生物医学工程系
[2] 韩国中部大学工业设计系
[3] 韩国电子和通信技术研究所内容平台研究部门
[4] 韩国科学技术研究院传感器系统研究中心
[5] 美国康涅狄格大学电气与计算机工程系

12.1 概　　述

　　显示在图像面板和屏幕上的图像,会在3D显示器上以基于空间、时间和时空复用的多种不同方式生成各种各样的3D图像格式,来处理待显示图像所需的大量数据并将其适配到可用的显示器上。不同的3D成像方法(如多视图成像、体积成像和全息成像)的图像格式是彼此不同的:多视图成像的图像格式包含一组不同视角的图像,这些图像在成像空间生成虚拟的立体像素分布;容积成像包含一组深度图像,这些图像在空间中生成立体像素的空间分布;而全息成像法则包含一组作用了条纹图案的图像以生成连续深度的空间图像。目前,这三种成像方法主要采用的图像显示装置是平板显示器(用于显示平面图像),以及诸如数字微镜器件(Digital Micromirror Device, DMD)和硅基液晶(Liquid Crystal on Silicon, LCoS)等显示芯片。这些设备性能正在飞速发展,它们的像素密度和分辨率都在不断提高,所以预计该趋势在未来将会持续下去。

　　本章我们将基于复用方案介绍适合用平板显示器显示的多视图成像、容积成像和全息成像这几种3D成像法的图像格式。针对图像格式,我们将介绍在单位像元中加载多视图图像的方法和创建不同形状像元的方法,以及介绍用每种图像格式所得到的3D图像。

12.2 引　　言

　　同一物体或场景可以被拍摄成不同格式的图像。而计算全息图(Computer

Generated Holograms,CGH)表明,只要图像格式以某种方式包含了物体信息,并对每种图像格式选用了合适的显示机制,那么这些不同格式的图像就可以重现出原始物体或场景。在全息图中,物点的相位信息是最重要的数据,因为它保存了每个物点的深度信息。全息图中,相位信息被保存为干涉条纹,但是干涉条纹并不是保存这类信息的唯一方式。洛曼(Lohmann)全息图[1]证实,对于一个棋盘图案,用匣表示一个点的相位,如果棋盘图案中每个匣中开孔的相对位置可以改变,则该开孔可以保存相位信息。通过寻找能更准确保存场景和/或物体以及其深度信息的全新图像格式,以及通过发明一种重现场景和/或物体以及其深度信息的合适机制(深度信息包含在以图像格式保存的图像之中),人们已经发展出了许多种三维成像法。

按照图像格式及其获得图像深度信息的重现机制,我们可以把 3D 成像方法分成三种,即多视图成像法(含立体图像)、容积成像法和全息成像法[2]。决定多视图成像法中图像格式的主要因素有:①多视图图像的总数[3],这些图像将会被加载到显示面板或投影屏幕上,而此处多视图图像代表一组从物体和场景的不同方向上观测到的图像;②一个像元的形状,一个像元是加载多视图图像的一个单位;③多视图图像的复用方案。多视图图像定义了通过显示面板或投影屏幕呈现出来的场景或物体空间,并且多视图图像中的相邻图像应当能融合为一幅具有一定深度的图像。在显示面板上加载多视图图像的基本像元是一个像素单元[3,4]。显示面板就是由一个像素单元阵列组成的。为了提高图像质量,我们可将像素单元做成许多不同的形状[5]。在多视图图像中呈现立体图像至少需要两幅不同视图图像[6]。图像格式甚至与不同视图图像的数量没有关系,但与它们在面板或投影平面上的显示有关。为了让观察者能在给定的时间内感知深度,多视图图像可以按时间顺序同时显示,抑或部分图像同时显示,部分图像按时间顺序显示。这些呈现图像的方法即我们前文提到的复用方案。一般来说复用方案分为空间、时间和时空三种[7]。该顺序对应于前述的顺序。像元是一种多视图图像的空间复用方法。还有一种不需要使用任何复用方案的图像格式,只不过它比基于像素单元的图像格式粗糙得多[8]。这种格式由显示面板中的像素图案定义,该像素图案与接触式多视图 3D 成像的视区形成几何区中所形成的虚拟立体像素相对应。

容积成像法能够得出两种不同图像格式。一种类似于多视图图像,由一系列的图像组成,但这些图像并非来自不同的观测方向,而是来自场景或物体的不同纵深位置[9]。我们可以用与多视图相同的复用方案显示这些图像。另外一种图像格式则与第一种图像格式完全不同,这种图像格式由一组立体像素组成,它们会在给定的成像空间形成一幅空间图像,就如同玻璃块上的图像一样[10]。这些立体像素可以按照时间顺序[11]、空间顺序或时空顺序[12]进行逐点创建。

而全息成像法相比多视图成像法和容积成像法而言,有着截然不同的图像格式,因为绝大多数的全息图像都是由干涉条纹组成的。干涉条纹以声波列[13,14]的形式呈现在显示面板或显示芯片[15-17]上。对声波列进行时空复用(空间或时间复用)可以形成面板/芯片的全息帧。全息成像法还有其他的图像格式。其中一个是由不同高度的开孔组成,就像在洛曼全息图中的那样。李型(Lee)全息图与洛曼全息图的图像格式略有不同[18]。这种全息图会将洛曼全息图中的匣子在水平方向分成四个相等的片段,每段用振幅和相位的实部和虚部进行填充。斑马纹全息图是一种立体全息图,其图像格式与多视图成像法相同[19]。在该全息图中,多视图图像在空间上进行了复用。聚焦光阵列(Focused Light Array,FLA)成像[20]也是另外一种立体全息图成像方法,有着与多视图方法一样的图像格式,但是它的图像是在时间上进行复用的。

12.3 复用方案

复用是为了显示和传输而做的图像数据安排方案。它决定着不同 3D 成像法的图像格式。3D 成像中的多路复用方案能在给定的时间间隙内将所需的图像数据呈现在显示器上,从而使观察者能够感知到图像的深度。3D 成像需要的图像数据远多于平面图像,所以自然需要采用合适的复用方案在预定的时间间隙内显示所有数据,而复用方案的选择恰当与否完全取决于显示方式。截至目前,我们已经介绍了许多不同的显示方式[3,7],其中平板显示器仍是公认最好的 3D 成像显示方式。原因很简单:平板显示器没有移动组件并且它兼容差不多所有的图像格式,而这种兼容性的存在也决定了平板显示器今后在 3D 成像市场的主宰地位。但是,目前可用的平板显示器还没法显示多视图 3D 图像和全息图像。用于 3D 成像的平板显示器的最重要参数是像素的数量、尺寸和处理速度。固定面积的显示器上的像素的数量也就是我们常说的显示器分辨率,它表明了显示器能够将场景或物体的细节呈现到什么程度,也表明了屏幕区域内能显示的数据数量。像素尺寸揭示了最小可分辨的场景或物体的细节。显示器的处理速度等同于像素显示速度。3D 成像对分辨率一般没有严格的要求,但是建议选择与加载到显示器上的多视图图像的总分辨率一致的显示器。全息成像要求的分辨率取决于观测角度和全息图尺寸。例如,对于一幅 $10cm^2$ 尺寸、$30°$ 视角的全息图来说,需要 166667^2 个像素。显示器的处理速度可以有效增加显示器的分辨率。当选用显示面板处理速度为一般显示面板的 2 倍时,通过时间复用,其有效分辨率将会是典型显示面板的 2 倍。由于观测角度是由面板的像素尺寸确定的,所以像素尺寸对于全息显示器而言尤其重要。

因此,现有的平板显示器均无法用于除立体成像以外的任何 3D 成像。缺乏合适的显示面板,导致人们对显示芯片蒙生了兴趣。显示芯片的有效表面积较小,但是相比平板显示器,它们的分辨率更高,像素尺寸也更小。比如有一种处理速度非常高的显示芯片叫做 DMD,它每秒可显示几十万帧图像[21]。显示芯片的这些特性使得之前所述的三种复用方案均可在 3D 成像中得以实现。投影式 3D 成像就是该显示芯片最典型的应用。

如前所述,存在时间、空间和时空复用三种复用方案。在时间复用中,图像数据按照时间顺序排列;在空间复用中,图像数据平行排列;时空复用方案则同时采用时间和空间两种复用。时间复用方案主要用于 3D 投影类型的成像以及配置有高速投影仪的容积成像。在容积成像系统中,每幅视图图像,即组成多视图图像中的一幅分量图像,按一个时间序列同时投影到一个有着确定表面曲率的旋转屏或一个平移平面屏上,其中投影所用的光功率根据投影类型和图像所在图层进行设定。在该方案中,多视图图像的每幅视图或者全分层图像的每个图层都会在短时间内被采样,然后按照特定的时间序列被投影到屏幕上。这种多视图图像或分层图像的投影将会在不同的时间间隙内每秒重复数次,这样就不会让观看者看到图像闪烁。这一方案也是基于利用高速液晶显示器的商用眼镜型立体显示器来显示立体图像的原理[22]。此方案还可应用于容积成像,通过将一系列由扫描激光束形成的立体像素作为与屏幕同步运动或与成像空间同步运动的程序化时间序列,从而生成物体的轮廓图像[23-26]。

当高速显示装置不可用时,3D 成像大多数会采用空间复用。这种空间复用方案会将所要求的图像数据同步显示在两种设备上,分别是:①多显示设备,就像在投影型系统使用多个常规速度的投影仪,其中容积成像和电子全息成像是基于许多显示面板或芯片[16,27];②一个能降低接触式多视图 3D 成像中每幅视图图像分辨率的显示面板。在第一种情况中,一个完整的图像帧将被分成若干个部分,每个部分都各自显示在一个分立的显示面板上。每个显示面板中的图像应当在空间上能与来自其他显示面板上的图像合并成一幅大尺寸图像。而在第二种情况中,无论要显示的是一个特殊的图像列还是来自每幅视图图像的一个像素,抑或是多视图图像中的一幅视图图像,它们都会先被周期采样,然后又重新排列成一个空间图像序列,以形成了一幅全帧图像。

在多视图成像中,同时采用时间和空间复用方案的时空复用方案相比高速投影仪而言可以处理更多不同视图图像[28],也具备处理大量图像数据的能力,好比电子全息中涉及的 166667^2 个像素。时空复用的典型实例就是基于单个声光调制器(Acousto - OpticalModulator, AOM)的电子全息系统(有着多个并行的输入通道)[29]和基于多个并行排列 AOM 的电子全息系统[30]。这些 AOM 的信号是时间复用的,可以生成全息帧并增加全息图的尺寸。复用的另一个实例是一种能空间合并两个时间复用多视图图像通道的多视图图像系统,其中每个图像通道的观察区域之间彼此相连又不重叠,构成一个单独的观察区域[31]。利用这种方式将复用图像加载到 3D 成像系统的显示装置上,很容易就可以将多视图成像复用图像序列中的每个分量图像分开,因为其景深信息是另外一种视差。对于容积成像和全息成像而言,复用图像应加载形成一个具有一定体积的期望空间图像。将图像序列加载到显示装置的常规做法有如下几种:①在空间复用方案中,将每幅被分开的图像分配到其相对应的投影仪中,或将其在固定的时间段分配到高速投影仪中;②及时将图像数据变成一个行图像序列,就像在电子全息系统中那样将序列转换为一个模拟型行图像信号,以此来适配在可用的显示装置上;③在显示面板上将多视图图像排列为像素单元阵列。在基于 AOM 的电子全息系统中,CGH 的每一行都应当转换成带有线性调频信号模式的模拟型行图像信号,以此来激发 AOM。为了在显示面板上同步显示多视图图像,这些图像应当像单位像素单元一样排列。而像素单元是在显示面板上加载多视图图像的基本单位。接触式多视图图像既可以像 IP 一样排列在图像基底上[32-34],也可以像多视图(MultiView,MV)一样排列在像素或像素行基底上。积分照相和像素基 MV 格式都是用来显示全视差 3D 图像。二者在等效光学几何上的区别在于,IP 具有平行的投影结构,而 MV 却有着放射型(径向)投影结构[35]。MV式和 IP 式投影结构与常规的径向和平行投影式多视图 3D 成像也存在着区别,后者的图像会在显示屏平面上聚焦,当而 MV 式和 IP 式投影结构没有焦平面。在 MV 中,即使存在一个平面,所有投影图像都在该平面上完全互相重叠,每幅投影图像也会随着其远离显示面板而不断扩大。上述该平面称为视区横截面,它定义了 MV 中的观测距离。在该平面上,所有复用图像都会彼此分开。该平面周围的空间定义为视区,因为观看者可以根据此处显示面板上的多视图图像来感知景深。

12.4　三维成像的图像格式

复用方案的选择并不是影响 3D 成像图像格式的唯一因素,分量图像的内容、每种 3D 成像方法的具体视差方向也都会对图像格式造成影响。视差方向分为两种:全视差和水平视差。全视差是指在水平和垂直方向上均存在视差,而水平视差是指仅在水平方向存在视差。如前所述,多视图成像、容积成像和全息成像的每幅分量图像的内容都截然不同。多视图成像的分量图像主要由相机拍摄而成,容积成像也可以用相机拍摄完成,但它还必须采取额外地从图像中获取的纵深场景。这些纵深场景能用于为图像轮廓创建立体像素点。全息成像的分量图像与多视成像、容积成像的分量图像是截然不同的,但依然可以通过一个照相机获得,就像数字全息里使用的一样[36]。然而,在大多数情况下,分量图像其实是用计算机计算出来的,即 CGH。我们提到过,任何相机记录的数据量都是有限的。此外,记录全息图的主要光源是激光束,它的功率不足以照亮一个自然场景,而且,记录全息图的某些苛刻要求也难以在室外条件下满足。这就是 CGH 之所以成为了全息成像技术获取全息图的主要方法的原因。立体全息图使得自然场景的全息显示成为可能[37],但它的重建图像是由一维或二维排列的多视图图像组成的,就跟多视 3D 成像中积分照相的微图像组成一样。如果多视图图像的分辨率一样,那么投影到观察者眼睛里的图像之间就没有差异。但实际上,积分照相的分辨率要比立体全息图小得多。在本节中,我们将介绍 3D 成像的各种图像格式。

12.4.1　多视图 3D 成像的图像格式

如前所述,多视图 3D 成像需要一组源自于多视图相机阵列的被称为多视图图像的图像。这种相机阵列是一维或二维的,平行或径向排列,在水平和垂直方向上的相机间距相等。这个阵列中的分量相机都有着相同的光学特性。多视图图像可以编号为 $1 \sim k$,该编号取决于它们对应的分量相机在阵列中从左到右的顺序。为了进一步进行说明,对于二维阵列而言,可以将图像从 $(\ell-1)k+1$ 到 ℓk 进行编号,其中 ℓ 的取值为 $1 \sim L$(L 为垂直行数量)。这种成像方法生成的图像格式有许多种。在本小节中,MV 和 IP(分别基于虚拟立体像素和强度共享)的投影型的图像格式是彼此不同的。此外,在接触式多视图 3D 成像中,像素单元的形状也会带来不同的图像格式。

12.4.1.1　多视图 3D 成像的图像格式

投影式多视图成像根据其所采用的复用方案可以分成三组。这种显示方式可以用到所有三种复用方案。

第一组是基于时间复用方案,用到了一个能够高速投影图像的显示装置。

在高速投影及显示的类型中,若要采用隔行(高低)扫描,就像在高速阴极射线管(CRT)中一样,并按照时间顺序显示 k 幅不同的视图图像,则显示装置的速度就要不低于 $60k$ 场/s,为了在普通电视亮度条件下显示无闪烁图像,高速显示芯片(好比 DMD)的帧率就需要达到 $60k$ 帧/s。因此,每个场的采样时间应当小于 $1/60k/s$(每一秒应当显示 k 幅视图图像 $\times30$ 帧/s $\times2$ 场/帧)。例如,要显示 5 幅视图图像,采样速率就要达到 300 场帧/s。因此,每个场的采样应当在 3.33 ms 内完成。这种显示类型根据每幅分量图像的划分方法不同采用的三种不同图像格式,即隔行扫描式、高低式和全帧式。第一种是隔行扫描格式,这种格式把每幅分量图像的每一帧分成两部分,先扫描图像帧中所有奇数行,再扫描帧中所有偶数行。因此,多视图中的每幅分量图像的图像帧中所有奇数行都按

照 $1 \sim k$ 的顺序显示,然后再按照奇数行的相同顺序显示图像帧中的偶数行。此后,每幅分量图像的第二、第三帧等都按照与第一帧的顺序显示。这种格式在基于高速 CRT 的 3D 成像中很流行,如基于彩色滤光片(立体电影)、偏振和高速快门镜片的眼镜式立体成像法,以及基于孔径共享(合成孔径)和高速快门的多视图成像法[38]。但是,CRT 已经几乎完全被平板显示器取代了。

第二种格式是高低式。在高低格式中,每幅分量图像的每一帧都被分成相等的两部分,即帧的上半部分和下半部分。序列的其余部分就都与隔行扫描格式一样了。高低格式的操作如图 12.1 所示,图中 $k = 5$。对于 $60k$ 场速率的情况,每个场的采样时间不得高于 3.33ms。对所有 5 幅不同分量图像,第一帧的扫描时间不得超过 33ms。这种高低图像格式同样适用于隔行扫描格式中的所有成像方法。

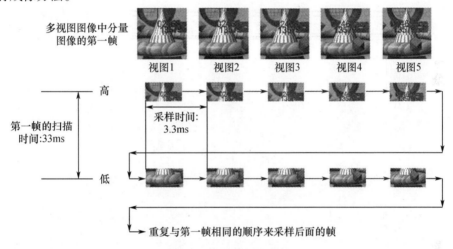

图 12.1   高低式时间复用

高低格式还可以适用于 CRT,但这种格式更加适合于渐进扫描式显示器,譬如 LCD,因为图像行是从上到下进行扫描的。这种图像格式常用于基于高速 LCD 的快门镜片式立体成像系统[22]。这种系统中的 LCD 的工作速度一般为 120 帧/s,但如果采用高低格式,其运行速度会被增加到 240 Hz。当使用像 DMD 这种高速显示芯片而不是高速 CRT 时,就可以实现全帧的图像格式,因为 DMD 的运行速度可以超过 100000 帧/s,这一帧速率允许显示 1667 幅 60 帧/s 全帧速率的不同视图图像。而全帧格式的帧序列与隔行扫描格式一样。因而有必要使用这种全帧图像格式来代替奇/偶(隔行扫描)或高低格式。

第二组投影式多视图成像是基于空间复用方案。在该组中,每幅分量图由各自对应的投影仪进行投影。因此,如果有 ℓk 幅不同的视图,那么 ℓk 个投影仪就要平行或径向对齐(沿着水平和垂直方向)生成全视差图像。当 $\ell = 1$ 时,即用于仅有水平视差(Horizontal Parallax Only,HPO)图像的水平投影阵列,就是该方案的一个典例。所有 ℓk 个径向排列(图 12.2)的投影仪(每个投影仪的光轴朝向投影屏幕中央),将聚焦的分量图像投影至投影屏幕。屏幕上的分量图像将会互相交叠,每幅分量图像之间会存在一个平行的等距间隔,位于半径相同的同心圆上。这样所有图像就会按照图 12.3 所示的方式进行混合。因此我们难以定义这组图像的格式。然而,如图 12.2 所示,视区中投影屏幕图像所保持的光功率会在每个投影仪物镜的出射光瞳上分立输出,因此我们得以在显示系统的视区中分立地观测每幅分量图像。

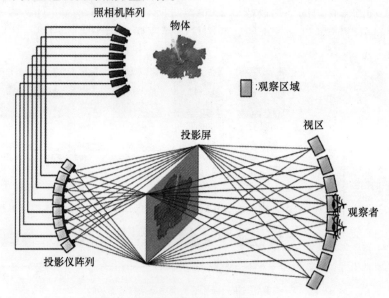

图 12.2　径向式空间复用

图 12.3　投影屏幕上的图像。所有投影图像都混合在一起

268

第三组投影式多视图成像则基于时空复用。条件允许情况下,高速投影仪可以按照 $60k$ 场/s 的速率投影图像,这个速度最多只允许显示 k 幅不同的视图图像(k 可以是任意整数)。为了使用相同的投影仪又能显示比 k 幅更多的图像,我们需要在空间上组合起至少两台同样型号的投影仪。这个方案的一个典例是将两个时间复用的多视图图像通道的视区连接起来(没有重叠),从而将二者在空间上组合在一起,如图 12.4 所示。在该方案中,两个时间复用通道通过三角棱镜在投影仪的目镜入瞳处合并。有了这个组合,就可以用八视图图像显示设备显示最多 16 幅不同的视图图像。图 12.4 也给出了该显示系统的一个通道输出的图像格式。此情况下,$k = 8$。除了图像数有所不同之外,其帧序与图 12.1 别无二致。重复图 12.4 中相同的过程,将得到通道 2 中第 9 ~ 16 幅视图图像。这两个通道会同时工作。

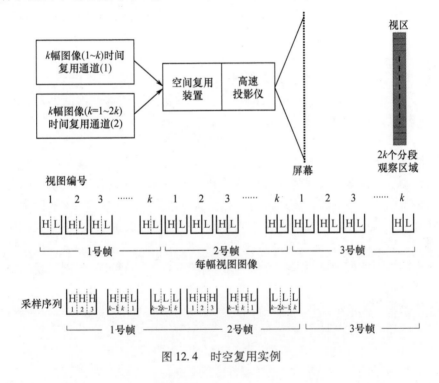

图 12.4 时空复用实例

12.4.1.2 多视图型和积分照相型

典型的接触式多视图 3D 成像由平板显示器和视区形成光学元件(Viewing Zone Forming Optics, VZFO)组成。其中,平板显示器的活动表面由名为像素单元的像元组成[39]。像素单元是平板显示器上加载多视图图像的单位,针对 HPO 图像和全视差图像的显示,我们可将像素单元分别排列成一维和二维格式。而

269

VZFO 由一个元素光学元件阵列组成。阵列中的每个元素光学元件都具有透镜的特性。VZFO 中元素光学元件的阵列维度与平板中像素单元的维度一致。然而，像素单元和元素光学元件的维度其实可以相同也可以不同。像素单元和元素光学元件在尺寸上的差异决定了成像模式是积分照相还是多视图。详细来说，当二者尺寸相等时则成像模式是积分照相，当不等时则是多视图。这一差异使得积分照相和多视图的光学外观分别与平行投影和径向投影结构相似。积分照相和多视图也存在其他方面的差异，比如二者将图片加载到像素单元上的方式不同，再者，积分照相最初是基于全视差图像发展出来的，但多视图是用于HPO 图像(制作含有全视差图像的多视图也是没有问题的)。积分照相中的所有像素单元填充了整幅视图图像，因此，该像素单元还有一个名字称作元素图像。对于多视图成像，像素单元用每幅视图的一个像素进行填充。我们在图 12.5 中比较了积分照相和多视图的图像格式。现在有 15 幅(5×3)多视图图像，每幅视图图像含有 3×3 像素，所有这些视图图像都按照和多视图图像集相同的图像顺序被加载到显示平板上。为了加载所有这些图像，图像面板的分辨率不得低于 15×9，这与多视图图像的组合分辨率相对应。由于每幅多视图图像都可作为一幅元素图像，所以面板上有 5×3 幅元素图像。因此，VZFO 应当由 5×3 的元素光学元件阵列组成。

对于多视图成像的情况，它所成像的图像格式与积分照相迥然不同。15 幅多视图图像被分组到一个 3×3 的像素单元阵列。该像素单元阵列的数量与每幅视图图像的像素数量一致。每个像素单元由一个 5×3 的像素阵列组成，此数量与多视图图像集的图像阵列数量一致。因此 VZFO 应当由 3×3 的元素光学元件阵列组成。像素单元包含和多视图图像数量相同的像素数，每幅视图图像的像素数按照图 12.5 的方式进行编号。每幅视图图像中像素的编号方式应与其他不同视图图像的像素编号方式一致。在多视图图像集中，相同数量的像素先按照它们的图像顺序排列，然后将这个排列旋转 180°，并用元素光学元件记录图像反转。像素单元按照像素编号顺序排列在显示面板上，就像在每幅视图图像中的那样。这两种图像格式表明，当每幅视图图像的原始分辨率被认为具有与显示面板相同的分辨率时，每幅视图图像的分辨率应当减少到原来的 $1/(5×3)$ 以便显示在显示面板上，即每幅视图图像的分辨率在水平方向上减少为原来的 $1/5$，在垂直方向上则减少为原来的 $1/3$。一般来说，图像的水平分辨率会比垂直分辨率减少得更多一些，这是因为为了使观察者感知到水平方向上的平滑视差改变，在水平方向需要有比垂直方向更多不同的视图图像。5×3 的像素阵列对应于多视图图像集上的图像阵列。这种分辨率减少方案如图 12.6 所示。每个 5×3 的像素阵列被减少(压缩)到一个像素。每幅视图图像的分辨率下降毫无疑问会导致图像细节的丢失，这意味着每幅视图图像的图像质量会极大地受损。这也是为什么多视图成像系统不能长存于市场的主要原因。为了提高每幅视图图像的分辨率,每个 RGB 子像素也被用作独立像素。通过这种方式,可以有效地将显示面板的分辨率提高 3 倍,但因为实际上不同视图图像需要的像素数量远大于 5×3,这种分辨率提高方式仍然无济于事。图 12.5 与全视差成像情况有关,积分照相也可以像 HPO 成像一样工作[40]。

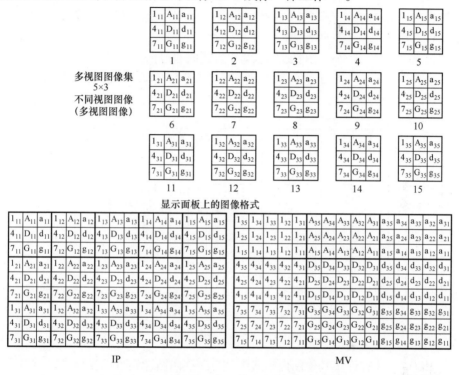

图 12.5　多视图和积分照相中的图像排列比较

对于 HPO 成像而言,多视图图像集为一维图像阵列。为了与该图像阵列匹配,像素单元和元素图像也将按照一维方式在显示面板中排列。在图 12.5 中,一维图像阵列维度为 5×1。因此,对于图 12.5 中的两种情况,HPO 的图像格式与显示面板上图像的前三行是一样的。积分照相中有 5 幅元素图像,多视图中有 3 个像素单元。每个像素单元都由多视图中每幅视图图像的一个垂直图像列组成。由于每幅视图图像的高度等于 3 个像素高度,所以这些视图图像不能填满整个显示面板。若要将显示面板填满,每幅视图图像的高度应该等于 9 个像素高度。这意味着每幅视图图像的垂直分辨率应该保持为原始分辨率,就像图 12.6 显示的那样。因此,每幅视图图像的像素分辨率应为 3×9。即只有每幅视图图像的水平分辨率减少到原来的 1/5。HPO 成像情况下的图像格式如图 12.7 所示。当图像面板和 VZFO 都使用高速 LCD 来显示立体图像时,我们又可能实现每幅视图图像都达到全显示面板的分辨率。在此种方法中,VZFO 是一种可以通过电子方式控制特性的有源元件。每幅视图图像被分为奇、偶列图像两部分。这 4 幅图像被组合在显示面板上,使得视图图像 1 的奇数图像和视图图像 2 的偶数图像以多视图图像的图像格式排列,而视图图像 1 的偶数图像和视图图像 2 的奇数图像以多视图图像的图像格式组合到一起(但在这种情况下,视图图像 1 和视图图像 2 的顺序应当相反)。因此视图图像 2 的奇数图像和视图图像 1 的偶数图像被分别加载到显示面板的奇数列线和偶数列线。此外 VZFO 中的所有元素光学元件都通过电控方式向右或向左移动半个周期,并与第二个图像格式同步。通过这种移动,尽管图像顺序发生了改变,但视图图像 1、2 的观察区域均不会发生改变。因此我们说每幅视图图像都具有完整的显示分辨率[41]。

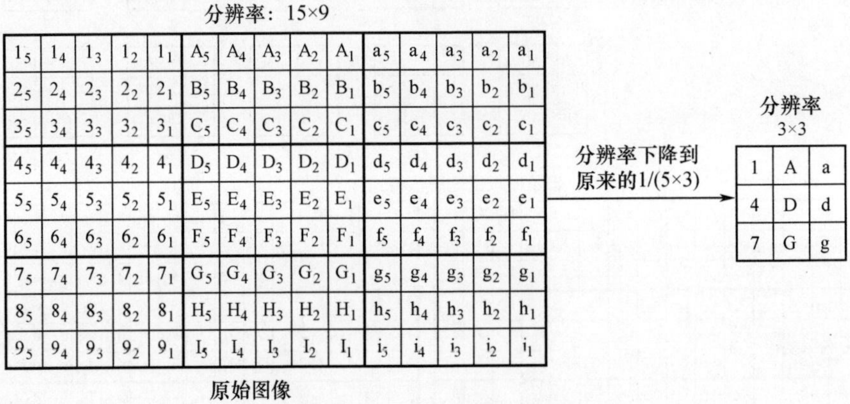

分辨率:15×9

1_5	1_4	1_3	1_2	1_1	A_5	A_4	A_3	A_2	A_1	a_5	a_4	a_3	a_2	a_1
2_5	2_4	2_3	2_2	2_1	B_5	B_4	B_3	B_2	B_1	b_5	b_4	b_3	b_2	b_1
3_5	3_4	3_3	3_2	3_1	C_5	C_4	C_3	C_2	C_1	c_5	c_4	c_3	c_2	c_1
4_5	4_4	4_3	4_2	4_1	D_5	D_4	D_3	D_2	D_1	d_5	d_4	d_3	d_2	d_1
5_5	5_4	5_3	5_2	5_1	E_5	E_4	E_3	E_2	E_1	e_5	e_4	e_3	e_2	e_1
6_5	6_4	6_3	6_2	6_1	F_5	F_4	F_3	F_2	F_1	f_5	f_4	f_3	f_2	f_1
7_5	7_4	7_3	7_2	7_1	G_5	G_4	G_3	G_2	G_1	g_5	g_4	g_3	g_2	g_1
8_5	8_4	8_3	8_2	8_1	H_5	H_4	H_3	H_2	H_1	h_5	h_4	h_3	h_2	h_1
9_5	9_4	9_3	9_2	9_1	I_5	I_4	I_3	I_2	I_1	i_5	i_4	i_3	i_2	i_1

原始图像

分辨率下降到原来的 $1/(5\times3)$

分辨率 3×3

1	A	a
4	D	d
7	G	g

图 12.6　图像分辨率的降低

HPOMV 还有许多其他图像格式[42-44]:多视图图像还可以排列成 Z 字形[42] 或斜线形[43]。这些方案将每个 RGB 子像素都作为一个单独像素。在 Z 字形的排列中,每个子像素的高度和宽度均被分别设计为一个像素宽度的 1/6,子像素的间距也为 1/6 个像素宽度。在显示面板上,子像素垂直排列。当有 k 幅不同的视图图像时,每个像素单元的子像素按照这样的方式对齐:如果视图图像的第 ℓ 个像素在子像素处对齐,那么视图图像的第 $\ell-1$ 个像素可以是其正上方的子像素,也可以是其右下方(向下且向右一个子像素宽度)的子像素。当 $\ell=1$ 时,正上方和右下方的子像素构成视图图像 k。然后重复相同的过程。这就是该方案在像素单元里排列像素的规则。按照这种规则,如果 k 幅视图图像中奇数视图图像的像素按照线性排列,那么偶数编号的视图图像的像素会紧随其后排成同一行。即奇数编号视图图像像素后面紧跟偶数编号视图图像像素。重复这样的过程直至序列到达显示面板的右边缘。因此,图 12.7 中的像素单元水平行中的像素按这样的方式被排列成两个水平行,一行来自奇(偶)数视图图像像素,另一行来自于偶(奇)数视图图像像素。因此,来自不同视图图像的像素就按一个 Z 字形进行了排列。该方案将采用到透镜板,这种透镜板由斜率为 −1/6 的倾斜小透镜组成(该斜率对应 −9.46°的倾斜角),与 VZFO 结构相似。图 12.8 给出了当 $k=7$ 时 Z 字形方案所得的图像格式。每个子像素上标记的数字代表不同的视图图像编号。在该方案中,像素单元被定义为每个小透镜下面的区域。如图 12.8 所示,第二行编号为 2 的子像素的正下方的那个子像素将被编号为 3,而前者的左斜上方的子像素将也被编号为 3,整幅图如是。而编号为 7 的子像素,其正下方和左斜上方的子像素将被循环编号为 1。而且,对于第一个像素单元,奇数编号(7、5、3、1)的视图图像的像素出现在奇数行,而偶数编号(6、4、2)的视图图像的像素出现在偶数行,但在第二个像素单元中该图案会反转一下。这表明了,奇偶编号视图图像的像素会在显示面板的每个像素行上重复出现。

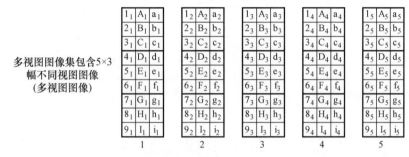

图 12.7 在多视图和积分照相中一维图像排列的比较

如果第一行重复奇偶次序,那么第二行就会重复偶奇次序,第三行接着重复奇偶次序,如此往复。该方案可以将每幅视图图像的水平分辨率提高 2 倍,但代价是垂直分辨率会下降为原来的 1/2。在该方案的视区中,每幅视图图像的观察区域按照从左到右 1 ~ 7 的编号顺序出现。小透镜的倾斜角为 −9.46°,这就使得在奇数编号的视图图像观察区域的间隙中出现偶数编号的视图图像观察区域,每幅视图图像像素每 5 纵行将获得 RGB 颜色,正如图 12.8 中虚线所标出的编号为 5 的视图图像像素。然而,这种图像格式由于子像素间隙会迫使显示面板的有效面积减少到常规面积的 1/2。

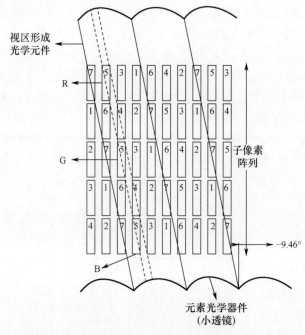

图 12.8　Z 字形图像排列

　　在斜线式排列中,像素按照如图 12.7 所示相同的方式进行排列,只不过需要将第 N 行的 N 个像素左移。这些被移动的像素会从图像格式中消除。按照这种方法,每幅视图图像都在其前一行基础上向左移动了一个子像素。这种排列产生了实际上斜线式的图像格式。为了填补左移所导致的右边空缺,我们准备了一些平行四边形状的不同视图图像。其斜角计算方式如下:由于每个下一行的子像素都向左平移,且每个子像素的尺寸为一个单位像素宽度的 1/3,所以 $\arctan(1/3) = 18.4°$,该倾斜角为正。

　　本节中所提到的图像格式占了显示面板的绝大部分的水平分辨率。但我们其实也可以在不影响水平分辨率的情况下,通过共享纵向分辨率来显示多视图图像。每幅视图图像的采样方式与图 12.7 中的一致,但是采样方向有所不同。不过在这种情况中,需要采用一套 VZFO 设备,它能从垂直复用的多视图图像中分离每幅水平行图像,再将它们导到相应的水平划分的观察区域。由水平线栅格图案所组成的 VZFO 就可以实现这些功能。每个线栅都有其特定的栅方向和栅周期来实现上述功能。还有一种图像格式与栅格图案一道起作用。这种图像格式本身就是在图 12.5 中所展示的多视图图像集的第一行。如果在水平方向上有 6 幅不同的视图图像,那么这些视图图像在显示面板上可以按照 3 幅放第

274

一行、3 幅放第二行的方式进行排列,也可以按照两幅放第一行、再接下来的两幅放第二行、其余的放第三行的方式进行排列。在其中一幅图像上,一个 2D 衍射光栅将视图图像引导至观察区域(视区)的一个指定位置,在这个位置上所有图像都是从左到右按 1 ~ 6 的顺序进行光学排列的,如图 12.9 所示[45]。图 12.9 还展示了 4 幅底部图像。前两幅图像的观察区域出现在观察区域 4 的右侧(从左视角方向看过去)。

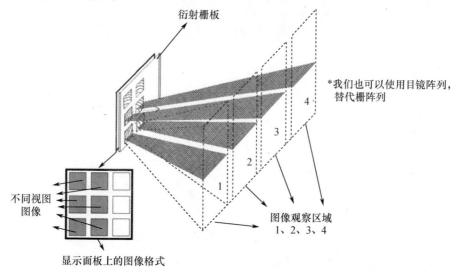

图 12.9　基于衍射栅板的 3D 成像的一个多视图图像排列

12.4.1.3　具有任意像素单元形状的多视图

对于全视差 3D 成像而言,其像素单元应具有一个 2D 形状。这种形状并不必须是图 12.5 所示的三角形或正方形,如果像素单元可与许多自己的同类连接在一起,如图 12.10 展示,并且适用于目前可用 VZFO 装置中的周期结构的元素光学元件,它就可以是任意形状的。比如菱形或平行四边形的像素单元就可以有效地适合该结构,还可以被操纵以在单元内具有不同像素数[46]。这种操纵对于最小化接触式 3D 成像系统中固有的莫尔(moiré)条纹是非常有用的[47]。在这些接触式 3D 成像系统中,莫尔条纹通过视区形成光学元件和显示面板的交叠而自然生成,因为光学元件和面板有着可比拟周期的有规律的图案。通过改变菱形的纵横比可以最小化莫尔条纹。我们可以在绘图纸上设计任意形状的像素单元,因为显示面板上的像素图案有着和绘图纸一样的网格图案。图 12.11(a)给出了这种设计方法。在设计中,倾斜角为 α 和 $-\alpha$ 的两组平行线彼此相交。通过这种相交生成了许多相同形状的菱形。倾斜角和每组线中线条间距取决于即

275

将加载在显示面板上的多视图图像的数量。由于这些线条是直线,所以它们无法与像素的形状相贴合。所以这些线用沿着像素边线的离散线来近似。像素单元就由这些离散线来定义。

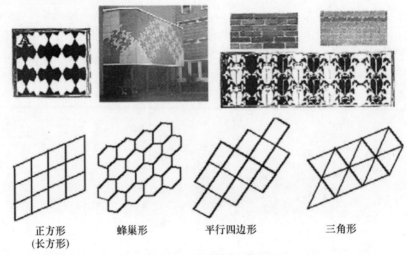

正方形   蜂巢形   平行四边形   三角形
(长方形)

图 12.10   可能的像素单元形状

图 12.11(b)展示了对应于许多不同斜率的离散线。当 $\alpha = \pm \arctan 0.75$ 时,离散线既可以通过先向右移动四格再向上(或向下)移动三格绘制,也可以通过先向右移动一格向上(或向下)移动一格或两格,然后向右移动两格向上(或向下)移动一格绘制。相比较而言第二种绘制方法会更加接近直线。图 12.11(c)给出了一些 $\alpha = \pm \arctan 0.5$ 和 $\alpha = \pm \arctan(1/3)$ 的像素单元形状,前一个 α 值对应的线间距为 2、4、6。一些不同的菱形形状是像素单元可以通过更改交点来进行设计,即便当线间距相同时也可以这么做。因此,不同的 α 值和线间距就可以对应很多不同的像素单元形状,其结果是,许多不同图像格式可以用这些菱形式像素单元设计出来。

图 12.12 也给出一种菱形像素单元的图像格式,对应于一个包含 4×4 个像素的像素单元。这意味着有 16 幅不同的视图图像,其倾斜角 $\alpha = 45°$。为了设计这种图像格式,每幅视图图像皆被转换为奇数菱形图像或偶数菱形图像以减少每幅视图图像的分辨率。图 12.12 还展示了如何从分辨率为 16×14 的原始图像中生成出分辨率为 8×7 的奇数图像和偶数图像的方法。通过提取红点周围的 4 个像素的平均强度来生成奇数图像,通过提取绿点周围的 4 个像素的平均强度来生成偶数图像。根据 4×4 幅不同视图图像的奇数图像和偶数图像,形成对应于奇数图像和偶数图像的正方形像素单元图像。其中每一幅图像都是菱形像素单元阵列的组合,对应于 4×4 正方形像素单元阵列。

276

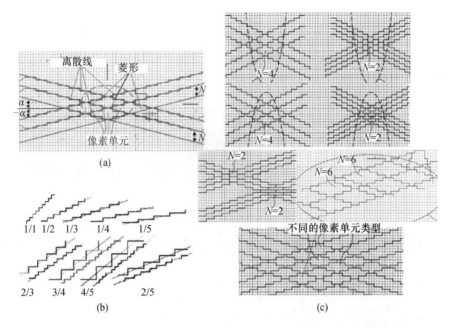

图 12.11　一种制作任意形状像素单元的方法。出处：Son J. – Y. , Saveljev V. V. , Kwack K. – D. , Kim S. – K. , and Park M. – C. , (2006)．图片已经光学学会许可复制

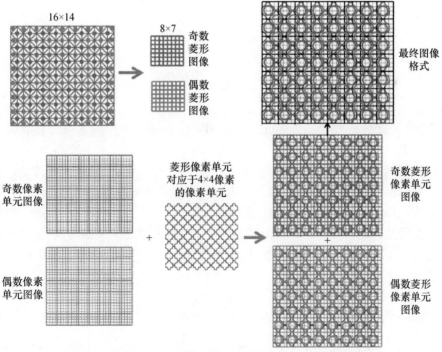

图 12.12　菱形单元的图像格式对应于一个 4×4 像素的像素单元

根据每幅组合的菱形像素单元图像,我们可以将红圈和绿圈所标记的像素单元组合成最终的图像格式。由基于菱形像素单元的图像格式所产生的 3D 图像如图 12.13 所示,图像格式的一部分展现了像素单元形状。该像素单元的高度为 6 个像素,宽度为 5 个像素。它由 18 个像素组成。

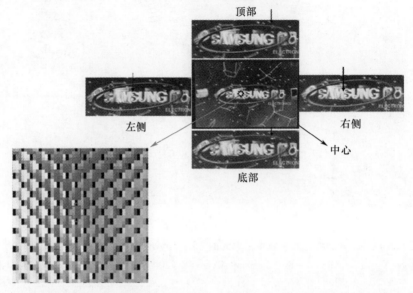

图 12.13　图 12.12 中菱形像素单元所形成的 3D 图像。出处:Son J. - Y.,Saveljev V. V.,Kwack K. - D.,Kim S. - K.,and Park M. - C.,(2006). 图片已经光学学会许可复制

12.4.1.4　基于虚拟立体像素的多视图

在多视图 3D 成像中,立体像素被定义为一个虚拟空间图片元素,假定是由许多 3D 图像组成的[48,49]。在观察区域,MV 的形成几何中,我们将立体像素板定义为来自不同像素单元的光线交叉点。由于这些立体像素分布得十分均匀,使得我们可以从特定像素单元中判别出能形成虚拟立体像素的那些像素。图 12.14 给出了在 MV 的视区形成几何内虚拟像素的平面视图。这种几何结构是基于点光源(Point Light Source,PLS)阵列,每个 PLS 负责照亮其前方的一个像素。这种几何结构致使要分布在平面上的立体像素通过交叉点形成,使得我们更容易为每个立体像素指派一个坐标值。图 12.4 中的黑点即表示虚拟立体像素。

Z_0 平面是 PLS 阵列平面,且每个 PLS 也表现得像一个立体像素。图 12.14 中的空心圆圈代表不完整的立体像素。图中的立体像素平面按照 Z_{-5} 到 Z_5 的顺序进行依次编号。每个立体像素的图像图案在图 12.15 中给出。图中符号 I、下标数字和两个上标数字分别代表了图像图案、立体像素平面及在 x 和 y 坐标

278

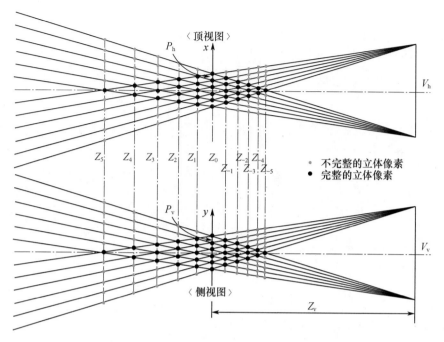

图 12.14　视区形成几何中虚拟立体像素的平面视图。

出处:Son J. – Y. , Saveljev V. V. , Kim S. – K. , and Kim K. –T. , (2007)

系中的相对位置。在图像图案中,每个格子代表着一个像素单元。在 Z_0 和 Z_{-1} 平面上立体像素的图像图案是一个正方形,其大小等于一个像素单元。然而,当平面远离 Z_0 平面时,该正方形就会被分成更小的正方形阵列。而阵列中小正方形的总面积大小总是等于一个像素单元面积大小。不完整立体像素的图像图案如图 12.15 所示。当完整的图像图案移动到网格边缘,其一部分图案将丢失。此时图案将变为不完整的。图 12.16 中给出的是三角棱锥图像图案的图像格式。该图中还给出了该图像格式 3D 图像的左视图、中心视图以及右视图。在该图中,K 代表立体像素平面的数量。不同之处显而易见。当然,我们也可以用菱形像素单元来确定虚拟像素的图像图案。图 12.17 就展示了菱形像素单元中不同立体像素的图像图案,以及显示在 LCD 显示器上的 5 种不同柏拉图(Platonic)立方体的 3D 图像的图像图案。

12.4.1.5　基于共享像素强度的立体图像

在基于平板显示器的偏振镜片式立体成像中,我们将一个微带偏振片用作了 VZFO。然而,这种成像方法还可以通过使用两个高速 LCD 来实现:其中一个作为显示面板,另外一个作为一个有源偏振片。这导致每幅视图图像都将拥有像观察区域平移方法一样的全面板分辨率[41]。除了使用两个高速 LCD 之外,

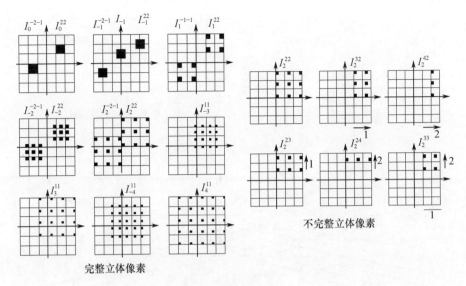

图 12.15 每个立体像素的图像图案。出处:Son J. – Y., Saveljev V. V., Javidi B., Kim D. – S., and Park M. – C., (2006). 图片已经光学学会许可复制

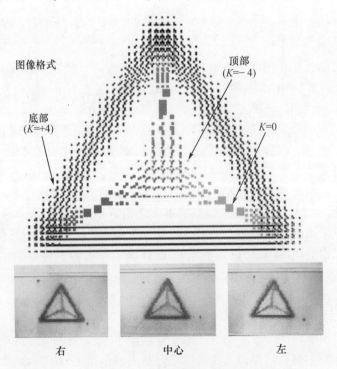

图 12.16 三角棱锥的图像格式

280

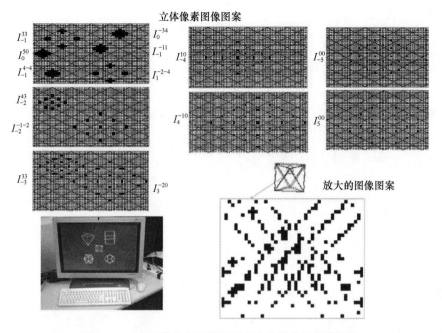

图 12.17　菱形像素单元情况下生成的图像和图像图案

我们还可以使用两个普通 LCD,通过视图图像 1 和 2 的对应位置像素共享显示面板上相应像素的强度,来使每幅视图图像的分辨率都达到全面板分辨率[50]。在这种成像方式中,两个相应的像素强度合并在一起来表示面板上相应像素的强度。显示面板上像素发出的光的偏振方向通过有源偏振片将按旋转一定角度,该角度由视图图像 1 和 2 的两个相应位置上的像素的原始强度比决定。每个像素都被设计成旋转平板上相应像素发出光的偏振角,旋转的角度大小由该强度比确定。因此,视图图像 1 和 2 将被偏振眼镜片分为水平和垂直偏振分量。图 12.18 描绘了这种方法的原理,包括其显示结构。在这种成像方法中,液晶(Liquid Crystal,LC)板上用于显示图像的每个像素的强度 P_I^{ij} 由公式 $P_I^{ij} = \gamma \sqrt{(P_L^{ij})^2 + (P_R^{ij})^2}$ 确定,入射光偏振方向的旋转角 θ^{ij} 由用作有源偏振片的液晶板中相应像素确定,其公式为 $\theta^{ij} = \arctan(P_L^{ij}/P_R^{ij})$。式中的 P_L^{ij} 和 P_R^{ij} 分别为左眼和右眼图像中第 ij 个像素的强度,而 γ 是常数。因此,有源液晶板第 ij 个像素上的光的偏振方向将会旋转到 θ^{ij} 角度,其强度将等于 P_I^{ij}。通过眼镜中偏振器的偏振方向,视图图像将分成水平和垂直分量。水平和垂直分量的强度分别与 γP_L^{ij} 和 γP_R^{ij} 成正比。图 12.19 给出了左右视图图像、显示面板上图像以及有源偏振片上图像。

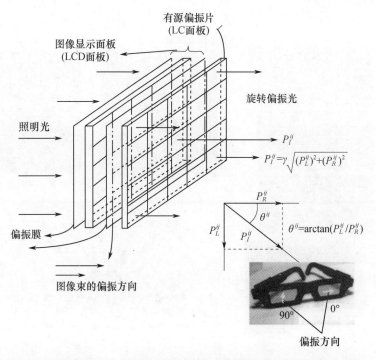

图 12.18　强度共享式立体显示器中图像格式

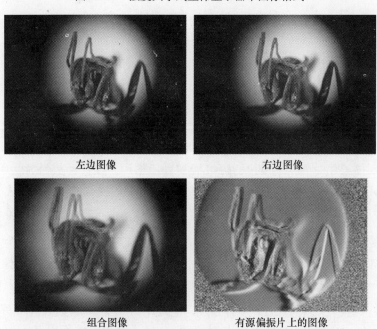

左边图像　　　　　　　　　右边图像

组合图像　　　　　　　有源偏振片上的图像

图 12.19　强度共享式立体显示器中两个 LCD 面板上的图像

12.4.2　容积成像的图像格式

容积成像法利用旋转或平移屏幕来生成具有空间体积的图像。而旋转和平移屏幕明确地揭示了容积成像是基于时间复用方案的。在屏幕上,要么是当屏幕位置处在图像对应的深度位置时,将从不同深度位置所拍摄的一组图像集(即分层图像)中的每幅图像投影到屏幕上,要么就是当屏幕位于扫描激光束的深度位置时,将一个包含光栅(空间线阵列)、折线和单独立体像素的立体像素集合通过一个扫描激光束连续投影或描绘在屏幕上。显然,分层图像和多视图图像在使用中不会产生任何差别。然而,从图像格式上看,容积成像和多视图成像之间存在差异,因为容积成像没有降低分辨率的要求。我们将一组分层图像同时显示在与它们相对应的显示器上,并将其按照深度方向对齐。在立体像素扫描的情况中,由屏幕的旋转和平移而产生的 3D 图像空间将通过光栅扫描方法填充以空间线阵列,或通过向量图解方法填充以折线,又或者通过随机存储方法填充以单独立体像素[51]。图 12.20 展示了容积成像系统在由一个旋转屏幕所创建的空间中形成空间图像的过程。利用光栅扫描方法可以绘制出轮廓线以表示灰度级。分层图像、每条空间线、每条折线以及用于避免闪烁的每个立体像素,所需的投影或显示速度取决于图像的亮度。比如在电影中,屏幕亮度约为 $60\mathrm{cd/m^2}$,相应的图像投影速度为 48 帧/s[52]。在引入了类似 LCD 这样的透明显示器之后,可以通过使用许多彼此之间相隔一段距离的 LCD 层,来实现容积图像[53]。我们也可以用一个旋转 LED 阵列板来代替激光扫描[54]。在旋转板上的每个 LED 都会生成一个圆圈轨迹。圆圈内的立体像素数将取决于在每次旋转

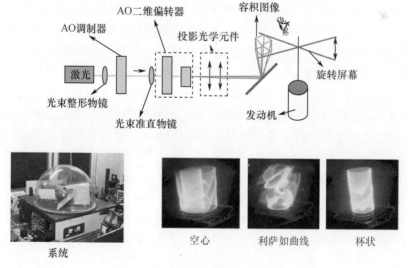

图 12.20　激光扫描容积成像系统

283

过程中 LED 的开/关次数。

12.4.3　全息成像的图像格式

此处全息成像是指以电子方式显示全息图,即电子全息成像。全息图可以显示在一个平板显示器或一个投影芯片上,还可以像照相机拍摄的图片一样打印在透明基底上,但其图像格式与照相机图像完全不同。全息图是一幅关于物体或场景的 3D 照片。全息图记录的是照明光源的相位变化,这种相位变化是由物体表面形状引起的,表现为干涉条纹。全息图上的干涉条纹图案随记录方法和物理特征(如形状、透明度、表面纹理、温度等)的改变而改变。所以全息图图案不可胜数。在本小节中,我们将介绍在 CGH 生成过程中用于快速计算并适配到特定显示装置的图像图案,以及生成 CGH 的基本原则。

12.4.3.1　记录全息图

全息图把物体或场景的形状记录为照明光束波前的相位差异,这些相位差异是由物体或场景表面的形状所产生的。因此记录在全息图上的信息是条纹图案。当一束波前明确定义的光束投射到一个物体或场景上时,从物体或场景上反射的光束的波前会被它们表面形状和维度尺寸调制。该反射光束与参考光束一道被记录下来,参考光束的波前等距(即,波长相同),且参考光束源自照明光源但波前未经调制。这两束光相互干涉,其干涉条纹图案被记录在记录平面上。干涉条纹图案包含了物体或场景的形状信息。图案中条纹周期取决于光束波长和两个光束之间的交叉角。目前波前明确定义的光束仅限于激光光束。这种干涉现象可以在数学上进行解释。在笛卡儿坐标系中,我们可以确定出构成物体或场景形状的每个点的坐标,记录平面上表面点的坐标,以及参考光束与记录平面的相对方向。因此,可以计算出来物体上的某一点与记录平面上某一点之间的距离。将这一距离除以光束波长就可以转换为相位。这样,物体或场景的形状信息就可以转换成在记录平面每一点上的相位。我们用反射光束与参考光束之间的干涉记录下相位信息。由于在记录平面每个点上也会叠加上来自其他物点的光束,每束光束也会与参考光束以及其他物点光束发生干涉。因此很多相位信息在记录平面一点上会有所叠加。这也是为什么一部分的记录平面仍然可以保存物体的全部形状信息的原因。在 CGH 中,记录平面就是显示面板,但是在光学全息术中,记录平面则是全息照相底板或者胶片,例如卤化银、硫族化物、感光性树脂等[55]。在数字全息术中,我们常将电荷耦合器件芯片或互补金属氧化物半导体芯片用作记录平面。由于 CGH 在计算机的帮助下能在数学上计算相位信息,物体可以用点表示,所以如果我们定义构成物体或场景形状的所有点的坐标值,那么任何物体或场景都可以制作为 CGH。

12.4.3.2 干涉的数学描述

全息图是光干涉的产物。为了产生这种干涉现象,至少需要来自相同光源的两束光束,并且这些光束在物体(或场景)与记录平面之间的这段距离内必须具有明确定义的波前。

在记录全息图的过程中,两束光束分别称为物波 E_O 和参考波 E_R,物体波照亮物体或场景,然后朝着记录平面的方向反射;参考波以一个角度 φ_r 直接入射到记录平面上,如图 12.21 所示。物光波和参考波可以表示为

$$E_O(x,y,z,t) = \sum_{n=1}^{\infty} \sum_{m=1}^{\infty} \sum_{j=1}^{\infty} O(x_j,y_m,z_n) e^{i\{\omega t + \varphi_O(x_j,y_m,z_n)\}} \tag{12.1}$$

式中,$O(x_j,y_m,z_n)$ 为每个物点的振幅,$\varphi_O(x_j,y_m,z_n)$ 为每个物点的初始相位。为方便起见,假设该物体由所有三个方向的无限个点组成。

$$E_R(x,y,z,t) = R(x,y,z) e^{i\{\omega t + \varphi_r(x,y,z)\}} \tag{12.2}$$

式中,$R(x,y,z)$ 为参考波的振幅,$\varphi_r(x,y,z)$ 为参考波的初始相位,t 为时间。

如图 12.21 所示,$\varphi_r(x,y,z)$ 的值为常数,该值由参考波与记录平面之间的光束入射角定义。这种干涉效应在数学上可以表示为[56]

$$\begin{aligned}I(x,y,z) &= (E_O + E_R)(E_O + E_R)^* \\ &= E_O E_O^* + E_R E_R^* + E_R E_O^* + E_O E_R^*\end{aligned} \tag{12.3}$$

其中,$*$ 表示共轭项。共轭相有着负的相位,即在指数项上的相位带负号。这种干涉产生了四个独立项。前两项是相同波之间的干涉,因此它们作为背景和散斑噪声,而后两项实际上包含了物体相位信息,也是全息术中最重要的两项。将式(12.1)和式(12.2)代入式(12.3)中,由它们自身波之间的干涉而产生的各项可表示为

$$\begin{cases} E_R E_R^* = |R(x,y,z)|^2 \\ E_O E_O^* = \sum_{n=1}^{\infty} \sum_{m=1}^{\infty} \sum_{j=1}^{\infty} \sum_{n'=1}^{\infty} \sum_{m'=1}^{\infty} \sum_{j'=1}^{\infty} O(x_j,y_m,z_n) O^*(x_{j'},y_{m'},z_{n'}) \end{cases} \tag{12.4}$$

在式(12.4)中,$E_R E_R^*$ 是完整的直流(Direct Current,DC)项。该项不含物体信息,可简单地当为背景噪声。而 $E_O E_O^*$ 是最麻烦的项,因为它会产生散斑。散斑是由物体波之间的干涉产生的。由于物体反射的光束由构成物体的各点所反射的光束组成,某个点所反射的光束会与其他点所反射的光束发生干涉。散斑就是这样形成的。在数学上,$E_O E_O^*$ 项被分成两项。其中一项是 $j=j'$,$m=m'$,$n=n'$ 的情况,它表示将作为背景噪声的 DC 项。另外一项是 $j \neq j'$,$m \neq m'$,$n \neq n'$ 的情况,代表散斑源。

$$\begin{cases} E_O E_O^* \mid_{\text{DC}} = \sum_{n=1}^{\infty} \sum_{m=1}^{\infty} \sum_{j=1}^{\infty} |O(x_j, y_m, z_n)|^2 \\ E_O E_O^* \mid_{\text{Speckle}} = \sum_{n=1}^{\infty} \sum_{m=1}^{\infty} \sum_{j=1}^{\infty} \sum_{n'=1}^{\infty} \sum_{m'=1}^{\infty} \sum_{j'=1}^{\infty} O(x_j, y_m, z_n) O^*(x_{j'}, y_{m'}, z_{n'}) \\ \qquad\qquad |j \neq j', m \neq m', n \neq n' \end{cases}$$

$$(12.5)$$

因此,在 CGH 计算中,没必要计算式(12.4)和式(12.5)。需要计算的是式(12.3)中的最后两项。它们可以表示为

$$\begin{cases} E_R E_O^* = R(x, y, z) \sum_{n=1}^{\infty} \sum_{m=1}^{\infty} \sum_{j=1}^{\infty} O^*(x_j, y_m, z_n) \mathrm{e}^{\mathrm{i}\{\varphi_O(x_j, y_m, z_n) - \varphi_r(x, y, z)\}} \\ E_O E_R^* = R^*(x, y, z) \sum_{n=1}^{\infty} \sum_{m=1}^{\infty} \sum_{j=1}^{\infty} O(x_j, y_m, z_n) \mathrm{e}^{\mathrm{i}\{\varphi_r(x, y, z) - \varphi_O(x_j, y_m, z_n)\}} \end{cases}$$

$$(12.6)$$

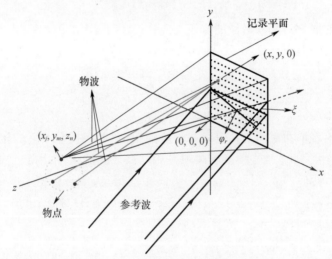

图 12.21　全息图记录过程的几何示意图

在式(12.6)中,$E_R E_O^*$ 和 $E_O E_R^*$ 都是复数项,既有实数又有虚数部分。因此,它们可以写为 $E_R E_O^* = \mathrm{Re}(E_R E_O^*) + \mathrm{Im}(E_R E_O^*)$ 和 $E_O E_R^* = \mathrm{Re}(E_O E_R^*) + \mathrm{Im}(E_O E_R^*)$。用这两个关系式中的一个就可以计算出记录平面某一点上物点的振幅和相位信息。该振幅和相位信息是计算带有灰度信息的 CGH 所必需的。带灰度级信息的 CGH 足以重建带灰度信息的物体图像。式(12.6)中 $\varphi_O(x_j, y_m, z_n)$ 由下式确定:

$$\varphi_O(x_j, y_m, z_n) = \frac{2\pi}{\lambda} \sqrt{(x_j - x)^2 + (y_m - y)^2 + z_n^2} \qquad (12.7)$$

286

将 $E_R E_O^*$ 和 $E_O E_R^*$ 加起来就可以进一步简化式(12.6),如下:

$$E_R E_O^* + E_O E_R^* = 2|R(x,y,z)|\sum_{n=1}^{\infty}\sum_{m=1}^{\infty}\sum_{j=1}^{\infty}|O^*(x_j,y_m,z_n)|$$
$$\cos\{\varphi_O(x_j,y_m,z_n) - \varphi_r(x,y,z)\} \qquad (12.8)$$

在式(12.8)中,如果 $|O^*(x_j,y_m,z_n)|$ 的值为常数,就意味着组成物体的各点具有相同的强度。式(12.8)表示纯相位全息图,它不涉及散斑。如果上述值不是常数,那么该式则表示一幅灰度级全息图。二进制全息图的计算方式是先指定一个阈值,然后将该阈值之上的强度设为1,而将阈值之下的强度设为0。

根据式(12.4)和式(12.8),将式(12.3)可改写为

$$I(x,y,z) = |R(x,y,z)|^2 + \sum_{n=1}^{\infty}\sum_{m=1}^{\infty}\sum_{j=1}^{\infty}\sum_{n'=1}^{\infty}\sum_{m'=1}^{\infty}\sum_{j'=1}^{\infty}O(x_j,y_m,z_n)O^*(x_{j'},y_{m'},z_{n'})$$
$$+ 2|R(x,y,z)|\sum_{n=1}^{\infty}\sum_{m=1}^{\infty}\sum_{j=1}^{\infty}|O^*(x_j,y_m,z_n)|\cos\{\varphi_O(x_j,y_m,z_n)$$
$$- \varphi_r(x,y,z)\} \qquad (12.9)$$

式(12.9)代表着为获取物体信息记录在记录平面上的条纹图案的数学描述,表示为 $|O^*(x_j,y_m,z_n)|$。该式用于计算生成全视差全息图。对于 HPO 全息图而言,物体和记录平面都在垂直方向上被采样相同的行数,然后物体中第 K 行上物点相位信息将被记录在记录平面的第 K 行各点上。如果设物波和参考波之间的交叉角为 ξ,波长为 λ,那么记录在记录平面上的条纹的周期 δ 由下式给出:

$$\delta = \frac{\lambda}{2\sin(\xi/2)} \qquad (12.10)$$

该 δ 值对应着记录平面上的两个像素。因此我们能将交叉角 ξ 记录在记录平面上,它由记录平面上的像素大小决定。该交叉角是全息图中一个重建点的最大观测角,所以更为理想的做法是采用具有更小像素尺寸的记录平面。

12.4.3.3 CGH 实例

图12.22给出了根据式(12.8)所计算出的记录平面法线上一点的二进制全息图。我们将该图案与通过光学手段获得的菲涅耳区域图案进行比较。两图像看上去一样,但在 CGH 中还有许多额外的图案周期性地出现,而在菲涅耳区域图案中强度存在分布不均。相同图案的周期性出现似乎是由不同的衍射级所造成的,因此点全息图的条纹图案与菲涅耳区域图案之间没有太多区别,而强度分布不均是由散斑效应所造成的。实际上我们在 CGH 中看不到散斑。由于在 CGH 图案中的中心环大小以及同心环之间的距离会随物点与记录表面之间的

距离增大而增大,因此我们还可以通过增大或减小图案的大小来控制物点与记录表面之间的距离。所以,如果组成一个物体的每个点都由菲涅耳区域图案取代,我们就可以得到物体的 CGH。图 12.23 给出了按照这种方式所得到的全息图。物体是由 25 个点组成的字母 A。我们将该全息图印在一个透明底片上,并重建出如图 12.23 所示的字母 A。在图 12.24 中,我们比较了一条海豚的二进制格式和灰度级格式的 CGH。显然,灰度级 CGH 呈现出织物编织状的图案,而二进制 CGH 呈现出波浪状的图案。

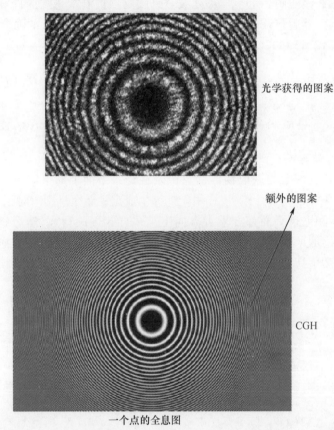

光学获得的图案

额外的图案

CGH

一个点的全息图

图 12.22　菲涅耳区域图案。出处:Son J. – Y. , Saveljev V. V. , Javidi B. ,
Kim D. – S. , and Park M. – C. , (2006). 图片已经光学学会许可复制

　　灰度级 CGH 重建的图像给出了图像的灰度,但是二进制 CGH 仅给出了物体的轮廓。灰度级 CGH 可以用于绝大多数的显示芯片,而二进制 CGH 更适合用于 DMD,因为 DMD 本质上是一个二进制装置。图 12.25 给出了数字全息术中的 HPO 全息图和 CCD 全息图这两个实例,对应着两种情况:第一种情况是一条由许多点所组成的垂直线经过一个三角棱镜的顶角,另一种情况是垂直线平

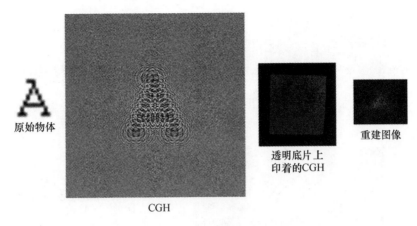

原始物体

透明底片上
印着的CGH

重建图像

CGH

图 12.23　全息图像的生成和重建

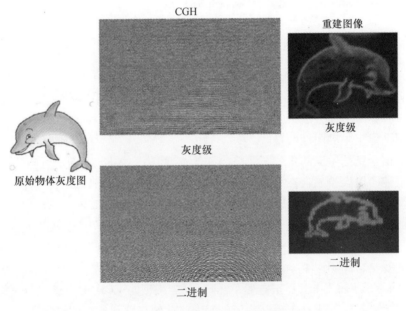

CGH

重建图像

灰度级

原始物体灰度图

灰度级

二进制

二进制

图 12.24　二进制和灰度级 CGH 的图像格式对比

移出了记录平面右边缘而没有改变该线与平面之间的距离。这些全息图看起来似乎都是由菲涅耳区域图案的中心行图像图案的重复显示而构成的。而且该图也显示出存在有之前图 12.22 所涉及的额外图案。CCD 全息图则同时给出了条纹图案和物体图像。为了将自然场景呈现为一幅全息图,人们发展了立体全息图。为了实现这一目的,需要使用一组由多视图相机阵列所拍摄的多视图图像。这些图像按照多视图图像的顺序显示在一个显示装置上,用激光作为照明

289

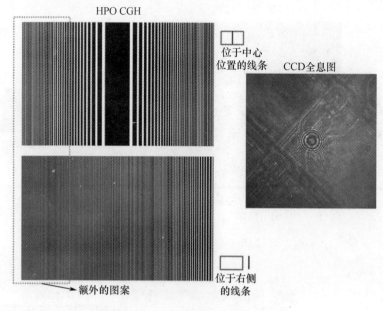

图 12.25　HPO CGH 和 CCD 全息图

光源,每幅图像都通过一个柱面透镜以全息的方式记录成一根细线,或通过位于显示装置前的球面透镜以全息的方式记录成一个点。如果没有这些透镜,也可以通过将记录平面分成一定数量的条带来记录全息图,这些条带的数量对应于多视图图像集中的图像数量。

　　根据全息图生成的重建图像将会作为多视图图像集。因此,位于记录平面前的重建图像会被混合在一起并被视为一幅 3D 图像。图 12.26 中给出了立体全息图的一个例子:物体是茶壶的 10 幅多视图图像。图 12.26 还给出了斑马纹全息图中的 2D 点全息图阵列,以及一个记录表面上的立体全息图实例。

　　目前已经有人完成了一些不用基于干涉条纹图案的 CGH 技术。其中一种就是洛曼全息图。为了设计这种全息图,需要事先计算一幅 CGH。具体步骤如下:①将记录平面分成 2D 正方形单元阵列,其维度与 CGH 中全息点维度一致;②在每个单元中创建一个矩形孔。单元中该孔的高度和相对位置分别与该单元所对应的 CGH 点的振幅和相位成正比。图 12.26 介绍了每个单元的设计方法。该孔径的宽度 g 为单元宽度的一半。孔径相对于单元中心的位置 P_{ij} 的变化与第 ij 个全息点的相位 ϕ 成正比,而孔径高度 A_{ij} 的变化与第 ij 个全息点的振幅 O 成正比。因此我们可以得到公式 $P_{ij} = (\pm\phi/\pi)(\Delta x/2)$ 和 $A_{ij} = \Delta y(O/O_{max})$,式中 O_{max} 是 CGH 的最大振幅值。图 12.27 还给出了按照这种方式设计的洛曼全息图实例。

290

视图1　　　　　视图10

二维点全息图阵列

立体全息图：10幅视图

重建图像

图 12.26　茶壶的立体全息图实例

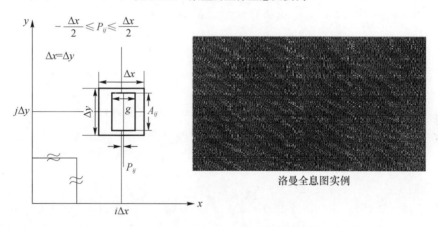

洛曼全息图实例

图 12.27　洛曼全息图的计算

参 考 文 献

［1］Brown B. R. and Lohmann A. W. , Computer generated binary holograms, *IBM J. of Res. Develop.* ,**13**(3), 160 – 168, (1969).

［2］Izumi T. （Supervisor）, Fundamentals of 3 – D Imaging Techniques（Japanese Edition）, NHK

Science and Technology Lab. , Ohmsa, Tokyo, (1995).

[3] Son J. - Y. and Javidi B. , 3 - Dimensional imaging systems based on multiview images, *IEEE/OSA J. of Display Technology*,**1**(1), 125 - 140, (2005).

[4] Okano F. , Hoshino H. , Arai J. , Yamada M. , and Yuyama I. , Three - dimensional television system based on integral photography, in *Three - Dimensional Television, Video, and Display Technology*, B. Javidi and F. Okano (eds), New - York, USA, Springer, **4**, 101 - 123, (2002).

[5] Son J. Y. , Saveljev V. V. ,Javidi B. , and Kwak K. D. ,A method of building pixel cells with an arbitrary vertex angle, *Optical Engineering*,**44**(2), 024003 - 1 024003 - 6, (2005).

[6] Okoshi T. , Three dimensional imaging techniques, New York, *Academic Press*, (1976).

[7] Son J. Y. , Javidi B. , andKwack K. D. , Methods for displaying 3 dimensional images, *Proceedings of the IEEE, Special Issue on: 3 - D Technologies for Imaging&Display*, **94**(3), 502 - 523, (2006).

[8] Son J. Y. , Saveljev V. V. , Javidi B. , Kim D. S. , and Park M. C. , Pixel patterns for voxels in a contact - type 3 dimensional imaging system for full - parallax image display, *Appl. Opt.*, **45**(18), 4325 - 4333, (2006).

[9] Tamura S. and Tanaka K. , Multilayer 3 - D display by multidirectional beam splitter, *App. Opt.*, **21**(20), 3659 - 3663, (1982).

[10] Downing E. , Hesselink L. , Ralston J. , and Macfarlane R. , A three - color, solid - state, three - dimensional display, *Science*, **2177**, 196 - 202, (1994).

[11] Langhans K. , Guill C. , Rieper E. , Oltmann K. , and Bahr D. , Solid felix: astatic volume 3D - laser display, *SPIE*,**5006**, 161 - 174, (2003).

[12] MacFarlane D. L. , Volumetric three - dimensional display, *App. Opt*, **33**(31), 7453 - 7457, (1994).

[13] St. Hilaire P. , Benton S. A. , Lucente M. , Underkoffler J. , and Yoshikawa H. , Real - time holographic display: improvement using a multichannel acousto - optic modulator and holographic optical elements, *SPIE*,**1461**, 254 - 261, (1991).

[14] Shestak S. A. and Son J. - Y. , Electroholographic display with sequential viewing zone multiplexing, *Proc. SPIE*, **3293**, 15 - 22, (1998).

[15] Zachan E. , Missbach R. , Schwerdtner A. , and Stolle H. , Generation, encoding and presentation of content on holographic displays in real time, *Proc. SPIE*, **7690**, 76900E, (2010).

[16] Maeno K. , Fukaya N. , Nishikawa O. , Sato K. , and Honda T. , Electro - holographic display using 15 - megapixel LCD, *SPIE*, **2652**, 15 - 23, (1996).

[17] Senoh T. , Mishina T. , Yamamoto K. , Ryutaro O. , and Kurita T. , Viewing - zone - angle - expanded color electronic holography system using ultra - high - definition liquid - crystal displays with undesirable light elimination, *Journal of Display Technology*, **7**(7), 382 - 390, (2011).

292

[18] LeeW. H. , Sampled Fourier transform hologram generated by computer, *Appl. Opt.* , **9** , 639 – 643, (1970).

[19] Klug M. A. , Newswanger C. , Huang Q. , and Holzbach M. E. , Active digital hologram displays, U. S. Pat. 7227674, June (2007).

[20] Kajiki Y. , Yoshikawa H. , and Honda T. , Hologram like video images by 45 – view stereo-scopic display, *SPIE Proc.* , **3012**, 154 – 166, (1997).

[21] Texas Instruments Website. Available at: *www. ti. com*, (2013).

[22] Kim S. , You B. , Choi H. , Berkeley B. , Kim D. , and Kim N. , World′s first 240 Hz TFT – LCD technology for full – HD LCD – TV and its application to 3D display, *SID 09 DI-GEST*, 424 – 438, (2009).

[23] Saveljev V. V. , Tverdokhleb P. E. , and Shchepetkin Y. A. , Laser system for real – time visualization of three – dimensional objects, *SPIE*, **3402**, 222 – 224, (1998).

[24] Batchko R. G. , Rotating flat screen fully addressable volume display system, U. S. Pat. 5148310, (1992).

[25] Otsuka R. , Hoshino T. , and Horry Y. , Transport: all – around three – dimensional display system, *SPIE*,**5599**, 56 – 65, (2004).

[26] Son J. Y. and Shestak S. A. , Live 3D video in a volumetric display, *SPIE*, **4660**, 171 – 175, (2002).

[27] Slinger C. , Cameron C. , and Stanley M. , Computer – generated holography as a generic dis-play technology, *IEEE Computer*, **38**(8) , 46 – 53, (2005).

[28] Son J. Y. , Smirnov V. V. , Novoselsky V. V. , and Chun Y. S. , Designing a multiview 3 – D display system based on a spatiotemporal multiplexing, *IDW′98 – The Fifth International Display Workshops*, International Conference Center Kobe, Kobe, Japan, 783 – 786 (Dec. 7 – 9, 1998).

[29] St. – Hilaire P. , Lucente M. , Sutter J. D. , Pappu R. , Sparrell C. D. , and Benton S. A. , Scaling up the MIT holographic video system, *Proc. SPIE*, **2333**, 374 – 380, (1994).

[30] Son J. Y. , Shestak S. , Kim S. K. , and Epikhan V. , A multichannel AOM for real time electroholography, *Appl. Opt.* ,**38**(14) , 3101 – 3104, (1998).

[31] Son J. Y. , Smirnov V. V. , Kim K. T. , and Chun Y. S. , A 16 – views TV system based on spatial joining of viewing zones, *Proc. SPIE*, **3957**, 184 – 190, (2000).

[32] Okano F. , Hoshino H. , and Yuyama I. , Real time pickup method for a three dimensional image based on integral photography, *Appl. Opt.* ,**36**, 1598 – 1603, (1997).

[33] Erdmann L. and Gabriel K. J. , High resolution digital integral photography by use of a scan-ning microlens array, *Appl. Opt.* ,**40**, 5592 – 5599, (2001).

[34] Liao H. , Iwahara M. , Hata N. , and Dohi T. , High quality integral videography by using a multi – projector, *Opt. Exp.* , **12**, 1067 – 1076, (2004).

[35] Son J. Y. , Son W. H. , Kim S. K. , Lee K. H. , and Javidi B. , 3 – D imaging for creating real world like environments, *Proceedings of the IEEE* (*Invited*), **101**(1) , 190 – 205,

(2013).

[36] Schnars U. and Juptner W. P. O. , Digital recording and numerical reconstruction of holograms, *Meas. Sci. Technol.* , **13**, R85 – R101, (2002).

[37] Mccrickerd J. T. and George N. , Holographic stereogram from sequential component photographs, *Appl. Phys. Lett.* , **12**(1), 10 – 12, (1968).

[38] Travis A. R. L. , Lang S. R. , Moore J. R. , and Dodgson N. A. , Time – multiplexed three – dimensional video display, *SID 95 Digest*, 851 – 852, (1995).

[39] Son J. Y. , Saveljev V. V. , Kim S. K. , and Kim K. T. , Comparisons of the perceived image in multiview and IP based 3 dimensional imaging systems, *Jpn. J. of App. lied Physics*, **46** (3A), 1057 – 1059, (2007).

[40] Toshiba website. Website available at: *www. toshiba. com/us/tv/3d/47l6200u*, (2013).

[41] Yoshigi M. and Sakamoto M. , Full – screen high – resolution stereoscopic 3D display using LCD and EL panels, *Proc. SPIE*, V**6399**, 63990Q, (2006).

[42] van Berkel C. and Clarke J. A. , Characterization and optimization of 3D – LCD module design, *Proc. SPIE*, **3012**, 179 – 186, (1997).

[43] Schmidt A. andGrasnick A. , Multi – viewpoint autostereoscopic displays from 4D – vision, *Proc. SPIE*, **4660**, 212 – 221, (2002).

[44] Nordin G. P. , Kulik J. H. , Jones M. , Nasiatka P. , Lindquist R. G. , and Kowel S. T. , Demonstration of novel three – dimensional autostereoscopic display, *Opt. Lett.* , **19**, 901 – 903, (1994).

[45] Toda T. , Takahashi S. , and Iwata F. , 3D video system using grating image, *Proc. of SPIE*, V**2406**, 191 – 198, (1995).

[46] Son J. Y. , Saveljev V. V. , Kwack K. D. , Kim S. K. , and Park M. C. , Characteristics of pixel arrangements in various rhombuses for full – parallax 3 dimensional image generation, *Appl. Opt.* , **45**(12), 2689 – 2696, (2006).

[47] Saveljev V. V. , Son J. Y. , Javidi B. , Kim S. K. , and Kim D. S. , A Moir minimization condition in 3 dimensional image displays, *IEEE/OSA J. of Display Technology*, **1**(2), 347 – 353, (2005).

[48] Watt A. , 3D computer graphics, 3rd Edn, *Addison – Wesley*, Harlow, **13**, 370 – 391, (2000).

[49] Halle M. W. , Holographic stereograms as discrete imaging systems, *Proc. SPIE*, **2176**, 73 – 84, (1994).

[50] Son J. Y. , Bobrinev V. I. , Cha K. H. , Kim S. K. , and Park M. C. , LCD based stereoscopic imaging system, *Proc. SPIE* **6311**, 6311021 – 6311026, (2006).

[51] Blundell B. and Schwartz A. , Volumetric three – dimensional displays, *John Wiley & Sons, Inc.* , New York, ISBN, 0471239283, (2000).

[52] Stupp E. H. and Brenneshaltz M. S. , Projection Displays, *John Wiley & Sons, Ltd.* , Chichester, **14**, 330 – 333, (1999).

［53］Buzak T. S. , A field – sequential discrete – depth – plane three – dimensional display, *SID'* 85 *Digest*, 345 – 347, (1985).

［54］Endo T. , A cylindrical 3 – D video display observable from all directions, *SPIE*, **3957**, 225 – 233, (2000).

［55］Samui A. , Holographic recording medium, *Recent Patents on Material Science*, **1**(1) , 74 – 94, (2008).

［56］Hariharan P. , Optical holography: principles, techniques and applications, *Cambridge University Press*, New York, (1984).

第 13 章　用于全息显示器的分别基于光线和波前的三维表示

Masahiro YamaguchiandKoki Wakunami *
日本东京工业大学全球科学信息和计算中心
* 通用通信研究所,超写实视频系统实验室,
国家信息与通讯研究所,日本

13.1　引　　言

通过波前重建,3D 全息显示器能够重现出极高质量的 3D 图像[1-3]。传统 3D 显示器是基于立体或多视图,但是现在,人们已经在积极研究基于光场重建或光线重建的更为先进的显示器[4-6]。那么问题来了,波前重建的优势是什么? 是否有可能把基于光线的系统和基于波前的系统结合在一起? 本章将介绍一种将用光线表示的 3D 数据和波前数据进行相互转换的技术,并介绍如何利用全息显示器的优势。本章还将介绍一种用于计算计算机生成的全息图的方法,还给出了相应的实验结果。

13.2　基于光线和基于波前的 3D 显示器

图 13.1 给出了基于光线和基于波前的 3D 显示器示意图。在基于光线的 3D 显示器中,在各个方向上的传播光线与那些由实物反射或散射的光线一样,会以相同的方式重现在显示器表面上。因此,观察者看到了 3D 图像就像看到了实物[7]。积分照相术是具有水平和纵向视差(全视差)的基于光线的方法之一。人们还发展了一种仅有水平视差的基于光线的技术。从方法类型上看,与多视图或基于视差的方法不同的是,如果有一束以上的光线入射到观察者的眼瞳上,那么这种方法就可以视为基于光线的方法。而在多视图 3D 显示器中,因视差和环境造成的深度知觉差异会导致眼睛极度疲劳,但是,在基于光线的技术中这种差异被削弱了。换言之,基于光线的显示器可以通过再现光线来形成 3D 图像信息。

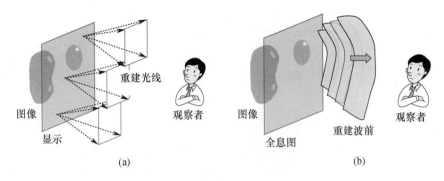

重建光线

图像

显示

观察者

(a)

图像

全息图

重建波前

观察者

(b)

图 13.1　(a)基于光线和(b)基于波前的 3D 显示器

　　全息图是一种记录和重建波前的技术,如图 13.1(b)所示。就 3D 图像显示器而言,理解基于光线和基于波前的图像再现之间的差异非常重要。为此,让我们来看一下基于光线的显示器所重现的波前。

　　文献[8,9]讨论了由基于光线的显示器和全息显示器重现的波前之间的差异。我们先来看看重现一个点物体的显示器,如图 13.2 所示。当基于波前的显示器重建出如图 13.2(a)所示的球面波时,基于光线的显示器会产生一幅如图 13.2(b)所示的由一系列会聚光线所构成的点物体的图像。显示平面上一小块区域上发射出来的每一束光线都可以被视为在不同方向上传播的窄平面波。因此,可以说有两种量是基于光线的显示器所无法重现的,但是它们可用全息显示器进行重现,这两种量为:①平面波每一小段的弯率;②在不同方向上传播的波的相对相位差。两种显示器均可记录波前的倾角,该倾角取决于全息图平面上参照于点对象的相对位置。

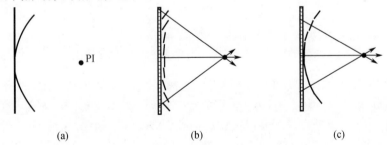

PI

(a)

(b)

(c)

图 13.2　全息显示器、基于光线的显示器和基于 PAS 的显示器对点图像的波前重现

　　由于这两个量是基于光线的显示器所无能为力的,所以即使是对光线进行密集采样,点物体的重建图像也会被拓宽。这就意味着基于光线的显示器的分辨率受到了限制,相比于全息显示器而言。如果每束光线的光学路径长度已知,可以将相对相位差这一量加入到基于光线的重现中[9],这种方法叫作添加相位立体图(Phase Added Stereogram,PAS)。事实表明 PAS 技术可以提高重建图像

的分辨率。

　　PAS 类似于全息图。如果光线的采样密度足够高,PAS 就等价地变成了一幅全息图。这意味着基于光线的重现还可以在波前域进行比较。此外,重建图像的相位信息并不重要,而分辨率是 3D 显示器应用所关心的主要问题。因此,尽管未包括前述两个量,我们也可将基于光线的显示器视为波前重建的低阶近似。

　　图 13.2 所示的波前差异造成了图像分辨率的下降。图 13.3 展示了单束光线的重建过程。该光线被衍射到显示平面上并在像平面上展宽。如果我们考查重建图像的分辨率 δ,即光线的宽度 d 和衍射效应之和,则大致可以写为

$$\delta = d + \frac{\lambda}{d}|z| \tag{13.1}$$

　　式中,z 和 λ 分别表示点物体与显示平面之间的距离以及光波长。如果光线的宽度 d 变大,那么衍射效应将减小。但是,光线的变宽会让分辨率变得更糟。这是基于光线的显示器的根本局限性。当 z 较小时,分辨率可以保持较高水平。因此,基于光线的显示器适用于在显示平面附近显示 3D 图像。

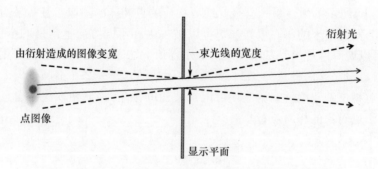

图 13.3　在基于光线的显示器中由衍射造成的图像模糊

　　假设观察者的视力为 1.0(这里用小数表示,也可用 20/20 表示),距离显示器 500mm;该观察者可以分辨显示平面上 0.15mm 大小的物体。如果我们在显示平面上设定 $d = 0.15$mm,并设 $\lambda = 0.5\,\mu$m,$z = 200$mm,则式(13.1)中的第二项将变为 0.67mm,显然,人类视觉可以感知到分辨率的下降。如果我们把重建图像分辨率的规格定义为 $\delta_l \geq \delta$,那么满足这个条件的图像景深为

$$|z| \leq \frac{d}{\lambda}(\delta_l - d) \tag{13.2}$$

　　当 $d = \delta_l/2$ 时,右边达到最大,可得

$$|z| \leq \frac{\delta_l^2}{4\lambda} \tag{13.3}$$

根据该式,当 $\delta_1 = 0.25\,\mathrm{mm}$ 时, $|z| \leqslant 31\,\mathrm{mm}$;图像的景深应当明显减小。当 $\delta_1 = 2\,\mathrm{mm}$ 时, $|z| \leqslant 2000\,\mathrm{mm}$,意味着基于光线的显示器适用于大尺寸低分辨率的显示。由于基于光线的显示器分辨率受限,所以尤其当显示尺寸相对较小和/或在显示平面附近观看显示器时,需要采用全息显示器。

根据之前的考虑,基于波前的显示器的主要特征为:能完成基于光线的显示器所无法实现的深度 3D 场景高分辨率重建。图 13.4 给出了未来全息显示器设计图[10]。一个很深的 3D 场景呈现为一个虚拟窗口,观察者能够看到的是场景而非显示器表面。鉴于图 13.4 所示的应用,我们可预期用于全息 3D 显示器的技术将得到长足发展。

图 13.4   可以重现很深且真实的 3D 场景的显示器设计构图

13.3   基于光线和基于波前的 3D 表示之间的相互转化

为了利用第 13.2 节所述的基于波前的显示器的特性,必须获得全息平面上的波前。到目前为止,人们已经提出了很多种模拟波前传播过程的全息图计算技术。但是,为了使显示的 3D 图像更具真实感,我们必须开发出展现各种光相互作用现象的方法。另一方面,计算机图形学所采用的传统渲染技术也非常先进,可以非常真实地呈现场景,如遮挡、镜面反射、纹理、半透明度等,这些传统的渲染技术主要基于光线追踪或光场。因此,把基于光线的渲染技术引入基于波前的显示器将带来很多好处。所以,我们为基于光线和基于波前的 3D 表示开发了一种变换技术,可以将基于光线的渲染技术应用到全息图的计算中。

光线代表着能量的流动方向,并等同于各向同性介质中法向向量波前。现在让我们看一下 3D 空间中某个平面上的一个小区域中的波前,如图 13.5 所示,其傅里叶变换能推导出角谱。角谱的空间频率对应于波的传播方向,该传播方向与穿过同一区域的光线平行。因此,角谱的强度被视作光线的强度。

根据该规律,从一组光线到一个波前的变换可按照如下方式实现。①一组光线,或如图13.1(a)所示的光场,被采样到某个平面之上,如图13.6所示。这里,用于光线采样的平面称为光线采样平面(Ray - Sampling plane,RSplane)[11]。我们可以利用计算机图形学的任意渲染技术重建光场。②经过RS平面上某一点的光线图像(图13.6)已经进行了傅里叶变换。由于光线中没有包含相位信息,所以我们应当在傅里叶变换之前就定义每束光线的相位。可以根据第13.2节所阐述的PAS理论进行相位分配,或者采用随机或伪随机的方式进行相位分配。如果光线是通过从波前到光线的逆变换获得的,那么应当保留角谱中的相位信息。而关于如何将相位信息分配到光线中的方法还有待进一步研究。③通过第二个步骤所获得的傅里叶频谱位于RS平面上相应的位置。所有小块都以相同方式进行变换,然后就能得出RS平面上的波前。

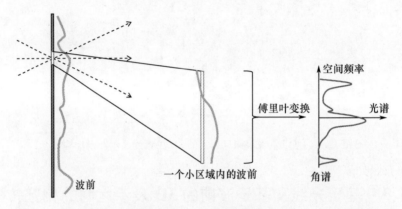

图13.5　光线与波前之间的关系。如果考虑某个平面上一个小区域内的波前,其傅里叶变换将会产生角谱。角谱的空间频率对应于波的传播方向,并且,某特定频率的强度可视作在相应方向上传播的光线强度

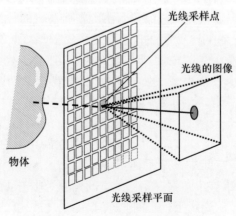

图13.6　RS平面上的光线采集

13.4 基于全视差全息立体图的全息打印机

13.4.1 全息 3D 打印机

全息 3D 打印机最早于 1990 年提出[7]，它采用了自动记录全视差全息立体图(FP Holographic Stereogram, FP – HS)的技术。在 FP – HS 中，密集记录穿过全息平面的光线路径，然后可以在视区任意位置处观看到无失真的 3D 图像。人们对仅有水平视差(HPO)的全息打印机的研究始于 20 世纪 90 年代[12-17]，FP – HS技术如今也已经被商业化[18]。作者的研究团队开发了高密度记录光线的技术，可获得空间分辨率可达 50 ~ 200μm、角分辨率约为 0.3° 的全彩FP – HS[18]。

13.4.2 全视差全息立体图

在记录 FP – HS 时，首先用图形技术，如光线追踪或图 13.6 所示的基于图像的渲染(Image – Based Rendering, IBR)技术，来准备一组用于曝光的图像。RS平面上每个方块的光线图像在如图 13.7 所示的光学系统中都被用作了曝光图像。用于曝光的图像显示在一个空间光调制器上，如 LCD 用一个激光源所发射的平面波照亮该空间光调制器，然后物镜将把该平面波转为会聚球面波。全息记录介质置于物镜的焦平面，而干涉图样与来自相反方向的参考光束一起被记录在一个小区域中。该小全息图称为元素全息图(有时称为"hogel"[18])。在LCD 平面附近使用一个弱扩散器来使全息平面上物体光束的强度涨落变均匀[19]。在一个元素全息图被曝光后，为了下一次的曝光，记录介质将会沿着水平/纵向方向进行稍加移动。对整个全息平面都进行这样的曝光，就可以得到FP – HS。

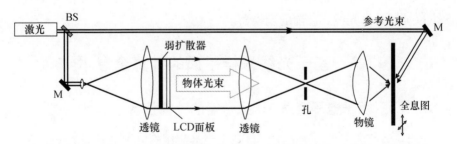

图 13.7 记录 FP – HS 的光学系统。全息记录材料被放置在一个 *XY* 平移台，
从而在每次曝光时水平和/或纵向移动

在全息打印机系统中，采用较厚的全息介质，记录体积全息图。然后，根据

体积全息图的波长选择,在白光照明下重建出单色图像。使用红色、绿色和蓝色激光,可以记录下全彩色图像。在全息图重建中,所有的元素全息图将同时重现出各自的二维图像,如图 13.8(a)所示。每幅元素全息图都重现了从网格点位置向不同方向传播的光线。然后重建出光场,观察者可以看到重建图像,就像看到了真实物体一样。图 13.8(b)给出了一个重建图像实例。

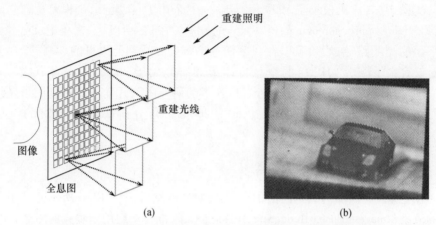

图 13.8　关于 FP – HS 的重建。(a)每幅元素全息图都重建了来自各个
方向的光线。当所有元素全息图被同时照亮时将产生光场。(b)全彩 FP – HS
全息图的重建图像实例[20]。出处:Utsugi T. and Yamaguchi M.,(2013).
图片已经光学学会许可复制

图 13.7 所示的光学装置是光学傅里叶变换系统,其元素全息图是用于曝光的图像的傅里叶变换全息图。这意味着根据 FP – HS 所重建的波前是从光线变换而得的波前集合的叠加。因此,这既是一幅全息图也是一幅基于光线的 3D 显示。如果 3D 图像位于全息图平面附近,基于光线和基于波前的显示器之间的差异就会很小,并且可以视作一幅真实全息图的近似。在这种情况下,FP – HS 可以被视为从光线到波前的变换器。

13.5　基于光线采样平面的计算全息术

13.5.1　用于电子全息 3D 显示器的计算技术

光线与波前的变换方法的主要目在于将其应用到电子显示器的全息图计算中。在未来若要实现电子全息的 3D 显示,全息计算技术将与超高分辨率显示装置一起成为主要研究问题之一。人们已经对该问题开展了各种研究。一种计算 CGH 的基本方法是将定义在物体表面的一系列点光源所发射的球面波进行叠加[3,21]。下文将该方法称为点源法(Point – Source Method,PSM)。在 PSM 中,光传播得以正确模拟,因此,即使当图像距离全息平面较远时,我们也可以重建出高分辨率图像。人们还提出了一种基于多边形的方法,通过该方法,我们可以重现出质量极高的 3D 图像[22]。

人们还研究了 CGH 的另外一种方法,这种方法可以利用传统计算机图形学技术。它是基于 HS 或光线重现原理。早期的工作报道过 HS 的 CGH[23],主要是针对多视图 3D 显示器。但是,随着视差视图分辨率的提高,可将此视为一个光场显示器。通过使用计算机图像学的渲染技术并对每幅视差图像进行傅里叶变换,可计算出一系列的视差图像,从而可以导出如第 13.3 节中所阐述的全息平面上的波前。可以通过利用各种传统的渲染技术来获得逼真 3D 图像的CGH。然而,需要注意的是,当图像位置距离全息平面较远时,图像分辨率将会受到限制。

由于全息显示器的重要特征是能够高分辨率地重现一个深度 3D 场景,而之前所述的两种方法可能都没法达到这个目标。在后面的几节中将要介绍的方法[11]旨在充分利用基于波前和基于光线的方法的优点。

13.5.2　使用光线采样平面的 CGH 计算算法

在现有的用于 CGH 计算的方法中,需要在物体位置附近定义一个矩形窗口,得出如图 13.6 所示的光线图像,该窗口等同于 RS 平面。如图 13.9 所示,我们在 RS 平面上对光场进行采样。但是,RS 平面并不代表全息平面,这与第13.4 节所述有所不同。现在我们打算重现一个深度 3D 场景。通过在物体附近定位一个 RS 平面,我们可将由光线采样和衍射效应所引起的图像质量下降保持在令人满意的很小的程度,并且可以避免分辨率的下降。将第 13.3 节所述的光场到波前的变换应用到该 RS 平面中,给图像施加一个随机相位图案(掩模)来使 RS 平面上的强度变化均匀化,接着对光线强度的角分布进行傅里叶变换。然后我们就能得到 RS 平面上的波前。下一步,利用菲涅耳变换模拟从 RS 平面到最终全息图的波前传播,其结果与参考波相干涉得到全息条纹。

这种方法的特征总结如下:

• 由于光线是在物体附近进行采样,所以即便物体远离显示平面,也能进行高分辨率采样。

• 由衍射造成的图像模糊或伪像不会影响重建图像质量,因为从 RS 平面到全息图的传播是基于衍射理论进行计算的。

• 如果将 RS 平面定义为平行于全息全面,那么波传播的距离恒定,而菲涅耳衍射的高速计算可以利用快速傅里叶变换来实现。

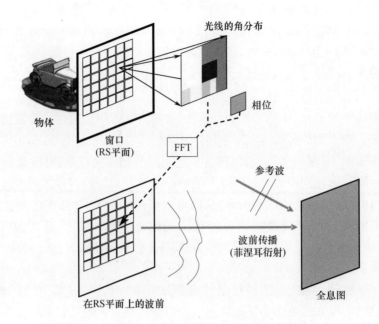

图 13.9　采用 RS 平面的 CGH 计算技术的原理示意图。在图的上方，RS 平面上每一个采集点处都收集了光线的角度分布。光线信息经过随机相位调制后进行傅里叶变换，在 RS 平面上产生小区域的波前（见图的下方）。当所有的光线信息被变换后，将所得的波前进行菲涅耳变换从而推导出全息平面上的波前

13.5.3　与基于光线的技术相比较

首先，将 RS 方法的重建图像与基于光线的方法（以下简称 R－CGH，其中 R 表示 ray－based）通过数值仿真进行比较[11]。在这种情况下，我们定义了一个二维物体，设该物体位于全息平面后 10 和 200mm 处，如图 13.10 所示。在所提方法中，将 RS 平面定义在每个物面前的 5mm 处；而在 R－CGH 中，光线是在 CGH 平面上进行采样的。采样点的数量为 128×128，所提方法（RS 方法）和 R－CGH 的角度采样数量都为 32×32，CGH 的像素总数为 4096×4096。为了仿真重建，将成像透镜的孔径设为 7mm 来模拟人眼，用标量衍射理论计算重建图像。

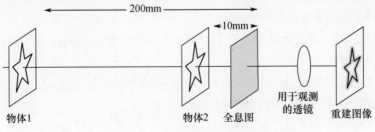

图 13.10　仿真所用的几何图形

图 13.11 给出了仿真的重建图像。可以确定的是,通过所提出的 RS 方法可以重现出高分辨率图像,而利用基于光线的全息图所重建的图像十分模糊。

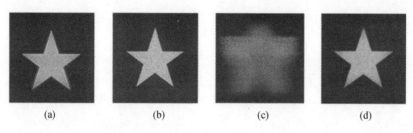

(a)　　　　　(b)　　　　　(c)　　　　　(d)

图 13.11　仿真结果。通过(a)R – CGH 和(b)所提的方法(RS 方法)获得的关于物体 2 的重建图像。通过(c)R – CGH 和(b)所提的方法(RS 方法)获得的物体 1 的重建图像。物体和全息图都是 8 × 8mm

13.5.4　光学重建

在实验中,采用 RS 技术计算 CGH,并使用为此目的开发的 CGH 打印机将 CGH 记录在全息记录材料中[11]。针对图 13.12(a)中所示的物体(一辆小汽车),用一套现成的渲染软件计算各种不同视角下的图像。然后基于 IBR 技术计算角度光线分布的图像。物体位于全息平面后方 200mm 处,图像大小约为 50 × 50mm。光线采样点的数量为 768 × 768,单个光线采样点的大小为 64 × 64μm,而每个光线采样点的光线数为 32 × 32。则 CGH 的总像素数为 24576 × 24576(24576 = 768 × 32)。计算出的 CGH 图案通过采用之前所描述的条纹打印机曝光在全息记录材料上。一个 532nm 二极管泵浦固体(Diode – Pumped Solid State,DPSS)绿色激光器产生的平面波重建图像如图 13.12(b)所示。由于所记录的 CGH 的像素间距大约为 2μm,所以观察角限定在 ± 3.6°。可以看到,渲染图形学可以呈现出物体表面反射特性。

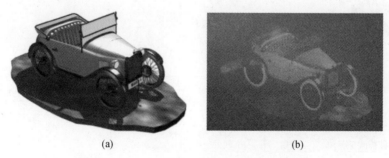

(a)　　　　　　　　(b)

图 13.12　(a)用计算机图形软件渲染的物体,
(b)由所提的基于 RS 平面的计算技术生成的 CGH 光学重建图像

13.6　用光线采样平面为计算全息术进行遮挡剔除

13.6.1　利用光线采样平面进行遮挡剔除的算法

遮挡处理是全息图计算中的重要问题之一[22,24-26]。在基于光线的渲染中，可以利用 z 型缓冲区或光线追踪去除掩藏面。但是，在波传播仿真中还没有建立遮挡剔除模型。严格来说，波动方程理论上应该通过物体排布所给定的边界条件进行求解，但是这点并不现实，因为计算起来非常复杂。文献[25]提出了一种精确遮挡剔除法，能为形成遮挡的每一个深度逐步计算出波的传播。但是这种方法仍然需要进行大量计算，此外遮挡处理的绝大多数早期工作都是建立在光线追踪基础上的。在文献[25]中，实现了在全息平面上的掩藏面波前去除。这种情况下，需要考虑全息图发射出来的光的衍射，但不需要考虑遮挡物体所带来的衍射。如果全息图需要重建一个很深的场景，则不能忽略遮挡物体所带来的这种衍射。为此，人们还提出了一种叫做轮廓法的简单方法，在这种方法中，会在遮挡物体附近定义一个遮挡掩膜[22]。尽管计算简便，但是由于干扰物体和轮廓掩膜的深度之间存在差异，也会出现一些误差。

在所提出的使用 RS 平面的方法中，自遮挡（即一些表面被同一物体的其他表面遮挡）可以通过渲染技术直接获得。另外一种遮挡是不同物体之间的互遮挡，应该可以通过给位于不同深度的每个物体都定义一个 RS 平面来处理这种遮挡，如图 13.13 所示。在采用 RS 平面的遮挡剔除方法中[26]，从波前到光线的

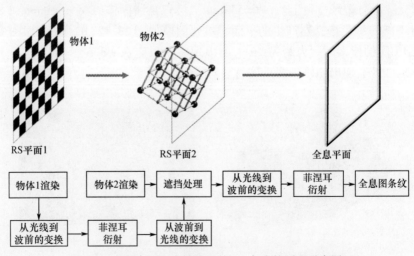

图 13.13　融合了互遮挡处理的 RS 方法的原理示意图。
R2W 和 W2R 分别代表从光线到波前和从波前到光线的变换

变换,以及从光线到波前的变换,如下所述。

首先通过菲涅耳变换计算出从 RS 平面 1 到 RS 平面 2 的波前传播,从而推导出 RS 平面 2 上的波前,然后再在第二个 RS 平面上利用反傅里叶变换将该波前转换成光线信息(wavefront – to – ray,W2R)。然后在光线域中完成遮挡处理;来自 RS 平面 1 的光线被那些来自物体 2 的光线覆盖。如果在 RS 平面 2 某个确定位置处没有来自物体 2 的光线传播到某个确定方向,那么,该位置处的光线可认为是全部来自背景物体。在遮挡处理之后的光线信息再次被转换成波前(ray – to – wavefront,R2W),通过菲涅耳变换将在全息平面上呈现出波前。

13.6.2　利用光线采样平面的遮挡剔除实验

为了证明可以利用 RS 平面进行遮挡剔除,我们进行了一项实验。在该实验中,采用如图 13.13 所示的一前一后两个物体(前景和背景)。在全息平面后 100 mm 和 150mm 处定义了 RS 平面,背景物体位于 RS 平面上。全息图大小和分辨率分别为 50×50mm 和 16384×16384 个像素。图 13.14 显示了焦点位置改变时的重建图像。自遮挡和互遮挡都得以正确表示,并且可实现在每个物体上的聚焦。

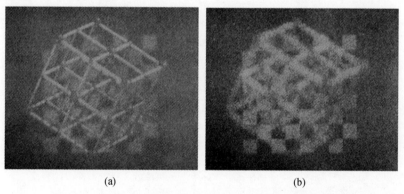

(a)　　　　　　　　　　　(b)

图 13.14　用 RS 方法计算的全息图光学重建结果
(a)将相机焦距调到前景物体平面;(b)将相机焦距调到背景物体平面。

13.7　计算全息术的扫描垂直相机阵列

13.7.1　高密度光场的获取

第 13.4 节中所介绍的全息 3D 打印机和第 13.5 节及第 13.6 节中所介绍的采用 RS 平面的 CGH 都是根据基于光线的 3D 数据生成的。图 13.14 中的图像是通过人工计算机图形学合成的,但是我们仍然希望它们可以生成真实照相物体的全息图。在 HPO 的情况下,拍摄 HPO 3D 图像并不像使用水平相机运动或水平相机阵列那么困难。另一方面,拍摄 FP 图像较为费劲,已有文献报道过在光场采样中采用由大量相机组成的大规模系统[3,27,28]。还可以利用基于模型的渲染技术,该技术将使用到 3D 测量和纹理映射,但事实证明,高保真真实感图像的重现、角度相关反射的获取和建模通常是非常复杂的,并且,由遮挡所带来的问题通常也会影响 3D 图像。在本章中,我们还将介绍一种相对简单的系统,该系统采用扫描垂直相机阵列来拍摄静态图像的 FP 光场[29]。

13.7.2　扫描垂直相机阵列

在所提出的系统中,垂直相机阵列按照如图 13.15(a)所示的方式进行水平扫描,并且根据拍摄的数据对垂直视差信息进行插值。这样仅需要少量相机,这允许相对简单和紧凑的实现。图 13.15(b)展示了由单个计算机控制的 7 个相机所组成的垂直阵列,接下来的实验将会用到这一阵列。

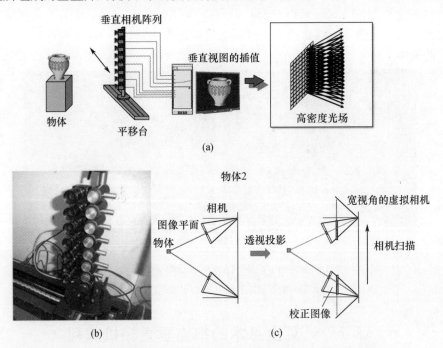

图 13.15　(a)用于获取高密度光场信息的扫描垂直相机阵列系统,
(b)垂直相机阵列实验,(c)梯形失真校正的几何示意图

如果光线能通过相机阵列的水平扫描获得,则光线的角度范围将由相机视角决定。为了获得更宽的角度范围,水平旋转该相机阵列可使相机总是朝向物体,如图 13.15(c)所示。在这种会聚相机运动中,拍摄的图像将会出现梯度失

真。为了校正这种失真,在实验中事先拍摄了一幅棋盘图案的图像,可以预先得到梯度失真参数。然后利用透视投影获得图像,这些图像实际上是由排布在相机运动轴平行方向上的相机拍摄获得的。图 13.15(c)给出了梯度失真校正结果。在接下来的步骤之前,梯度校正操作已经完成。

13.7.3 垂直插值

为了获得高密度光线信息,对通过相机之间间隙的光线进行插值。在图 13.15(a)所示的系统中,由于可捕捉到高分辨率的水平视差信息,因此能比较轻松地估计出每个像素处物体的深度。有了在每个像素的深度信息,就可以利用基于深度图像的渲染(Depth Image – Based Rendering, DIBR)技术对相机之间的垂直视图进行插值[30]。

在失真校正后,我们计算出所拍摄的图像上每个像素的深度数据。为此,在水平方向首先采用立体匹配或极平面图(Epipolar Plane Image, EPI)分析来估算深度。在水平匹配过程中,只采用目标相机周围有限范围内的相机位置,如图 13.16(a)所示。这是为了避免由可能的物体运动或物体表面镜面反射所造成的失配,因为如果采用了长序列的水平相机运动,它们的影响也会随之增加。但是,如果在匹配中使用的相机位置范围较小,那么深度分辨率就会随之下降。因此,可以根据水平相机运动粗略地估算出每个像素的深度。然后,为了准确估计,用相机在不同高度拍摄的图像进行立体匹配。

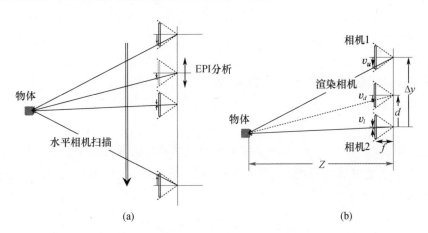

图 13.16　用于深度估计和垂直视差插值的几何示意图

(a)顶视图,在失真校正后,水平方向运动的宽视场的虚拟相机; (b)侧视图,根据上面(相机 1)和下面(相机 2)相机拍摄的图像插值的渲染相机(新相机)图像。

按照图 13.16(b)所示的几何示意图进行垂直插值。这里讨论的是上面(相机 1)和下面(相机 2)相机之间的插值。上下相机之间的垂直距离为 Δy,

而待插值的新相机与下方相机之间的距离为 d。用 f 表示像面和投影中心之间的距离。

把上面相机图像上 v_u 处拍摄的一点深度设为 z,那么,应将这一点投影到下面相机图像中的 v_l 处,如果遮挡不影响相应点的话,则有

$$v_l = v_u + \frac{f}{z}\Delta y \tag{13.4}$$

因此,在下面相机图像 v_l 处的像素,其估计深度应该差不多等于位于上面相机图像 v_u 处像素的深度。那么,在新相机的图像中,其像素值 $f_d(u,v)$ 由上面和下面相机图像的线性插值确定:

$$f_d\left(u, v_u + \frac{f}{z}d\right) = \frac{d}{\Delta y}f_u(u, v_u) + \left(1 - \frac{d}{\Delta y}\right)f_l\left(u, v_u + \frac{f}{z}\Delta y\right) \tag{13.5}$$

式中,$f_l(u, v)$ 和 $f_u(u, v)$ 分别表示下面和上面相机图像的像素值。如果在纵向(垂直)相机对中没有找到对应点,就可利用上面或下面的图像进行插值,或者采用水平匹配结果进行插值。

13.7.4 光线图像的合成

接下来,根据一系列插值的相机图像合成光线图像。图 13.17 显示了在 RS 平面 kp_e 处生成光线图像的几何示意图,其中 $k = 0, 1, \cdots, K - 1$,K(水平方向上 RS 点的数量)是 RS 点的指数,p_e 是 RS 平面上光线的采样间隔。图中只给出了水平方向的实例,在前述的垂直插值之后,在水平和垂直方向上均可使用同样的操作过程。

从 x_c 处的相机图像中选取的光线图像中第 j 个像素,如

$$x_c = kp_e - \left(\frac{j}{N-1} - \frac{1}{2}\right)2L\tan\frac{\theta}{2} \tag{13.6}$$

式中,$j = 0, 1, \cdots, N - 1$,N 指横向光线图像的像素数,L 表示相机平面与 RS 平面之间距离,θ 表示视场角。该像素在该相机图像中的位置 u_c 由下面的公式给定:

$$u_c = -\left(\frac{j}{N-1} - \frac{1}{2}\right)2f\tan\frac{\theta}{2} \tag{13.7}$$

可以从相机图像中找到相应的像素。f 是决定相机图像放大倍率的参数。

通过前述的图像变换过程(基于 IBR)可生成一系列的光线图像。需要注意的是,RS 平面应当设置在物体附近,如第 13.5 节中所述,这样才能避免远离 RS 平面处的分辨率下降。

310

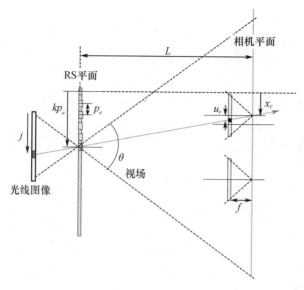

图 13.17　在 RS 平面上合成光线图像

13.7.5　全视差图像生成实验

在实验中,用所提出的系统拍摄的 FP 3D 图像合成全息 3D 图像。该实验系统包括通过 IEEE1349 接口连接到计算机上的 7 部紧凑型电荷耦合器件(Charge – Coupled Device,CCD)相机(480 × 640 像素,灰点研究公司,Flea 相机)(参见图 13.15(b)),以及一个由同一台计算机控制的平移台(西格玛,SG-SP601200(X))。这些相机的水平间隔为 60mm。该系统既简单又简洁,单独一台计算机就能控制整个系统。实验中,在水平方向上扫描 576mm,40s 内能拍摄到 577 × 7 幅图像,其中,相机最大的旋转角度约为 60°。采用了第 13.7.2 节所介绍的失真校正结果如图 13.18 所示。

失真校正后所得到的图像如图 13.19 所示。将间隔 6mm 的相机图像进行立体匹配分析从而估计出深度,在立体匹配中使用了垂直相机对。用 25 × 25 个像素窗口的绝对误差和(Sum of Absolute Difference,SAD)进行块匹配。在垂直匹配中,搜索区域仅限于水平匹配所估算出的像素周围 ± 5 个像素范围。估计的景深图像如图 13.20(a),(b)所示。图 13.20(c)给出了插值图像,而图 13.20(d)展示了使用位于相同位置的真实相机所拍摄的图像。插值图像的精确度很高,因为有效利用了水平和垂直视差信息。插值图像的峰值信噪比(Peak Signal – to – Noise Ratio,PSNR)为 28.64 dB,但是,如果只使用立体匹配,PSNR 为 27.05 dB,如果仅进行水平 EPI 分析则 PSNR 为 27.16 dB;因此本方法

图 13.18　失真校正的结果。上排为拍摄图像,下排为上排图像所对应的校正图像

大概提高了 1.5 ~ 1.6dB。

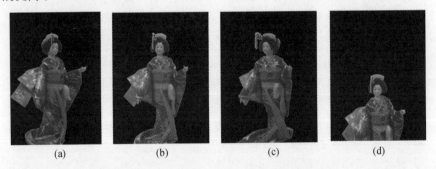

(a)　　　　　(b)　　　　　(c)　　　　　(d)

图 13.19　失真校正后的相机图像实例(a)从左侧拍摄的图像;(b)从正对
面拍摄的图像;(c)从右侧拍摄的图像;(d)从正对面上方拍摄的图像。

　　间隔为 1mm 的插值图像总数为 577(水平)×361(垂直)。利用本系统所获得的光场数据可以生成自由视点像,尽管这仅限于静态图像的应用。图 13.21 展示了采用 IBR 技术生成的三幅不同视图图像。根据扫描系统所获取的高密度光场数据可合成品质极好的图像。应当注意的是,镜面反射也会很好地被重现,这将对提高图像的真实感大有裨益。

　　在接下来的实验中,使用获取的光场数据来记录 CGH。在物体附近定义一

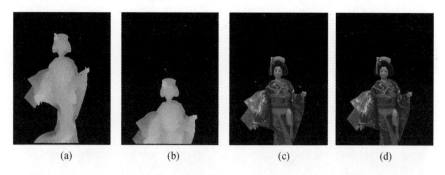

图 13. 20 (a)图 13. 19(b)的评估景深图,(b)图像 13. 19(d)的评估景深图,
(c)垂直插值结果,(d)将真实相机放置在(c)中插值相机处所拍摄的图像,作为对比

图 13. 21 由本系统获取的光场数据生成的自由视点图像
(a)左侧视图;(b)接近中心的视图;(c)右上方视图。

个 RS 平面,并在距离 RS 平面约 200mm 处定义一个 CGH 平面(图 13. 22(a))。
RS 点的数量为 256 × 256,每幅光线图像的分辨率为 64 × 64 像素。RS 平面和
CGH 的总像素数均为 16384 × 16384(16384 = 256 × 64)。RS 平面和 CGH 的采
样间隔和大小相同,分别为 2. 1μm 和 34. 4 × 34. 4mm。用第 13. 5 节所述的 CGH
打印机将计算所得 CGH 图样输出。图 13. 22(b),(c)给出了由 532nm 绿色激
光器重建的图像。可以确定的是,尽管由于全息图尺寸较小且 CGH 打印机的分
辨率不够高,图像质量受到限制,但是通过 CGH 仍然能很好地重现图像。

　　由所提出的 FP 3D 图像扫描仪采集的光场数据也被用于第 13. 4 节所述的
全息图打印机。RS 平面上的光线数据由全息图打印机直接打印为 HS。重建图
像的实例如图 13. 23 所示。关于食品、蔬菜和人物肖像的重现全息图像有着合
适的表面反射特征。

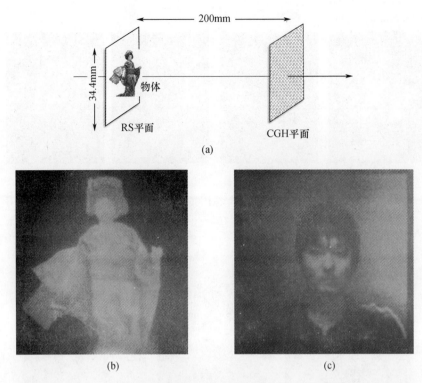

图 13.22 （a）CGH 计算使用的几何示意图，RS 平面和 CGH 平面的大小都是 34.4mm，（b,c）CGH 的重建图像，（b）日本娃娃，以及（c）人物肖像

图 13.23 根据获取的光场数据记录下的 FP HS 重建图像

（a）寿司；（b）蔬菜；（c）人脸。

13.8 小结和未来要解决的问题

在本章中，我们讨论了光场显示器和波前显示器的特点，还介绍了基于光线和基于波前的 3D 数据之间的转换技术。本章阐明了基于光线的 3D 显示器的局限性：图像远离显示平面时，3D 图像的分辨率将下降。因此，全息显示器的关键在于高分辨率重现深度 3D 场景的能力。为了发挥全息术的优势，本章提出

了一种利用 RS 平面计算全息图的新方法。

该方法利用了光线和波前之间的变换(转换),这样就可以在计算全息图时使用先进的渲染技术。它也可以提高遮挡处理和表面阴影,从而以高分辨率显示深度 3D 图像。此外,本章还展示了一种能获取高密度光场信息的系统。在此章所提出的扫描垂直相机阵列技术,允许一个由单台计算机控制的小规模系统收集高分辨率 FP 3D 图像。3D 物体的角度相关特征,即镜面或光面,能从拍摄的图像中重现出来,这多亏了 IBR 技术和高分辨率视差数据的应用,尤其是在水平方向。通过 CGH 和 HS,可将高分辨率光场数据获取系统应用于 3D 显示器。

光线和波前的变换(转换)技术还可以让基于立体、光线、光场和全息方法的 3D 成像系统得以融合。随着设备技术的进步以及光场 3D 成像系统(整合了基于光线和基于波前的 3D 信息)的出现,我们希望最终可以实现极高质量的革新的全息显示技术。

致　　谢

感谢 JSPS 科学研究资助金#17300032 和 Toppan 印刷有限公司为本工作所提供的部分支持。感谢东京工业大学的 Hiroaki Yamashita, Takeru Utsugi 和 Mamoru Inaniwa,以及 Toppan 印刷有限公司的 Shingo Maruyama 提供了实验数据。

参 考 文 献

[1] Leith E. N. and Upatnieks J. , Wavefront reconstruction with diffused illumination and three – dimensional objects, *J. Opt. Soc. Am.* **54**, 1295 – 1301, (1964).

[2] Bjelkhagen H. I. and Mirlis E. , Color holography to produce highly realistic three – dimensional images, *Appl. Opt.* **47**(4), A123 – A133, (2008).

[3] St – Hilaire P. , Benton S. A. , Lucente M. E. , Jepsen M. L. , Kollin J. , Yoshikawa H. , and Underkoffler J. S. , Electronic display system for computational holography, *Proc. SPIE* **1212**, 174, (1990).

[4] Levoy M. and Hanrahan P. , Light field rendering, *Computer Graphics* (*Proc. SIGGRAPH' 96*), 31 – 42, (1996).

[5] Jones A. , McDowall I. , Yamada H. , Bolas M. , and Debevec P. , Rendering for an interactive 360° light field display, *ACM Transactions on Graphics* **26**(3), *Proc. ACM SIGGRAPH 2007*, Article 40, (2007).

[6] Wetzstein G. , Lanman D. , Hirsch M. , Heidrich W. , and Raskar R. , Compressive Light

Field Displays, *IEEE Computer Graphics and Applications*, **32**(5), 6 – 11, (2012).

[7] Yamaguchi M., Ohyama N., and Honda T., Holographic 3 – D printer, *Proc. SPIE*, **1212**, 84 –90, (1990).

[8] Yamaguchi M., Ohyama N., and Honda T., Imaging characteristics of holographic stereogram, *Japanese J. of Optics*, (Kogaku), **22**(11), 714 – 720, (1993) (in Japanese).

[9] YamaguchiM., Hoshino H., Honda T., and Ohyama N., Phase added stereogram: calculation of hologram using computer graphics technique, *Proc. SPIE*, **1914**, 25 – 31, (1993).

[10] Yamaguchi M., Ray – based and wavefront – based holographic displays for high – density light – field reproduction, *Proc. SPIE*, **8043**, 804306, (2011).

[11] Wakunami K. and Yamaguchi M., Calculation for computer generated hologram using ray – sampling plane, *Opt. Express*, **19**(10), 9086 – 9101, (2011).

[12] Halle M., Benton S. A., Klug M. A., and Underkoffler J., The Ultragram: ageneralized holographic stereogram, *Proc. SPIE*, **1461**, 142 – 155, (1991).

[13] Yamaguchi M., Ohyama N., and Honda T., Holographic three – dimensional printer: new method, *Appl. Opt.* **31**, 217 – 222, (1992).

[14] Spierings W. C. and Nuland E. van, Development of an office holoprinter II, *Proc. SPIE* **1667**, 52, (1992).

[15] Bains S., The rise and rise of the holographic printer, *OE Reports*, *SPIE*, May, (1996).

[16] Shirakura A., Kihara N., and Baba S., Instant Holographic Portrait Printing System, *Proc. SPIE*, **3293**, (1998).

[17] Klug M. A., Klein A., Plesniak W. J., Kropp A. B., and Chen B., Optics for full – parallax holographic stereograms, *Proc. SPIE*, **3011**, 78 – 88, (1997).

[18] Maruyama S., Ono Y., and Yamaguchi M., High – density recording of full – color full – parallax holographic stereogram, *Proc. of SPIE*, **6912**, 69120N – 1 – 10, (2008).

[19] Yamaguchi M., Endoh H., Honda T., and Ohyama N., High – quality recording of a full – parallax holographic stereogram with a digital diffuser, *Opt. Lett.* **19** (2), 135 – 137, (1994).

[20] Utsugi T. and Yamaguchi M., Reduction of the recorded speckle noise in holographic 3D printer, *Opt. Express*, **21**(1), 662 – 674, (2013).

[21] Waters J. P., Holographic image synthesis utilizing theoretical methods, *Appl. Phys. Lett.* **9**, 405 – 407, (1966).

[22] Matsushima K. and Nakahara S., Extremely high – definition full – parallax computer – generated hologram created by the polygon – based method, *Appl. Opt.* **48**, H54 – H63, (2009).

[23] Yatagai T., Stereoscopic approach to 3 – D display using computer – generated holograms, *Appl. Opt.* **15**, 2722 – 2729, (1976).

[24] Underkoffler J. S., Occlusion processing and smooth surface shading for fully computed synthetic holography, *Proc. SPIE*, **3011**, 53 – 60, (1997).

之,球面系统的球面空间可展开成球谐函数($Y_n^m(\theta,\phi)$)。这也称作球谐变换(Spherical Harmonic Transform, SHT)。

- 球面谱从一个半径为 a 的球面到另一个半径为 r 的球面的传播过程可以写作

$$U_{mn}(r) = \frac{h_n(kr)}{h_n(ka)}U_{mn}(a) \tag{14.44}$$

- 因此数 $h_n(kr)/h_n(ka)$ 可称为球面系统的传递函数(Transfer Function, TF),与平面系统的数 $e^{ik_z z}$ 相对照。

- 将波谱重组为波场的球谐反变换(Inverse Spherical Harmonic Transform, ISHT)可写为

$$u(r,\theta,\phi) = \sum_{n=0}^{\infty} \sum_{m=-n}^{n} U_{nm}(r) Y_n^m(\theta,\phi) \tag{14.45}$$

变换函数至关重要,因为它完全决定着传播过程,因此,有必要讨论其某些属性。在传播期间,球面分量的振幅和相位随着距离的改变而变化,正如传递函数所定义的那样。最重要的是传递函数的相位变换率,因为它决定着对采样的要求。相应地,图 14.10 中的曲线揭示了,相位变换随着传递函数中阶数"n"的递增而增加(该曲线图的生成条件:波长 $100\,\mu m$,半径 $10.5\,cm$,阶数最高到 256)。因此,按照奈奎斯特准则,如果采样到"n"(传递函数的最高阶),采样要求将得到满足。这也可以理解为:传播距离增加,相位变化率增大。这将需要进行大量采样,同时也会增加数值误差。在此值得注意的是,球形汉克尔(Hankel)函数在本质上是可渐近的。在远场中,球形汉克尔函数可用其渐近表达式进行近似表示:

$$h_n^{(1)}(x) = (-1)^{n+1}\frac{e^{ix}}{ix} \tag{14.46}$$

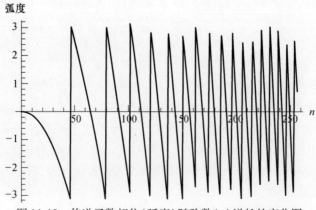

图 14.10　传递函数相位(弧度)随阶数(n)增长的变化图

拉曼散射显微镜的关键问题是由于信号极弱而成像速度慢。通常的像素驻留时间在 1s 的量级,而整个成像时间从几十分钟到几小时不等,这取决于像素数。

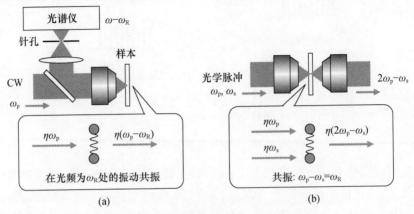

图 15.2 以前的拉曼显微镜示意图
(a)自发拉曼散射显微镜;(b)CARS 显微镜。

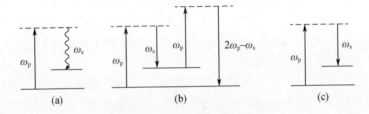

图 15.3 典型拉曼过程的能量图
(a)自发拉曼散射;(b)相干反斯托克斯拉曼散射(CARS);(c)受激拉曼散射(SRS)。

CARS 显微镜可缓和自发拉曼散射中成像速度低的问题[4,5]。在 CARS 显微镜中,光频分别为 ω_p 和 ω_s 的双色脉冲激光束聚焦在样本上,如图 15.2(b)所示。这种双色光束可以激发光频差为 $\omega_p - \omega_s$ 的分子振动。通过分子振动和一束光频为 ω_p 的激光之间的相互作用就可以探测到该分子的振动,从而产生一个 CARS 信号,光频为 $2\omega_p - \omega_s$。当样本的分子在 $\omega_R = \omega_p - \omega_s$ 处产生振动共振时,CARS 信号会变强。用放置在聚焦透镜前面的激光扫描仪扫描焦点位置就可以完成成像过程。由于 CARS 信号比自发拉曼散射强若干个数量级,CARS 显微镜可以实现高速成像。事实上,多个研究小组都报告过 CARS 显微镜可以工作在视频帧率下来获取图像[37-39]。这种利用 CARS 的分子振动信息实现高速成像的能力对于无标记成像来说非常具有吸引力。

但是,CARS 显微镜也有一些局限性,如分子特异性、信号难以译码、CARS 光谱失真等。这些局限性源于所谓的非共振本底,产生这种非共振本底的频率与 CARS 一样(即 $2\omega_p - \omega_s$)。非共振本底源于三阶非线性电子响应[40,41]。

344

片进行染色,并分别用显微镜进行观察。相比而言,我们的技术可以利用光学切片功能对未染色的样本进行快速无标记观察。这对于组织的医学诊断来说很有力。

15.5 小　　结

本章介绍了 SRS 显微术,利用这种技术可以进行高速无标记生物医学成像,甚至是 3D 成像。本章还讨论了用于提高分子特异性的几种 SRS 光谱成像法。接着介绍了我们的基于高速波长可调谐脉冲激光器的光谱成像系统。该系统可以在 1s 内拍摄 30 多幅光谱图像,可实现高速光谱成像,同时具有较高的分子特异性。结合基于 ICA 的光谱分析方法,我们可以快速观察未经染色的组织,这对医学应用将会非常有用。未来的发展包括开发更宽波长范围内的可调谐性和发展基于光纤激光器的实际应用系统。

致　　谢

感谢 K. Fukui 教授(大阪大学)、N. Nishizawa 教授(名古屋大学)、K. Sumimura 博士、W. Umemura 博士(大阪大学)、H. Hashimoto 博士、Y. Otsuka 博士和 S. Sato 博士(佳能公司)共同参与 SRS 光谱显微术的研究。

参 考 文 献

[1] Denk W. , Strickler J. H. , and Webb W. W. ,Two – photon laser scanning fluorescence microscopy, *Science*,**248**, 73, (1990).

[2] Campagnola P. J. , Wei M. – D. , Lewis A. , and Loew L. M. ,High – resolution nonlinear optical imaging of live cells by second harmonic generation,*Biophys. J.* ,**77**, 3341, (1999).

[3] Barad Y. , Eisenberg H. , Horowitz M. , andSilberberg Y. ,Nonlinear scanning laser microscopy by third harmonic generation, *Appl. Phys. Lett.* ,**70**, 922, (1997).

[4] Zumbusch A. , Holtom G. R. , and Xie X. S. ,Three – dimensional vibrational imaging by coherent anti – Stokes Raman scattering, *Phys. Rev. Lett.* ,**82**, 4142, (1999).

[5] Hashimoto M. , Araki T. , and Kawata S. , Molecular vibration imaging in the fingerprint region by use of coherent anti – Stokes Raman scattering microscopy with a collinear configuration, *Opt. Lett.* ,**25**, 1768, (2000).

[6] Isobe K. , Kataoka S. , Murase R. , Watanabe W. , Higashi T. , Kawakami S. , *et al.* ,Stimulated parametric emission microscopy, *Opt. Express*,**14**, 786, (2006).

[7] Fu D. , Ye T. , Matthews T. E. , Chen B. J. , Yurtserver G. , and Warren W. S. ,igh – reso-

光谱范围内所选的中心波长 λ_0 为 510～680nm。每个光谱通道的带宽为 10nm（$\lambda_0 \pm 5$nm）。重建图像用伪彩色显示,颜色分配(将波长向红绿蓝三色转换)是在标准 *XYZ* 颜色匹配函数的辅助下完成的[35]。用 CS 算法在近红外光谱（860nm 左右)也能提供可接受的图像重建。该图像以灰度图呈现。图 16.5 也包含了物体的 RGB 图像。

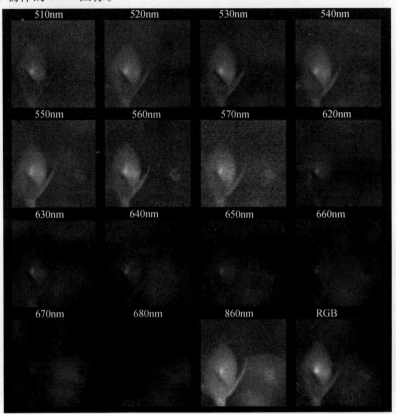

图 16.5　利用 CS 重建的多光谱数据立方。在可见光波段,每个光谱通道的反射率图像都分别用 256×256 的伪彩色图像表示。在近红外光波段,我们给出了灰度图。另外还给出了由传统 RGB 通道所构成的彩色场景图像。出处:Soldevila F. , Irles E. , Durán V. , Clemente P. , Fernández – Alonso M. , Tajahuerce E. , and Lancis J. , (2013). 图片已经斯普林格出版社许可复制

　　图 16.4(a)所示的单像素相机图像质量评估是在多光谱成像实验中完成的,即向空间光调制器发送 64×64 个单元($N = 4096$)的沃尔什－哈达玛图,而且每个单元包含 8×8 个 DMD 像素。而样本场景是由两个小正方形彩色物体构成。测量次数 $M = 4096$($M = N$),满足奈奎斯特准则。在可见光光谱中选取 8 个中心波长 λ_0。相应光谱通道的带宽为 20nm($\lambda_0 \pm 10$nm)。除了待测的光谱范

372

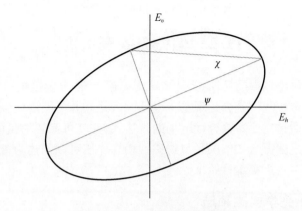

图 17.1　单色辐射的偏振椭圆

　　在被动偏振成像中所遇到的电磁场都是多色的,通常其振幅和相位都随时间变化。图 17.2(a)展示了一个能用偏振椭圆完全描述的单色电磁场,图 17.2(b)展示了一个双频和线性含时演化的相位的混合电磁场。单个偏振椭圆在演化过程中不会体现后一种电磁场特性。尽管在某种意义上我们保持 Ψ 和 χ,但这个例子表明需要使用一个更有效的方法来表征偏振属性。下一节为实现该目标提出了一种方法,即斯托克斯参数。

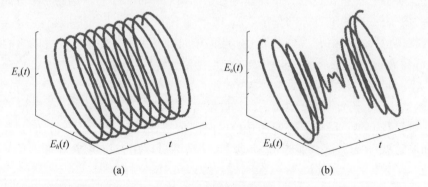

图 17.2　时变电磁场
(a)单色辐射的时变电磁场; (b)频率与含时变相位的混合时变电磁场。

17.2.2　斯托克斯参数和穆勒矩阵

　　斯托克斯参数和穆勒矩阵被广泛应用于遥感中的偏振问题。斯托克斯参数很有用是因为它能有效表示式(17.1)所描述的任何一种电磁场(在实际测量间隔),而且它能通过直接可测辐射量的简单线性组合得到。斯托克斯参数与物理世界的相互作用可用穆勒矩阵变换来进行建模。如何从电磁原理衍生推导出斯托克斯参数的过程可参见文献[17]。本章在某种程度上只能算是抛砖引玉

偏振将会出现在 $\theta = 90°$ 处,且方向垂直于散射平面(即 $-S_1$ 方向)。当天空晴朗时,该峰值周围将会出现天空偏振带,如图 17.13 所示。(横跨该图像的黑带表示太阳遮挡。太阳周围的立即变白的区域是由图像饱和造成的,而非真正的天空偏振。)多重散射事件(每次散射都有不同的散射面)共同将地面上的表面天空偏振削减到瑞利峰值以下(在此例中为峰值的 70% 左右)。

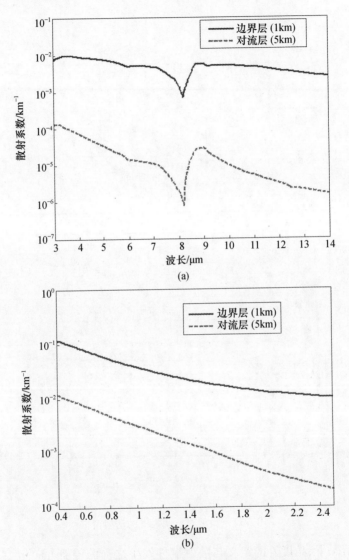

图 17.12 不同波长下散射系数与海拔之间的函数关系。
注意上下两图的比例尺(横纵坐标轴)有所不同

天空偏振的总体效应会随着太阳－目标－传感器之间几何关系的变化而变

在这里的例子中，n 是针对时间划分偏振计中一维样本的采样而言的，但该方法能很容易扩展到二维微网格的情况。不同于在第 17.6.2 节末尾所列举的方法，本方法能适用于非理想条件下空间变化的分析仪向量测量。

17.7　辐射校准和偏振校准

可靠的成像偏振测量需要对传感器进行校准。该校准由两部分组成：首先为传感器的数字计数与辐射测量单位建立起对应关系，其次将辐射测量值与偏振量准确对应起来。本节将介绍辐射校准和偏振校准过程。

17.7.1　辐射测量非均匀性校正

红外成像阵列中的每个探测器会以略微不同的方式对达到的光子进行响应。读取电路也会影响探测信号的译码和记录方式。另外，渐晕可能会在图像边缘影响表面场景辐射率，即便在设计良好的光学系统中也不例外。探测器和读取响应的这种非均匀性会在小尺寸（如逐像素）和大尺寸（如行或区域像素）上退化图像。偏振数据归约矩阵未能针对这一问题进行调整，因此必须消除这些探测器变化，作为预处理步骤。

对于 InSb 和 HgCdTe 成像阵列 $L(x, y)$，阵列位置 (x, y) 处的探测器辐射测量校正响应，可通过分段线性拟合进行很好地建模。对于没有旋转光学器件的成像测量仪，这种关系可以写为

$$L(x, y) = m_j(x, y) C(x, y) + b_j(x, y) \tag{17.78}$$

其中，$C(x, y)$ 是照相机上记录的原始数字计数，$m_j(x, y)$ 是探测器响应值的斜率，$b_j(x, y)$ 是偏移量。下标 j 代表每个 b_j 和 m_j 都有效的计数值子界。这些子界通常是为整个阵列而全局设定的。这些子界的宽度必须通过实验确定。在每个计数子界最少已知两个辐射测量量级的情况下，对系统响应进行测量，然后求解所得的方程组，就可以很容易地确定出每个 b_j 和 m_j 对。通常，每当照相机关闭，或积分时间或增益发生变化，或长时间使用而发生了照相机响应漂移，则需要采用一组新的校准系数。

如果成像偏振计含有运动部件，则在每个检偏器位置上也需要进行辐射校准。在此种情况下

$$L(x, y) = m_{ij}(x, y) C(x, y) + b_{ij}(x, y) \tag{17.79}$$

其中，多出来的下标 i 取决于检偏器的方向 θ_i。

用在 MWIR 和 IWIR 大气透射带的成像仪，通常使用黑体热辐射源作为辐射测量的输入。在较短波长下，尽管可以购买或构建其他相对便宜的散射源，但

[25] Matsushima K. , Exact hidden – surface removal in digitally synthetic full – parallax holograms, *Proc. SPIE*, **5742**, 25 – 32, (2005).

[26] Wakunami K. , Yamashita H. , and Yamaguchi M. , Occlusion culling for computer generated hologram based on ray – wavefront conversion, Submitted to *Optics Express* **21**(19), 21811 – 21822, (2013).

[27] Wilburn B. , Joshi N. , Vaish V. , Talvala E. – V. , Antunez E. , Barth A. , *et al.* , High performance imaging using large camera arrays, *ACM Trans. Graphics*, **24**(3), 765 – 776, (2005).

[28] Brewin M. , Forman M. , and Davies N. A. , Electronic capture and display of full – parallax 3D images, *Proc. SPIE*, **2409**, 118 – 124, (1995).

[29] YamaguchiM. , Kojima R. , and Ono Y. , Full – parallax 3D image scanning for holoprinter, *Nicograph International*, (2008).

[30] Zhang L. , Stereoscopic image generation based on depth images for 3D TV, IEEE Trans. Broadcasting, 51(2), 191 – 199, (2005).

第14章 360°计算全息图的严格衍射理论

Toyohiko Yatagai，Yusuke Sando，Boaz Jessie Jackin
日本宇都宫大学光学研究与教育中心

14.1 引　言

在计算机生成全息术中[1]，人们通常采用快速傅里叶变换算法来缩短计算时间。人们基于FFT已经开发出了各种用来计算衍射的算法[2]。Yoshikawa等人提出了一种利用插值快速计算大尺寸全息图的方法[3]。

大多数采用FFT的CGH算法只有在下述条件下才有效：输入面和观测面都是有限平面并且彼此平行。某些研究者提出使用了FFT的其他快速计算方法，能适用于输入面与观测面不平行的情况[4,5]。以上这些方法对于计算来自不同视角观测数据的重建图而言非常有用[6]。然而，由于任何一种方法都是把观测面假定为平面，要扩大视场角度就必须采用分辨率非常高的显示设备。尽管我们已经可以获得上述的显示设备，但也无法通过全息图平面的背面观测来重建图像。

360°全息术是一种实现360°视场的卓越技术[7]。为了在计算机上合成出一幅360°全息图，需要对非平面的观测曲面上的衍射进行数值模拟。Rosen在球形观测曲面基础上合成出了CGH图像[8]。但是，这种方法的视场并没有覆盖360°，因为物体原点与观测球面的中心并不对应，此外这种方法由于没有使用FFT算法，因而需要大量的计算时间。

迄今为止，人们已经在使用了FFT算法的卷积定理上，提出了各种可以快速计算球面或圆柱面上衍射的方法。在针对圆柱面的方法中，物面和观测面都是圆柱形的，并且具有相同的圆柱中心轴[9,10]。因而，这些方法只有在特定的几何结构中才奏效。

起初，我们提出用一个简单而严谨的公式来描述3D物体的衍射波前与其3D傅里叶频谱之间的关系。现在的改进方法发现，利用格林函数可以计算出衍射积分的精确解[11]。该理论让我们直观地理解了各种衍射情况的计算过程。为了验证这种方法并证实其有效性，我们通过仿真实验重建了全视角下的CGH图像。

318

此外,Tachiki 等人[12]提出了基于点扩散函数(Point Spread Function,PSF,属于卷积方法)的球面 CGH 快速计算方法。在这种方法中,为了获得平移不变性从而进行快速计算,假定物体和全息图所在曲面是同心的球面。然而,即便是做了如此的假设,平移不变性也不存在,因为在球面栅格上的采集点不均匀(也即两极处的格点会更加密集)。为了便于使用 FFT 算法进行快速计算,有人提出了一种卷积积分的近似方法,能使得 PSF 在空间上不变。而该方法存在计算误差,误差的量化也在报道该方法的文献中有详细叙述。为了解决这一问题,我们再次从亥姆霍兹(Helmholtz)方程出发,来考虑球坐标系中的边界值问题。该解决方案将给出球面上波场变换函数和频谱分解的定义。利用变换函数和波谱,我们可以推导出一个光谱传播公式(针对球坐标系中的球形表面),该公式类似于角谱公式(针对笛卡儿坐标系中的平面表面)。

本章将具体阐述这些球面 CGH 理论是如何建立起来的。

14.2　三维物体及其衍射波前

3D 物体的几何示意图和观测空间示意图如图 14.1 所示。该物体的坐标系为(x_0,y_0,z_0),观测空间的坐标系为(x,y,z)。

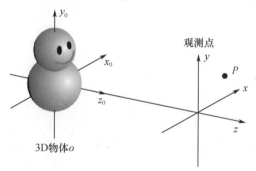

图 14.1　三维物体的几何坐标系(x_0,y_0,z_0)和观测点的

坐标系(x,y,z)。x_0轴和y_0轴分别平行于x轴和y轴,z_0轴与z轴同轴

在$r(x,y,z)$处均匀场中的波的复振幅$u(r)$满足下述亥姆霍兹方程:

$$(\nabla^2 + k_0^2)u(r) = 0 \tag{14.1}$$

式中,$k_0 = 2\pi/\lambda$是均匀场中的恒定波数,λ表示波长。

物体$o(r)$上的衍射波前满足下列方程:

$$(\nabla^2 + k_0^2)u(r) = -o(r) \tag{14.2}$$

要对式(14.2)进行求解,可以采用格林函数。格林函数是下述方程的一

319

个解：

$$(\nabla^2 + k_0^2) g(r, r') = -\delta(r - r') \tag{14.3}$$

格林函数可以表示为

$$g(r, r') = \frac{\exp(\mathrm{i}k_0 |r - r'|)}{4\pi |r - r'|} \tag{14.4}$$

因此，式(14.2)的解为

$$u(r) = \int o(r') \, g(r - r') \mathrm{d}r \tag{14.5}$$

式(14.5)是卷积积分，可以重写为

$$u(x, y, z) = F^{-1}[O(k_x, k_y, k_z) \cdot G(k_x, k_y, k_z)] \tag{14.6}$$

式中

$$O(k_x, k_y, k_z) = F[o(x, u, z)] \tag{14.7}$$

$$G(k_x, k_y, k_z) = F[g(x, u, z)] \tag{14.8}$$

$F[\cdots]$ 表示 3D 傅里叶变换算子，$F^{-1}[\cdots]$ 表示其反变换算子。

为了得到 $G(k_x, k_y, k_z) = F[g(x, u, z)]$，我们将式(14.3)的两边都进行傅里叶变换：

$$[-(k_x^2 + k_y^2 + k_z^2) + k_0^2] G(k_x, k_y, k_z) = -1 \tag{14.9}$$

因此得出

$$G(k_x, k_y, k_z) = \frac{1}{k_x^2 + k_y^2 + k_z^2 - k_0^2} \tag{14.10}$$

我们用空间频率 (u, v, w) 进行换元，而 $k_x = 2\pi u, k_y = 2\pi v, k_z = 2\pi w$，可得

$$G(u, v, w) = \frac{1}{4\pi^2 (u^2 + v^2 + w^2 - 1/\lambda^2)} \tag{14.11}$$

最后，根据式(14.6)和式(14.11)，得出

$$u(u, v, w) = \frac{1}{4\pi^2} \iiint \frac{O(u, v, w)}{(u^2 + v^2 + w^2 - 1/\lambda^2)}$$

$$\times \exp[\mathrm{i}2\pi(ux + vy + wz)] \mathrm{d}u\mathrm{d}v\mathrm{d}w \tag{14.12}$$

接下来，我们要得到关于 w 的积分。积分(14.12)存在奇异性：

$$w_\pm = \pm \sqrt{1/\lambda^2 - u^2 - v^2} \tag{14.13}$$

运用围道积分法，沿图 14.2 所示的路径计算关于 w 的积分，其中复数定义为 $\zeta = w + \mathrm{i}\eta$。在奇点 $w_\pm$ 处的残差可表示为

$$A_{\pm} = \lim_{\varsigma \to w_{\pm}} (\varsigma - w_{\pm}) \frac{O(u,v,\varsigma)}{(\zeta^2 + v^2 + w^2 - 1/\lambda^2)} \exp(\mathrm{i}2\pi \varsigma z)$$

$$= \pm \frac{\mathrm{i}2\pi O(u,v,\pm \sqrt{1/\lambda^2 - u^2 - v^2})}{2\sqrt{1/\lambda^2 - u^2 - v^2}} \times \exp(\pm \mathrm{i}2\pi \sqrt{1/\lambda^2 - u^2 - v^2}z)$$

$$(14.14)$$

因此得出

$$u(x,y) = \frac{\mathrm{i}}{4\pi} \iint \frac{O(u,v,\sqrt{1/\lambda^2 - u^2 - v^2})}{\sqrt{1/\lambda^2 - u^2 - v^2}}$$

$$\times \exp[\mathrm{i}2\pi(ux + vy + \sqrt{1/\lambda^2 - u^2 - v^2}z)]dudv$$

$$- \frac{\mathrm{i}}{4\pi} \iint \frac{O(u,v,-\sqrt{1/\lambda^2 - u^2 - v^2})}{\sqrt{1/\lambda^2 - u^2 - v^2}}$$

$$\times \exp[\mathrm{i}2\pi(ux + vy - \sqrt{1/\lambda^2 - u^2 - v^2}z)]dudv \qquad (14.15)$$

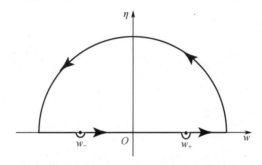

图 14.2　复平面 $\zeta = w + \mathrm{i}\eta$ 中的奇点 $(w \pm)$ 和积分路径

由于只考虑了向前传播的波,所以只采用奇点 w_+ 来计算围道积分。假设观测面位于 $z = R$ 的平面,可得

$$u(u,v)\big|_{z=R} = \frac{\mathrm{i}}{4\pi} \iint \frac{O(u,v,\sqrt{1/\lambda^2 - u^2 - v^2})}{\sqrt{1/\lambda^2 - u^2 - v^2}}$$

$$\times \exp[\mathrm{i}2\pi(ux + vy + R\sqrt{1/\lambda^2 - u^2 - v^2})]dudv$$

$$(14.16)$$

最后,将式(14.16)进行 2D 傅里叶反变换,则在 $z = R$ 处观测到的复振幅的波谱公式可以表示为

$$u(u,v)\big|_{z=R} = \frac{\mathrm{i}}{4\pi} \frac{O(u,v,\sqrt{1/\lambda^2 - u^2 - v^2})}{\sqrt{1/\lambda^2 - u^2 - v^2}}$$

$$\times \exp(\mathrm{i}2\pi R\ \sqrt{1/\lambda^2 - u^2 - v^2})\qquad (14.17)$$

在式(14.17)中,$O(u,v,\sqrt{1/\lambda^2 - u^2 - v^2})$表示在 3D 物体 $o(x,y,z)$ 的 3D 谱 $O(u,v,w)$ 中的直径为 $1/\lambda$ 的半球形表面分量。这意味着衍射波的 2D 谱 $U(u,v)$ 可由 3D 谱的半球形表面分量 $O(u,v,\sqrt{1/\lambda^2 - u^2 - v^2})$ 来确定,其中权重 $\mathrm{i}/(4\pi\sqrt{1/\lambda^2 - u^2 - v^2})$ 需要乘上相位分量 $\exp(\mathrm{i}2\pi R\sqrt{1/\lambda^2 - u^2 - v^2})$。

接下来,图 14.3 给出了衍射波前和与其半球面傅里叶谱之间的对应关系。这里,沿 $+z_0$ 方向的衍射波前对应于以 $+w$ 为中心对称轴的半球面谱。同样,$-z_0$、$+y_0$ 和 $-y_0$ 方向分别对应于 $-w$、$+v$ 和 $-v$ 方向。因此,可以只用半径为 $1/\lambda$ 的半球面傅里叶谱表示每个方向上的波前衍射。

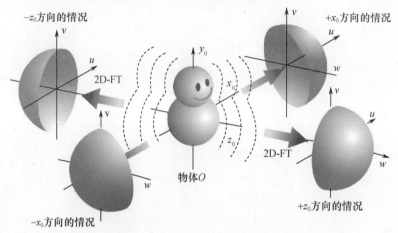

图 14.3　衍射波前在各个方向上的 3D 半球面傅里叶谱

14.2.1　具有全视角的衍射波

作为衍射快速计算方法的一个实例,我们验证了在各个方向上的衍射图像。一旦得到 3D 傅里叶谱,我们就可以通过提取半球面波谱、乘上权重因数和相位分量,并实施 2D FFT 反变换,就可以轻松计算出任意方向上的衍射图像。为了验证该方法,我们把图 14.4 所示的 2D 星座图像卷成圆柱面,如图 14.5 所示,以此来模拟计算相关衍射。

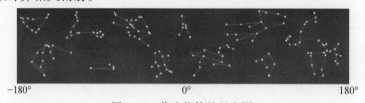

$-180°$　　　　　　　　$0°$　　　　　　　　$180°$

图 14.4　作为物体的星座图

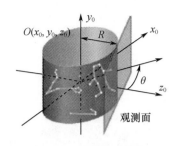

图 14.5　模拟过程示意图。观测面的透视图

θ 是观测方向和 z 轴之间的夹角,衍射距离 R 被设定为物体的圆柱半径。图 14.6 给出了随观测角 θ 变化的计算结果。

如图 14.6 所示,只有角 θ 所对应的物体区域在观测面的中心进行了对焦,而每幅图的两端处在离焦状态。鉴于图 14.5 所示的架构,我们自然会得出这样的结果,并同时验证了所推导出的原理的有效性。

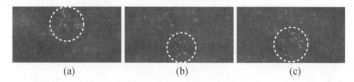

(a)　　　　　　　(b)　　　　　　　(c)

图 14.6　在 θ 为 $-109°$(a)、$-23°$(b) 和 $152°$(c) 处观测到的衍射图像

14.3　用于球面全息术的点扩散函数法

14.3.1　球面物体和球面全息图

据我们所知,球面的衍射不能直接用卷积来表示。在球面坐标中,球面上栅格的像素分辨率并不是常数,因此 PSF 也并不是空间不变的。为了便于快速计算,人们提出了一个积分的近似表示,能使得 PSF 在空间上保持不变,并让衍射积分可以用卷积来表示。

在这种方法中,为了得出卷积形式,物体表面也必须为球面并且必须与全息图表面同心。该物面和 CGH 面的几何示意图如图 14.7 所示,图中采用了球坐标系。需要注意的是,方位轴定义为 ϕ,纬度轴定义为 θ。物体表面和全息图表面分别用 $f_o(r_o, \phi_o, \theta_o)$ 和 $f_h(r_h, \phi_h, \theta_h)$ 来表示。这里,我们只讨论全息图半径 r_h 恒定的二维球形物体,因此我们可以把分布重写为 $f_o(\phi_o, \theta_o)$ 和 $f_h(\phi_h, \theta_h)$。通过积分计算任意分辨率下的连续物体半径,将多幅全息图 f_h 叠加起来以生成 3D 物体的 CGH 图。在讨论这一问题时,我们还假设物面半径小于全息图曲面半径,不过这在数学上并不是必要条件。

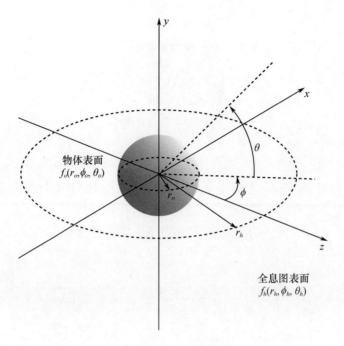

图 14.7　球坐标系

可将物体视作许多点光源的组合体,全息图振幅分布 $f_h(\phi_h,\theta_h)$ 用球面波前的积分形式表示,这些球面波前是由物面上所有的点光源分量组成的:

$$f_h(\phi_h,\theta_h) = C\iint \frac{f_o(\phi_o,\theta_o)\exp(ikd)}{d}\mathrm{d}\phi_o\mathrm{d}\theta_o \qquad (14.18)$$

式中,k 表示入射光的波数,C 表示常数,d 是物体上一个点和全息图上一个点之间的距离,写作

$$d = \{r_o^2 + r_h^2 - 2r_or_h[\sin\theta_h\sin\theta_o + \cos\theta_h\cos\theta_o\cos(\phi_h - \phi_o)]\}^{1/2} \qquad (14.19)$$

为了将积分表示成卷积形式,就必须将距离表示成关于 $(\theta_h - \theta_o)$ 和 $(\phi_h - \phi_o)$ 的函数。

我们提出一种距离近似方法,其几何思想参见图 14.8(a)。基于图 14.8(b)所示的几何图形,根据角 $\Delta\phi$ 和 $\Delta\theta$,我们可以利用余弦定理估算出两点之间的角度 α。然后根据长度 r_o 和 r_h 以及角度 α,再次使用余弦定理计算出距离。所得到的距离公式为

$$d = \{r_o^2 + r_h^2 - 2r_or_h[\cos(\theta_h - \theta_o)\cos(\phi_h - \phi_o)]\}^{1/2} \qquad (14.20)$$

然后 PSF 近似可以定义为

$$h(\phi,\theta) = \frac{\exp\{ik[r_o^2 + r_h^2 - 2r_or_h\cos\theta\cos\phi]^{1/2}\}}{[r_o^2 + r_h^2 - 2r_or_h\cos\theta\cos\phi]^{1/2}} \qquad (14.21)$$

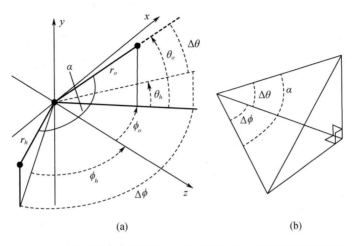

(a)   (b)

图 14.8 角度近似的几何图(a)以及求解角度 α 的几何原理图(b)

我们把该 PSF 公式代入式(14.18),得到

$$f_h(\phi_h,\theta_h) = C\iint f_o(\phi_o,\theta_o)h(\phi_h-\phi_o,\theta_h-\theta_o)\,\mathrm{d}\phi_o\mathrm{d}\theta_o \qquad (14.22)$$

该式便是卷积积分的表达形式:

$$f_h = Cf_o * h \qquad (14.23)$$

式中,$*$ 代表卷积运算。因此,根据卷积定理,我们可以使用 FFT 计算球面全息图表面上的衍射波前。

14.3.2 近似误差

我们分析并计算误差的数值。物体上的一个点和全息图上的一个点之间距离的准确公式已在式(14.19)给出。如果我们把 $\cos(\phi_h-\phi_o)$ 项插入到正弦项的后面,即

$$d = \left\{ r_o^2 + r_h^2 - 2r_or_h\left[\sin\theta_h\sin\theta_o\cos(\phi_h-\phi_o) + \cos\theta_h\cos\theta_o\cos(\phi_h-\phi_o)\right]\right\}^{1/2}$$

$$(14.24)$$

该式就能简化为式(14.20)的近似形式。显然,当余弦 $\cos(\phi_h-\phi_o)$ 项的值接近 1 时,或$(\phi_h-\phi_o)$的值接近 0 时,误差是最小的。因此,在方位轴远端的物体点对全息图的贡献存在更大的误差。此外,当 θ_o 接近于 0 时,近似距离公式变为

$$d = \left\{ r_o^2 + r_h^2 - 2r_or_h\left[\cos\theta_h\cos(\phi_h-\phi_o)\right]\right\}^{1/2} \qquad (14.25)$$

其等价于准确的距离公式。因此,在 $\theta_o = 0$ 附近的物体点对全息图的贡献具有较小的误差。这种情况也适用 θ_h,即全息图上在 $\theta_h = 0$ 附近的点误差较小,

而与观测到的物体图像的区域(面积)无关。而且,当 r_o 接近于 0 时,误差变小。根据式(14.14)可知,当 r_o 相较 r_h 而言非常小时,r_o^2 和 $-2r_o r_h \cos\theta_h \cos(\phi_h - \phi_o)$ 项与 r_h^2 项相比就会显得非常小,且计算的距离值更加逼近由准确距离公式求出的值。

14.3.3　球面全息术的计算机模拟

为了验证全息图快速计算方法是否能对更真实的物体分布进行重建,做了一组仿真实验,生成了如图 14.9(a)所示的全息图像,其中 $r_o = 1\text{cm}$,$r_h = 10\text{cm}$,波长 λ 为 $300\mu\text{m}$(仿真时设定的参数,因为根据采样定理,$\lambda = 632.8\text{nm}$ 时要求的像素尺寸约为 200000×200000,所以这里采用了 $300\mu\text{m}$)[12]。同一球面上的重建图如图 14.9(b)所示,该图像是根据全息图上 $|\phi_h| < \pi/4$ 和 $|\theta_h| < \pi/3$ 的区域上的数据重建出来的。我们注意到,对由直接计算衍射积分所得的全息图进行重建可以得到原始图像的完美重建,如图 14.9(a)所示。尽管整幅图像存在一定失真,尤其是当 θ 增大时,但图像清晰可辨。这意味着可以根据使用这种方法创建的全息图来重建图像,从而达到合理的实用效果。

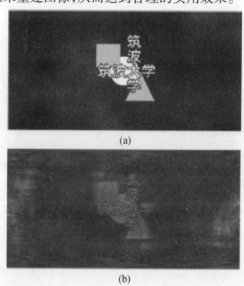

(a)

(b)

图 14.9　物体(a)和重建图像(b)

14.4　严格的点扩散函数法

如图 14.7 所示,我们将用纬度 $\theta \in [-\pi/2, \pi/2]$ 和经度 $\phi \in [0, 2\pi]$ 来描述球面上的点。在这项工作中,我们要用到单位球面 S 上空间 $L^2(S)$ 的平方可积函数。快速计算算法主要利用变换内核的循环和周期属性来实现快速计算。而循环和周期属性当且仅当系统在变换平面间具有平移不变性时才会存在。这意味着若要设计一种快速计算方案，物面和全息图面应当具备平移不变性。为了实现这一目标，物面和全息图面必须是同心球面，这样它们才能在沿着 ϕ 和 θ 方向转动时保持平移不变。但是，这些表面都是定义在一个球面网格中的，其中两极的采样点相比赤道要来得密集。因此，无法满足平移不变的条件。然而，在全息图生成的过程中，全息图和物体可以表示为 $L^2(S)$ 空间上的有限带宽函数。这些 $L^2(S)$ 空间上的有限带宽函数具有一个非常有用的重要属性，即带限函数经过任何转动后仍然是具有相同带宽的带限函数[13-15]。因此，它们在球面上的所有点都具有相同的分辨率，这意味着它们具有平移不变性。变换操作时用到的三角截断和高斯 – 勒让德（Gaussian – Legendre）求积法可以解释这一属性（下一节将会具体阐释）。因此图 14.7 中所示的系统确实在物面和全息图面之间具有平移不变关系，并且证实了快速计算公式的可能性。有了这个保证，我们可从电磁学的基本公式入手，继续研究用于球面 CGH 的快速计算方法。

电磁场的定义由麦克斯韦方程组给出，其传播可由亥姆霍兹波动方程进行定义。因此，对于任何特定系统而言，任何时间和任何空间中传播的波的复振幅都可以通过求解波动方程式、应用其相关限制和条件求出。相应地，对于图 14.7 中所示的系统而言，可以从下述波动方程入手求解。与时间无关的向量波动方程 $u(r,\theta,\phi)$ 用亥姆霍兹方程表示为

$$\nabla^2 u + k^2 u = 0 \tag{14.26}$$

式中，r 代表我们所关心的球面半径，令 θ 和 ϕ 分别代表球面的方位角和极角。球面坐标系下的拉普拉斯算符 ∇^2 定义为

$$\nabla^2 = \frac{1}{r^2}\frac{\partial}{\partial r}\left(r^2\frac{\partial}{\partial r}\right) + \frac{1}{r^2\sin\theta}\frac{\partial}{\partial \theta}\left(\sin\theta\frac{\partial}{\partial \theta}\right) + \frac{1}{r^2\sin^2 + \theta}\frac{\partial^2}{\partial \phi^2} \tag{14.27}$$

球面坐标系给定的标量波动方程变为

$$\frac{1}{r^2}\frac{\partial}{\partial r}\left(r^2\frac{\partial u}{\partial r}\right) + \frac{1}{r^2\sin\theta}\frac{\partial}{\partial \theta}\left(\sin\theta\frac{\partial u}{\partial \theta}\right) + \frac{1}{r^2\sin^2\theta}\frac{\partial^2 u}{\partial \phi^2} + k^2 u = 0 \tag{14.28}$$

可以通过变量分离法[16-18]求出式（14.28）的解，可表示为

$$u(r,\theta,\phi,t) = R(r)\Theta(\theta)\Phi(\phi) \tag{14.29}$$

而可分离的变量遵循以下三个常微分方程：

$$\frac{\mathrm{d}^2\Theta}{\mathrm{d}\phi^2} + m^2\Theta = 0 \tag{14.30}$$

$$\frac{1}{\sin\theta}\frac{\mathrm{d}}{\mathrm{d}\theta}\left(\sin\theta\frac{\mathrm{d}\Theta}{\mathrm{d}\theta}\right) + \left[n(n+1) - \frac{m^2}{\sin^2\theta}\right]\Theta = 0 \tag{14.31}$$

$$\frac{1}{r^2}\frac{\mathrm{d}}{\mathrm{d}r}\left(r^2\frac{\mathrm{d}R}{\mathrm{d}r}\right)+k^2R-\frac{n(n+1)}{r^2}R=0 \qquad (14.32)$$

所有这些方程的解都在阿夫肯(Arfken)的文献中进行了相关推导[18]。本研究工作仅使用了其最终结果。方位方程(14.30)的解为

$$\Phi(\phi)=\Phi_1\mathrm{e}^{\mathrm{i}m\phi}+\Phi_2\mathrm{e}^{-\mathrm{i}m\phi} \qquad (14.33)$$

式中,m必须是整数,这样才能保持$\Phi(\phi)$的持续性和周期性。Φ_1和Φ_2都是常数。

极坐标方程(14.31)的解为

$$\Theta(\theta)=\Theta_1 P_n^m(\cos\theta)+\Theta_2 Q_n^m(\cos\theta) \qquad (14.34)$$

式中,P_n^m和Q_n^m分别代表第一和第二类伴随勒让德(Legendre)多项式,Θ_1和Θ_2是常数。当$\cos\theta=\pm1$时,Q_n^m在两极都是无限的,因此第二项可以丢弃($\Theta_2=0$)。

对于径向微分方程(14.32)而言,其解为

$$R(r)=R_1 h_n^{(1)}(kr)+R_2 h_n^{(2)}(kr) \qquad (14.35)$$

式中,$h_n^{(1)}$和$h_n^{(2)}$分别是第一和第二类球形汉克尔(Hankel)函数。由于我们只关心出射波,所以可以忽略第二项($R_2=0$)。

式(14.33)和式(14.34)中的角函数可被方便地组合成一个名为球谐函数$Y_n^{m[17,18]}$的单都函数,定义如下

$$Y_n^m(\theta,\phi)\equiv(-1)^m\sqrt{\frac{(2n+1)(n-m)!}{4\pi(n+m)!}}P_n^m\cos\theta\mathrm{e}^{\mathrm{i}m\phi} \qquad (14.36)$$

其中

$$\overline{P}_n^m\equiv\sqrt{\frac{(2n+1)(n-m)!}{4\pi(n+m)!}}P_n^m\cos\theta \qquad (14.37)$$

称为正交归一化的伴随勒让德多项式。我们把$(-1)^m$项称为康登-肖特利(Condon-Shortley)相位。因此,球谐函数也可以用下面的简短形式来表示(忽略康登-肖特利相位):

$$Y_n^m(\theta,\phi)=\overline{P}_n^m\cos\theta\mathrm{e}^{\mathrm{i}m\phi} \qquad (14.38)$$

把所有这些方程合并,方程(14.28)的行进波的解可以表示为

$$u(r,\theta,\phi,\omega)=\sum_{n=0}^{\infty}\sum_{m=-n}^{n}A_{mm}(\omega)h_n(kr)Y_n^m(\theta,\phi) \qquad (14.39)$$

当系数A_{mn}确定时,我们可以完整定义出辐射场。这是通过使用球谐函数的正交属性实现的。假设已知波场$u(r,\theta,\phi)$的球面半径$r=a$。为简单起见,我

328

们还可以把时间变量(不重要)变小。现在,把式(14.39)(在 $r=a$ 情况下做的评估)的两边均乘以 $Y_n^m(\theta,\phi)^*$,再在球面进行积分,得到

$$A_{mn} = \frac{1}{h_n(ka)} \int_{-\frac{\pi}{2}}^{\frac{\pi}{2}} \int_0^{2\pi} u(a,\theta,\phi) Y_n^m(\theta,\phi)^* \sin\theta\mathrm{d}\theta\mathrm{d}\phi \qquad (14.40)$$

式中,$\mathrm{d}\Omega = \sin\theta\mathrm{d}\theta\mathrm{d}\phi'$ 是在球面上进行积分的立体角。把 A_{mn} 的表达式代回到式(14.39)中,将得到

$$u(r,\theta,\phi) = \sum_{n=0}^{\infty} \sum_{m=-n}^{n} Y_n^m(\theta,\phi) \left(\left[\int_{-\frac{\pi}{2}}^{\frac{\pi}{2}} \int_0^{2\pi} u(r,\theta',\phi') Y_n^m(\theta',\phi')^* \mathrm{d}\Omega' \right] \frac{h_n(kr)}{h_n(ka)} \right)$$

$$(14.41)$$

因此,当已知 $u(r,\theta',\phi')$ 处的波场时,我们可以计算出任何球面 $u(r,\theta,\phi)$ 处的波场。

为了便于理解和解释式(14.41),我们将其与平面波公式中的著名角谱公式进行对比[19],该角谱公式为

$$u(x,y,z) = \frac{1}{4\pi^2} \int_{-\infty}^{\infty} \int_{-\infty}^{\infty} \mathrm{e}^{\mathrm{i}(k_x x + k_y y)} \mathrm{d}k_x \mathrm{d}k_y$$

$$\left(\left[\int_{-\infty}^{\infty} \int_{-\infty}^{\infty} u(x',y',0) \mathrm{e}^{-\mathrm{i}(k_x x' + k_y y')} \mathrm{d}x'\mathrm{d}y' \right] \mathrm{e}^{\mathrm{i}k_z z} \right)$$

$$(14.42)$$

众所周知,在式(14.42)中,方括号中的数为用 (k_x, k_y) 表示的被分解为平面波谱的源波场。光谱的传播由数 $\mathrm{e}^{\mathrm{i}k_z z}$ 进行定义,称作传递函数。传播谱在目的地处通过关于 k_x 和 k_y 的积分重组为波场。因此,该式可以定义从一个平面表面 $u(x',y',0)$ 到另一个表面 $u(x,y,z)$ 的波传播过程。将式(14.41)与式(14.42)进行比较,可以推导出:

- 在半径 $r=a$ 的辐射球面关于 (θ,ϕ) 的波场被分解为由下式定义的关于 (m,n) 的波谱:

$$U_{mn}(a) = \int u(a,\theta,\phi) Y_n^m(\theta,\phi)^* \mathrm{d}\Omega \qquad (14.43)$$

- 分解的波分量(波谱)由式(14.36)给出,由 $\mathrm{e}^{\mathrm{i}m\phi}$ 定义的关于 ϕ 的行进波分量和 $P_n^m\cos(\theta)$ 给定的关于 θ 的驻波分量组成。
- 该系统中分解的波分量可以称作与平面系统中平面波分量类似的球面波分量。同样,式(14.43)可以称作与平面波的角谱相类似的球面谱。
- 波数 k_x 和 k_y 与数 m/a 和 n/a 相仿,鉴于这种类似性,我们可以把球面波谱称作 k 空间谱。
- 式(14.43)可视为使用 $Y_n^m(\theta,\phi)$ 作为基函数的前向傅里叶变换。换言

这可能会生成一个类似于远场菲涅耳衍射公式的公式。然而,我们需要正确地分析近似,然后系统地发展理论,本章对此不做讨论。但在未来我们可针对所提出的方法开展这方面的研究工作。因此,上面推导出的公式与平面波的角谱公式类似,定义了球面之间的波传播过程。我们会在下一小节中讨论该公式的数值计算方案。

14.4.1 数值计算

角谱(Angular Spectrum, AS)方法的数值计算很依赖于 FFT 运算(现有的许多工具和方法都会用到 FFT 运算)。但在我们所提出的方法中的数值计算更多地依赖于 SHT 运算。系统的理论和几何思想确保了快速计算。现在我们需要一个能体现这一优点的数值计算程序。幸运的是,目前已涌现出大量针对 SHT 的快速计算数值方法,且这些方法均可供本研究工作使用。由于 FFT 和 AS 数值计算法易于理解,本节将紧密参照这两点来介绍 SHT 和该方法的数值计算。

继续上一小节的比较,根据式(14.41)和式(14.42),平面和球面系统的波传播数值计算可以分别表示为

$$u(r,\theta,\phi) = \text{ISHT}\big[\text{SHT}(u(a,\theta,\phi)) \times \text{TF}_s\big] \tag{14.47}$$

$$u(x,y,z) = \text{IFFT}\big[\text{FFT}(u(x,y,0)) \times \text{TF}_c\big] \tag{14.48}$$

式中,FFT[⋯]和 IFFT[⋯]表示正向快速傅里叶变换和快速傅里叶逆变换,而 SHT[⋯]和 ISHT[⋯]表示正向球谐变换和球谐逆变换。TF_s 和 TF_c 分别是由式(14.41)和式(14.42)定义的球面和平面波传播的传递函数。对比表明,(球面系统的)计算方法类似于(平面系统的)平面波的角谱法,只不过是将傅里叶变换换成了球谐变换。因此,SHT 评估成了关键,其他都只是些基本的数学估算。SHT 运算本质上不同于 FFT。FFT 变换建立在正弦波基础上,而 SHT 是将正弦波的高次谐波作为了基函数,式(14.36)所定义的球面谐波就是该基函数。这也就意味着,由于 FFT 的变换核是正弦曲线,该变换是一个定义在圆上的运算。但是,球谐函数是在球面上的函数,因此,其变换是一种定义在球面上的运算。人们已经对球面谐波变换开展了广泛的研究,并且提出了各种快速计算算法和优化方法。Chien 等人[13]提出了一种计算复杂度为 $O(N^2\log N)$ 的方法(假定网格点数为 N),超越了标准的 $O(N^3)$ 运算方法。他们提出在谱分量上进行截断,并使用快速多极方法和快速傅里叶变换进行计算。这种方法称作"谱截断法",由截断所导致的误差在可接受的范围内。后来,Healy 等人[14]提出了计算复杂度为 $O(N(\log N)^2)$ 的运算方法。他们利用了伴随勒让德多项式的递归特性以实现快速计算。这种方法公认非常有效,因此,在本研究中,我们采用该方法对球面谐波变换进行数值评估。在此我们仅对数值评估做简要概述。更

多细节请翻阅 Healy[14] 和 Driscoll[15] 的文献。

尽管 FFT 和 SHT 在本质上不同，但是它们都是变量可分离的。这意味着 2D FFT 的计算过程是先将变换核分离成其变量，然后将其看作一维列变换，紧接着进行一维行变换。同样地，由式（14.38）给定的球面谐波变换核 Y_n^m 的也是变量可分离的，可以分成 ϕ 分量和 θ 分量。我们可以将其看作是沿着 ϕ 方向的一维变换，接着是沿着 θ 方向的另一个一维变换。相应地，式（14.43）给定的变换可以表示为

$$U_{mn}(r) = \int_{-\pi/2}^{\pi/2} \left(\int_{-\pi}^{\pi} u(r,\theta,\phi) e^{im\phi} d\phi \right) \overline{P}_n^m(\cos\theta)\theta \qquad (14.49)$$

首先，单独计算圆括号中的数，这一过程不过是一个傅里叶运算而已。对于 $m = -N,\cdots,N$ 的傅里叶系数 $U^m(\theta)$，可写为

$$U_m(\theta) = \int_{-\pi}^{\pi} u(r,\theta,\phi) e^{im\phi} d\theta \qquad (14.50)$$

$$= \frac{1}{I} \sum_{i=1}^{I} u(r,\theta,\phi_i) e^{im\phi_i} \qquad (14.51)$$

式中，当 $i = 1,\cdots,I$ 时，$\phi_i = 2\pi i/I$。平均间隔的经度 ϕ_i 使我们可以使用快速傅里叶变换。

其次，计算在 $|m| \leqslant n \leqslant N$ 时傅里叶系数的勒让德变换 $U_m(\theta)$，用如下所示的高斯 – 勒让德求积法来完成这一计算：

$$U_{nm} = \int_{-\pi/2}^{\pi/2} U_m(\theta_j) \overline{P}_n^m(\cos\theta) \sin\theta d\theta \qquad (14.52)$$

$$= \sum_{i=|m|}^{N} U_m(\theta_j) \overline{P}_n^m(\cos\theta_j) w_j \qquad (14.53)$$

式中，θ_j 和 w_j 分别代表高斯节点和权重，并用 Swarztrauber[16] 所述的傅里叶 – 牛顿法进行计算。高斯 – 勒让德求积取代了带总和的积分。仅从 $|m|$ 到 N 进行求和计算的做法被称为三角截断。利用高斯 – 勒让德求积法把 θ 重新分配到高斯节点 θ_j 中。这种重新分配和三角截断使得纬度上的点具有统一的分辨率。再者，三角截断和勒让德多项式的递归属性有助于快速计算的实现。

类似地，球谐逆变换可以写作

$$u(\theta,\phi) = \sum_{m=-N}^{N} \left(\sum_{n=|m|}^{N} U_{nm} P_n^m(\cos\theta) \right) e^{im\phi} \qquad (14.54)$$

这种逆变换遵循相同的计算步骤，分成两步计算，但是逆序的（即先进行勒让德变换，再进行傅里叶变换），如下所示：

$$U_m(\theta) = \sum_{n=|m|}^{N} U_{nm} \overline{P}_n^m(\cos\theta) \qquad (14.55)$$

$$u(\theta,\phi) = \sum_{m=-N}^{N} U_m(\theta)\, \mathrm{e}^{im\phi} \qquad (14.56)$$

因此,利用这一数值过程可以快速计算球面 CGH 中波的传播过程,其中 SHT 运算的计算复杂度仅为 $O(N(\log N)^2)$。

网络上已经有许多现成的进行 SHT 运算的软件工具。其中大多数都通过了软件调试且主要用于地球物理过程,这些过程仅需要实数 SHT,而全息术则需要使用到复数 SHT。好在 Wieczorek[20] 所提供的 SHTools 程序包(基于 Fortran 语言)可以进行复数 SHT 运算。尽管我们没有对该程序包进行测试,但这是适用于本章研究工作的最好软件包。因此,如果需要快速复现本章的研究工作,我们推荐使用这个软件包。下一小节会通过模拟实验来测试和验证该数值计算方案。

14.4.2　基于严格理论的模拟结果

用于模拟实验的系统如图 14.7 所示。物体($O(a,\theta,\phi)$)是一个半径为 1cm 的球面,而全息图($H(r,\theta,\phi)$)则是另一个半径为 10cm 的同心球面。因为参照光在整个全息图平面中具有相同的相位和振幅,参照光被视为是从中心发射球面波的虚拟源,即为波场。这类似于我们在平面全息术中所使用的法向入射的平面参考光。

14.4.3　通过比较进行验证

当在 CGH 中首次出现一个新公式时,我们首先需要对其进行测试,看它是否符合基本的衍射原理。因此,我们希望所提出的方法能够重现出已知的衍射结果。为了实现这一目标,所提出的方法需要生成已经过报道的球面衍射图样。鉴于此,将 Tachiki 等人[12] 报道过的球面衍射图样作为参照。相应地,选用一个简单的物体,该物体是在 $\phi = -\pi/2$ 和 $\phi = \pi/2$ 处放有两个辐照点的球面,如图 14.11 所示。该物体和全息图在纬度(南北)方向上由 256 个像素组成,在经度(东西)方向上由 512 个像素组成。为了降低采样要求及条纹可视度,我们选用的波长为 $\lambda = 100\mu\mathrm{m}$。基于所提出的方法的全息图数值生成过程可表示下述抽象形式:

$$\mathrm{AmplitudeHologram} = \big|\, \mathrm{ISHT}[\mathrm{SHT}(\mathrm{Object}) \times \mathrm{TF}]$$
$$+ \mathrm{ISHT}[\mathrm{SHT}(\mathrm{Reference}) \times \mathrm{TF}]\,\big|^2$$

接着用式(14.57)所定义的闻名遐迩的直接积分公式来模拟同一物体的全息图。

$$H(r,\theta,\phi) = \iint \frac{O(\theta',\phi')\exp(ikL)}{L}\mathrm{d}x\mathrm{d}y \qquad (14.57)$$

图 14.11 双点源物体

式中

$$L = \sqrt{r^2 + a^2 - 2ra\left[\sin\theta\sin\theta' + \cos\theta\cos\theta'\cos(\phi - \phi')\right]}$$

$$\text{Hologram} = |H_{\text{object}}(r,\theta,\phi) + H_{\text{reference}}(r,\theta,\phi)|^2 \qquad (14.58)$$

模拟结果如图 14.12 所示。由所提出的方法生成的衍射图样与直接积分法生成的图样吻合。然而,整个图样上的亮度分布和对比度分布在直接积分法中是恒定的,但在我们所提出的方法中强度却会从中心向外开始逐渐降低。这种不一致性可以解释如下。直接积分公式(14.75)是不带倾斜因子的瑞利 – 索末菲(Rayleigh – Sommerfeld)衍射公式[12]。而倾斜因子为辐射面法线与观测点方向间夹角的余弦。这决定着该角度上的光强分布(即中心更亮,向外逐渐降低,并且无向后返回的辐照)。但是,用于解决波动方程边界值问题的波谱法包含了倾斜因子,因此亮度和对比度在径向上会发生变化。此外,倾斜因子不会改变行进波的相位,反则也不会影响干涉图,因此确保了公正的结果对比。

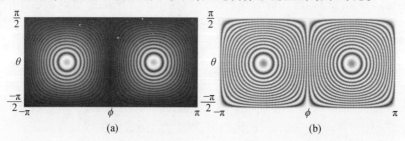

图 14.12 使用(a)所提出方法和(b)直接积分方法获得的计算全息图(强度)

14.4.4 全息图的生成

由于该理论是以 CGH 为背景发展起来的,我们同样必须验证该方法的适用性。为此,我们决定先生成球面全息图,然后在计算机上采用我们所提出的方法进行重建。假设物体是一个单球面,其上画有一些图案。待构建全息图的球面物体展开如图 14.13 所示。物体和全息图均包含 256 × 512 个像素。模拟波长

选为 $\lambda = 30\mu m$。同样,在此为了降低采样的要求,我们假设了较长的波长。现在,利用导出的公式,模拟出从物面到全息图面的波传播过程。由于我们假设参考光是从中心发出的球面波,所以它在全息图面具有相同的相位和振幅。因此,我们得到了在全息图面上以复数矩阵表示的物体和参考光的复振幅。通过添加这两个复振幅并计算强度,我们生成了如图 14.14 所示的全息图。

图 14.13　物体

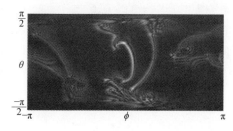

图 14.14　全息图(强度)

从这幅全息图可看出,利用式(14.41)可以把物体重建回原始球面。根据原始参考光的重建仅会在物体位置处生成虚像。为了在原物体位置处获得重建实像,我们应该使用参考光的共轭来照射(或重建)全息图。这意味着,我们正尝试在物体之前所在的球面上重建实像。参考光的共轭可利用参考波场矩阵的复共轭生成。相应地,重建的数值计算过程可表示下述抽象形式:

$$重建 = |ISHT[SHT(全息图 \times 共轭[参照]) \times TF]|^2$$

重建的实数图像如图 14.15 所示。重建与所选取的物体完全吻合。重建干净利落,无任何噪声。正如之前提到的那样,物体和全息图是闭合曲面上平方可积的有限带宽函数。因此,物体或全息图的旋转(θ 或 $\varPhi$ 变化)会引起重建图的旋转。波传播计算的计算复杂度为 $O(N(\log N)^2)$(针对 N 个采样点而言),因此它是一个快速计算公式。该计算使用了 Python 脚本语言,是在内存为 12GB 的 Dell PrecisionT7400 台式计算机上完成的。直接积分法、卷积法和波谱法的计算时间分别为 3730s、0.057s 和 0.039s。这意味着,我们所提出的方法的计算时间最短,因此也是计算最快的方法。

图 14.15　重建

14.5 小　　结

基于亥姆霍兹方程及其格林函数,我们推导出了衍射波前与 3D 傅里叶谱的关系,据此揭露了衍射波前的固有信息。在各个方向上传播的衍射波前仅用球面傅里叶谱就可以完整表示。此外,作为该基本原理的一个应用实例,本领域研究人员已经证实了该原理可以模拟出所有方向上的衍射图像,还验证了该原理的有效性。该原理为我们奠定了基于傅里叶谱的衍射计算基础,可以灵活应用到其他各种衍射中,如波前旋转、圆柱观测等。

参 考 文 献

[1] Lohmann A. W. and Paris D. P. , Binary Fraunhofer holograms, generated by computer, *Appl. Opt.* , **6**, 1739 – 1748, (1967).

[2] Leseberg D. , Sizable Fresnel – type hologram generated by computer, *J. Opt. Soc. Amer.* , **6**, 229 – 233, (1989).

[3] Yoshikawa N. , Itoh M. , and Yatagai T. , Interpolation of reconstructed image in Fourier transform computer – generated hologram, *Opt. Commun.* , **119**, 33 – 40, (1995).

[4] LesebergD. and Fr re C. , Computer – generated holograms of 3 – Dobjects composed of tilted planar segments, *Appl. Opt.* , **27**, 3020 – 3024, (1988).

[5] Matsushima K. , Schimmel H. , and Wyrowski F. , Fast calculation method for optical diffraction on tilted planes by use of the angular spectrum of plane waves, *J. Opt. Soc. Am. A*, **20**, 1755 – 1762, (2003).

[6] Yu L. , An Y. , and Cai L. , Numerical reconstruction of digital holograms with variable viewing angles, *Optics Express*, **10**, 1250 – 1257, (2002).

[7] Soares O. D. D. and Fernandes J. C. A. , Cylindrical hologram of 360 field of view, *Appl. Opt.* , **21**, 3194 – 3196, (1982).

[8] Rosen J. , Computer – generated holograms of images reconstructed on curved surfaces, *Appl. Opt.* , **38**, 6136 – 6140, (1999).

[9] Sando Y. , Itoh M. , and Yatagai T. , Fast calculation method for cylindrical computer – generated holograms, *Opt. Express*, **13**, 1418, (2005).

[10] Jackin B. J. and Yatagai T. , Fast calculation method for computer – generated cylindrical hologram based on wave propagation in spectral domain, *Opt. Express*, **18**, 25546 – 25555, (2010).

[11] Kak A. C. and Slaney M. , Principles of computerized tomographic imaging, *IEEE*, New York, (1988).

[12] Tachiki M. L. , Sando Y. , Itoh M. , and Yatagai T. , Fast calculation method for spherical

computer – generated holograms, *Appl. Opt.* , **45**, 3527 – 3533, (2006).

[13] Chien R. J. and Alpert B. K.. A fast spherical filter with uniform resolution. *J. Comput. Phys.* , **136**, 580 – 584, (1997).

[14] Healy Jr D. M. , Rockmore D. , Kostelec P. J. , and Moore S.. FFTs for the 2 – sphere improvements and variations,*J. Fourier. Anal. Appl.* **9**, 341 – 385, (1998).

[15] Driscoll J. R. and Healy D. M. , Computing Fourier transforms and convolutions on the sphere, *Adv. Appl. Math.* , **15**, 201 – 250, (1994).

[16] Swarztrauber P. N. , On computing the points and weights for Gauss Legendre quadrature, *SIAM. J. Sci. Computing*, **24**, 945 – 954, (2002).

[17] Lebedev N. N. ,Special functions and their applications,*Prentice Hall*, (1965).

[18] Arfken G. B. ,Mathematical method for physicisst,*Academic Press*, 702, (2001).

[19] Goodman J. W. , Introduction to Fourier optics, 3rd edn. *Roberts and Company Publishers*, (2004).

[20] Wieczorek M. , SHTools, Website, available at: URL:*http://shtools. ipgp. fr*, (2013).

第四部分
光谱和偏振成像

第 15 章　基于受激拉曼散射的高速 3D 光谱成像

Yasuyuki Ozeki1 ,Kazuyoshi Itoh[1,2]
[1]日本大阪大学工程研究生院、材料和生命科学系
[2]日本大阪大学科技创业实验室(e − square)

15.1　引　　言

持续时间为几飞秒到几皮秒的超快激光脉冲具有较高的峰值强度,而平均功率保持在较低的水平。当这些光脉冲聚焦在材料上时,会出现各种类型的非线性光学效应,如谐波振荡、波混频和受激散射。与诸如折射和吸收等的线性光学效应相比,非线性光学效应将导致大量的光与物质相互作用。这种非线性光学效应的一项重要应用是非线性光学显微,其利用非线性光学效应进行显微成像。根据所使用的非线性光学效应,非线性光学显微镜提供各种不同的比对机制。非线性光学显微镜的一个共同优势就是具有 3D 分辨率,因为非线性光学作用仅出现在激光强度最高的焦区体积附近。

现在,生物学研究人员采用的是 1990 年开发的双光子激发荧光(Two − Photon Excited Fluorescence,TPEF)显微镜[1]。在 TPEF 显微镜中,样本需要用荧光分子或蛋白质进行标记,然后用光频为 ω 的聚焦的飞秒脉冲进行照射。荧光分子和/或蛋白质在频率 ω 下是透明的,而在频率为 2ω 处具有吸收力,它们可以同时吸收两个光子从而导致电子跃迁到激发态,然后发射荧光。这个过程就称为 TPEF。TPEF 对深层组织成像特别有利,因为我们可以使用近红外激光脉冲,与单光子激发中所采用的可见光相比,近红外激光脉冲在组织中不太会发生散射。因此,即使是在散射样本中,也能保持 TPEF 固有的 3D 分辨率。与之相反,在以前的单光子荧光显微镜中,需要通过共焦针孔来实现 3D 分辨率,光散射是非常不利的,因为散射的荧光无法再次通过共焦针孔。

基于二次谐波生成[2]、三次谐波生成[3]、四波混频(包括相干反斯托克斯拉曼散射(Coherent Anti − Stokes Raman Scattering, CARS)[4,5]、受激参量发射(Stimulated Parametric Emission,SPE)[6]、双光子吸收[7]、受激拉曼散射(Stimula-

341

ted Raman Scattering, SRS)[8-10]和受激发射[11]），人们已经开发出了其他形式的非线性光学显微镜。由于这些非线性光学相互作用并不依赖于荧光，所以即便样本未经标记或染色，也可以用来对非荧光分子进行无标记成像。

在这些技术当中，SRS 显微术具有多种优势[8-10]。举例来说，SRS 可以根据振动光谱进行化学比对。该比对是量化的，即信号与所关心的分子密度成正比。此外，该信号非常强烈以至于可在高至视频帧率的速度下进行快速成像[12]。用 SRS 进行的无标记生物成像已经多次证实了这些特征[12-20]。SRS 显微术重要研究趋势之一就是光谱成像，用这种光谱成像方法可得到各种拉曼位移情况下的 SRS 图像[21-30]。通过对这些光谱数据的分析，可以区别微小的光谱特征，从而进一步促进分子特异性方面的研究。

本章将回顾 SRS 显微术的现状，并介绍作者所开发的高速 SRS 光谱显微镜[28]。需要注意的是，SRS 显微术的详细原理和理论处理请查阅最近的综述论文[31]和书籍[32]。

本章的结构如下。第 15.2 节总述 SRS 显微镜学的原理和优势。第 15.3 节将解释 SRS 显微镜是如何实现光学成像的。第 15.4 节将讲述我们的高速 SRS 光学显微镜的原理、操作和成像结果。第 15.5 节对本章进行总结。

15.2 SRS 显微镜的原理和优势

本节将介绍 SRS 显微镜的原理，然后解释 SRS 显微术相比现有拉曼显微术所具有的优势。

15.2.1 工作原理

图 15.1 给出了 SRS 显微镜的基础结构示意图。分别在光频 ω_p 和 ω_s（$\omega_p > \omega_s$）中制备双色脉冲激光束，分别称为泵浦和斯托克斯光束。其中一束激光束事先做强度调制。然后将这些脉冲合束并由一个物镜进行紧聚焦。在焦点处，当双色脉冲之间的光频差（即 $\omega_p - \omega_s$）与拉曼活性分子振动频率（ω_R）同频率时，就会发生 SRS。通过 SRS，光频为 ω_p 的泵浦脉冲将被衰减，而光频为 ω_s 的斯托克斯脉冲将被放大。结果是，一种颜色的光脉冲强度调制会被传递到另一种颜色的光脉冲上。为了探测由 SRS 引起的这种强度调制传递，需要用另外的透镜对光脉冲进行准直。强度调制的激光脉冲会被滤光片滤除，而经过调制传递的激光脉冲会打向光电二极管。用锁相放大器可以探测出光电流中的调制，可以在调制频率处将微小电信号测定为一个 SRS 信号。为了成像，通常需要采用激光扫描仪来对焦点位置进行扫描（图 15.1 中并未标出）。

需要注意的是，在图 15.1 中，光频为 ω_s 的斯托克斯脉冲（即相比泵浦脉冲

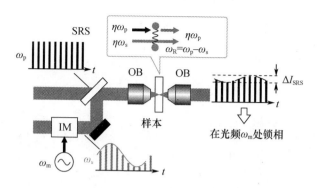

图 15.1　SRS 显微镜的基础配置

而言具有较低的频率和较长的波长)被调制,我们可以探测到该调制最终传递到了光频为 ω_p 的泵浦脉冲上。原则上,可以先调制泵浦脉冲然后探测调制转移到了斯托克斯脉冲上。必须小心选择合适的装置布局,因为用于锁相探测的光学脉冲应当是干净的(即具有相当低的噪声),以至于在不受激光强度噪声影响的情况下检测出微弱的调制传递。在理想情况下,激光脉冲的噪声应当与散粒噪声一样小,后者是由光子数的泊松分布所决定的理论极限。另一个重要问题是选用的波长取决于光电探测器的敏感波长。举个例来说,硅光电二极管只能探测波长小于 $0.1\,\mu m$ 的光学脉冲。

我们还注意到 SRS 信号的锁相探测最初用于 SRS 光谱仪[33-35]。因此,SRS显微镜的新颖之处在于激光束的紧聚焦,无论是采用激光扫描还是平台扫描,都能在三维空间和成像中实现高分辨率。不过,将 SRS 光谱仪用到显微镜上还有很多别的好处,稍后我们会详细介绍。

15.2.2　与先前拉曼显微术的比较

在此,我们将 SRS 显微术与之前的拉曼显微术进行比较,如图 15.2(a),(b)分别所示的自发拉曼显微镜[36]和 CARS 显微镜。我们也给出了相应的能量图,如图 15.3(a) ~ (c)(后面)所示,分别对应于自发拉曼散射、CARS 和 SRS。

如图 15.2(a)所示,自发拉曼散射显微镜采用光频为 ω_p 的连续波激光束。该激光束聚焦在样本上,用一个光谱仪收集并探测焦点位置处光频为 ω_s 的自发拉曼散射。通过扫描激光束或样本平台进行成像。如图 15.3(a)所示,自发拉曼散射包含光频为 ω_p 的光子吸收和光频为 ω_s 的光子自发发射,致使光子能量以 $\omega_R = \omega_p - \omega_s$ 的振动频率向振动激发态转移。由于分子具有多个分子振动的共振频率,所以自发拉曼散射可以在多个频率 ω_s 处同时发生。利用光谱仪可以对它们进行光谱解析,从而得到样本焦点处关于拉曼活性分子振动的丰富光谱信息。利用这种光谱信息,我们可以区分出生物样本中的各种分子。但是,自发

343

理论上,非共振本底问题很好理解。CARS 效应和非共振本底可用三阶非线性极化率 $\chi^{(3)}$ [31,32] 描述,该极化率将非线性极化 $P^{(3)}$ 中的傅里叶分量以及泵浦和斯托克斯光束的电场 E 关联起来:

$$P^{(3)}(2\omega_p - \omega_s) = \chi^{(3)}(\omega_p, \omega_p, -\omega_s) E(\omega_p) E(\omega_p) E^*(\omega_s) \quad (15.1)$$

然后极化振荡造成 CARS 信号的辐射。因此,CARS 辐射的强度与 $|P^{(3)}|^2$ 和 $|\chi^{(3)}|^2$ 成正比。这里,$\chi^{(3)}$ 是由拉曼响应 χ_R 和电子响应 χ_{NR} 促成的。如果我们假设在 ω_R 处存在拉曼共振,则 χ_R 就具有一个复数的洛伦兹(Lorenzian)线型。如果分子是电子非共振的,即在 ω_p 和 $2\omega_p$ 处分子是透明的,则 χ_{NR} 是实数。因此,$\chi^{(3)}$ 可以描述为

$$\chi^{(3)} = \chi_{NR} + \chi_R$$
$$= \chi_{NR} + \frac{A}{\omega_R^2 - (\omega_p - \omega_s)^2 - 2i\Gamma(\omega_p - \omega_s)} \quad (15.2)$$

其中,A 是一个比例常数,Γ 是分子振动的阻尼因子。式(15.2)的曲线如图 15.4 所示。从图中可以看出,$|\chi^{(3)}|^2$ 发生了偏移,出现了失真的线型,由于 χ_{NR} 和 χ_R 之间的相干,其峰值移动到了更低的频率。这就是 CARS 显微镜中频谱失真和本底的成因。另一方面,$\mathrm{Im}\chi^{(3)}$ 在 ω_R 处出现了单峰,并且免于非共振本底的影响。

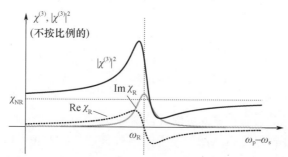

图 15.4 $\chi^{(3)}$ 的理论曲线,绘制成关于双色光的差频函数

在 SRS 显微镜中,已知信号与 $\mathrm{Im}\chi^{(3)}$ 成正比。因此,与之前的拉曼成像技术相比,SRS 显微镜具有如下几种优势:

(1)与自发拉曼散射相比,SRS 的灵敏度要高出几个量级。这使得 SRS 显微镜可以工作在视频帧率下,这点类似于 CARS。

(2)SRS 信号易于译码,因为 SRS 光谱与相应的自发拉曼散射相同。

(3)信号是量化的,因为其与所关心的分子密度成正比。与之相反,在以前的拉曼显微术中,由于在自发拉曼散射中存在不想要的荧光和杂散光,并且在 CARS 中存在非共振本底,所以量化测量问题很棘手。

这些优势已经被 SRS 显微镜的许多应用所证实,例如关于细胞中脂

345

质[3, 8,16,29 - 30]和核酸[19]的成像、关于组织中脂质和蛋白质[20,28]的成像、关于皮肤内吸收药物[8,17]的成像、关于食物的成像[18]，以及关于生物燃油生产中去木质素的监测等。

需要注意的是，关于自发拉曼散射显微镜和 CARS 显微镜的开发仍然还在进行之中。自发拉曼散射显微镜中的线扫描几何结构[42]将拍摄时间减少到几分钟。在多路 CARS 显微镜中，宽带脉冲被用于同时的 CARS 频谱获取，而谱失真能进行数值补偿，能给储户一个定量图像对比度[43 - 45]。未来的优化将进一步加强每种技术的特征。

15. 2. 3　SRS 显微镜中的伪像

如第 15. 2. 2 节所述，SRS 信号与所感兴趣的分子密度成正比。因此，相比信号与分子密度不成正比的 CARS 显微镜，SRS 图像中的伪像更少。不过，有必要指出，SRS 显微镜也会受到图像伪像的影响，而并不是说没有伪像影响。伪像的成因包括双光子吸收（TPA）和交互相位调制（XPM）。

当双色光脉冲的频率和（即 $\omega_p + \omega_s$）与分子吸收频率相匹配时将发生 TPA，导致两个光子的吸收。由于 TPA 也会引起 SRS 微镜中的调制传递，所以 TPA 也会导致伪像的生成。在典型的 SRS 显微镜中，一般采用 $0.8\mu m$ 和 $1.0\mu m$ 的近红外脉冲，相应的频率和为 $0.45\mu m$（即可视的蓝光范围）。这种吸收波长在诸如卟啉的生物分子中很常见。近年来，人们已经证实了一种区别 SRS 和 TPA 的方法[46]，该方法采用了三色脉冲激光束，其中一个波长的脉冲激光束的进行了相位调制。结果是，拉曼激发能被调制，并使我们在即便有 TPA 的情况下也能只检测出 SRS。

XPM 是伪像的另一种重要成因。根据另外一种颜色光束的空间密度分布，XPM 轻微地改变聚焦光束的相位波前。当收集透镜的数值孔径不足以接收来自焦点的完整激光束时，相位波前的变化会造成光束强度的变化。其结果就是造成伪像，在锁相信号中就成了一个偏移。可以采用具有比聚焦透镜更大数值孔径的收集透镜来抑制 XPM 伪像[8]。

15. 2. 4　物理背景

现在，我们来讲一下 SRS 和 CARS 的物理背景，因为这可以让读者直观了解到为什么 SRS 会具有如第 15. 2. 2 节所述的各种优势。在量子力学领域，CARS和 SRS 两者在现象上截然不同。CARS 是一个参量过程，如图 15.3(b)所示，其并未将光子能量留在样本分子中；而在 SRS 中，如图 15.3(c)所示，分子状态发生了从基态到振动激发态的转变。另一方面，在经典情况（后面会具体描述）下，SRS 和 CARS 可以视为相同的现象。

当光频分别为 ω_p 和 ω_s 的双色激光脉冲短暂合束时,由于拍频效应,会在 $\omega_p - \omega_s$ 间发生暂时的强度波形振荡。当分子被这类拍频光束照射时,光能在相同的频率下施加一个力作为强度拍频,从而引起分子振动的受迫振荡。正如基础物理学教材中所述的,受迫振荡器以与迫力相同的频率进行振荡。重要的是,振荡幅度和相位都取决于迫力的频率。当迫力的频率远低于振荡器的共振频率时,振荡与迫力同相位。当力的频率缓慢增加并逐渐与共振频率相匹配时,振荡达到最大幅度,其相位会滞后 90°。如果频率进一步增加,振荡幅度会降低并发生异相。在拉曼活性分子振动和由双色激光束所施加的迫力中会发生相同的现象。然后分子振动引起分子的折射率调制。最后,折射率调制将引起激发激光束的光学相位调制。由于存在光频为 $\omega_1 - \omega_2$ 的相位调制,在不同的频率下会生成频率边带,这些频率边带与原始激光束的光频相差 $\omega_1 - \omega_2$,即 $\omega_1 \pm (\omega_1 - \omega_2)$ 和 $\omega_2 \pm (\omega_1 - \omega_2)$。这些边带的振幅和相位都取决于采用怎样的相位调制,也即会影响分子振动的幅度和相位。需要注意的是,电子非线性响应也会由于光学克尔(Kerr)效应而引起相位调制,并且这种调制在相位上与光学拍频是同拍的。

由于存在光学相位调制,所以会出现下列效应:①CARS 出现在 $2\omega_p - \omega_s$ 处,作为从 ω_p 开始的上边带;②从 ω_s 开始的上边带会在 ω_p 处与光频为 ω_p 的原始激光束发生相消干涉;③从 ω_p 开始的下边带会在 ω_s 处与光频为 ω_s 的原始激光束发生相长干涉。这样,CARS 可以测量出一个边带的强度,而 SRS 可以测量出另一个边带和激发光束之间的干涉。由于干涉是相敏的,所以 SRS 不会受到非共振本底的影响。另一方面,由于强度测量与光学相位无关,所以 CARS 会受到非共振本底的影响。

根据上述经典情况,我们可以比较 SRS 和 CARS 的信噪比。尽管在 SRS 和 CARS 显微镜中存在各种各样的噪声源,极限灵敏度受限于散粒噪声,而散粒噪声来源于呈泊松分布的光子数。当光子数为 N 时,其标准差为 $N^{1/2}$。另一方面,从量子光学角度来看,散粒噪声可视为是发生了谱密度为 $\hbar\omega/2$ 的真空涨落[47]。因此,在强度测量和干涉测量中,受散粒噪声限制的 SNR 大约为信号场和真空场之比。所以,CARS 和 SRS 中的 SNR 受限于相位调制边带与真空场之比。这就解释了为什么 CARS 和 SRS 在理论极限上有着类似的信噪比的原因。由于 SRS 和 CARS 中采用的光学脉冲相似,所以由激发光束导致的光学损伤也是类似的。

然而,为了在 SRS 显微镜中实现受散粒噪声限制的 SNR,需要注意如下几点:

(1)锁相探测所采用的任何一个单色光学脉冲必须具有低噪声性能。这就是为何 SRS 显微镜使用锁模固态激光器和光学参量振荡器的原因。

（2）用于强度调制和锁相探测的频率必须足够高,这样激光器的低频强度涨落才不会影响锁相信号的 SNR。

（3）在光电二极管电路中,使用电子滤波器来提取锁相信号的频率分量和丢弃重复频率下不想要的强信号时需要小心谨慎。否则,电子放大器很容易饱和并导致 SNR 的下降。

用光纤激光器来构建紧凑而实用的系统时,实现受限于散粒噪声的 SNR 还会出现另一个重要问题。由于光纤激光振荡器的光功率低至几毫瓦,所以必须使用光学放大器。通过光学放大过程,激光脉冲中增加了放大自发发射(Amplified Spontaneous Emission, ASE)噪声。由于 ASE 噪声远大于散粒噪声,所以在 SRS 显微镜中,ASE 限制了 SNR。为了消除 ASE 噪声的影响,可以采用平衡探测技术,在该技术中,激光束被分成信号光束和参考光束,前者给到 SRS 显微镜,而后者直接由光电二极管进行探测从而测量出由 ASE 所造成的强度噪声。其结果是,我们可以在 SRS 信号中去除 ASE 影响。在平衡探测中,关键是要在作差过程中进行平衡。这项任务可以通过具有可变增益的特殊电子放大器来完成[48]。或者,我们推荐使用共线平衡探测(Co - linear Balanced Detection, CBD)技术[49]。在 CBD 中,泵浦光束被分成信号光束和参考光束,再合束时存在有延迟差。当探测到光束时,源于信号光束和参考光束的光电流在某一频率下相消叠加,这是因为时间延迟等价于频率相关的相移。这种能抑制光电流噪声的频域可以用于 SRS 信号的低噪声锁相探测。CBD 技术能在信号光束和参考光束之间保持平衡,因为两光束会共线地穿过显微镜。

15.3　用 SRS 进行光谱成像

正如前文所述,SRS 显微术在无标记生物成像方面具有吸引人的特点。但是,在典型的 SRS 显微镜中,分子特异性仍然受到限制,因为虽然在单频(由激光脉冲频率所决定)下 SRS 信号会反映分子振动,但生物分子的光谱特性会交叠在该信号中。如果 SRS 显微镜能获取光谱信息(即各种振动频率下的 SRS 图像),我们就可以对其进行详细分析,从而区分不同分子之间的微小光谱特征。

图 15.5 总结了用于 SRS 光谱成像的各项技术。在图 15.5(a)中,扫描双色激光之一的波长,以此连续地获得图像。然而,这项简单的技术的成像速度较慢,因为调谐激光波长需要花费时间。在波长可调谐激光器中典型调谐时间大约为 1s。在图 15.5(b)中,采用了窄带激光脉冲和宽带激光脉冲,其中,在各种振动频率下的 SRS 过程中会产生 SRS 光谱。该技术叫做多重逆拉曼光谱学或飞秒受激拉曼光谱学[50]。该技术所面临的一大挑战是光谱仪需要有很大的动态范围,这样才能探测出由 SRS 所造成的微小强度变化,而光谱仪中的探测器

阵列通常很小,而且很容易就饱和了。因此,目前似乎很难在该技术中获得受限于散粒噪声的 SNR。在图 15.5(c) 中,采用了含离散谱的多色激光脉冲[23]。我们可以用含 4f 脉冲整形器的宽带激光脉冲进行光谱滤波从而生成这种多色脉冲。使用多个光电探测器可以同时获取光谱信息,这些光电探测器会测量出在不同脉冲中所发生的 SRS 效应。另外一种替代技术[22]已证实,可以采用一个声光可调滤波器,该声光可调滤波器可在不同调制频率下调制宽带脉冲不同谱段的光强。然后,由一个光电探测器(后面紧跟一个锁相放大器阵列)探测出在各种锁相频率下传递到窄带脉冲的调制。图 15.5(d) 展示了光谱聚焦技术[24-26],该技术采用了频率啁啾(即激光脉冲的瞬时频率随着时间发生变化)下的双色宽带激光脉冲。当其中一个颜色(波长)光的频率啁啾与另外一种颜色(波长)光的频率啁啾相匹配时,则它们之间的频率差在整个脉冲持续时间内都会保持不变。因此,这种脉冲可以激发单一频率下的长时间分子振动,从而导致其光谱分辨率高于激发脉冲的谱宽。此外,通过改变双色脉冲之间的相对延迟可以控制频率差,这样我们就可以获得 SRS 的光谱信息。然而,要完美地调整两种颜色的频率啁啾并校准频率差,在技术上是一种挑战,因为这会受到光学组件的群速色散的影响(即在光传播中存在取决于频率的时间延迟)。另外一种改进分子特异性的方法如图 15.5(e) 所示,该方法采用了光谱整形的宽带和窄带脉冲[21]。这种技术能让我们获得样本分子和激发光谱之间的谱相关。

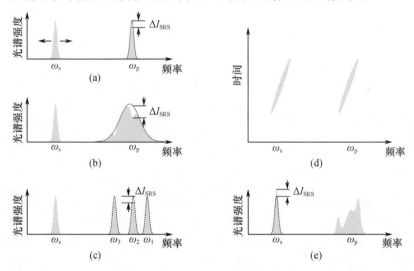

图 15.5 可用于 SRS 光谱成像的各种方法
(a)激光波长扫描;(b)多重逆拉曼散射光谱学;(c)多色 SRS;
(d)光谱聚焦 SRS;(e)定制的光谱 SRS。

原则上,在相同的脉冲重复频率、平均光功率和像素驻留时间情况下,这些技术在散粒噪声极限上拥有相似的信噪比。但事实上,无频率啁啾的宽带激光脉冲具有较高的峰值光功率,这可能会光学损伤生物样本。此外,当使用光谱仪时,似乎很难获得如之前所述的受限于散粒噪声的灵敏度。考虑到这些问题,我们最近开发了一种高速波长可调谐脉冲激光器[27],用以实现高速 SRS 光谱成像[28],这在下一节中会进行详细介绍。

15.4　高速光谱成像

本章作者开发了高速 SRS 光谱成像系统,能让我们快速获得光谱信息,从而改进分子特异性。该系统可以在帧率大于 30 帧/s 的情况下对生物样本进行显影,无需任何样本标记,其波数以逐帧的方式进行控制。本节将描述波长可调谐脉冲源的原理、显微镜系统的构造、基于独立成分分析的光谱图像处理,以及生物样本的可视化结果。

15.4.1　高速波长可调谐激光器

为了用 SRS 显微镜实现高速光谱成像,所采用的波长可调谐脉冲激光器必须满足以下几点要求:

(1) 宽波长调谐度。例如,为了使用完整的 CH(碳氢) – 拉伸域(2800 ~ 3100cm^{-1}),调谐度必须大于 300cm^{-1}。

(2) 高速波长调谐能力。为了实现逐帧波数调谐性,调谐时间的量级应当约为 1ms。

(3) 窄谱宽。为了让 SRS 光谱具有较高的谱分辨率,谱宽的量级应为 3 ~ 5cm^{-1},其对应于皮秒级变换受限的激光脉冲。

(4) 高功率。为了进行视频帧率 SRS 成像,激光输出的平均光功率必须高于 100mW。

(5) 恒定的延迟。当扫描波长时,延迟应当保持不变,这样双色脉冲才能及时叠加。

我们开发出了满足上述这些条件的波长可调谐激光源[27]。图 15.6 是激光源的示意图。掺镱光纤(Yb – Fiber,YbF)激光器出射的宽带脉冲首先由可调谐带通滤波器(Tunable Bandpass Filter,TBPF)过滤光谱,然后再被保偏掺镱的光纤放大器放大。在 TBPF 中,光学脉冲由振镜(Galvanometer Mirror,GM)反射,其镜面通过 4f 替续透镜成像在利特罗(Littrow)装置中反射光栅上。衍射光束再通过替续透镜和 GM 返回。为了检出光栅的输出光束,需要使 GM 上的入射光束垂直不对齐,即输出光束的传播光轴与入射光束轴略有不同,但输出光束反射到 GM 上位置与 GM 上入射光束位置相同。因此,输出光束可被反射镜接收到,并且发向光纤准直器,该光纤准直器扮演着单模空间滤波器的角色,用于提取利特罗波长分量。当 GM 的角度发生变化时,光栅上的入射角也随之发生改变。因此,我们可以用 GM 调谐 TBPF 的透射波长。TBPF 的响应时间由 GM 的速度决定,一般为毫秒量级。因此,即使在标准视频帧率下都可以逐帧调谐波长。此外,该滤波器的路径长度和群时延几乎与透射波长无关,因为光栅平面会成像在GM 上,如之前所述(费马原理)。这种特性对于 SRS 显微术来说非常重要,在该技术中,当波长发生变化时双色脉冲必须在时间上重合。

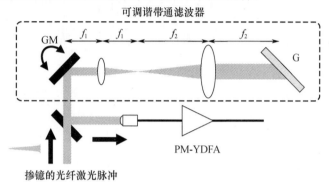

图 15.6　使用高速可调谐带通滤波器的波长可调谐脉冲源的原理示意图[27]。f_1:50mm,f_2:100mm。GM:振镜。G:1200 线/mm 的反射光栅。PM – YDFA:保偏掺镱的光纤放大器。出处:Ozeki Y., Umemura W., Sumimura K., Nishizawa N., Fukui K., and Itoh K.,(2011). 图片已经光学学会许可复制

图 15.7 显示了所开发的脉冲源的输出光谱。波长约在 32nm 以上可调谐,对应于 300cm^{-1}。每个光谱的半峰半宽约为 3cm^{-1},平均功率约为 120mW。

需要注意的是,使用保偏光纤放大器很关键。否则,放大脉冲的偏振态会依赖于波长,因为放大器中光学组件存在偏振模色散。

15.4.2　实验设置

图 15.8 展示了高速 SRS 光谱显微镜系统的结构示意图。掺镱光纤振荡器与钛蓝宝石(Ti:Sapphire,TiS)激光器(Coherent,Mira 900D)保持同步,激光器的波长为 790nm,能生成 76MHz 的脉宽为 4ps 的激光脉冲序列。需要注意的是,掺镱光纤振荡器的重复频率被设置为 TiS 激光器的一半。这样我们就可以把锁相频率增加到最大(即 38 MHz),如图 15.9(b)所示,并且无需额外的光学调制,这通常用于如图 15.9(a)所示的 SRS 显微镜中。同步机制如下所述[51,52]。两个激光器的脉冲出射并最后射向双光子吸收光电二极管(Two – Photon Absorption Photo Diode,TPA – PD)中,如图 15.8 所示。钛蓝宝石激光器和掺镱光纤振荡器之间合成的互相关信号被反馈到掺镱光纤振荡器中,进而通过一个腔内电光调

351

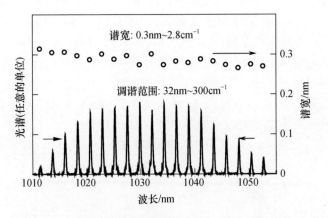

图 15.7   波长可调谐光学脉冲的光谱[28]。出处：Ozeki Y.，Umemura W.，Otsuka Y.，Satoh S.，Hashimoto H.，Sumimura K.，Nishizawa N.，Fukui K.，and Itoh K.，(2012). 图片已经自然出版集团许可复制

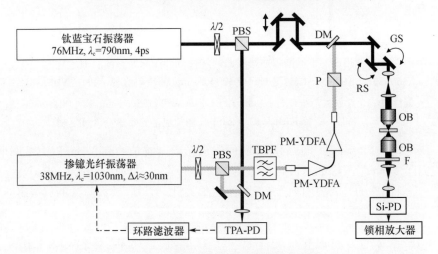

图 15.8   高速 SRS 光谱显微镜的示意图

制器和一个压电驱动延迟台来控制掺镱光纤振荡器的重复频率。在实现同步之后，经光谱过滤的 YbF 脉冲与 TiS 激光脉冲通过二向色镜合束，打向共振扫描镜、扫描振镜和扩束器，并由一个物镜(60×，NA 1.2)聚焦在样本上。而透射脉冲被另一个物镜(60×，NA 1.2)收集起来。当 YbF 脉冲经由一个光学短通滤波片滤除后，我们用硅光电二极管探测 TiS 激光脉冲。其光电流被送至一个日本生产的锁相放大器中，从而得到 SRS 信号，该信号将被引入帧捕获器中。结果是，我们可以在帧速率为 30.8 帧/s 的条件下拍摄 500×480 像素的 SRS 图像，而波长扫描仪以逐帧的方式进行控制。

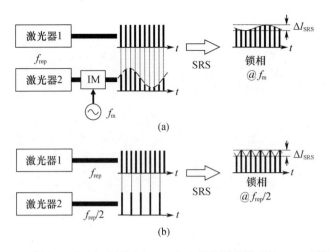

图 15.9　采用(a)强度调制器和(b)双色次谐波同步脉冲的 SRS 显微镜术

15.4.3　聚合物微球的观察

图 15.10 给出了聚合物微珠的光谱成像结果。我们在水中观察到约 $5\mu m$ 聚甲基丙烯酸甲酯(PMMA)微珠和 $6\mu m$ 聚苯乙烯(PS)微珠。三秒钟内我们在 $2800\sim3100cm^{-1}$ 的波数范围内获得了 91 幅光谱图像。我们可以看到,图 15.19 (a)~(c)中显示的位于 2913、2946 和 $3053cm^{-1}$ 处的 SRS 图像对比度不同,而对比度取决于波数。图 15.10(d)给出了图 15.10(b),(c)中箭头所指不同位置上获得的光谱。显然这些光谱的形状有所不同,说明我们的成像系统具有高信噪比。

15.4.4　光谱分析

为了分析光谱数据,我们先采用主成分分析(Principal Component Analysis, PCA)方法,然后又使用了修正版的独立成分分析(Independent Component Analysis,ICA)方法[53]。PCA 方法能让我们以较少的维度提取特征。ICA 方法用于对独立信源进行盲分离。普通的 ICA 方法假设给定的数据是独立信号源的线性结合。通过迭代计算进行信号盲分离,迭代计算主要用于寻找光谱基,因为独立源有着最大的非高斯性,所以光谱基的线性投影最大化了概率密度的四阶矩(峰态)与高斯分布的四阶矩(峰态)之间的差异。尽管 ICA 已经被用于拉曼光谱成像的分析,但是我们发现,ICA 方法还需要进行修正,因为普通的 ICA 方法假定源均值和信号均值为零,ICA 方法的结果通常是给出双极值(含正负)。与之相反的是,拉曼光谱和拉曼图像总是正值。为了解决这一问题,我们修改了 ICA 算法,使得它可将概率密度的三阶矩(偏态)最大化。最终,修正后的 ICA

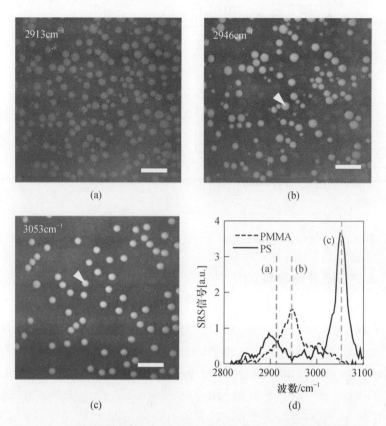

图 15.10   聚甲基丙烯酸甲酯(PMMA)和聚苯乙烯(PS)微珠的光谱成像。

(a)~(c):分别在 2913、2946 和 3053 cm^{-1} 处获得的 SRS 图像。

(d):在(b)和(c)中箭头所指位置处所获得的 SRS 光谱。比例尺:20μm

算法可以进行正值信号源的盲分离,并倾向于给出正值的图像[28]。

图 15.11 验证了通过 SRS 光谱成像和修正版 ICA 方法所进行的源分离操作[47]。图 15.11(a)显示了由 ICA 方法所获得的光谱基。通过简单的矩阵求逆运算,我们可以计算出如图 15.11(b)所示的独立成分(Independent Component, IC)光谱,这些光谱与图 15.9(d)所示的 PMMA 和 PS 的实际光谱非常吻合。根据 IC 光谱,我们可以推测,图 15.11(c),(d)中的第一和第二独立成分图像分别对应于 PMMA 和 PS 分布。这样,ICA 可以对 SRS 光谱图像进行盲源分离,而 IC 光谱可用于 IC 图像的分配。

需要注意的是,多变量曲线分辨技术已被成功用于 SRS 光谱成像的盲源分离[29]。对于 SRS 光谱显微术来说,继续发展特征提取和盲源分离技术至关重要。

354

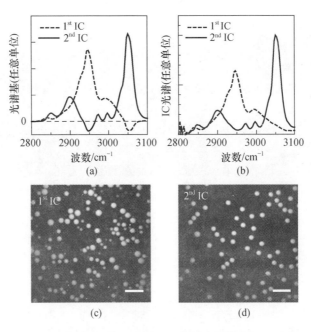

图 15.11　用 ICA 方法对聚合物微球所进行的光谱图分析(比例尺:20μm)
(a)IC 图像的光谱基;(b)IC 光谱;(c)第一个 IC 的图像;(d)第二个 IC 的图像。

15.4.5　组织成像

图 15.12 显示了用所开发的系统观察到的老鼠肝脏的成像结果。组织冷冻切片成标称厚度为 100μm 的薄片,并用磷酸盐缓冲生理盐水(pH7.4)将其保存在盖玻片之间。为了得到高信噪比,我们在 2800～3100cm^{-1} 波数范围内拍摄 91 幅光谱图像,并重复这一过程 10 次。不过,总的获取时间低于 30s。图 15.12(a)～(c)分别展示了第一幅、第二幅和第三幅 IC 图像。这些图像分别对应于(a)脂质和细胞质、(b)富水区,和(c)纤维结构和胞核的分布。图 15.12(d)所示的相应光谱表明其光谱差异非常小。所有的 IC 光谱在 2930cm^{-1} 处都具有 CH$_3$ 拉伸模式,在 2850cm^{-1} 处都具有 CH2 拉伸振动,在约 3400cm^{-1} 处都有 OH 拉伸振动尾巴。然而,它们的振动模式比是不同的:第一个 IC 具有显著的 CH$_2$ 拉伸模式,第二个 IC 主要具有 OH 拉伸模式,而第三个 IC 具有很强的 CH$_3$ 拉伸模式。通过组合这些图像并将对比度反转[28],我们可以获得如图 15.12(e)所示的多色图像。通过不同的伪彩色,我们可以看到肝组织中各种结构,如脂肪滴(A)、细胞质(B)、纤维结构(C)、胞核(D)和富水区(E),还可以清楚地看到它们的形态形状和位置,这可用于病理诊断。将 IC 光谱与如图 15.12(f)所示的原始 SRS 光谱进行比对是非常有意思的。显然,IC 光谱的信噪比更高,因为

355

ICA 方式是以统计的方式从大量像素中提取出光谱特征的。

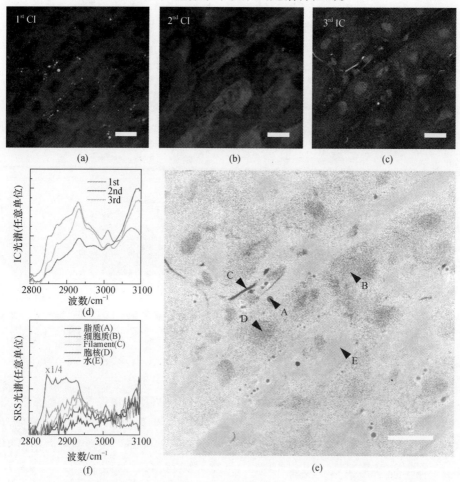

图 15.12 老鼠肝组织的光谱成像[28]。91 幅图像是在 2800 ~ 3100cm⁻¹ 的波数范围内
获得的，每幅都是 10 次测量平均的结果。总的获取时间低于 30s。我们对 5 个 IC 光谱
图像进行了分析。(a)第一幅 IC 图像反映了富含脂质的区域分布。(b)第二幅 IC 图像
反映了富水区域分布。(c)第三幅 IC 图像反映了富含蛋白质的区域分布。(d)IC 光
谱。(e)结合图像(a)~(c)并反向对比度生成的多色图像。(a)~(e)在文中有解释。
(f)是图(e)箭头所指位置处的 SRS 光谱。比例尺:20 μm。出处:Ozeki Y. , Umemura
W. , Otsuka Y. , Satoh S. , Hashimoto H. , Sumimura K. , Nishizawa N. , Fukui K. , and
Itoh K. ,(2012). 图片已经自然出版集团许可复制

我们也可以在 SRS 光谱成像中进行 3D 光学切片研究。图 15.13 给出的是
在不同 z 位置(两两间隔 5.6μm)处老鼠小肠绒毛多色图像的 8 个切片。第一个
切片的 91 幅光谱图像是在 2800 ~ 3100cm⁻¹ 的波数范围内拍摄获得的。总的拍

摄获取时间为24s。图15.13(i)表明,第一个IC在2850cm^{-1}处具有大量的CH$_2$拉伸振动,第四个IC在2930cm^{-1}处的CH$_3$拉伸模式和OH拉伸模式尾部的混合。图15.13(a)~(h)中所示的多色图像是通过把第一个(细胞质,青绿色)和第四个(胞核,黄色)IC图像组合并对比度反转而生成的。我们可以清晰地看到组织的形态,如细胞核和细胞质。需要注意的是,传统染色步骤需要准备一些薄

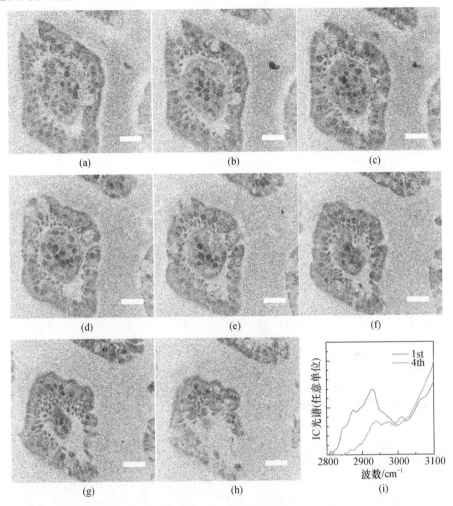

图15.13 老鼠小肠绒毛的光谱成像切片[28]。在波数为2800~3100cm^{-1}的范围内,每次将z位置改变5.6μm,拍摄得到共计91幅图像。总拍摄时间为24s。光谱图像用4个IC进行分析。第一个IC(细胞质)和第四个IC(胞核)图像分别被染成青绿色和黄色,然后把它们组合起来并进行对比度反转。(a)~(h):多色图像切片。(f):第一个和第四个IC的光谱。比例尺:20μm。出处:Ozeki Y. , Umemura W. , Otsuka Y. , Satoh S. , Hashimoto H. , Sumimura K. , Nishizawa N. , Fukui K. , and Itoh K. , (2012). 图片已经自然出版集团许可复制

lution in vivo imaging of blood vessels without labeling, *Opt. Lett.* ,**32**, 2641, (2007).

[8] Freudiger C. W. , Min W. , Saar B. G. , Lu S. , Holtom G. R. , He C. , *et al.* ,Label – free biomedical imaging with high sensitivity by stimulated Raman scattering microscopy, *Science*, **322**, 1857, (2008).

[9] Nandakumar P. , Kovalev A. , and Volkmer A. ,Vibrational imaging based on stimulated Raman scattering microscopy, *N. J. Phys.* ,**11**, 033026, (2009).

[10] Ozeki Y. , Dake F. , Kajiyama S. , Fukui K. , and Itoh K. ,Analysis and experimental assessment of the sensitivity of stimulated Raman scattering microscopy, *Opt. Express*, **17**, 3651, (2009).

[11] Min W. , Lu S. , Chong S. , Roy R. , Holtom G. R. , and Xie X. S. ,Imaging chromophores with undetectable fluorescence by stimulated emission microscopy, *Nature*, **461**, 1105, (2009).

[12] Saar B. G. , Freudiger C. W. , Reichman J. , Stanley C. M. , Holtom G. R. , and Xie X. S. ,Video – rate molecular imaging in vivo with stimulated Raman scattering, *Science*,**330**, 1368, (2010).

[13] Slipchenko M. N. , Le T. T. , Chen H. , and Cheng J. – X. ,High – speed vibrational imaging and spectral analysis of lipid bodies by compound Raman microscopy, *J. Phys. Chem. B*,**113**, 7681, (2009).

[14] Slipchenko M. N. , Chen H. , Ely D. R. , Jung Y. , Carvajal M. T. , and Cheng J. – X. , Vibrational imaging of tablets by epi – detected stimulated Raman scattering microscopy, *Analyst*,**135**, 2613, (2010).

[15] Saar B. G. , Zeng Y. , Freudiger C. W. , Liu Y. – S. , Himmel M. E. , Xie X. S. , and Ding S. – Y. ,Label – free, real – time monitoring of biomass processing with stimulated Raman scattering Microscopy,*Angew. Chem. Int. Ed.* ,**122**, 5608, (2010).

[16] Wang M. C. , Min W. , Freudiger, C. W. Ruvkun G. , and Xie X. S. ,RNAi screening for fat regulatory genes with SRS microscopy, *Nature Meth.* ,**8**, 135, (2011).

[17] Saar B. G. , Contreras – Rojas L. R. , Xie X. S. , and Guy R. H. ,Imaging drug delivery to skin with stimulated raman scattering microscopy, *Mol. Pharmaceutics*,**8**, 969, (2011).

[18] Roeffaers M. B. J. , Zhang X. , Freudiger C. W. , Saar B. G. , Ruijven M. van, Dalen G. van, *et al.* ,Label – free imaging of biomolecules in food products using stimulated Raman microscopy, *J. Biomed. Opt.* ,**16**, 021118, (2011).

[19] Zhang X. , Roeffaers M. B. J. , Basu S. , Daniele J. R. , Fu D. , Freudiger C. W. , *et al.* , Label – free live cell imaging of nucleic acids using stimulated Raman scattering (SRS) microscopy, *Chem. Phys. Chem.* ,**13**, 1054, (2012).

[20] Freudiger C. W. , Pfannl R. , Orringer D. A. , Saar B. G. , Ji M. , Zeng Q. , *et al.* ,Multi-colored stain – free histopathology with coherent Raman imaging, *Lab. Invest.* ,**92**, 1492, (2012).

[21] Freudiger C. W. , Min W. , Holtom G. R. , Xu B. , Dantus M. , and Xie X. S. , Highly

specific label – free molecular imaging with spectrally tailored excitation stimulated Raman scattering (STE – SRS) microscopy, *Nature Photon.* ,**5**, 103, (2011).

[22] Fu D. , Lu F. – K. , Zhang X. , Freudiger C. , Pernik D. R. , Holtom G. , and Xie X. S. , Quantitative chemical imaging with multiplex stimulated raman scattering microscopy, *J. Am. Chem. Soc.* ,**134**, 3623, (2012).

[23] Lu F. – K. , Ji M. , Fu D. , Ni X. , Freudiger C. W. , Holtom G. , and Xie X. S. ,Multicolor stimulated Raman scattering microscopy, *Mol. Phys.* ,**110**, 1927, (2012).

[24] Andresen E. R. , Berto P. , and Rigneault H. ,Stimulated Raman scattering microscopy by spectral focusing and fiber – generated soliton as Stokes pulse, *Opt. Lett.* , **36**, 2387, (2011).

[25] Beier H. T. , Noojin G. D. , and Rockwell B. A. ,Stimulated Raman scattering using a single femtosecond oscillator with flexibility for imaging and spectral applications, *Opt. Express*, **19**, 18885, (2011).

[26] Fu D. ,Holtom G. , Freudiger C. , Zhang X. , andXie X. S. ,Fast hyperspectral imaging with stimulated Raman scattering by chirped femtosecond lasers, *J. Phys. Chem. B* ,**117** (16), 4634 – 4640, (2013).

[27] Ozeki Y. , Umemura W. , Sumimura K. , Nishizawa N. , Fukui K. , and Itoh K. ,Stimulated Raman hyperspectral imaging based on spectral filtering of broadband fiber laser pulses, *Opt. Lett.* ,**37**, 431 – 433, (2011).

[28] Ozeki Y. , Umemura W. , Otsuka Y. , Satoh S. , Hashimoto H. , Sumimura K. , *et al.* , High – speed molecular spectral imaging of tissue with stimulated Raman scattering, *Nature Photon.* ,**6**, 845, (2012).

[29] Zhang D. , Wang P. , Slipchenko M. N. , Ben – Amotz D. , Weiner A. M. , and Cheng J. – X. ,Quantitative vibrational imaging by hyperspectral stimulated Raman scattering microscopy and multivariate curve resolution analysis, *Anal. Chem.* ,**85**, 98, (2013).

[30] Kong L. , Ji M. , Holtom G. R. , Fu D. , Freudiger C. W. , and Xie X. S. ,Multicolor stimulated Raman scattering microscopy with a rapidly tunable optical parametric oscillator, *Opt. Lett.* ,**38**, 145, (2013).

[31] Min W. , Freudiger C. W. , Lu S. , and Xie X. S. ,Coherent nonlinear optical imaging: beyond fluorescence microscopy, *Annu. Rev. Phys. Chem.* ,**62**, 507, (2011).

[32] Cheng J. – X. and Xie X. S. ,Coherent Raman Scattering Microscopy, *CRC Press*, (2012).

[33] Levine B. , Shank C. V. , and Heritage J. P. ,Surface vibrational spectroscopy using stimulated Raman scattering, *IEEE J. Quantum Electron.* ,**15**, 1418, (1979).

[34] Eesley G. L. ,Coherent Raman Spectroscopy, *Pergamon Press*, Oxford, (1981).

[35] Levenson M. D. and Kano S. ,Introduction to Nonlinear Laser Spectroscopy, *Academic Press*, (1989).

[36] Puppels G. J. , De Mul F. F. M. , Otto C. , Greve J. , Robert – Nicoud M. , Arndt – Jovin D. J. , and Jovin T. M. ,Studying single living cells and chromosomes by confocal Raman

spectroscopy, *Nature*, **347**, 301, (1990).

[37] Evans C. L. , Potma E. O. , Puoris'haag M. , C t D. , Lin C. P. , and Xie X. S. , Chemical imaging of tissue in vivo with video – rate coherent anti – Stokes Raman scattering microscopy, *Proc. Natl. Acad. Sci. U. S. A.* , **102**, 16807 – 16812, (2005).

[38] Heinrich C. , Hofer A. , Ritsch A. , Ciardi C. , Bernet S. , and Ritsch – Marte M. , Selective imaging of saturated and unsaturated lipids by wide – field CARS – microscopy, *Opt. Express*, **16**, 2699 2708, (2008).

[39] Minamikawa T. , Hashimoto M. , Fujita K. , Kawata S. , and Araki T. , Multi – focus excitation coherent anti – Stokes Raman scattering (CARS) microscopy and its applications for real – time imaging, *Opt. Express*, **17**, 9526 – 9536, (2009).

[40] Volkmer A. , Vibrational imaging and microspectroscopies based on coherent anti – Stokes Raman scattering microscopy, *J. Phys. D: Appl. Phys.* , **38**, R59, (2005).

[41] Cheng J. – X. , Volkmer A. , and Xie X. S. , Theoretical and experimental characterization of coherent anti – Stokes Raman scattering microscopy, *J. Opt. Soc. Am. B*, **19**, 1363, (2002).

[42] Hamada K. , Fujita K. , Smith N. I. , Kobayashi M. , Inouye Y. , and Kawata S. , Raman microscopy for dynamic molecular imaging of living cells, *J. Biomed. Opt.* , **13**, 044027, (2008).

[43] Kano H. and Hamaguchi H. , Femtosecond coherent anti – Stokes Raman scattering spectroscopy using supercontinuum generated from a photonic crystal fiber, *Appl. Phys. Lett.* , **85**, 4298, (2004).

[44] Kee T. W. , Cicerone M. T. , Simple approach to one – laser, broadband coherent anti – Stokes Raman scattering microscopy, *Opt. Lett.* , **29**, 2701, (2004).

[45] Cicerone M. T. , Aamer K. A. , Lee Y. J. , and Vartiainen E. , Maximum entropy and time – domain Kramers – Kronig phase retrieval approaches are functionally equivalent for CARS microspectroscopy, *J. Raman Spectrosc.* , **43**, 637, (2012).

[46] Garbacik E. T. , Korterik J. P. , Otto C. , Mukamel S. , Herek J. L. , and Offerhaus H. L. , Background – free nonlinear microspectroscopy with vibrational molecular interferometry, *Phys. Rev. Lett.* , **107**, 253902, (2011).

[47] Yariv A. and Yeh P. , Photonics: Optical Electronics in Modern Communications, *Oxford University Press*, (2006).

[48] YangW. , Freudiger C. W. , Holtom G. R. , and Xie X. S. , *Photonics West*, 8588 – 8580, (2013).

[49] Nose K. , Ozeki Y. , Kishi T. , Sumimura K. , Nishizawa N. , Fukui K. , *et al.* , Sensitivity enhancement of fiber – laser – based stimulated Raman scattering microscopy by collinear balanced detection technique, *Opt. Express*, **20**, 13958, (2012).

[50] Ploetz E. , Laimgruber S. , Berner S. , Zinth W. , and Gilch P. , Femtosecond stimulated Raman microscopy, *Appl. Phys. B*, **87**, 389, (2007).

[51] Ozeki Y. , Kitagawa Y. , Sumimura K. , Nishizawa N. , Umemura W. , Kajiyama S. , *et al.* , Stimulated Raman scattering microscope with shot noise limited sensitivity using subharmonically synchronized laser pulses, *Opt. Express*,**18**, 13708, (2010).

[52] Umemura W. , Fujita K. , Ozeki Y. , Goto K. , Sumimura K. , Nishizawa N. , *et al.* , Subharmonic Synchronization of Picosecond Yb Fiber Laser to Picosecond Ti:Sapphire Laser for Stimulated Raman Scattering Microscopy, *Jpn. J. Appl. Phys.* ,**51**, 022702, (2012).

[53] Hyv rinen A. , Karhunen J. , and Oja E. , Independent Component Analysis, *JohnWiley&Sons*, *Inc.* , New York, (2001).

第16章 基于压缩感知的光谱偏振成像技术

Fernando Soldevila[1], Esther Irles[1], Vicente Durán[1,2],
Pere Clemente[1,3], Mercedes Fernández – Alonso[1,2],
Enrique Tajahuerce[1,2], Jesús Lancis[1,2]
[1]西班牙海梅一世大学物理系光学研究小组
[2]西班牙海梅一世大学新型成像技术研究所(INIT)
[3]西班牙海梅一世大学科学仪器服务中心

16.1 概　　述

　　人类肉眼所能看到的信息极为有限。尽管我们能看到宽距离范围内的物体,也能看清处于不同光照条件下的物体,而且肉眼能见的光谱范围也相对较广,但是在很多应用场景中人们还希望获取肉眼看不到的信息。鉴于此,人们开发出了各种各样的成像技术[1]。一个典型例子便是在生物学和药学领域中都颇为重要的显微镜,这个利器能在非常靠近物体的距离上获取高分辨率图像[2]。该种成像技术有一个共同特点,即探测来自待测场景的光强。当然,有时候也需要获取其他物理量,如光场相位、光谱成分或者偏振态。样本的光谱成分通常用于获得样本的材料成分信息。偏振是指光的向量特性,能提供物体表面特性,如形状、阴影以及粗糙度等[3]。使用先进的成像技术可以获取多维图像,不但能够得到被测场景的光强分布,还能得到先前所提的与光场相关的重要物理量。

　　通常,多维图像测量所涉及的信息量都极为庞大,信息的存储和传输困难重重[4]。而且,多光谱成像或者高光谱成像技术都需要在光谱域内依次顺序采集图像,这就大幅度增加了测量时间。近来,高光谱成像和偏振(极化)成像分别采用了小型化的光谱滤波器和偏振滤波器[5,6],这两种滤波器都集成到了传感器的每个像素之上,这样就可以一次性获取多维图像。然而,这些系统的发展意味着需要使用高端的微型光学元件。

　　在本章中我们将描述几种基于压缩感知(Compressive Sensing,CS)的单像素多维成像系统,而压缩感知技术是一种新型采样机制,革新了数据采集方法,使我们能够在测量阶段就开始信号压缩(边压缩边采样)。在第16.2节中,将介

363

绍单像素成像技术的工作原理,并且解释 CS 如何在提升成像性能方面发挥作用。在第 16.3 至第 16.5 节中,将介绍一些使用成品组件的单像素架构,它们已经广泛应用于偏振测量、多光谱成像以及光谱偏振测量领域。

16.2　单像素成像和压缩感知

单像素成像的工作原理可以简要描述如下。以一个样本物体为例,该物体的二维图像包含 N 个像素,可以按行或按列首尾相接展开成 $N \times 1$ 的列向量 $\boldsymbol{x}$。该图像可以在一组基下进行稀疏表示,基 $\boldsymbol{\Psi} = \{\boldsymbol{\Psi}_l\}$($l = 1, 2, \cdots, N$)。用数学描述这一过程,即 $\boldsymbol{x} = \boldsymbol{\Psi} \cdot \boldsymbol{s}$,其中 $\boldsymbol{\Psi}$ 是一个 $N \times N$ 的矩阵,由集合 $\{\boldsymbol{\Psi}_l\}$ 中的 N 个列向量组成,$\boldsymbol{s}$ 为 $N \times 1$ 的向量,包含 $\boldsymbol{x}$ 在选定基下的展开系数。单像素相机是指我们可以利用没有空间分辨能力的探测器对信号进行采样。采集过程由一个空间光调制器(Spatial Light Modulator,SLM)进行控制,SLM 能生成一系列与测量直接相关的掩模。探测器上每次测量到的辐照度(光强)对应于当次的调制掩模与物体之间的内积,据此我们可以重建出稀疏表示系数及物体图像。

近年来随着 CS 的引入,单像素架构的性能得到了大幅度提升。CS 利用了自然图像可在某个基下稀疏表示的先验知识,换言之,若选取的基恰好合适,则展开系数中只有一小部分非零[7]。这样一来,获取图像时就不需要再测量选定基下物体展开系数的全部投影了。CS 背后的数学公式确保了我们仅通过一组随机的展开系数(构成了向量 $\boldsymbol{s}$)线性组合就能完美重建待测物体 $\boldsymbol{x}$。为此,随机选取 M 个不同调制函数($M < N$)来测量物体的投影。该过程用矩阵形式表示如下:

$$\boldsymbol{y} = \boldsymbol{\Phi} \cdot \boldsymbol{x} = \boldsymbol{\Phi}(\boldsymbol{\Psi} \cdot \boldsymbol{s}) = \boldsymbol{\Theta} \cdot \boldsymbol{s} \tag{16.1}$$

式中,$\boldsymbol{y}$ 为 $M \times 1$ 的列向量,即物体投影测量值,而 $\boldsymbol{\Phi}$ 是 $M \times N$ 的矩阵,也即测量矩阵。$\boldsymbol{\Phi}$ 的每一行都是关于 $\boldsymbol{\Psi}$ 中所有列的随机选取函数,而 $\boldsymbol{\Phi}$ 和 $\boldsymbol{\Psi}$ 的积构成了作用于 $\boldsymbol{s}$ 的联合测量矩阵 $\boldsymbol{\Theta}$。如果选定的联合测量矩阵 $\boldsymbol{\Theta}$ 是标准正交的,则 $\boldsymbol{\Theta}$ 的每一行实则都是在随机选择 $\boldsymbol{s}$ 中唯一与之对应的一个元素。由于 $M < N$,在测量过程结束后我们需要采用离线算法对欠定方程组进行求解。重建物体图像的最佳方法是基于 $\boldsymbol{s}$ 的 ℓ_1 范数最小化,并以式(16.1)作为约束(即 $\boldsymbol{\Theta}$ 作用于算法所得到的解,必须与实际测量结果相吻合)。这种情况下,上述的重建 x^* 可以表示为对如下优化问题的求解:

$$\min_{x^*} \| \boldsymbol{\Psi}^{-1} x^* \|_{\ell_1} \text{ subject to } \boldsymbol{\Phi} x^* = y \tag{16.2}$$

在本书所述的实验中,所选取的测量基是二进制强度掩模,这些掩模是从沃尔什 - 哈达玛(Walsh - Hadamard)基中衍生出来的(一般做法是对沃尔什 - 哈

364

达玛基进行平移缩放和随机打乱操作)。所选测量基已被证实适用于单像素架构,因为该测量基易于加载在 SLM 之上。N 阶的沃尔什 – 哈达玛矩阵(H_N)是一个由 ± 1 组成的 $N \times N$ 的方阵,并且满足 $\boldsymbol{H}_N^T \boldsymbol{H}_N = N \cdot \boldsymbol{I}_N$,其中 $\boldsymbol{I}_N$ 是单位阵,$\boldsymbol{H}_N^T$ 表示 $\boldsymbol{H}_N$ 的转置矩阵。沃尔什 – 哈达玛矩阵组成了一个标准正交基,是在图像编码和传输技术领域首次被提出的[8]。通过对 $\boldsymbol{H}_N$ 的平移和重新缩放,可以获得只含有 0 和 1 两个值的二进制掩模,很容易就能编码到 SLM 上来进行强度调制。

适合于单像素相机的 SLM 是由电压控制的液晶(Liquid – Crystal, LC)单元所组成的显示器,我们在视频投影系统中就能找到这样的器件[9]。另一种选择是数字微镜器件(Digital Micromirror Device, DMD,常被用于投影仪和数字光处理),它是由一个微镜阵列组成的,而每个微镜能在两个固定角度间进行切换翻转。这样,通过调制(等效于微镜选取,选中为 1,未选中为 0,也可反过来,通过微镜的寻址上电来完成调制过程),只有落到被选中微镜上的这部分入射光束才会被反射到既定的方向[10]。这两种器件用在不同的光学系统之中,接下来的几个小节中将会分别予以介绍。就探测而言,光电二极管通常用作单像素相机,用于测量每次 SLM 掩模调制下的从物体上过来的光辐照度。在本章所述的光学系统中,也会使用其他类型的单像素探测器,如光束偏振计或光纤光谱仪等。

16.3　单像素偏振成像

偏振成像(Polarimetric Imaging, PI)旨在测量一个光场、一个物体或一个光学系统的空间分辨偏振属性[11]。这些属性通常是光的斯托克斯参数(被动成像偏振计)或者表征样本或系统的穆勒矩阵(主动成像偏振计)。PI 的光学应用范围非常广泛,包括场景分析、目标探测[3]、偏振敏感显微镜[12]或者粗糙表面分割[13]等。偏振技术在生物医学成像领域,被用于不同深度上的生物样本的增强可视化[14],另外也被用于组织中癌性肿瘤的活体探测及诊断[15,16]。PI 还可与光学相干层析成像术[17]和眼球自适应光学[18]相结合。

在本章中,我们要介绍基于 CS 的单像素成像理念是如何拓展到被动偏振相机的设计中的。值得一提的是,我们将描述一个 PI 系统是如何能通过一台商用光束偏振计[19]来测量空间分辨的斯托克斯参数的。该商用光束偏振计的设计初衷是为了实现自由空间基于光纤的测量,并且给出光束的整体偏振态(State of Polarization, SOP),即该商用光束偏振计没有空间分辨能力。多亏使用了光束偏振计,PI 系统在庞加莱球面上呈现出高动态范围(高达 70 dB)、宽波长范围以及高精度等特征。这就简化了当前基于像素化图像传感器的偏振相机的设计和优化步骤[16, 20]。可编程 SLM 是该成像偏振计的核心。该调制器控制着单像素成像方案所要求的时分复用采集过程。CS 算法的使用可使所需的采集数据量最小化,这意味着需要对 SLM 所生成的光掩模进行合理的选择,这与第 16.2 节简要描述的理论相符。

斯托克斯偏振计(Stokes Polarimeter,SP)是一个用来测量光束辐照度的装置,光束的 SOP 是通过一个偏振状态分析仪(Polarization State Analyzer,PSA)进行调制。这里所用的商用 SP 如图 16.1 所示,其中 PSA 是由两个电压控制的液晶可变延迟器(LCVR$_1$ 和 LCVR$_2$)和一个偏振分束器(Polarizing Beam Splitter,PBS)组成。两个光电二极管(PD$_1$ 和 PD$_2$)分别位于 PBS 的两个输出端口。如果不考虑轻微的(可测量的)光损失的话,PD$_1$ 和 PD$_2$ 的信号之和就是入射 SP 的总辐照度 I_0。用斯托克斯-穆勒形式,可以通过斯托克斯向量$(I_0,S_1,S_2,S_3)^\mathrm{T}$ 得到入射光的 SOP。如果 LCVR$_1$ 和 LCVR$_2$ 的延迟分别为 δ_1 和 δ_2,则单个光电二极管所测量的辐照度 I_{PD} 可以表示为

$$I_{\mathrm{PD}}(\delta_1,\delta_2) = m_{00}(\delta_1,\delta_2)I_0 + \sum_{i=1}^{3} m_{0i}(\delta_1,\delta_2)S_i \qquad (16.3)$$

式中,$m_{0k}(k=0,1,\cdots,3)$ 是 PSA 穆勒矩阵第一行的压敏元素。制造商通常会负责合适的校准过程,用来确定这些元素。关于该过程的描述不是本文的研究范围[21]。通过对 PSA 的顺序重新配置,我们可以根据至少三个 I_{PD} 测量值得出入射光的 SOP 以及辐照度 I_0。在商用设备中,LCVR 能进行宽延迟推扫。这样,入射光的 SOP 可以通过最小二乘拟合程序来获得,以最小化测量误差[22]。SP 所记录的数值通常都是归一化的斯托克斯参数,即 $\sigma_i = S_i/I_0(i=1,\cdots,3)$。值得注意的是,LCVR 的延迟很大程度上取决于光的频率,因此设备的校准仅对既定的波长有效,如果光源谱段(波长)发生改变,应当对设备进行重新校准。

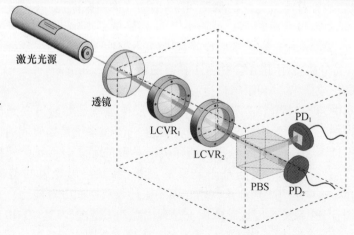

图 16.1 斯托克斯偏振计作为单像素探测器的光路示意图

一个没有空间结构(空间分辨能力)的偏振检测器,例如图 16.1 所示的 SP 探测器,可以借助于第 16.2 节中所讨论的单像素架构,经过调整后进行偏振成像。其思想很简单:测量空间相关的斯托克斯向量相当于执行 3 次单像素成像的 CS 算法。这是可行的,因为式(16.3)是线性的,这意味着 SP 所得到的每个斯托克斯参数 S_i^{SP} 是 S_i 所记录的输入光束上每个点的取值总和。因此,式(16.1)所表述的测量过程可以单独应用于每个斯托克斯参数,这些斯托克斯参数的空间分布(由 N 像素的矩阵进行描述)可通过 M 个($M < N$)偏振测量进行重建。PI 系统的布局如图 16.2 所示。一个准直的(非偏振的)激光束穿过一个 LC – SLM,后者可编程地生成一组强度掩模。调制器之后有一个偏振物体(Polarization Object,PO),该偏振物体产生一个空间变化的斯托克斯向量。由于 LC – SLM 是一种依赖偏振的设备,夹在两个合适朝向的线性偏振器(P_1 和 P_2)之间(图 16.2),所以物体是由线偏振光照射的。从物体上出射光通过一个无焦光学系统打向 SP,该系统就像一个反置的扩束器,它能将波束宽度调整到 SP 输入窗口(感光面)大小(通常很小)。这种耦合光学确保了所有从物体上出射的光都能被 SP 收集,而且保证了法线入射,这能使偏振计的性能达到最优。

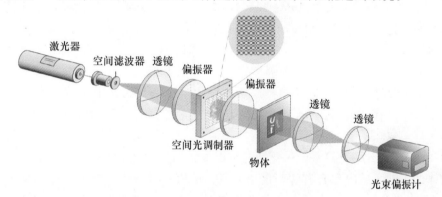

图 16.2　偏振单像素相机的实验装置。
图中还给出了 SLM 所显示的一幅二进制强度掩模图

该实验中使用的光源是一个 632.8nm 氦氖激光器。LC – SLM 是透射式扭曲向列型液晶显示器(Twisted Nematic Liquid Crystal Display,TNLCD),具备高级视频图形阵列(Super Video Graphics Array,SVGA)分辨率(800 × 600 像素),像素间距 32μm。为了实现强度调制,LC – SLM 被夹在两个线性偏振器之间,这两个线性偏振器分别与 TNLCD 的入射分子导向呈平行和正交方向,该入射分子导向是由先前的偏振技术所确定的[23]。在该实验系统中,LC – SLM 作为了空间强度调制器。通过将灰度图像发送至 TNLCD 来逐个寻址像素。每个灰度对应一个透射率,从暗态(消光)到亮态(最大透过率)。

为了实现 CS,用沃尔什－哈达玛函数被选为了基 Ψ。这种选择非常有用,因为 TNLCD 所生成的强度图 $\{\Phi_m\}$ 是二进制掩码(图 16.2)。显示器上呈现的相应图像的分辨率为 64×64 像素,像素间距为 $64\mu m$。TNLCD 上所显示的二进制图的数目为 1225 幅,约为奈奎斯特准则的 30%。用 LabVIEW 编写的定制软件将 SP 和调制器进行同步。这些技术参数在表 16.1 中有所总结。每次调制,都要测量斯托克斯参数 $\{S_i^{SP}\}$($i = 1, 2, 3$)的值,以及 PD_1 和 PD_2 信号。SP 的最大测量速率(每秒记录 10 个斯托克斯向量)是成像速度的限制因素,因为 TNLCD 的刷新频率为 60Hz。

表 16.1　偏振相机的技术参数

波长	632.8nm
图像分辨率	64×64 像素
压缩率	3:1
像素间距	$64\mu m$

图 16.3(a)中所示物体是张玻璃纸薄膜,充当线性延迟器,粘贴在振幅掩膜上,代表着海梅一世大学(Universitat Jaume I, UJI)的校徽。从偏振器 P_2 处过来的线偏振光照亮物体。用玻璃纸薄膜仅仅盖住了大写字母 J,这形成了不均匀的偏振分布。有了这个之后,来自该字母的光的偏振就近乎被玻璃纸薄膜旋转了。通过字母 J 的光的偏振椭圆参数(方位角 α 和椭圆率 e)由 SP(屏蔽从物体的其余部分过来的光)进行测量。该测量中,让 TNLCD 处于亮态。结果 $\alpha_J = 8.62°, e_J = -0.07$。对字母 U 和 I 重复上述过程,参数的测量值为 $\alpha_{U, I} = 42.22°$ 和 $e_{U, I} = 0.003$。

图 16.3(b) ~ (d)是归一化斯托克斯参数的伪彩色图。这些图片显示了在物体的不同区域内部有着清晰的一致性。α 和 e 的空间分布可通过传统公式(例如参见文献[24])从斯托克斯参数中计算出来。物体中每个部分的椭圆参数的平均值分别为($< \alpha_J > = 2.5° \pm 1.4°, < e_J > = -0.08 \pm 0.02$)和($< \alpha_{U, I} > = 43.6° \pm 1.1°, < e_{U, I} > = 0.01 \pm 0.04$)。指定的不确定性来自每个分布的标准差。这些结果与 SP 早先测量的值吻合,主要的差别在于 α_J(~6°)只占了方位角全部取值范围($-90°$ ~ $90°$)的 3%。

这些结果表明可以在 CS 的佐助下进行空间分辨的斯托克斯偏振测量。特别值得一提的是,这里所描述的系统将商用光束 SP 换成了偏振成像仪。尽管本系统是基于液晶元件的,但是这种方法也同样适用于其他类型的偏振计,前提是所选设备本身是空间均质的,而且测量信号和斯托克斯参数之间呈线性关系,如式(16.3)所示。在采集过程中,TNLCD 将强度图投影到物体上。另一种方案是使用对偏振不敏感的 SLM(如 DMD),后面几节将详细描述其光学系统。DMD

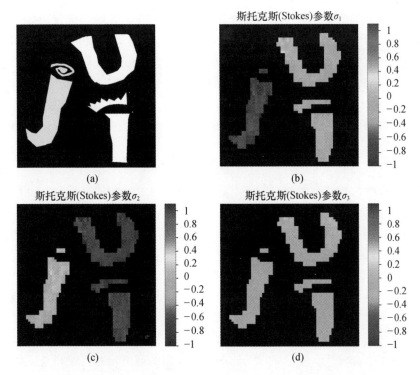

斯托克斯(Stokes)参数σ_1

斯托克斯(Stokes)参数σ_2

斯托克斯(Stokes)参数σ_3

(a)　　　　　　　　(b)

(c)　　　　　　　　(d)

图16.3　(a)待测物体的高分辨率成像,物体是 UJI 校徽的振幅图,字母上盖着黄色玻璃纸薄膜。(b)～(d)是分别显示斯托克斯参数分布的伪彩色照片。出处:Durán P.，Clemente M.，Fernández – Alonso M.，Tajahuerce E.，and Lancis J.，(2012). 图片已经光学学会许可复制

与快速 SP 的结合可以使 PI 系统工作在很高的频率(约 1kHz),能为近实时应用打开大门。

16.4　单像素多光谱成像

多光谱成像(Multispectral Imaging,MI)是一项实用的光学技术,在特定光谱范围内特定波长下提供物体的二维图像[1]。色散元件(棱镜或光栅)、滤光轮或可调谐带通滤波器是用在 MI 系统的典型元件,主要用来获取图像光谱信息[25]。多光谱成像技术可以获得物体的空间信息和光谱信息,作为一个功能强大的分析工具在不同科学领域都发挥着重要作用,领域包括医学[26]、制药学[27]、天文学[28]和农学[29]等。在工业上已经出现了使用可见光(VIS)和近红外光(NIR)成像技术进行质量安全控制的新技术,如水果表面属性检测[30]等。

本章所描述的第二种光学系统是一种 CS 成像系统,能够获得物体所反射

光谱的空间分辨信息[31]。其中,一个没有空间分辨率的光纤光谱仪用作了一个单像素探测器。现今,使 CS 采集过程成为可能的关键器件就是 DMD。调制器顺序生成一组二进制强度图,对待测物体图像进行调制与采样。所获得的数据依次进行处理,以获得多光谱数据立方。

图 16.4(a)给出了光谱相机的结构。白光光源对样本进行照明,一个 CCD相机镜头将物体成像在 DMD 上,DMD 是一个反射式的空间光调制器,能够选择性地改变部分入射光束的方向[32]。DMD 由一个电子控制微镜阵列组成,该阵列位于 CMOS 存储单元上方,并且能绕轴转动,图 16.4(b)给出了其示意图。每个微镜的角度位置都有两种可能的状态(相对于同一方向的 +12° 和 -12°),这取决于相应 CMOS 存储单元上内容数据的二进制状态(逻辑 0 和 1)。这样一来,根据微镜上的逻辑信号,光将被反射到两个角度。本系统中所用的 DMD 是得克萨斯州仪器公司生产的仪器(DLP Discovery 4100),微镜阵列的分辨率为1920 × 1080 像素,显示面板的尺寸为 0.95 英寸,微镜间距为 10.8μm,填充系数大于 0.91。令"光学系统 1"(透镜 1 所在系统)的(入射)光轴与 DMD 面板的垂直方向呈一定角度,该角度大约是器件微镜倾斜角的 2 倍(即 24°)。如图 16.4(c)所示,旋转到 +12° 方向的微镜将光反射到与 DMD 面板垂直的方向,形成亮像素(开 ON 的状态)。反过来,旋转到 -12° 方向的微镜将光反射到与入射光呈48° 的方向(即与入射光方向关于 DMD 面板的垂直方向对称),就会形成暗像素(关 OFF 的状态)。从 DMD 的亮像素出来的光由"光学系统 2"(透镜 2 所在系统)收集(图 16.4(a))。该透镜 2 系统将光耦合到直径为 1000μm 的硅多模光纤之中,该光纤连接至一个商用的基于凹面光栅的光谱仪(美国 Stellarnet 公司生产的 Black Comet CXR - SR)之中。光纤的光谱范围为 220 ~ 1100nm。光谱仪的波长分辨率为 8nm(光谱仪有着 200 μm 的狭缝),最大信噪比为 1000:1。该系统装置的技术规范参见表 16.2。

表 16.2 多光谱相机的技术参数

波长范围	505 ~ 865nm
通道数	15
图像分辨率	256 × 256 像素
压缩率	10:1
积分时间	300 ms
像素间距	21.6μm

作为一个演示例子,将一个未成熟的樱桃番茄和一个红色的樱桃番茄作为样本物体,生成分辨率为 256 × 256 像素的光谱图像。照明光源是白光氙气灯。DMD 上加载的沃尔什 - 哈达玛图包含 N = 65536 个单元。每个单元由 2 × 2 个

370

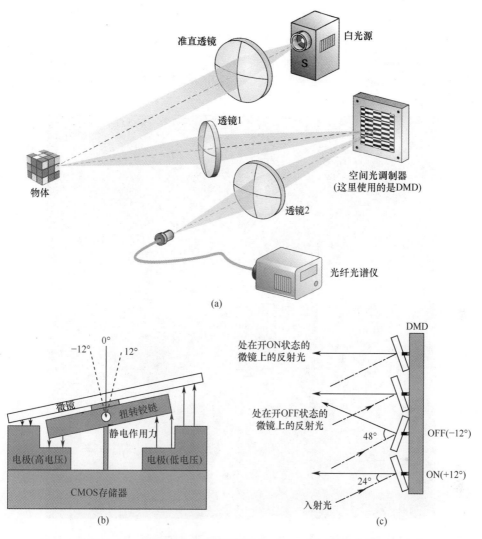

图 16.4　(a)使用单像素探测器进行多光谱成像的光学系统;
(b)单个 DMD 微镜的两个旋转方向的横截面图;(c)DMD 工作模式示意图

DMD 像素组成。在该分辨率下,测量次设为 $M = 6561$,对应的压缩率就为 $10:1$
($M \approx 0.1N$)。每次光谱仪测量的积分时间均为 300ms。

为了确定物体的光谱反射率,可以先测量参考白板(Labsphere 公司生产的
Spectralon 漫反射率为 99% 白板)的光谱,以便在 CS 采集过程中对测量光谱进
行归一化。以植物为例,可以根据光谱反射率还原叶子中的叶绿素[33,34]。光谱
仪在波长小于 500nm 的条件下所采集的数据明显受噪声影响,添加了有用光谱
范围的下边界限制。图 16.5 展示了 15 个光谱通道下 CS 重建结果。在可见光

围边界处的通道外, λ_0 的值对应着商用发光二极管的发射峰值。物体的光谱反射率仍然可由先前使用的参考白板确定。光谱仪的积分时间设定为 300ms。

对于每个光谱通道,离线的 CS 算法都将处理完整的一组测量。经过合适的滤波后,重建矩阵将作为参考(无损)图像 $I_{ref}(i,j)$,其中 (i,j) 表示图像中任意一个像素位置。然后逐渐减少像素总数,重复重建过程。特别需要指出的是, M 的值是变化的,变化范围为 N 的 5% ~ 90% ,可以通过计算均方差(Mean Square Error,MSE)来估算重建图像的保真度,公式如下:

$$\mathrm{MSE} = \frac{1}{N} \sum_i \sum_j \left[I(i,j) - I_{ref}(i,j) \right]^2 \qquad (16.4)$$

其中, $I(i,j)$ 是给定 M 值所对应的含噪重建图像。我们还可以使用峰值信噪比(Peak Signal – to – Noise Ratio,PSNR)来估算重建图像的质量。PSNR 定义为信号功率的最大可能值(峰值)与噪声功率之比,而噪声功率影响着重建图像的质量。PSNR 的数学公式如下[36]:

$$\mathrm{PSNR} = 10\log\left(\frac{I_{max}^2}{\mathrm{MSE}}\right) = 20\log(I_{max}) - 10\log(\mathrm{MSE}) \qquad (16.5)$$

其中, I_{max} 为参考图像的最大像素值。对于每个光谱通道,参考图像的灰度级为 28 ,因此 $I_{max} = 255$ 。图 16.6(a),(b) 给出了在不同波长下 MSE 和 PSNR 随 M 的变化曲线。两幅曲线图表明,图像质量随着测量次数的增加而提高,并逐渐接近奈奎斯特极限下的图像质量。然而应当注意,当 $M \geqslant 0.4N$ 时,这两个曲线的斜率明显趋于平缓。例如,在这种情况下,当 $M = 0.4N$ 时, $\lambda_0 = 610\mathrm{nm}$,MSE = $0.13I_{max}^2$,PSNR = 28.72dB (而当 $M = 0.9N$ 时,PSNR 仅仅略大,为 29.10dB)。

尽管这种单像素照相机需要依次获取输入物体的空间信息,但它可以一次性收集到所有的光谱信息,这一点与基于可调谐带通滤波器的相机截然不同,后者需要通过波长扫描来测量光谱信息。此外,将光谱仪作为探测器,能够获得通道数、谱分辨率以及单像素系统的总波长范围等参数。这让我们能将商用设备发挥出高性能功效。因此,该单像素光谱系统在原则上可以覆盖整个可见光光谱谱段和部分近红外光谱谱段(最高到 1.1μm),而传统的多光谱系统则需要专门为红外光谱段设计像素化的传感器(如铟镓砷 InGaAs 相机)才能实现上述功能。

除了探测器外,为了确保探测到在选定光谱范围内最微弱信号的另一关键因素就是照明。使用高功率氙弧灯为整个可见光域提供了连续且大致均匀的光谱。然而,在可见光光谱中的"蓝光"这边的光源辐照逐渐减少,而且在该光谱域下样本反射率较低,这无疑将光谱范围限制在了 500nm 以上的波段。

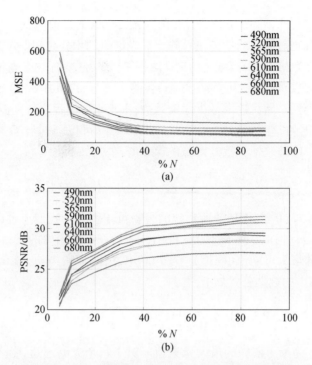

图16.6 重建图像中的(a)MSE 和(b)PSNR 随测量次数的变化曲线。每条曲线对应着一个光谱通道。出处:Soldevila F.，Irles E.，Durán V.，Clemente P.，Fernández-Alonso M.，Tajahuerce E.，and Lancis J.，(2013). 图片已经斯普林格出版社许可复制

　　单像素多光谱相机需要在图像分辨率和采集时间之间作了权衡。提高照度或缩短积分时间(通过降低谱分辨率)可使采样时间下降至少一个数量级。基于声光或液晶可调谐滤波器的相机中就存在这种可类比的权衡关系,其谱分辨率(通道数)越高,采样时间越长,而且采样时间极其取决于用作探测器的像素化传感器的曝光时间。高光谱相机(即超过 100 个光谱通道的相机)能在几分钟内获得类似于本章所介绍的图像分辨率的数据立方[37]。

16.5　单像素光谱偏振成像

　　在某些应用中,可以通过增加光偏振的空间分辨信息来改进 MI。多光谱偏振成像促使我们可以对土壤[38]、植物[39]以及被化学药剂污染的表面[40]进行分析和识别。在生物医学光学领域,多光谱偏振成像已经被应用到人类结肠癌[41]的表征以及皮肤的病理分析[42]。在许多情况下,仅在成像系统中加入一个线性偏振器来记录透射轴各个选定方向上的图像,就可以进行偏振分析[42,43]。人们

已经在一个光谱系统中使用了两个正交偏振器,并将这种简单架构用在了黏膜中微循环和实质器官表面的无创成像[43]。将声光可调滤波器与液晶型偏振分析仪(检偏器)相结合的系统[44]便是具备偏振测量能力的光谱相机的一个强有力的演示实例。

在本节中,将介绍光谱偏振成像的两种不同光学架构。第一种架构将一个旋转线性偏振分析仪(检偏器)放置在探测器之前来进行偏振测量,这就构成了一个线性偏振光谱成像仪。在第二种架构中,光学系统由一个固定的偏振器和两个电压控制的可变延迟器构成,能对光的圆偏振分量进行空间分辨。按这种方式,该单像素多光谱系统就变成了一个能为每个光谱通道成像完整斯托克斯参数的仪器。

16.5.1 多光谱线性偏振相机

图 16.7 给出了多光谱线性偏振相机的示意图。该光学系统与之前所述的光学系统极为相似,如图 16.4(a)所示,只不过是增加了一个线性偏振器。样本场景为两个宽为 7mm 的方形电容器。照明光源依然采用白光疝气灯。从两个电容器物体上出射的光有着不同的线性偏振。偏振的空间分布可通过放置在物体后面的线性偏振器获得,物体场景分为两部分,这两部分的透射轴(偏振)方向相互垂直(分别为 $0°$ 和 $90°$)。DMD 生成的图样分辨率为 128×128 单元($N = 16384$),每个单元由 4×4 个 DMD 像素构成。测量次数为 $M = 3249$,约为 N 的 20%(即压缩率为 $5:1$)。光谱仪的积分时间设为 500ms。从可见光光谱中选择 8 个中心波长 λ_0。光谱通道的带宽为 20nm($\lambda_0 \pm 10$nm)。对于每个通道而言,都会在独立测量序列中表现为偏振分析仪(检偏器)的顺序 4 个偏振方向。表 16.3 列出了该相机的技术参数。

表 16.3　多光谱线性偏振相机的技术参数

波长范围	$470 \sim 700$nm
通道数	8
图像分辨率	128×128 像素
压缩率	$5:1$
积分时间	500 ms
像素间距	43.2μm

图 16.8 给出的是根据图 16.7 所示光学系统的测量数据获得的图像重构结果。图中每列对应着一个光谱通道,而每行为检偏器一个既定方向上的成像结果。图中还附了物体的彩色图像。该 RGB 图像是用检偏器的第二种配置(45°)下所获得的数据进行重建而得。波长为 680nm 的成像结果用灰度图像表示,因

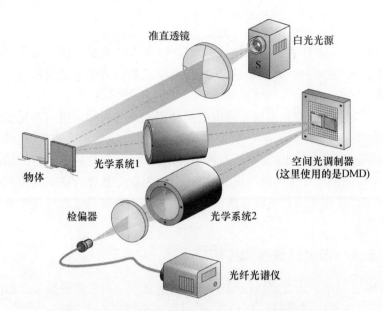

图 16.7 用单像素探测器实现偏振多光谱成像的光学系统

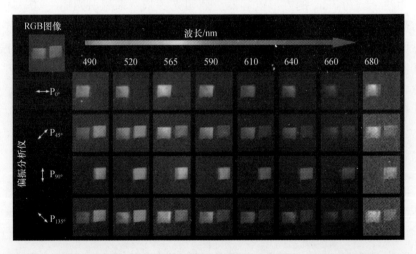

图 16.8 根据偏振分析仪 4 个不同结果, 利用 CS 算法获得的多光谱图像立方重建。图中也给出了物体的 RGB 图像。在可见光谱段的所有通道, 我们都将重建图表示成伪彩色图像, 而靠近近红外谱段的重建图则表示为灰度图。出处: Soldevila F., Irles E., Durán V., Clemente P., Fernández–Alonso M., Tajahuerce E., and Lancis J., (2013)。图片已经斯普林格出版社许可复制

为该波长靠接近了近红外光。

图 16.7 所示单像素光学系统中的偏振器限制了总的光谱范围, 这是因为偏振胶片的光特性会受到波长的影响。如此一来, 系统光谱范围的上界约为

700nm。然而,采用高品质晶体偏振器可以突破这一限制。

16.5.2 多光谱完整斯托克斯成像偏振计

理论上讲,可以根据每个光谱通道重建的偏振图像得出光的斯托克斯参数的空间分布信息,即 S_i($i=0,1,2,3$)。在前述的光学系统中,线性偏振器被用作了检偏器,可以直接推导出 S_0、S_1 以及 S_2 的空间分布,然而完整斯托克斯偏振计至少需要添加一个线性延迟器。

图 16.9 给出了完整斯托克斯偏振计的示意图。疝气灯产生一道白色光束,经透镜准直后照射样本物体,再用一对透镜将该物体成像在 DMD 上。DMD 上出射光通过第 4 个透镜到达单像素探测器上。为同时获取偏振和光谱信息,单像素探测器需要包含两个慢轴角度分别为 45° 和 0° 的 LCVR(Meadowlark 公司生产的液晶可变延迟器),在两个 LCVR 后面还要有一个透射轴角度为 45° 的线性偏振分析仪和一个商用光纤光谱仪(美国 StellarNet 公司生产的 Black Comet CXRSR)。每个 LCVR 都要进行预校准,从而为每个感兴趣的彩色通道引入可控延迟。这里所用的商用光纤光谱仪与前面小节所述的光纤光谱仪相同。

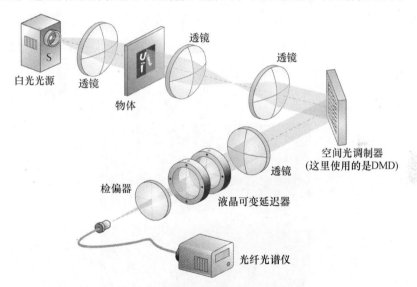

图 16.9　多光谱完整斯托克斯成像偏振计的结构示意图

通过得到两个 LCVR 不同延迟下的四幅图像就可以计算场景中每个像素的斯托克斯参数。CS 算法提供了场景的信号强度图,对应于斯托克斯参数 S_0' 的空间分布。利用斯托克斯 - 穆勒微积分能够将每个像素上的斯托克斯向量值与测得的辐照度 S_0' 关联起来。根据延迟波片和线性偏振器的穆勒矩阵表达式就可以得到重建辐照度和原始斯托克斯参数之间的关系:

$$S_0'(2\delta_1, 2\delta_2) = \frac{1}{2}S_0 + \frac{1}{2}\sin(2\delta_1)\sin(2\delta_2)S_1$$

$$+ \frac{1}{2}\cos(2\delta_2)S_2 - \frac{1}{2}\cos(2\delta_1)\sin(2\delta_2)S_3 \qquad (16.6)$$

其中,$2\delta_1$ 和 $2\delta_2$ 分别是两个 LCVR 所引入的相位延迟。式(16.6)构建了一个包含四个未知量(入射光的斯托克斯参数)的不确定系统。为了求得该系统的解,两个 LCVR 至少要用到四对相位延迟。在 CS 离线重建之后,场景每个点上的斯托克斯向量公式可以表示为 $S_0' = M \cdot S$,其中

$$M = \frac{1}{2}\begin{bmatrix} 1 & \sin(2\delta_1^{(1)})\sin(2\delta_2^{(1)}) & \cos(2\delta_2^{(1)}) & -\cos(2\delta_1^{(1)})\sin(2\delta_2^{(1)}) \\ 1 & \sin(2\delta_1^{(2)})\sin(2\delta_2^{(2)}) & \cos(2\delta_2^{(2)}) & -\cos(2\delta_1^{(2)})\sin(2\delta_2^{(2)}) \\ 1 & \sin(2\delta_1^{(3)})\sin(2\delta_2^{(3)}) & \cos(2\delta_2^{(3)}) & -\cos(2\delta_1^{(3)})\sin(2\delta_2^{(3)}) \\ 1 & \sin(2\delta_1^{(4)})\sin(2\delta_2^{(4)}) & \cos(2\delta_2^{(4)}) & -\cos(2\delta_1^{(4)})\sin(2\delta_2^{(4)}) \end{bmatrix}$$

$$(16.7)$$

矩阵 M 中各元素的下标与每个 LCVR 相关,而上标则代表四次采样。该线性系统的解即为斯托克斯参数的空间分布。

单像素光谱斯托克斯偏振计的一个直接应用就是测量一块聚苯乙烯上的光弹性。聚苯乙烯在制造过程中会被制作成特定的形状。这样,材料上施加应力就会造成一种关于双折射的空间分布。将该聚苯乙烯块置于偏振方向十字交叉的两个线性偏振器之间并用白光照亮,我们就可以观察到这种由应力导致的空间分布,如图 16.10 所示。

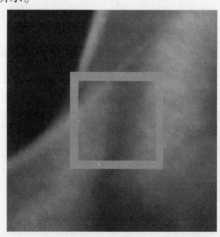

图 16.10　聚苯乙烯样本的彩色图片。样本放置在两个偏振方向十字交叉的线性偏振器之间,并由白光进行照明。聚苯乙烯块上施加应力会产生不同的偏振态,结果就形成了彩色条纹。方框指示的是光谱相机所关心的成像区域

DMD 所加载的沃尔什－哈达玛图的分辨率为 128×128 单元（ $N = 16384$ ）。每个单元由 4×4 个 DMD 像素构成。测量次数设为 $M = 3249$ ，对应于 N 的 20% 左右（测量压缩率为 5:1）。光谱仪每次测量的积分时间设定为 20 ms。表 16.4 详细列出了图 16.9 所示相机的技术参数。图 16.11 给出了 8 个颜色通道下的归一化斯托克斯参数分布的实验结果，每个通道的宽度为 20nm（ $\lambda_0 \pm 10\text{nm}$ ）。为了方便图像数据显示，我们将重建图像排列成表格状。每一列代表着一个光谱通道，每一行表示归一化斯托克斯参数的空间分布。

表 16.4　多光谱完整斯托克斯成像偏振计的技术参数

波长范围	450～730nm
通道数	8
图像分辨率	128×128 像素
压缩率	5:1
积分时间	20ms
像素间距	43.2μm

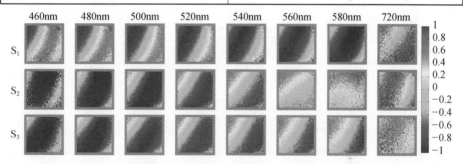

图 16.11　聚苯乙烯块斯托克斯参数的空间分布。每个分布用一幅 128×128 像素的伪彩色图片表示。值的范围从 -1 （蓝色表示）变化到 1（红色表示）

从图 16.11 中我们可以看到，斯托克斯参数的条纹分布得到了重建，该结果可以与图 16.10 所示结果进行比较。当波长靠近红外（IR）波段，重建图像中噪声会增加。原因在于，光源发出的光只有很少一部分进入到了该谱段，这导致了在这些通道上的图像重建具有较低的 SNR。该问题可通过增加光谱仪的积分时间来解决，但是这会使测量时间变得更长，而在可见光谱段通道上的重建 SNR 不需要提高。使用具有更加均匀光谱的光源能解决在近红外谱段成像质量下降的问题。

16.6　结　　论

本章介绍了几种多维单像素成像技术，能够提供输入场景多种光学属性的空间分布信息。在这些技术中,光学系统的关键元件都是 SLM,该元件能够依次生成一系列光强图来对输入场景进行调制和采样。这使我们能将压缩采样理论应用到单像素传感器的数据采集方面。另外,本章还特别介绍了一种单像素多光谱成像偏振计。该系统能够为不同光谱通道提供斯托克斯参数的空间分辨测量。在该系统中,空间光调制器采用的是一个数字微镜器件,传感器由偏振元件以及一个商用光纤光谱仪构成。我们对偏振分布不均匀的彩色物体开展实验工作,结果表明,利用这一方法可以测量斯托克斯参数多光谱分量的空间分布。

致　　谢

本章得到了西班牙教育部(项目编号:FIS2010 - 15746)以及加泰罗尼亚瓦伦西亚的卓越网关于医学成像(项目编号:ISIC/2012/013)的部分资金资助。另外,赞助还来自加泰罗尼亚瓦伦西亚自治区政府的普罗米修斯(Prometeo)卓越计划(项目编号:PROMETEO/2012/021),作者在此表示衷心感谢。

参 考 文 献

[1] Brady D. , Optical imaging and spectroscopy, 1st edn. *John Wiley & Sons*, Ltd. , (2009).

[2] Weissleder R. and Pittet M. J. , Imaging in the era of molecular oncology, *Nature*, **452**(7187), 580 – 589, (2008).

[3] Tyo J. S. , Goldstein D. L. , Chenault D. B. , and Shaw J. A. , Review of passive imaging polarimetry for remote sensing applications. , *Appl. Opt.*, **45**(22), 5453 – 5469, (2006).

[4] Brady D. J. , Gehm M. E. , Stack R. A. , Marks D. L. , Kittle D. S. , Golish D. R. , *et al.* , Multiscale gigapixel photography, *Nature*, **486**(7403), 386 – 389, (2012).

[5] Geelen B. , Tack N. , and Lambrechts A. , A snapshot multispectral imager with integrated tiled filters and optical duplication, 861314 – 861313, (2013).

[6] Zhao X. and Boussaid F. , Thin photo – patterned micropolarizer array for CMOS image sensors, *Photonics Technol.* , **21**(12), 805 – 807, (2009).

[7] Cand s E. and Wakin M. , An introduction to compressive sampling, *Signal Process. Mag. IEEE*, March 2008, 21 – 30, (2008).

[8] PrattW. , Kane J. , and Andrews H. , Hadamard transform image coding, *Proc. IEEE*, **57**(1), (1969).

[9] Magalh es F. , Ara jo F. M. , Correia M. V. , Abolbashari M. , and Farahi F. , Active illuminationsingle – pixel camera based on compressive sensing, *Appl. Opt.* , **50**(4), 405 – 414, (2011).

[10] Duarte M. and Davenport M. , Single – pixel imaging via compressive sampling, *Signal Process.* , March 2008, 83 – 91, (2008).

[11] Solomon J. E. , Polarization imaging, *Appl. Opt.* , **20**(9) , 1537 – 1544 , (1981).

[12] Oldenbourg R. , A new view on polarization microscopy, *Nature*, **381**(6585) , 811 – 82, (1996).

[13] Terrier P. , Devlaminck V. , and Charbois J. M. , Segmentation of rough surfaces using a polarizationimaging system, *J. Opt. Soc. Am. A. Opt. Image Sci. Vis.* , **25**(2) , 423 – 430, (2008).

[14] Demos S. G. and Alfano R. R. , Optical polarization imaging, *Appl. Opt.* , **36**(1) ,150 – 155, (1997).

[15] Baba J. S. , Chung J. – R. , DeLaughter A. H. , Cameron B. D. , and Cot G. L. , Development andcalibration of an automated Mueller matrix polarization imaging system, *J. Biomed. Opt.* , **7**(3) , 341 – 349, (2002).

[16] Laude – Boulesteix B. , DeMartino A. , Dr villon B. , and Schwartz L. , Mueller polarimetric imagingsystem with liquid crystals, *Appl. Opt.* , **43**(14) , 2824 – 2832, (2004).

[17] de Boer J. F. and Milner T. E. , Review of polarization sensitive optical coherence tomography andStokes vector determination, *J. Biomed. Opt.* , **7**(3) , 359 – 371, (2002).

[18] Song H. , Zhao Y. , Qi X. , Chui Y. T. , and Burns S. A. , Stokes vector analysis of adaptive opticsimages of the retina, *Opt. Lett.* , **33**(2) , 137 – 139, (2008).

[19] Dur n V. , Clemente P. , Fern ndez – Alonso M. , Tajahuerce E. , and Lancis J. , Single – pixel polarimetricimaging, *Opt. Lett.* , **37**(5) , 824 – 826, (2012).

[20] Sabatke D. S. , Descour M. R. , Dereniak E. L. , Sweatt W. C. , Kemme S. A. , and Phipps G. S. , Optimizationof retardance for a complete Stokes polarimeter. , *Opt. Lett.* , **25** (11) , 802 – 4, (2000).

[21] Meadowlark Optics. Liquid crystal polarimeter user manual. available at *www. meadowlark. com/ store/ PMI_Users_Manual_2. 10. pdf*, (2012).

[22] Davis S. , Uberna R. , and Herke R. , Retardance sweep polarimeter andmethod, *US Pat.* 6744509 ,**2**(12) , (2004).

[23] Dur n V. , Lancis J. , Tajahuerce E. , and Jaroszewicz Z. , Cell parameter determination of atwisted – nematic liquid crystal display by single – wavelength polarimetry, *J. Appl. Phys.* , **97**(4) , p. 043101, (2005).

[24] Brosseau C. , Fundamentals of Polarized Light: A Statistical Optics Approach, 1st edn. *JohnWiley & Sons, Inc.* , (1998).

[25] Boreman G. D. , Classification of imaging spectrometers for remote sensing applications, *Opt. Eng.* , **44**(1) , p. 013602, (2005).

[26] Stamatas G. N. , Southall M. , and Kollias N. , In vivo monitoring of cutaneous edema using spectralimaging in the visible and near infrared, *J. Invest. Dermatol.* , **126**(8) , 1753 – 60, (2006).

[27] Hamilton S. J. and Lodder R. A. , Hyperspectral imaging technology for pharmaceutical analysis, in *Proc. SPIE* 4626, *Biomedical Nanotechnology Architectures and Applications*,

136 – 147, (2002).

[28] Scholl J. F. , Hege E. K. , Hart M. , O'Connell D. , and Dereniak E. L. , Flash hyperspectralimaging of non – stellar astronomical objects, in *Proc. SPIE* 7075, *Mathematics of Data/ Image Pattern Recognition*, *Compression*, *and Encryption with Applications XI*, **7075**, p. 70750H – 70750H 12, (2008).

[29] Dale L. M. , Thewis A. , Boudry C. , Rotar I. , Dardenne P. , Baeten V. , and Pierna J. A. F. , Hyperspectralimaging applications in agriculture and agro – food product quality and safety control: a review, *Appl. Spectrosc. Rev.* , **48**(2), 142 – 159, (2013).

[30] Mehl P. M. , Chen Y. – R. , Kim M. S. , and Chan D. E. , Development of hyperspectral imagingtechnique for the detection of apple surface defects and contaminations, *J. Food Eng.* , **61**(1), 67 – 81, (2004).

[31] Soldevila F. , Irles E. , Dur n V. , Clemente P. , Fern ndez – Alonso M. , Tajahuerce E. , and Lancis J. , Single – pixel polarimetric imaging spectrometer by compressive sensing, *Appl. Phys. B*, **113**(4), 551 – 558, (2013).

[32] Sampsell J. B. , Digital micromirror device and its application to projection displays, *J. Vac. Sci. Technol. B Microelectron. Nanom. Struct.* , **12**(6), p. 3242, Nov. (1994).

[33] Vila – Franc s J. , Calpe – Maravilla J. , Mu z – Mari J. , G mez – Chova L. , Amor s – L pez J. , Ribes – G mez E. , and Dur n – Bosch V. , Configurable – bandwidth imaging spectrometer based on anacousto – optic tunable filter, *Rev. Sci. Instrum.* , **77**(7), p. 073108, (2006).

[34] ZouX. , Shi J. , Hao L. , Zhao J. , Mao H. , Chen Z. , *et al.* , In *vivo* noninvasive detection of chlorophylldistribution in cucumber (Cucumis sativus) leaves by indices based on hyperspectral imaging, *Anal. Chim. Acta*, **706**(1), 105 – 112, (2011).

[35] Mather J. , Spectral and XYZ color functions, 2005. [Online]. Available at: www. mathworks. com/matlabcentral/fileexchange/7021 – spectral – and – xyz – color – functions (accessed December 6, 2013).

[36] Pratt W. K. , Digital Image Processing, 4th edn. *John Wiley & Sons, Inc.* , (2007).

[37] Zuzak K. J. , Schaeberle M. D. , Lewis E. N. , and Levin I. W. , Visible reflectance hyperspectralimaging: characterization of a noninvasive, *in vivo* system for determining tissue perfusion, *Anal. Chem.* , **74**(9), 2021 – 2028, (2002).

[38] Coulson K. L. , Effects of reflection properties of natural surfaces in aerial reconnaissance, *Appl. Opt.* , **5**(6), 905 – 917, (1966).

[39] Vanderbilt V. C. , Grant L. , Biehl L. L. , and Robinson B. F. , Specular, diffuse, and polarized lightscattered by two wheat canopies, *Appl. Opt.* , **24**(15), 2408 – 2418, (1985).

[40] Haugland S. M. , Bahar E. , and Carrieri A. H. , Identification of contaminant coatings over roughsurfaces using polarized infrared scattering, *Appl. Opt.* , **31**(19), 3847 – 3852, (1992).

[41] Pierangelo A. , Benali A. , Antonelli M. – R. , Novikova T. , Validire P. , Gayet B. , and

382

De Martino A. , *Ex – vivo* characterization of human colon cancer by Mueller polarimetric imaging, *Opt. Express*, **19**(2), 1582 – 1593, (2011).

[42] Zhao Y. , Zhang L. , and Pan Q. , Spectropolarimetric imaging for pathological analysis of skin, *Appl. Opt.* , **48**(10), D236 – 246, Apr. (2009).

[43] Groner W. , Winkelman J. W. , Harris A. G. , Ince C. , Bouma G. J. , Messmer K. , and Nadeau R. G. , Orthogonal polarization spectral imaging: a new method for study of the microcirculation, *Nat. Med.* , **10**(10), 1209 – 1212, (1999).

[44] Gupta N. and Suhre D. R. , Acousto – optic tunable filter imaging spectrometer with full Stokespolarimetric capability, *Appl. Opt.* , **46**(14), 2632 – 2637, (2007).

第 17 章　被动偏振成像

Daniel A. LeMasterand Michael T. Eismann
美国空军研究实验室

17.1　引　　言

自发光、折射光和散射光的偏振属性对于遥感领域而言非常有用。通过一个名为偏振计的设备,我们就可以从一系列辐射度测量中推导出这些偏振属性。而成像偏振计将其扩展为对样本空间分布的探测,能得到二维测量值矩阵。

成像偏振测量在从医学诊断到天文学的领域中都得到了广泛应用。本章致力于讨论被动宽带电光的和红外光的斯托克斯成像偏振测量这一特定主题,该技术已经用在了自然环境下的监控和侦查领域。目前成像偏振测量在诸多领域中都有应用,包括杂波抑制、对比度增强[1-6]、图像分割[7]、材料表征[8-10]、形状提取[11]和透过散射介质进行成像[12,13]等。当然应用绝不仅限于以上所列内容。

尽管上面所列的绝大部分领域对传感器没有特别要求,但本章主要还是想讨论下偏振(极化)成像仪的架构。第 17.5 节和第 17.6 节集中讨论了调制偏振计技术。例如,旋转检偏器和微网格偏振计既可以从数据归约矩阵角度进行考虑,也可视作是使用傅里叶分析的线性系统。本章作者熟知这些偏振成像仪架构,当然也有可能存在其他架构相比这些偏振成像仪架构更加胜任某些特定应用。

此外,许多知名学者为本章节提供了非常有价值的素材,在此鼓励读者如感兴趣的话可以去研读一些相关的文献。例如,文献[14]可能是最早以成像偏振测量为主题的图书,它概述了 20 世纪 80 年代及更早年代的相关研究成果。近些年,文献[15]是 2006 年以前最受推崇的被动偏振成像综述图书,特别值得称道的是其对偏振成像架构的分析。文献[16]对反射和自出射偏振现象和辐射转移进行了精辟的分析。文献[17],[18]也是介绍偏振学和偏振测量方法(尽管还不是偏振成像)的极好的高引图书。本章旨在简明地概述本领域所有的重要主题,加之一些未经充分讨论的观点扩展,本章的重头戏会主要放在近几年的新研究成果上。

17.2 偏振光的表达式

本节旨在讨论偏振的性质,为读者巩固偏振光、部分偏振光和非偏振光方面的物理概念。很快我们就会发现基于电场的表达式并不能胜任偏振这一任务。在此我们将用斯托克斯参数替代电场的表达式,并从可测辐射量的角度用斯托克斯参数来描述偏振光。偏振光与物质的相互作用可以描述为穆勒矩阵,斯托克斯 - 穆勒体系将贯穿本章始末。

17.2.1 光学电磁领域

自由空间中任一定点上的光学电磁(Electro - Magnetic,EM)场都可以描述为一对正交电场分量,形式如下:

$$E_x(t) = \mathrm{Re}\big[A_x(t) \mathrm{e}^{\mathrm{i}\delta_x(t)} \mathrm{e}^{2\pi \mathrm{i} vt} \big] \tag{17.1}$$

其中,$A_x(t)$ 是在 t 时间点上的场振幅,$\delta_x(t)$ 是其相位,v 是场的振动频率(或多色辐射的中心频率)。严格来说,当场的谱带 Δv 远小于 v 时,式(17.1)才会成立[19]。后面我们会去除这种"窄带"限制,但在现在该限制是有必要的,因为它能解释一个重要观点。一旦建立好坐标系后,可用 E_h 表示场的水平方向分量,用 E_v 表示场的竖直方向分量。E_h 和 E_v 在传播方向上相互垂直。

就单色辐射而言,$A_x(t)$ 和 $\delta_x(t)$ 是关于时间的常数,根据参数可以绘制出 $E_h(t)$ 和 $E_v(t)$,所形成的图形类于偏振椭圆[20]:

$$\left(\frac{E_h(t)}{A_h}\right)^2 + \left(\frac{E_v(t)}{A_v}\right)^2 - 2\frac{E_h(t)E_v(t)}{A_h A_v}\cos(\delta_v - \delta_h) = \sin^2(\delta_v - \delta_h) \tag{17.2}$$

这里我们刻意降低了振幅和相位的时间依赖性(随时间演化),目的就是为了强调这些项是常量。如图 17.1 所示,该椭圆可以用方位角 Ψ 和椭圆角 χ 来描述:

$$\psi = \frac{1}{2}\arctan\left[\frac{2A_h A_v}{A_h^2 - A_v^2}\cos(\delta_v - \delta_h)\right] \tag{17.3}$$

以及

$$\chi = \frac{1}{2}\arcsin\left[\frac{2A_h A_v}{A_h^2 + A_v^2}\sin(\delta_v - \delta_h)\right] \tag{17.4}$$

Ψ 的范围为 $(0, \pi)$,χ 的范围为 $\left(-\frac{\pi}{4}, \frac{\pi}{4}\right)$。$\Psi$ 定义了电磁场施加最大力的方向,而 χ 描述了力的方向如何随时间演化。当 $\chi > 0$ 时,偏振(极化)态被称为"右旋";当 $\chi < 0$ 时,偏振(极化)态被称为"左旋"。该手性是指观察者看到场朝哪个方向旋转。当 $\chi = 0$ 时,椭圆形将坍塌为线性偏振态。

385

地介绍一下斯托克斯－穆勒体系,该体系对于解决后面即将讨论的问题会非常有用。

斯托克斯参数运用场的二阶统计可以完全描述偏振。根据式(17.1),可将斯托克斯参数定义为

$$S_0 = \langle \tilde{E}_h(t)\tilde{E}_h^*(t) \rangle + \langle \tilde{E}_v(t)\tilde{E}_v^*(t) \rangle \qquad (17.5)$$

$$S_1 = \langle \tilde{E}_h(t)\tilde{E}_h^*(t) \rangle - \langle \tilde{E}_v(t)\tilde{E}_v^*(t) \rangle \qquad (17.6)$$

$$S_2 = \langle \tilde{E}_h(t)\tilde{E}_v^*(t) \rangle + \langle \tilde{E}_v(t)\tilde{E}_h^*(t) \rangle \qquad (17.7)$$

$$S_3 = i(\langle \tilde{E}_h(t)\tilde{E}_v^*(t) \rangle - \langle \tilde{E}_v(t)\tilde{E}_h^*(t) \rangle) \qquad (17.8)$$

其中,$\langle \cdot \rangle$是一些测量间隔的时间平均(一个测量间隔要长于电磁场的基本周期),$\tilde{E}_X(t)$是光学电磁场的复解析部分,即$E_X(t) = \mathrm{Re}[\tilde{E}_X(t)]$。需要注意的是,目前还没有关于谱宽的假设或关于随测量间隔变化的$E_X(t)$任何分量的假设。

斯托克斯参数可以套用到其他有用的物理量。第一个参数S_0与玻因廷向量的幅值成正比。S_0恒为正数,并且

$$S_0^2 \geqslant S_1^2 + S_2^2 + S_3^2 \qquad (17.9)$$

剩下的参数可表示为

$$S_1 = PS_0\cos2\chi\cos2\psi \qquad (17.10)$$

$$S_2 = PS_0\cos2\chi\sin2\psi \qquad (17.11)$$

$$S_3 = PS_0\sin2\chi \qquad (17.12)$$

其中,除了时间平均方向和椭圆度,我们还定义了一个新术语P,即(0,1)区间内的偏振度(Degree of Polarization,DOP)。写成关于斯托克斯参数的表达式:

$$P = \frac{\sqrt{S_1^2 + S_2^2 + S_3^2}}{S_0} \qquad (17.13)$$

"非偏振光"通常用来描述$P = 0$的情况,但是,严格来说,$P = 0$是在测量间隔内没有优先(预设)的偏振的情况。这种情况有时也被称为"随机偏振"。当$P = 1$时,辐射被称为"完全偏振",而处于二者之间的情况称为"部分偏振"。一个与此密切相关的常用术语便是线性偏振度(Degree Of Linear Polarization,DOLP)。

$$P = \frac{\sqrt{S_1^2 + S_2^2}}{S_0} \qquad (17.14)$$

参数S_1和S_2可描述时间平均方向,而S_3与时间平均椭圆度有关。当只有S_0与另外某一个参数不为零时:

• S_1独自描述水平($S_1 > 0$)或垂直($S_1 < 0$)状态。

- S_2 独自描述 $+45°(S_2 > 0)$ 或 $-45°(S_2 < 0)$ 状态。
- S_3 独自描述右旋 $(S_3 > 0)$ 或左旋 $(S_3 < 0)$ 状态。

斯托克斯参数与环境的相互作用可由穆勒矩阵 $\boldsymbol{M}$ 和斯托克斯向量 $\boldsymbol{S}$ 进行描述：

$$S^{(\text{out})} = MS^{(\text{in})} = \begin{bmatrix} m_{00} & m_{01} & m_{02} & m_{03} \\ m_{10} & m_{11} & m_{12} & m_{13} \\ m_{20} & m_{21} & m_{22} & m_{23} \\ m_{30} & m_{31} & m_{32} & m_{33} \end{bmatrix} \begin{bmatrix} S_0 \\ S_1 \\ S_2 \\ S_3 \end{bmatrix} \qquad (17.15)$$

其中上标(in)和(out)表示原始的和转换后的斯托克斯向量。所有斯托克斯向量的集合无法满足形成向量空间的要求[21]（例如，由于 S_0 恒为正，所以该集合不含逆元）。尽管如此，"斯托克斯向量"仍被广泛使用。

对于非相干辐射，两源（或多源）的斯托克斯参数通过向量加法（即逐个元素相加）组合在一起。斯托克斯－穆勒体系还可以用来解决一些在相干辐射中亟待处理的问题，但是如果需要进行相干辐射求和，向量加法就必须换成琼斯微积分[17]。

光学系统上的每一个元件都有其对应的穆勒矩阵。通过矩阵相乘，我们发现这些独立的矩阵有累积效应。比方说，如果斯托克斯向量 S^{in} 先于光学元件 2 与光学元件 1 发生相互作用，则有

$$S^{(\text{out})} = M_2 M_1 S^{(\text{in})} \qquad (17.16)$$

矩阵乘法不能交换。

式(17.17)～式(17.19)中的穆勒矩阵实例对于描述第 17.5 小节中的偏振计有帮助。令 M_D 为线性二向衰减器（得到两个本征偏振态[相互正交]的衰减之差，因此也可称为线性偏振衰减器）的穆勒矩阵：

$$M_D(p_h, p_v) = \frac{1}{2} \begin{bmatrix} p_h^2 + p_v^2 & p_h^2 - p_v^2 & 0 & 0 \\ p_h^2 - p_v^2 & p_h^2 + p_v^2 & 0 & 0 \\ 0 & 0 & 2p_h p_v & 0 \\ 0 & 0 & 0 & 2p_h p_v \end{bmatrix} \qquad (17.17)$$

其中，p_h 和 p_v 分别是水平和竖直方向上电场的偏振振幅衰减系数。线性二向衰减器通常又被称为偏光器。

然后是延迟器：

$$M_W(\delta) = \begin{bmatrix} 1 & 0 & 0 & 0 \\ 0 & 1 & 0 & 0 \\ 0 & 0 & \cos\delta & \sin\delta \\ 0 & 0 & -\sin\delta & \cos\delta \end{bmatrix} \qquad (17.18)$$

其中，δ 是施加在光学电磁场 h 分量上的额外相位延迟(相对 v 分量而言)。有些装置，比如波片，在既定波长上有固定的延迟。其他装置(如液态晶体)可以在可变延迟模式上进行操作。

矩阵 $\boldsymbol{M}_R$ 绕光轴 θ 角旋转斯托克斯向量。

$$\boldsymbol{M}_R(\theta) = \begin{bmatrix} 1 & 0 & 0 & 0 \\ 0 & \cos2\theta & \sin2\theta & 0 \\ 0 & -\sin2\theta & \cos2\theta & 0 \\ 0 & 0 & 0 & 1 \end{bmatrix} \tag{17.19}$$

穆勒矩阵对于元素间相互作用的描述特别有用，而这些元素用旋转坐标系进行描述会变得很简单。例如，一个线性二向衰减器绕水平方向旋转 θ 角，其穆勒矩阵可表示为

$$M_R(-\theta)M_D(p_h,p_v)M_R(\theta) \tag{17.20}$$

17.2.3 庞加莱球

庞加莱球是一个非常有用的工具，它可以直观地看到偏振态是如何随系统参数改变而变化的。如图 17.3 所示，庞加莱坐标系由斯托克斯参数 S_1、S_2 和 S_3 组成。庞加莱球上的斯托克斯向量被归一化，这样 $S_0=1$，并且球面上只有完全偏振光($P=1$)。球面上一点的经度与 S_1 正半轴之间的夹角是所测得的方位角 Ψ 的 2 倍。类似地，其纬度与 S_1、S_2 平面之间的夹角是所测得的椭圆角 χ 的 2 倍。随后的第 17.5.2 节将会介绍庞加莱球的应用。

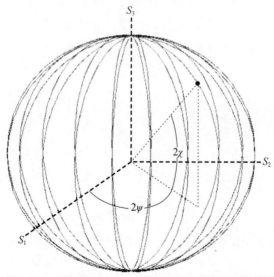

图 17.3　庞加莱球上一点的完全偏振斯托克斯向量

17.3 偏振反射和辐射

不同材料和表面反射和辐射光的方式也有所不同。这些差异决定了成像偏振测量中要用到的偏振对比度问题。本节旨在通过斯托克斯－穆勒微积分介绍这些概念,并给出关于如何应用这些现象的结论。

17.3.1 反射

当波长短于 $3\mu m$ 时,物体的偏振属性由其表面或靠近其表面的反射光或散射光决定。表面反射通常可按照菲涅耳定律进行建模,该定律可以应用于目标表面的多个微面元统计。穿透表面的光在大部分材料中被吸收或散射。这种大量散射的光还会从材料内部透射返回到物体外,这通常是发生在去极化的过程当中。这种表面反射和内部反射的组合效应可以通过双向反射分布函数(Bidirectional Reflectance Distribution Function,BRDF)穆勒矩阵进行建模。该穆勒矩阵中在第 x 排和第 y 列上的元素可定义为

$$f_{xy}(\theta_i,\phi_i,\theta_r,\phi_r,\lambda) = \frac{\mathrm{d}L_x(\theta_r,\phi_r,\lambda)}{\mathrm{d}E_y(\theta_i,\phi_i,\lambda)} \qquad (17.21)$$

其中,L_x 是斯托克斯参数 x 中反射到(θ_r,ϕ_r)方向上的辐射,如果假定斯托克斯参数 y 中从(θ_i,ϕ_i)方向以 λ 波长入射过来的输入辐照度为 E_y。按照惯例,θ_i 和 θ_r 分别为入射光和测量的反射光与目标表面法线方向所形成的倾斜角。而 ϕ_i 和 ϕ_r 分别是入射光和反射光的方位角。BRDF 元素具有若干单位的逆球面度。目标反射的斯托克斯向量 $\boldsymbol{S}^{(r)}$ 由 BRDF 计算得到,而入射斯托克斯向量 $\boldsymbol{S}^{(i)}$ 来自于半球的周围:

$$\boldsymbol{S}^{(r)}(\theta_r,\phi_r,\lambda) = \int_0^{2\pi}\int_0^{\frac{\pi}{2}} f(\theta_i,\phi_i,\theta_r,\phi_r,\lambda)\boldsymbol{S}^{(i)}(\theta_i,\phi_i,\lambda)\cos\theta_i\sin\theta_i\mathrm{d}\theta_i\mathrm{d}\phi_i$$

$$(17.22)$$

其中,所有斯托克斯向量分量的单位都是辐射度。

偏振测量 BRDF 已经有了诸多应用。这里,我们将考虑一个简化的、基于微面元模型的经验 BRDF 模型[22],该模型多出一项用于表示漫反射退偏振效应:

$$f = d + M_{\mathrm{fr}}(\beta,\hat{n})\frac{o(\alpha,b,\sigma)}{4\cos(\theta_i)\cos(\theta_r)} \qquad (17.23)$$

其中,d 是一个退偏振穆勒矩阵,将所有物体和漫反射表面反射结合在了一起。在 d 中,唯一的非零元素是 $m_{00} = d$。M_{fr} 是关于菲涅耳反射的穆勒矩阵,o 为微面元方向分布函数。为了简化,我们已经抑制了其对入射角和反射角的显

性依赖。我们接下来会描述每一个术语的意义和相关参数。

菲涅耳反射穆勒矩阵为

$$\boldsymbol{M}_{\text{fr}}(\beta,\hat{n}) = \frac{1}{2}\begin{bmatrix} r_s r_s^* + r_p r_p^* & r_s r_s^* - r_p r_p^* & 0 & 0 \\ r_s r_s^* - r_p r_p^* & r_s r_s^* + r_p r_p^* & 0 & 0 \\ 0 & 0 & 2\text{Re}(r_s r_p^*) & 2\text{Im}(r_s r_p^*) \\ 0 & 0 & -2\text{Im}(r_s r_p^*) & 2\text{Re}(r_s r_p^*) \end{bmatrix}$$

$$(17.24)$$

而菲涅耳振幅反射率[23]为

$$r_s = \frac{\cos\beta - \sqrt{\hat{n}^2 - \sin^2\beta}}{\cos\beta + \sqrt{\hat{n}^2 - \sin^2\beta}} \qquad (17.25)$$

$$r_p = \frac{\hat{n}^2\cos\beta - \sqrt{\hat{n}^2 - \sin^2\beta}}{\hat{n}^2\cos\beta + \sqrt{\hat{n}^2 - \sin^2\beta}} \qquad (17.26)$$

其中,$\hat{n}$ 为相对折射率,$\hat{n} = \dfrac{n_2}{n_1}$。$n_2$ 表示反射介质,n_1 表示周边大气系数。

这些折射系数通常都是复数。下标 s 表示垂直于入射面(包含入射光束和反射光束)的电场分量的振幅反射率。也就是说,s 方向与物体表面平行。下标 p 为表示垂直于 s 方向的电场分量的反射率。值得注意的是,菲涅耳穆勒矩阵和引申的 BRDF 的定义都与反射表面的方向相关。

关于菲涅耳反射的物理特性,有几点非常有用,我们需要说明一下。

首先

$$r_s r_s^* \geq r_p r_p^* \qquad (17.27)$$

如此随机的偏振光(如太阳光)在反射时趋于变成 s - 偏振光。在表面的参考系中,这同样也是在 S_1 的正半轴。其次,无吸收性的材料(具有实数的折射率)的菲涅耳反射往往反射不多,但有着更强的偏振效果。反过来,吸收性较强的材料(具有较大的虚数的折射率分量)会有较强的反射,但偏振效果较差。最后,反射光的偏振度在很大程度上取决于入射角 β。图 17.4 例证了以上这几点,例证是在波长为 500nm 条件下完成的,使用了二氧化硅($\hat{n} = 1.46$)和金($\hat{n} = 0.36 + 2.77i$)。

菲涅耳反射穆勒矩阵还表明了,对于各向同性的材料,单次反射永远不会将随机偏振辐射转变成 S_3。自然界中发现的很多偏振属性都属于这种"第一表面"反射。因此,花费成本或增加设备复杂度来构建一个对椭圆偏振敏感的成像偏振计往往是不值得的。

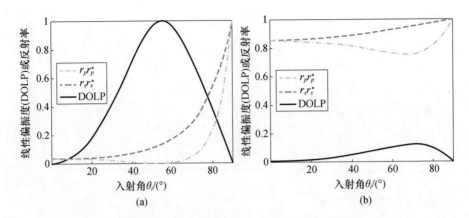

图 17.4　菲涅耳反射和线性偏振度（DOLP）：（a）二氧化硅，（b）金

当面元朝向与平均局部表面法线成一个斜面法线偏离角 α 方向会导致光从 (θ_i,ϕ_i) 方向反射到 (θ_r,ϕ_r) 方向，微面元定向分布函数 o 描述的就是该反射光的分数量。在 BRDF 定义中涉及的所有角度之间的关系表示如下：

$$\cos\alpha = \frac{\cos\theta_i + \cos\theta_r}{2\cos\beta} \tag{17.28}$$

$$\cos(2\beta) = \cos\theta_i\cos\theta_r + \sin\theta_i\sin\theta_r\cos(\phi_i - \phi_r) \tag{17.29}$$

在该模型中，我们认为微面元分布函数是高斯函数，标准差为 σ，局部表面斜率为 $\tan\alpha$、权重为 b，这些参数决定了菲涅耳分量相对于散射分量 d 的相对长度。

$$o(\alpha,b,\sigma) = \frac{b}{2\pi\sigma^2\cos^3\alpha}\exp\left(\frac{-\arctan^2\alpha}{2\sigma^2}\right) \tag{17.30}$$

BRDF 模型参数的组合效应参见图 17.5，其表面由前向散射平面（$|\phi_r - \phi_i| = 180°$）上的随机偏振光进行照明。图 17.5（a）显示的是接近镜面的二氧化硅表面（$\sigma = 0.05$，$d = 10^{-5}$，$b = 0.2$）反射情况，这里选用的材料是，入射光与二氧化硅表面之间角度为 30°。最大角度的反射发生在目标平均镜面方向（也即 -30°）。该方向上的线偏振度（DOLP）大约是 0.4，它与图 17.4 所示的 30° 入射角结果吻合。DOLP 随着微面元的反射角增加而持续增加，而最大可获得的 DOLP 会受到退偏振漫反射分量掠射角的抑制。

图 17.5（b）给出了粗糙的二氧化硅表面（$\sigma = 0.1$，$d = 0.03$，$b = 0.2$）反射情况。在该情况下，各方向都有显著的散射，但偏振反射被降到目标平均镜面反射方向的附近，并且由于大漫反射分量的影响而进一步减弱。

这个例子解释了为什么我们不建议在有太阳（或其他主要的照明光源）位于照相机后方的情况下进行偏振成像。因为所有偏振响应都限制在前向散射方向上。这个例子还能解释为什么在机载平台上最好是以一定倾斜角（此时偏振

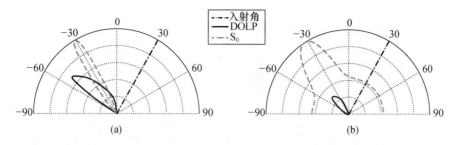

图 17.5 关于总辐射(归一化)横截面和线性偏振度的两个例子:
(a)一个接近镜面的表面,(b)一个粗糙表面。两种情况下 S_0 峰值都进行了归一化

响应最强)而不是从正对角度(此时图像分辨率最高)进行偏振测量。因此在偏振测量时需要就该问题做出权衡。需要注意的是,这个例子没有考虑多种光源或分布式光源(如天空光)的反射贡献,式(17.22)的关键一点作用就是考虑了这些因素。

我们注意到,偏振后的反射光将平行于由入射角和反射角限定的微面元表面。将入射面(包括入射角、微面元法线和反射方向)关于由平均目标表面法线和反射方向限定的平面旋转 η 角度。对于一个使用平均目标表面法线坐标系(关于入射和反射斯托克斯向量的坐标系)的观测者而言,显然,BRDF 为

$$f^{\text{global}}(\theta_i,\phi_i,\theta_r,\phi_r,\lambda) = M_R(\eta)f(\theta_i,\phi_i,\theta_r,\phi_r,\lambda)M_R(-\eta) \quad (17.31)$$

其中,M_R 是式(17.19)中的旋转穆勒矩阵。在该坐标系中,符合菲涅耳微面元模型的材料在受到非偏振光源照射且 $|\eta|>0$ 时,将使一些反射光的斯托克斯参数在 S_1 和 S_2 之间进行转换。而且在几何结构上不存在关于非偏振入射光会反射进入 S_3 方向的可能。这是因为 α 随 $|\eta|$ 的增加而增加,微面元分布函数会权衡不断增加的 $|\eta|$ 对总辐射的影响,并使该影响变得不那么大。

图 17.6 展示了一个物体(一个黑色背包)的近红外波段下的斯托克斯图像,由于该物体的颜色接近于树荫的颜色,所以可以伪装在 S_0 中。该物体的整体反射率较低,这也就是为什么它能与树荫混为一体,但其反射的太阳光会出现明显的偏振。自然环境呈现的只是在 S_1 方向很微弱的偏振反光,所以目标会较为显眼。从树荫的角度来看,很明显照相机并非处在目标的主平面($|\eta|>0$),因而目标特征同样具有显著的 S_2 分量。

在这个例子中,我们对每个斯托克斯图像都进行了对比度拉伸。为了更好地呈现该场景下有多少偏振情况,图 17.7 给出了一副 DOLP 图像。该 DOLP 图像的灰度值拉伸到 0(随机偏振)到黑色背包物体的偏振峰值(约 11%)之间的范围。该场景中第二显著的偏振特征是太阳光照射下的草地,可作为一个参考点,其 DOLP 约为 1% 或更低。

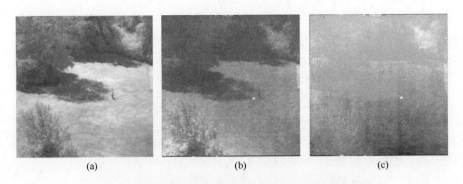

(a)   (b)   (c)

图 17.6　对隐藏物体的近红外偏振成像，$S_0(a)$，$S_1(b)$，$S_2(c)$

图 17.7　关于图 17.6 中所示的隐藏物体的近红外 DOLP 图像

17.3.2　辐射

在地面温度下，物体自发辐射，辐射可测，波长可达到 $3\mu m$ 或者更高。给定波长下的辐射量取决于物体的温度 T 以及名为辐射率的物体固有属性。和 BRDF 一样，辐射率由材料类型、表面条件和观察方向所决定。表面辐射的斯托克斯向量为

$$S^{(e)}(\lambda, T, \theta, \phi) = L_{BB}(T, \lambda)\boldsymbol{\varepsilon}(\theta, \phi, \lambda) \qquad (17.32)$$

其中，L_{BB} 是普朗克黑体辐射公式，$\boldsymbol{\varepsilon}$ 是发射率。

对于不透明材料，在距材料表面约一个趋肤深度的材料内部所发出的随机偏振辐射，在透射出表面边界时会变成部分偏振光[24]。正因如此，辐射向量 $\boldsymbol{\varepsilon}$ 为穆勒矩阵的第一列向量，表示上述边界透射。

394

$$\varepsilon(\theta,\phi,\lambda) = M_e(\theta,\phi,\lambda) \begin{bmatrix} 1 \\ 0 \\ 0 \\ 0 \end{bmatrix} \tag{17.33}$$

其中, M_e 为辐射穆勒(Mueller)矩阵。

另外还有两点使得辐射向量能用偏振 BRDF 进行便利描述[25]。当整个系统处在热平衡态时,所有材料都会与其周围环境进行完美的黑体辐射交换。而且,完美黑体辐射是随机偏振的。因此,在一个热平衡的腔室,在任何温度下,下列等式都成立:

$$\begin{bmatrix} 1 \\ 0 \\ 0 \\ 0 \end{bmatrix} = \varepsilon(\theta,\phi,\lambda) + \rho(\theta,\phi,\lambda) \begin{bmatrix} 1 \\ 0 \\ 0 \\ 0 \end{bmatrix} \tag{17.34}$$

其中, $\rho(\theta,\phi,\lambda)$ 是半球定向反射率(Hemispherical Directional Reflectivity, HDR)的穆勒矩阵,可写为

$$\rho_{xy}(\theta,\phi,\lambda) = \int_0^{2\pi}\int_0^{\frac{\pi}{2}} f_{xy}(\theta_i,\phi_i,\theta,\phi,\lambda)\cos\theta_i\sin\theta_i \mathrm{d}\theta_i \mathrm{d}\phi_i \tag{17.35}$$

该 HDR 表达式描述了当目标由来自各方向上的光均匀照射时其反射到 (θ,ϕ) 方向上的全部光线。式(17.34)的意义很清楚:腔体内任一点的斯托克斯向量都是随机偏振(左手边)的;因而,对于每个材料表面而言,所有辐射光和反射光的加和也必须是随机偏振(右手边)的。这就是基尔霍夫定律,通用于偏振现象。

无论采用何种准确偏振 BRDF 模型,

$$\rho_{30}(\theta,\phi,\lambda) = 0 \tag{17.36}$$

由于 $f_{30} = 0$,而菲涅耳反射是偏振的主要成因(在印象中,自然界很少出现例外的情况)。另外,

$$\rho_{20}(\theta,\phi,\lambda) = 0 \tag{17.37}$$

因为微面元分布呈旋转对称。这样的结果在自然界中也总能观察到。现在辐射向量的完整定义呼之欲出,即

$$\varepsilon(\theta,\phi,\lambda) = \begin{bmatrix} 1 - \rho_{00}(\theta,\phi,\lambda) \\ -\rho_{10}(\theta,\phi,\lambda) \\ 0 \\ 0 \end{bmatrix} \tag{17.38}$$

因此,发射的辐射在平均目标表面法线方向上是偏振(即 p - 偏振)的。这在之前为目标表面定义的坐标系中是 $-S_1$ 方向。式(17.38)在偏振遥感中很有用,因为它是对处在热平衡状态的理论腔室外部的自然辐射行为的很好近似。

图 17.8 给出的是辐射偏振的例子,它采用了式(17.23)中的 BRDF 模型来计算 HDR,其中参数为:$\hat{n} = 1.8 + 1.0i$,$d = 10^{-5}$,$\sigma = 0.05$ 和 $b = 1$(即相对平滑的吸收材料)。虚线表示的是用 $L_{bb}(T, \lambda)$ 进行归一化的发射辐射的总量。辐射总量在表面法线方向上有一个宽峰($0°$),然后渐渐随着角度的递增而逐渐下降。用线性偏振度表示的偏振辐射在表面法线方向上为零,然后随着观察角的增加而递增。该图关于方位角呈旋转对称,是很多经过处理的表面和材料的典型范例。就像反射的情况一样,在一定的倾斜角方向上观测偏振辐射是最佳的。

所有物体都会同时发射和反射辐射光。想进一步了解这些对偏振特征的综合影响的大小,可以参见图 17.9。这里,图 17.8 所使用的材料需要在长波红外(LWIR,$8 \sim 10 \mu m$)光波段中进行观测,这里将采用一个均匀的黑体半球,视角为 $60°$。随着半球温度升高,总的表面目标辐射(包含反射光和辐射光)将增加,且表面偏振度将降低。一旦半球温度高于目标温度,偏振度的走势将反转。当半球温度超过温度平衡点之后,则反射占主导,表面目标偏振就会从 p - 偏振变到 s - 偏振。下一节将介绍如何处理大气的影响,但一些有用的表面温度已经标在了本图中以供参考。此外,本图还例证了为什么室内辐射波段下的偏振成像往往会受到削弱。相关话题的更多讨论参见文献[26]。

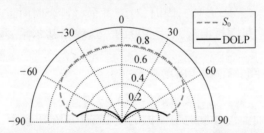

图 17.8　偏振辐射的全部辐射(经归一化)和线性偏振度的横截面范例

图 17.10 给出了一个 LWIR 偏振成像的例子。S_1 和 S_2 图像经灰度值值域拉伸处理,以至于最暗区有着最低的负值,最亮域有着最高的正值。S_0 的值恒为正。在飞行器的上半部分,其水平表面更偏向 $-S_1$ 方向,其垂直表面更偏向 $+S_1$ 方向。黑体半球表面(华盖)上的辐射值沿着弧度从 $+S_1$ 方向平滑过渡到 $-S_1$ 方向。这三项观察结果与表面辐射为 p - 偏振(即垂直于平面)光的事实是契合的。在飞行器起落架上,其表面没有出呈现明显的偏振现象,这是因为出射的辐射与温暖地面的 s - 偏振反射发生了混合。其最终的结果是偏振为零。需

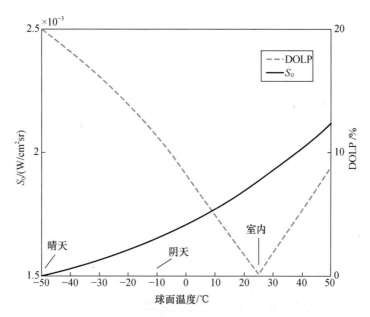

图 17.9　全部辐射和作为表面背景温度函数的 DOLP。

目标温度是 25℃ , 观测角度为 60°(相对于目标表面法线)

要注意的是,飞行器外的地面在很大程度上是随机偏振的,许多自然环境也均如此。

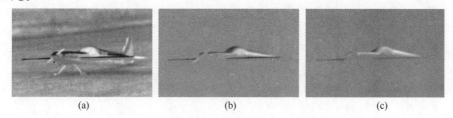

图 17.10　关于遥控飞行器的 LWIR 偏振成像

(a)S_0; (b)S_1; (c)S_2。

在 S_1 和 S_2 中都存在偏振,这是因为飞行器表面是绕着照相机参考系的水平轴和垂直轴进行旋转的。需要记住的重要一点是, s 和 p 方向都是以表面为参考进行定义的,而不是以照相机为参考。

17.4　大气对偏振属性的影响

材料的反射和辐射特性会因大气而发生改变。在很多情况下这些改变是至关重要的且变幻莫测。这种多变性既是时间上的也是空间上的,前者是因为大气条件总在不断变化;后者是因为每部分的天空都对目标特性产生着不同影响,这取决于目标的 BRDF。描述大气偏振影响的辐射传递公式在文献[16]中有详细介绍。实际上,若要应用这些公式需要进行大量测量和建模。很多所需的参数如果不亲临目标场地的话是无法直接测得的。

接下来我们将分别讨论反射带($\lambda < 3\mu m$)和辐射带($\lambda > 3\mu m$)的偏振效应。要做这样的区分是因为短波下遥感到的辐射主要来自太阳光照射和散射,而波长超过 $3\mu m$ 时以物体的热辐射为主。这些谱段还可以根据大气窗口进行进一步的细分:即对于大气足够少地吸收光的光谱带,从物体反射或辐射的光可以充分地穿透它。图 17.11 给出的是在标称的气象条件下大地在垂直路径上对空间大气的透射窗口,包含反射($0.4 \sim 2.5\mu m$)和辐射($3 \sim 14\mu m$)谱段[27]。可见光、近红外线、短波红外(SWIR)、中波红外(MWIR)、长波红外等各种光谱窗口都在该透射图中有所体现。

17.4.1 反射带

在可见光、近红外和短波红外带,大气以如下方式影响着表面偏振属性:
(1)太阳光在到达目标之前就被吸收或散射;
(2)目标反射的光子被散射出探测光路或被吸收;
(3)目标周围环境反射的光子散射入探测光路;
(4)来自太阳的光被散射入探测光路。

散射会通过大气路径对偏振测量产生大量影响。散射模型通常建立在米氏(Mie)计算[28]的基础上,主要对不同纬度上的散射介质的组分特征和颗粒大小分布进行经验测量,并用散射系数和相位函数来进行描述,这两者都与波长密切相关。图 17.12 给出了基于中频谱分辨率传输散射数据库得出的中纬度处夏季在两个海拔高度处能见度为 23km 的农村散射条件下的一些散射系数范例。在反射光谱域,瑞利散射分量的波长依赖性较为显著。在更长波长下,散射系数更低,当波长接近 $9\mu m$ 时,将出现共振,因为该波长与(较大但浓度较低的)气溶胶颗粒在颗粒大小分布中的峰值很接近。相位函数可以根据亨耶 - 格林斯坦函数进行建模而得,主要基于非对称参数,而该参数随海拔和环境的变化而轻微改变。

瑞利散射产生一个很强的偏振天空辐射带。瑞利散射的穆勒矩阵[20]表示如下:

$$M_{\text{ray}} = K \begin{bmatrix} 1 + \cos^2\theta & -\sin^2\theta & 0 & 0 \\ -\sin^2\theta & 1 + \cos^2\theta & 0 & 0 \\ 0 & 0 & 2\cos\theta & 0 \\ 0 & 0 & 0 & 2\cos\theta \end{bmatrix} \tag{17.39}$$

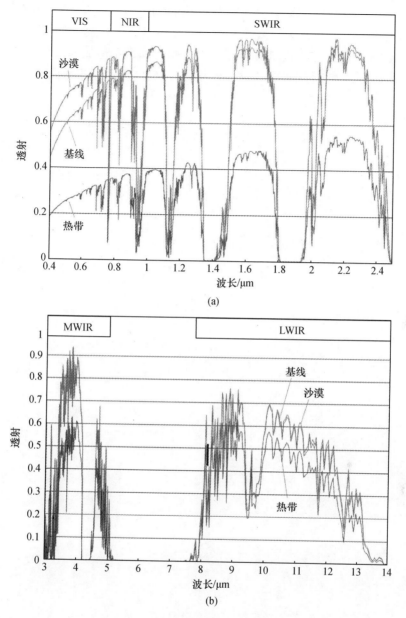

图 17.11 大地对空间大气的透射窗口

在该情况下,角度 θ 的定义与散射事件发生之前的传播方向相关。散射参数 K 定义了散射相互作用的强度,用波长 λ^{-4} 进行标度。散射穆勒矩阵是参照一个包含入射光方向和散射光方向的平面来进行定义的。按照惯例,将该平面中的偏振视作 $+S_1$ 方向[23]。当非偏振光(如太阳光)发生瑞利散射时,其峰值

399

化。在文献[29]中,对于一个有着散射涂面的金属目标而言,从太阳的镜像方向看向目标,当太阳高悬(中午)时,直接太阳光照在 S_1 特征中占主导;但在临近日出或日落时分,晴朗天空下的瑞利散射将占主导,此时的太阳光镜面反射影响将是最低的。由于复杂因素,S_2 的结果不太确定。对于更为镜面的目标,太阳光作为主导因素的持续时间将会缩减。而在没有直接太阳光照射的情况下,比如目标物体处在阴影之下[30],天空偏振或者瑞利散射偏振将在整个白天时段扮演重要角色。

纯瑞利散射模型当且仅当散射体各向同性且尺寸远小于 λ 时有效。实验证明,云、气溶胶(空气中的液态或固态悬浮微粒)的构成以及表面反射率都会显著影响天空的偏振属性[31,32]。这些复杂因素对于天空偏振的影响可参见图 17.13(a)以及图 17.14 的实例,其中图 17.13(b)给出了云对天空偏振的影响,图 17.14 是基于一个经验证的晴天模型,该模型考虑了气溶胶和大地反射的影响[33]。

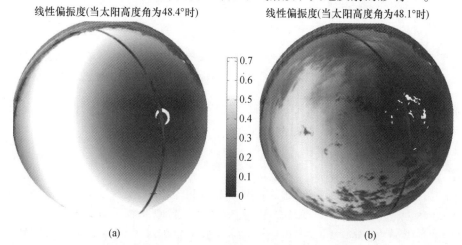

图 17.13　在 450nm 波长下的全天空偏振图像:(a)、(b)分别为 2012 年 6 月蒙大拿州立大学上方的晴天天空和阴天天空。图片来源:由蒙大拿州立大学的 J. Shaw 教授与 N. Pust 博士提供

图 17.12 表明,在短波红外波段,天空偏振呈递减趋势。在晴天,短波红外天空偏振的带型与更短波长时所呈现的带型相同,除了整体辐射和偏振度更低。已有研究表明,在夏季晴天条件下,当瑞利散射弧为 10.5° 时,短波红外(1.54μm)天空偏振度会在大约 20% ~38% 的范围内变化[34]。

17.4.2　辐射带

当波长增至中波红外和长波红外线波段时,大气对偏振特征的影响的主导因素就由散射转变到了辐射。回看图 17.12,上述这些波段上的散射呈持续下

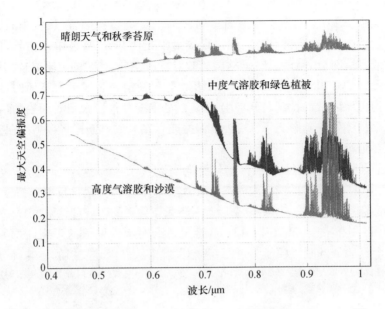

图 17.14 在不同气溶胶和背景条件下的天空偏振峰值测算(实例)[31]。
图片来源:由蒙大拿州立大学的 J. Shaw 教授与 N. Pust 博士提供

降趋势。除了散射这一挥之不去的影响之外,大气还会在以下两种情况下通过辐射随机偏振光来影响表面目标特征:

(1)目标对大气辐射和云的反射;

(2)沿路径的辐射。

在第一种情况下,大气辐射是高度非偏振的,但辐射光经过反射后就会变成部分偏振光。反射光为 s - 偏振(平行于表面)并且以非相干方式加在 p - 偏振(垂直于表面)辐射上。s - 偏振辐射和 p - 偏振辐射的共同作用使得表面偏振度降低。这可以部分解释为什么湿度是偏振特征可变性的主要来源(尤其是长波红外波段,水蒸气含量也会影响吸收)的部分原因。针对于水体的这些相互作用及其他,Shaw 已对其进行了建模[35]和测量[36]。

在辐射带中,云的作用是极其多变的。除了可以作为目标反射光子的照射源(如前所述)外,云还会影响整个场景中物体的加热和冷却速率。Felton 等人[37]在几个昼夜循环的中波红外和长波红外偏振对比研究中证明了这些综合影响。他们发现,在有云的情况下,坦克车体目标的长波红外 S_1 的对比度会降低,但在相同的情况下,中波红外 S_1 的对比度会增加。在完全阴天的情况下,长波红外 S_1 则降到了噪声的水平。在这个测试中,允许坦克车体的温度随空气温度而浮动。如果坦克处于运作状态,则加热的表面有可能呈现出额外的热和偏振对比度。

路径辐射是随机偏振的,而且会降低测量辐射的表面偏振度。尽管路径辐射在短距离上的影响微不足道,但在较长的传播距离上将会产生相当大的影响。图 17.15 给出了在三种气象条件下从地面到空中的传播路径上在 $3 \sim 14\mu m$ 的光谱范围内的路径辐射。将该路径辐射与 230K 以及 280K 的黑体光谱辐射相比较,就可以对路径辐射的幅值形成相对直观的认识[27]。例如,在该传播路径下,路径辐射幅值是波长为 $10\mu m$ 的测量辐射幅值的 30% 。

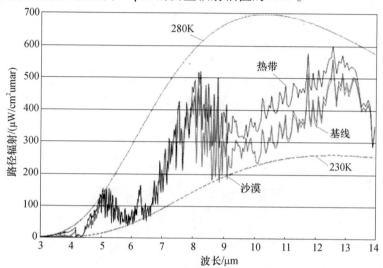

图 17.15　沿地面到空中的传播路径的路径辐射与距离、大气条件之间的变化曲线

17.5　调制偏振计的数据归约矩阵分析

17.5.1　重要等式

数据归约矩阵(Data Reduction Matrix,DRM)[18]是一种将偏振计所得辐射校准测量值映射到斯托克斯参数中的工具。DRM 也可以对校准误差进行建模,并选择最优测量集。本节将会简要介绍这些概念并将其应用到实际系统的分析之中。对于一个成像系统而言,所有的探测器都可能有一个单独的 DRM,也可能随着探测元件的改变而发生变化。DRM 的空间可变性将在接下来的实例中予以介绍。

斯托克斯向量 S 所描述的辐射,将会入射到由穆勒矩阵 M_i 所定义的偏振分析仪(检偏器)上。当入射光进入偏振分析仪之后,我们可得到测量信号 I_i 与入射斯托克斯向量之间的等式关系:

$$I_i = A_i S + n_i \tag{17.40}$$

A_i 是个一个行向量，由 M_i 的第一行给定；而 n_i 为测量噪声。现在回顾一下，M_i 的第一行将入射的斯托克斯向量映射到探测器上的总辐照度。将 N 个测量值排列到一个列向量 I 里，则偏振计测量矩阵可定义如下：

$$W = \begin{bmatrix} A_1 \\ \vdots \\ A_N \end{bmatrix} \qquad (17.41)$$

S 的最小二乘估计为

$$\hat{S} = W^+ I \qquad (17.42)$$

其中，数据归约矩阵 W^+ 是 W 的伪逆矩阵。当 W 超定时，即辐射测量值个数大于斯托克斯参数的个数，则摩尔 – 彭罗斯伪逆矩阵为

$$W^+ = (W^T W)^{-1} W^T \qquad (17.43)$$

一个最优的情况，即 $W^T W$ 是一个对角矩阵，能让伪逆计算变得非常简单。

斯托克斯重建会出现误差，这是因为数据归约矩阵中存在噪声和校准误差[38,39]。重建误差为斯托克斯向量的估计与测量值之差：

$$\varepsilon = \hat{S} - S \qquad (17.44)$$

而对于噪声，误差可简单写为

$$\varepsilon = W^+ n \qquad (17.45)$$

其中，n 是噪声向量。可以通过最小化 W 的条件数来最小化这类误差。而校准矩阵误差可写为以下形式：

$$W_{error} = W + \Delta \qquad (17.46)$$

则斯托克斯重建误差为

$$\varepsilon = W^+ \Delta S \qquad (17.47)$$

在上述两个等式中，W 为真实校准矩阵，Δ 为一个包含了所有校准误差项的附加偏移量。对于校准误差，总的斯托克斯重建误差取决于输入偏振态。

17.5.2　斯托克斯偏振计实例

现在，我们将用一系列的实例将上面几小节的工作结合到一起。完整斯托克斯偏振计由一个固定分析仪（线性二向衰减器）和一个旋转延迟器组成，其简单的实施原理图如图 17.16 所示。

该系统的穆勒矩阵由下式给出：

$$M(\theta, \delta) = M_D(p_h, p_v) M_R(-\theta) M_W(\delta) M_R(\theta) \qquad (17.48)$$

第 i 个测量向量如下：

$$A_i = \frac{1}{2}\begin{bmatrix} 1 & \cos^2 2\theta_i + \cos\delta\sin^2 2\theta_i & (1-\cos\delta)\cos2\theta_i\sin2\theta_i & -\sin\delta\sin2\theta_i \end{bmatrix}$$

$$(17.49)$$

此时,二向衰减器是理想的水平透射优先($p_h = 1$, $p_v = 0$)。基于旋转延迟器的偏振计可在庞加莱球上进行分析。图 17.17 描述了延迟 δ 的选值是如何影响偏振计可用的分析仪状态的。每个描制的点都对应着斯托克斯向量,该向量以最大辐照度穿过系统(延迟器的方向角为 θ_i),如同旋转了 180°。在 $\delta = 90°$ 的情况下,曲线在沿着每个斯托克斯参数的方向上都有分量。这样,沿着该曲线就会有许多种测量组合,再根据式(17.42)我们就可以重建出完整斯托克斯向量。另一方面,对应 $\delta = 180°$ 的曲线在 S_3 方向上长度为 0(对于所有 θ_i 而言),沿该曲线,没有任何一个测量组合能导出 S_3 重建结果。

显然,若要重建完整斯托克斯向量,δ 的某些选择会优于其他选择。当选定 δ 后,必须选择一系列的延迟器方向角来构造 W。最好选用那些能在含噪斯托克斯参数重建过程中最小化误差的角度值。通过选择延迟器方向角和测量方向角,来找到能最小化 W 的弗罗贝尼乌斯范数条件数的这种误差最小情况:

$$c = \| W \|_F \| W^+ \|_F \qquad (17.50)$$

其中

$$\| W \|_F = \sqrt{\sum_{i=1}^m \sum_{j=1}^n |w_{ij}|^2} \qquad (17.51)$$

这里,W 是一个 $m \times n$ 矩阵,矩阵元素为 w_{ij}。文献[40]中有记载:基于旋转延迟器的偏振计的最小条件数可在 $\delta = 132°$ 时获得(图 17.17 也给出了这一曲线)。假设通过 4 次测量来恢复斯托克斯向量,θ_i 的最优值为 ±15.1° 和 ±51.6°。

如第 17.3 节所述,在被动偏振成像中忽略 S_3 并无大碍。因此,线性斯托克斯偏振计(即由系统单独确定 S_0、S_1 和 S_2)得到了广泛应用。$\delta = 180°$ 的旋转延迟器偏振计便是一种线性斯托克斯偏振计,其优点很多,不过在红外波段的宽带延迟器价格很昂贵。另一种构建这样系统的方法是,在成像系统的孔径处放置一个旋转线性二向衰减器/分析仪,如图 17.16(b)所示。如果放置的是旋转分析仪,系统的吞吐量将受到在分析仪和探测器阵列之间的光学组件的穆勒矩阵影响。第 17.7 节将介绍一种将聚焦光学器件的偏振影响考虑在内的方法。

旋转延迟器和旋转分析仪方案都是时间划分(Division – of – Time,DoT)的偏振计。另一个方案是,用一个和探测器面元一样大小的重复掩模来空间变化测量分析仪(检偏器),如图 17.18 所示。这也被称为焦面划分(Division – of – Focal Plane,DoFP)的偏振计或者微网格偏振计。"微网格"一词意指线栅格偏振计,它与探测器阵列相结合来获得偏振灵敏度。

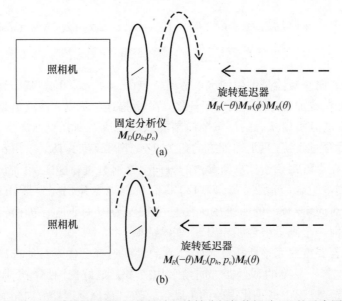

图 17.16　旋转延迟器(a)偏振计和旋转分析仪偏振计(b)的示意图

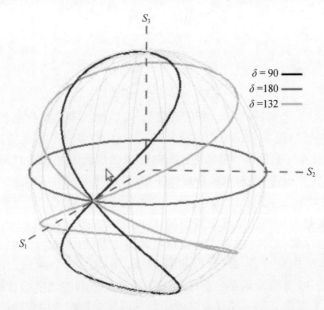

图 17.17　画在庞加莱球上的各种基于旋转延迟器的偏振计

接下来的实例即可应用到旋转分析仪,也可应用于微网格成像偏振计。如果是旋转分析仪,每个像素根据时间建立起完整的 DRM。如果是微网格系统,每个像素上的 DRM 将通过相邻像素插值的方式同时建立起来(然而,更好的方案将在第 17.6 节中进行阐述)。该成像系统的穆勒矩阵如下:

406

$$M(\theta) = M_R(-\theta)M_D(p_h, p_v)M_R(\theta) \qquad (17.52)$$

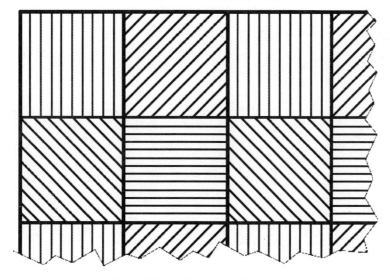

图 17.18　微网格偏振器阵列。细线代表细网格的方向，
用于防止沿着该方向偏振的光通过

为了简化起见,假设该成像系统聚焦光学器件的穆勒矩阵为单位阵。这种假设下得到的分析仪向量为

$$A_i = \frac{1}{2}\left[p_h^2 + p_v^2 (p_h^2 - p_v^2)\cos2\theta_i (p_h^2 - p_v^2)\sin2\theta_i \right] \qquad (17.53)$$

由于 S_3 的重建不再是关心的重点,该分析仪向量将简化成三个元素。当然现在的 A_i 也只能在操作在三元素的斯托克斯向量上。任何未计入 S_3 分量的能量仍留在 S_0 中。例如,无论是否在该分析仪向量中存在第 4 个 0 值的元素,右旋圆偏振光都会被该偏振计视为非偏振光。这种简化没有任何代价,还能使接下来的 DRM 计算变得更加简单。

为找到这三个斯托克斯参数,测量次数 N 必须大于等于 3。选择分析仪方向角时需使得条件数 W 最小化,以便在含噪测量下最优化重建性能。当前系统仅对线性偏振态敏感,所以我们可以通过在方向角 Ψ 上遍历均匀等间隔的所有可能的 θ_i 取值,以求出最小条件数。例如,对于一个三次测量系统而言,每个 θ_i 的取值间隔应为 60°。对于一个四通道系统(如微网格情况)而言,间隔应为 45°。实际上,为降低噪声我们会使用三个以上的旋转分析仪。而每个旋转分析仪的条件数均为 $\sqrt{2}$。

四通道线性斯托克斯偏振计的范例颇为有用,因为该范例即可以代表微网格分析仪也可以代表旋转分析仪的情况, W 的伪逆矩阵也可以手工算出。分析仪角度的最优间隔为 0°、45°、90°和 135°。不失一般性,假设分析仪中的中性密度透射损耗为 $p_h^2 + p_v^2 = 1$。准确的透射损耗可以在系统分析结束后乘进来。结果得到分析仪矩阵和 DRM:

$$W = \begin{bmatrix} 1 & D & 0 \\ 1 & 0 & D \\ 1 & -D & 0 \\ 1 & 0 & -D \end{bmatrix} \tag{17.54}$$

$$W = \begin{bmatrix} \dfrac{1}{2} & \dfrac{1}{2} & \dfrac{1}{2} & \dfrac{1}{2} \\ D^{-1} & 0 & -D^{-1} & 0 \\ 0 & D^{-1} & 0 & -D^{-1} \end{bmatrix} \tag{17.55}$$

其中,D 为线性二向衰减,其公式为

$$D = \frac{p_h^2 - p_v^2}{p_h^2 + p_v^2} \tag{17.56}$$

二向衰减(偏振衰减)体现的是分析仪对光的抑制能力,该光垂直偏振于其优选的透射轴方向。对于旋转分析仪系统而言,二向衰减可以接近于 1(几乎是理想状况)。微网格偏振计有着更低的有效二向衰减值,因为在相邻探测器之间存在光学(衍射)串扰和电子串扰。接下来我们举例说明二向衰减对斯托克斯重建误差所产生的作用。

由式(17.45)可知由噪声引起的重建误差为

$$\boldsymbol{\varepsilon} = W^+ \boldsymbol{n} = \begin{bmatrix} \dfrac{1}{2}(n_1 + n_2 + n_3 + n_4) \\ D^{-1}(n_1 - n_3) \\ D^{-1}(n_2 - n_4) \end{bmatrix} \tag{17.57}$$

因此,S_0 的重建不受二向衰减的影响,但 S_1 和 S_2 中的噪声随着二向衰减的减弱而增大。

如果忽略二向衰减,且假设分析仪在校准矩阵中处于理想状态,则会出现另一种斯托克斯重建误差。为了求出该误差,根据式(17.46)我们将理想化的四通道偏振计($D = 1$)的校准矩阵进行分解:

$$W_{ideal} = W + \boldsymbol{\Delta} = \frac{1}{2}\begin{bmatrix} 1 & D & 0 \\ 1 & 0 & D \\ 1 & -D & 0 \\ 1 & 0 & -D \end{bmatrix} + \frac{1}{2}\begin{bmatrix} 0 & 1-D & 0 \\ 0 & 0 & 1-D \\ 0 & D-1 & 0 \\ 0 & 0 & D-1 \end{bmatrix} \tag{17.58}$$

根据式(17.47)可得到相应的重建误差：

$$\boldsymbol{\varepsilon} = \boldsymbol{W}^{+}\boldsymbol{\Delta S} = (D^{-1}-1)\begin{bmatrix} 0 \\ S_1 \\ S_2 \end{bmatrix} \qquad (17.59)$$

换言之,若在 DRM 中不考虑二向衰减,则 S_1 和 S_2 会估值过高。这一例子旨在说明二向衰减仅是造成偏振校准可能不理想的原因之一,但此例并不是无懈可击的。通常,在偏振计中的各个光学元件都会造成一定的衰减、延迟、去偏振和偏移[18]。

17.6 调制偏振计的傅里叶域分析

成像偏振测量可应用于多种情况,在这些情况下,既定目标在测量间隔存在明显的变化差异(在时间和空间上)。本节旨在介绍针对动态场景的斯托克斯重建。通过第 17.5 节所描述的旋转分析仪和微网格偏振计的例子展开讨论。读者能很容易将下面所开发的工具用于其他调制偏振计的设计方案中。

17.6.1 旋转分析仪

式(17.53)给出了旋转分析仪偏振计的分析仪向量。假定光学偏振是理想状态,即 $D=1$。根据式(17.40)可知任意探测器上 t 时间点的辐射度公式为

$$I(t) = \frac{1}{2}\left[S_0(t) + S_1(t)\cos 2\theta(t) + S_2(t)\sin 2\theta(t) \right] \qquad (17.60)$$

由于分析仪不断旋转,则有

$$\theta(t) = 2\pi f_R t \qquad (17.61)$$

其中,f_R 是分析仪的旋转频率。探测器阵列的信号采样频率为 f_S,我们假定其数值大于 f_R。为避免不必要的细节,采样需瞬时完成,且 $I(t)$ 是带宽受限的。该信号的第 n 个样本为

$$I(n) = \frac{1}{2}\left[S_0(n) + S_1(n)\cos(\alpha n) + S_2(n)\sin(\alpha n) \right] \qquad (17.62)$$

其中

$$\alpha = 4\pi \frac{f_R}{f_S} \qquad (17.63)$$

而式(17.62)的离散 - 时间傅里叶变换(Discrete - Time Fourier Transform, DTFT)为

$$\tilde{I}(\omega) = \frac{1}{2}\{\tilde{S}_0(\omega) + \pi\delta(\omega-\alpha)[\tilde{S}_1(\omega) + i\tilde{S}_2(\omega)]$$

$$+ \pi\delta(\omega+\alpha)[\tilde{S}_1(\omega) - i\tilde{S}_2(\omega)]\} \qquad (17.64)$$

其中，ω 为角频率。

简单来讲，DTFT 是周期性的，其周期增量为 2π 弧度。整倍数的折叠频率 $\omega = \pi$ 对应最大的模拟频率 $f_S/2$，根据采样数据可精确重建信号（$f_S/2$ 也称作奈奎斯特频率）。超过奎斯特频率的频谱内容混进频谱的低频部分，将导致重建数据中出现不期望的伪像。式（17.64）中的 S_1 和 S_2 分量包含了采样信号的全部偏振信息，被调制到一个 $\pm\alpha$ 的边带，而总光强分量 S_0 处在基带。在基带和边带中心附近的频谱内容代表着变化相对缓慢的信号分量，而更快的信号变化发生在远离频带中心的频段。

信号覆盖的频率范围被称作带宽。图 17.19 给出了采样时最大可用带宽的频谱幅值示意图。S_0 分量的带宽有可能不同于 S_1 和 S_2 的带宽。为了确保模拟带宽为 B 的信号得以正确重建，则需要满足

$$\frac{2\pi}{f_S}B \leqslant \alpha \qquad (17.65)$$

并且

$$3\alpha \leqslant 2\pi \qquad (17.66)$$

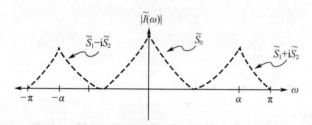

图 17.19　离散时间旋转分析仪频谱的幅值，其中标出了斯托克斯分量

这些条件共同确保了在 DTFT 频谱中有三个彼此不重叠的全带宽（一个用作基带，两个用作边带）。如文献[41]所述，这些条件变成了

$$f_S \geqslant 6f_R \qquad (17.67)$$

以及

$$B \leqslant 2f_R \qquad (17.68)$$

这种分析的一个重要结果是，时间划分偏振计的时间带宽容量往往低于基础成像系统。换言之，偏振灵敏度的提高是以牺牲时间分辨率为代价的。

该傅里叶分析还展示了如何将斯托克斯参数重建视为调制和低通滤波的组

合。在第 17.5 节中介绍的 DRM 是低通滤波器的一种特殊选择,它在时间上有一个矩形窗口。

17.6.2 微网格偏振计

对微网格偏振计的傅里叶分析始于文献[42]。回顾图 17.18 我们可以看到,原始的微网格光强图像中的每个像素,都对偏振分析仪所投影的场景采样了其中一点。理想条件下,除了图 17.18 所示的重复图案(0°、45°、90°和135°)外,分析仪在每一个采样点都是相同的。在原始的微网格图像中的每个点(m,n)处的采样光强可写为

$$I(m,n) = \frac{1}{2}S_0(m,n) + \frac{1}{4}\cos(\pi m)[S_1(m,n) + S_2(m,n)]$$

$$+ \frac{1}{4}\cos(\pi n)[S_1(m,n) - S_2(m,n)] \qquad (17.69)$$

其中,每个 $S_x(m,n)$ 项都代表着一个空间变化的斯托克斯参数图像。I 的 DSFT 为

$$\tilde{I}(\xi,\eta) = \frac{1}{2}\tilde{S}_0(\xi,\eta) + \frac{\pi}{4}[\tilde{S}_1(\xi-\pi,\eta) + \tilde{S}_2(\xi-\pi,\eta)]$$

$$+ \frac{\pi}{4}[\tilde{S}_1(\xi,\eta-\pi) - \tilde{S}_2(\xi,\eta-\pi)] \qquad (17.70)$$

其中,每个 ξ 和 η 都是一个频谱周期中的实数值的空间频率坐标,$-\pi \leqslant \xi$,$\eta \leqslant \pi$。微网格 DSFT 的图例参见图 17.20。

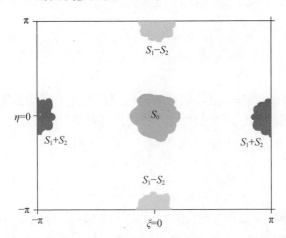

图 17.20　微网格分析仪频谱的幅值,其中标出了斯托克斯分量

与旋转分析仪的情况类似,微网格频谱的 S_1 和 S_2 分量被调制到边带中,而

S_0 信号仍保留在基带。Tyo 等人[42]设定了一个充分条件来避免在 ξ 和 η 空间中一个频带半径内出现混叠:

$$r_{S_0} + r_{S_1 \pm S_2} < \pi \tag{17.71}$$

其中,每个 r_x 都是在 S_0 或 $S_1 \pm S_2$ 上包围带宽限制的最小圆圈的半径(每次采样都以弧度为单位)。几乎在所有情况下,S_0 所占的带宽都长于 $S_1 \pm S_2$ 的带宽。

该带宽条件可能很难满足。设探测器间距为 d_x,微网格成像仪的奈奎斯特频率为

$$f_x = \frac{1}{2d_x} \tag{17.72}$$

需要注意的是,d_x 是探测器间距,而不是分析仪采样方向近似的两次采样间距。光学系统强加了对图像带宽的最终限制:

$$f_0 = \frac{1}{\lambda F_\#} \tag{17.73}$$

其中,λ 是工作波长,$F_\#$ 是光学系统的焦距比数[43]。如果 $f_x < f_o$,则基带 S_0 和边带 S_1、S_2 之间将出现混叠和混频。尽管探测器尺寸正在逐渐缩小(科技发展趋势),混叠现象仍是红外波段微网格系统的普遍问题。

此外,人们也已经尝试着使用类似偏振插值[44]、傅里叶域处理[42, 45]、双边滤波[46]以及多帧超分辨[47]等方法重建上述条件下的微网格斯托克斯图像。

17.6.3 带宽受限的斯托克斯重建

采用数据归约矩阵来进行斯托克斯参数估算非常容易出现重建误差,这是因为输入信号发生着变化。换言之,当呈现给孔径光阑的信号近似恒定时,DRM 效果是最佳的。Lacasse 等人[41]为 DRM 提供了另一种选择,他们将时间/空间变化信号用在调制偏振计,最高能到前面几节所给出的带宽限制。对于时间划分偏振计,第 n 次采样时的重建斯托克斯向量为

$$\hat{S}(n) = Z^{-1}(n)[w \cdot A^T I](n) \tag{17.74}$$

其中

$$Z(n) = [w \cdot A^T A](n) \tag{17.75}$$

在这些公式中,$w(n)$ 是滤波窗口;$A(n)$ 是在重建位置处的分析仪行向量;$I(n)$ 为测量所得辐照度;* 表示离散卷积算符。窗口的功能是低通滤波,用来加权有助于斯托克斯重建的测量值(针对第 n 次采样)。矩阵 $Z(n)$ 将斯托克斯参数从解调过程的乘积 $[w * A^T I](n)$ 中分离出来。

412

当窗口函数 $w(n)$ 呈矩形时,式(17.74)将等价于传统 DRM[48]:

$$w_r(n) = \begin{cases} 1, & n < N-1 \\ 0, & \text{其他} \end{cases} \qquad (17.76)$$

重建窗口的长度 N 决定着偏振计对信号变化的响应速度、信号重建的精确度,以及重建过程中基带和边带间出现交叉频谱污染的程度。举例来说,图17.21 给出了两种不同矩形窗口的滤波器响应,这两种窗口应用在了一个基于旋转分析仪的偏振计上,并根据式(17.67)和式(17.68)进行采样。若采用三采样窗口,虽然会有一个宽频率响应范围,但也会在最大可用重建带宽外有一个显著的响应。除了恒定的信号(信号频谱由 0 和 $\pm\alpha$ 弧度/样本的脉冲 δ 函数构成)外,都会存在一定的交叉频谱污染。若窗口拉长 3 倍,该频带外的频率响应值将会减弱,但在通带内的高频响应也会减弱。

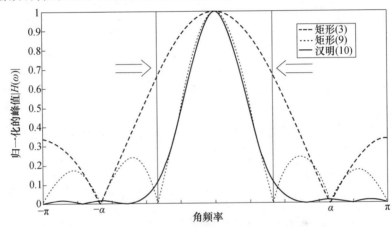

图 17.21　不同旋转分析仪偏振计重建滤波器的频率响应。
图中的箭头表示的是最大重建带宽

根据式(17.74),允许我们修改重建窗口以提高重建性能。对于实时系统,汉明窗是一个很好的选择,它比矩形 *DRM* 窗口更好一些。汉明窗的长度 N 为

$$w_h(n) = a - (1-a) * \cos\left(\frac{2\pi(n)}{N-1}\right) \qquad (17.77)$$

其中,$a = 0.54$。同样,10 个样本的汉明窗也在图 17.21 中给出了。其带内频率响应几乎和 9 个样本的矩形窗口一样,且频带外响应几乎为零。

利用截断的 sinc 函数类型的窗口来近似一个 DSFT 带宽为 α 且通带(即一个矩形频率响应)内为单位振幅的滤波器,也是有可能的。但是,如果输入测量不是真正意义上有限带宽的(这往往是系统的实际情况),该窗口将产生大量重建伪像。

我们一般还是使用积分球来进行探测。所有情况下,辐射表面所产生的辐射需要在至少和成像仪孔径一样大的区域内是均匀一致的。在校准过程中,该辐射表面会放置在与照相机孔径足够靠近的地方。

探测器响应会在持续使用期间发生漂移。定期的校准是很有必要的,特别是对 HgCdTe 阵列而言,因为这会限制传感器的可用性。通过使用基于场景的非均匀性校正,可以显著延长辐射测量的校准周期。近期的两篇文章[49,50]专门针对微网格偏振测量成像解决了这一问题。

17.7.2 偏振校准

偏振校准的目的在于确保数据归约矩阵能如实重建整个场景的斯托克斯向量。不同于辐射校准的是,仅当出现影响光学系统的一些变化时才会需要进行偏振校准。变化包括更换镜头、带通滤波器或偏振光学器件等,这都是要执行偏振校准的原因所在。

Persons 等人[51]介绍了一种偏振校准的实验装置,如图 17.22 所示。他们将一个透射偏振目标放置在非相干照明光源前,这样测试时就可以用照相机对其进行成像。对偏振目标进行设计,使得透射斯托克斯向量能够根据测试需求进行更改。将偏振目标略微倾斜放置,这样就可以通过一个外部参考来让物体表面反射进入照相机的杂散光保持不变。完成上述实验装置后,按照下列步骤收集数据:

(1) 将照明光源的温度设为 T_1。

(2) 测量值,用 $m = 1 \sim M$ 标记第 m 次测量:

① 设置偏振参考来生成斯托克斯向量 $S_m(T_x)$。

② 照相机记录响应向量 $L_m(T_x)$。该响应向量由每个分析仪状态下的辐射测量值组成。

(3) 将照明光源温度设为 T_2;

(4) 重复第 2 步。

然后,测量矩阵 W 的估计可写为

$$\hat{w} = [L(T_1) - L(T_2)][S(T_1) - S(T_2)]^+ \tag{17.80}$$

其中

$$S(T_x) = [S_1(T_x) \cdots S_M(T_x)] \tag{17.81}$$

并且

$$L(T_x) = [L_1(T_x) \cdots L_M(T_x)] \tag{17.82}$$

信号相减以及使用反射参考的目的在于去除偏振目标辐射的任何未建模的贡献或去除目标周围环境反射的影响。

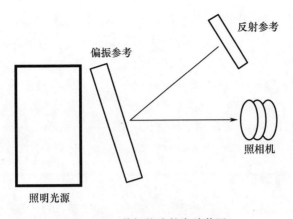

图 17.22 偏振校准的实验装置

（图中文字标注：反射参考、偏振参考、照相机、照明光源）

  显然,这种校准过程只有当准确知晓偏振参考所形成的斯托克斯向量(至少要知道一个恒定的辐射测量比例因子)时才是有效的。举例来说,用作线性斯托克斯偏振计校准的偏振参考,可以是一个放在旋转位移台上中的旋转偏光器(线性二向衰减器)。我们必须把该设备的二向衰减(参见式(17.56))考虑在内。另外,照明光源的光谱量应当与实际操作中的光谱量相一致。对于处在发射带的偏振成像仪,其参考光源是一个工作温度落在照相机的辐射测量范围内的黑体。根据第17.5节的讨论,应当明确一点:式(17.81)中的斯托克斯向量应当尽可能彼此分开地散布在庞加莱球的可触及部位。

17.8 偏振目标检测

  有时候需要突出一个场景中的物体,而这些物体与斯托克斯背景是不一样的。我们将这些感兴趣的物体称作目标,而把这将物体突出的过程称作目标检测。最好的检测方法是内曼－皮尔逊测试,它能形成一个检测统计量,定义为一个替代(目标存在)假设与一个空(目标不存在)假设之间的似然比[52]。这些似然函数代表目标和背景的已知的或假设的统计模型。在一个异常检测的探测器中,无法获知或假设目标信息,探测器完全是靠背景的统计模型来检测目标。关于向量数据的常见模型是多元正态模型,它可用在马哈拉诺比斯距离探测器或多元能量探测器上。然而这通常并不是多光谱成像或偏振成像的上乘之选,因为背景并不是静止不动的,而且背景无法用全局正态统计进行很好表示。

  为了解决与多元成像息息相关的非静态问题,Reed 和(Xiaoli) Yu 开发了一种基于局部正态统计的空间自适应异常检测探测方法,而局部正态统计在多光谱成像传感器中表现出了很好的性能[53]。这种 RX 算法(以两人名字命名)能形成一个逐像素探测统计,可表示为

$$r(\boldsymbol{x}) = (\boldsymbol{x} - \boldsymbol{m}_b)^{\mathrm{T}} \boldsymbol{C}_b^{-1} (\boldsymbol{x} - \boldsymbol{m}_b) \qquad (17.83)$$

其中，$\boldsymbol{x}$ 是待测像素的向量数据(或目标区域内的采样均值)，$\boldsymbol{m}_b$ 是待测像素周围的一个背景区域的局部采样均值向量，而 $\boldsymbol{C}_b$ 是图 17.23 所示背景区域的局部采样协方差矩阵。目标区域的大小应与待测目标的大小相匹配，背景区域的大小需要在协方差矩阵估测精度(大区域)和空间自适应性(小区域)之间进行折中。有时候，将防护区域放置在目标区域周围，以避免目标数据对协方差矩阵的侵蚀破坏。随着待测像素在图像上的移动，需要重新计算局部目标均值向量和背景协方差矩阵，这也会产生关于空间自适应的计算成本。目标检测时需要为探测统计设置阈值，所选的阈值应当满足预期误警率的要求。探测统计值高于阈值的像素被标记为属于目标的像素。

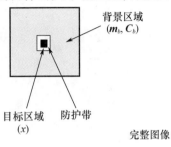

背景区域 $(\boldsymbol{m}_b, \boldsymbol{C}_b)$

目标区域 $(\boldsymbol{x})$　防护带

完整图像

图 17.23　RX 算法所关心的区域

RX 算法的空间自适应性优势在于，即便在含非均匀背景杂波涨落的条件下，RX 算法也能提供良好的目标检测性能，这一点在多光谱成像中非常重要。而在偏振成像中，该种空间自适应性似乎不如在非偏振背景的理论情况中那么重要。在偏振成像的情况下，目标检测只需要简单地为偏振图像设定阈值即可实现。然而，在背景涨落中也可能有偏振量，甚至在 S_1 和 S_2 斯托克斯图像也可能存在涨落，这些涨落是由校准误差和其他传感器伪像造成的，上述误差和伪像会导致在斯托克斯分量出现非均匀干扰。在这些情况下，根据什么样的目标特征才能认定为异常，我们能简单地通过在探测统计中定义 x 为完整的斯托克斯向量或两个线性分量，来运用上述的 RX 算法。如果使用完整的斯托克斯向量，该算法将检测出在图像上发生异常聚集或异常偏振的物体。通过在 RX 计算过程中去除 S_0 分量，就可以消除强度的影响。

作为一个例子，RX 算法被应用于图 17.6 中的偏振数据集中，其成像结果在图 17.24 中给出。图 17.24(a)显示了线性偏振度，代表着高度偏振物体，同时也显示了背景偏振中的一些涨落。在本例中，RX 算法仅应用于偏振图像的 S_1 和 S_2 分量，这是因为 S_0 分量受背景杂波的影响严重。这里采用了一个单独的像素目标窗口，包含一个 49×49 像素的背景窗口和一个 19×19 像素的防护带(标称的目标大小，事实上，防护带最外边框所包住的像素区域要比目标区域大一些)。RX 探测统计图像在右图显示，其灰度值范围拉伸到峰值响应的 1/4。在这种情况下，目标中心的探测统计比图像中任何其他位置的探测统计都要大一倍多，因此在这个量级上使用阈值，就可以在没有误警的情况下对目标进行检测。在该给定的灰度拉伸条件下，很显然在整个图像中存在一些明亮的单像素响应,如果没有通过设置足够高的探测统计阈值(高于这些亮点的灰度值)或通过空间滤波将其滤除的话,这些亮点将能防止误警的发生,当然在某些场合(如去除孤立单像素探测)就需要这样的过滤操作。

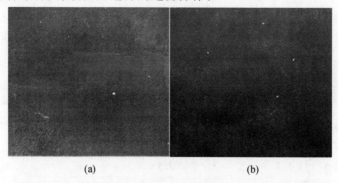

(a) (b)

图 17.24 DOLP 图像(a)和 RX 探测图像(b)之间的比较

参 考 文 献

[1] Rogne T. , Smith F. , and Rice J. , Passive target detection using polarized components of infraredsignatures, *Proceedings of the SPIE* **1317**, (1990).

[2] Howe J. , Miller M. , Blumer R. , Petty T. ,Stevens M. , Teale D. , andSmith M. , Polarization sensingfor target acquisition and mine detection, in *Proceedings SPIE*, **4133**, (2000).

[3] Sadjadi F. and Chun C. , Automatic detection of small objects from their infrared state – of – polarizationvectors, *Optics Letters*, **28**(7), 531 – 533, (2003).

[4] Gurton K. , Felton M. , Mack R. , LeMaster D. , Farlow C. , Kudenov M. , and Pezzaniti L. , MidIRand LWIR polarimetric sensor comparison study, in *Proceedings SPIE* **7672**, (2010).

[5] Ratliff B. , LeMaster D. , Mack R. , Villeneuve P. , Weinheimer J. , and Middendorf J. , Detectionand tracking of RC model aircraft in LWIR microgrid polarimeter data, in *Proceedings SPIE*, **8160**, 1, (2011).

[6] Goudail F. and Tyo J. S. , When is polarimetric imaging preferable to intensity imaging for targetdetection?, *Journal of the Optical Society of America A*, **28**, 46 – 53, (2011).

[7] Thilak V. , Voelz D. , and Creusere C. , Image segmentation from multi – look passive polarimetricimagery, in *Proceedings SPIE*, **6682**, (2007).

[8] Wolff L. , Polarization – basedmaterial classification from specular reflection, *IEEE Transactions on Pattern Analysis andMachine Intelligence*, **12**(11), 1059 – 1071, 1990.

[9] Thilak V. , Voelz D. , and Creusere C. , Polarization – based index of refraction and reflection angleestimation for remote sensing applications, *Applied Optics*, **46** (30), 7527 – 7536, (2007).

[10] Hyde IV M. , Schmidt J. , Havrilla M. , and Cain S. , Determining the complex index of re-

418

fractionof an unknown object using turbulence – degraded polarimetric imagery, *Optical Engineering*, **49**(12),126201 – 126201, (2010).

[11] Koshikawa K. , A polarimetric approach to shape understanding of glossy objects, in *Proceedingsof the 6th International Joint Conference on Artificial Intelligence – 1*, 493 495, MorganKaufmann Publishers Inc. , (1979).

[12] Tyo J. , Rowe M. , Pugh Jr E. , Engheta N. , *et al.* , Target detection in optically scattering media bypolarization – difference imaging, *Applied Optics*, **35**(11), 1855 – 1870, (1996).

[13] Chenault D. and Pezzaniti J. , Polarization imaging through scattering media, *SPIE Proceedings***4133**, (2000).

[14] Egan W. , Photometry and polarization in remote sensing. *Elsevier*, New York, NY, (1985).

[15] Tyo J. S. , Goldstein D. L. , Chenault D. B. , and Shaw J. A. , Review of passive imaging polarimetryfor remote sensing applications, *Applied Optics*, **45**(22), 5453 – 5469, (2006).

[16] Schott J. , Fundamentals of polarimetric remote sensing. *SPIE Press*, Bellingham, WA, (2009).

[17] Goldstein D. , Polarized light, revised and expanded. *CRC Press*, (2010).

[18] Chipman R. , Polarimetry, in *Handbook of Optics*, *Third Edition Volume I: Geometrical and PhysicalOptics*, *Polarized Light*, *Components and Instruments* (*set*), 3rd edn, **15**, New York, *McGraw – Hill*, (2010).

[19] Goodman J. W. , Statistical optics, New York, *John Wiley & Sons, Inc.* , (1985).

[20] Collett E. , Field guide to polarization. *SPIE Press*, Bellingham, WA, (2005).

[21] Hoffman K. and Kunze R. , Linear algebra. *Prentice – Hall*, Englewood Cliffs, NJ, (1971).

[22] Priest R. G. and Gerner T. A. , Polarimetric BRDF in the microfacet model: theory and measurements, *tech. rep.* , DTIC Document, (2000).

[23] Pedrotti F. and Pedrotti L. , Introduction to optics, 2nd edn, *Prentice Hall*, (1993).

[24] Sandus O. , A review of emission polarization, *Applied Optics*, **4**(12), 1634 – 1642, (1965).

[25] Resnick A. , Persons C. , and Lindquist G. , Polarized emissivity and Kirchhoff's law, *AppliedOptics*, **38**(8), 1384 – 1387, (1999).

[26] Tyo J. S. , Ratliff B. M. , Boger J. K. , Black W. T. , Bowers D. L. , and Fetrow M. P. , Theeffects of thermal equilibrium and contrast in lwir polarimetric images, *Opt. Express*, **15**, 15161 – 15167, (2007).

[27] Eismann M. T. , Hyperspectral remote sensing. *SPIE Press*, Bellingham, WA, (2012).

[28] Bohren C. F. andHuffman D. R. , Absorption and Scattering of Light by Small Particles. *Wiley VCHVerlag GmbH & Co. KGaA*, (2008).

[29] Pust N. J. , Shaw J. A. , and Dahlberg A. R. , Concurrent polarimetricmeasurements of paintedmetaland illuminating skylight compared with a microfacet model, *SPIE Proceedings* **7461**, (2009).

[30] Lin S. – S. , Yemelyanov K. M. , Edward J. , Pugh N. , and Engheta N. , Separation and

419

contrastenhancement of overlapping cast shadow components using polarization, *Optics Express*, **14**, 7099 – 7108, (2006).

[31] Pust N. J. and Shaw J. A. , Wavelength dependence of the degree of polarization in cloud – free skies:simulations of real environments, *Optics Express*, **20**, 15559 – 15568, (2012).

[32] Pust N. J. , Shaw J. A. , andDahlberg A. , Visible – NIR imaging polarimetry of paintedmetal surfacesviewed under a variably cloudy atmosphere, *Proceedings of the SPIE* **6972**, (2008).

[33] Pust N. J. , Dahlberg A. R. , Thomas M. J. , and Shaw J. A. , Comparison of full – sky polarizationand radiance observations to radiative transfer simulationswhichemploy AERONET products, *Optics Express*, **19**, 18602 – 18613, (2011).

[34] Miller M. , Blumer R. , and Howe J. , Active and passive SWIR imaging polarimetry, *Proceedingsof the SPIE* **4481**, (2002).

[35] Shaw J. A. , Degree of linear polarization in spectral radiances from water – viewing infraredradiometers, *Applied Optics*, **38**(15), 3157 – 3165, (1999).

[36] Shaw J. A. , Polarimetric measurements of long – wave infrared spectral radiance from water, *Applied Optics*, **40**(33), 5985 – 5990, (2001).

[37] Felton M. , Gurton K. P. , Pezzaniti J. L. , Chenault D. B. , and Roth L. E. , Measured comparison ofthe crossover periods for mid – and long – wave IR (MWIR and LWIR) polarimetric and conventionalthermal imagery, *Optics Express*, **18**, 15704 – 15713, (2010).

[38] Tyo J. , Noise equalization in stokes parameter images obtained by use of variable – retardancepolarimeters, *Optics Letters*, **25**(16), 1198 – 1200, (2000).

[39] Tyo J. , Design of optimal polarimeters: maximization of signal – to – noise ratio and minimization ofsystematic error, *Applied Optics*, **41**(4), 619 – 630, (2002).

[40] Ambirajan A. and Look Jr D. , Optimum angles for a polarimeter: part I, *Optical Engineering*, **34**(6), 1651 – 1655, (1995).

[41] LaCasse C. , Chipman R. , and Tyo J. , Band limited data reconstruction in modulated polarimeters, *Optics Express*, **19**(16), 14976 – 14989, (2011).

[42] Tyo J. S. , LaCasse C. F. , and Ratliff B. M. , Total elimination of sampling errors in polarizationimagery obtained with integrated microgrid polarimeters, *Optics Letters*, **34** (20), 3187 – 3189, (2009).

[43] Goodman J. , Introduction to Fourier optics. *McGraw – Hill Companies*, (1988).

[44] Ratliff B. M. , LaCasse C. F. , and Tyo J. S. , Interpolation strategies for reducing IFOV artifacts inmicrogrid polarimeter imagery, *Optics Express*, **17**,9112 – 9125, (2009).

[45] LeMaster D. , Stokes image reconstruction for two – color microgrid polarization imaging systems, *Optics Express*, **19**(15), 14604 – 14616, (2011).

[46] Ratliff B. , LaCasse C. , and Tyo J. , Adaptive strategy for demosaicing microgrid polarimeterimagery, in *Aerospace Conference*, *IEEE*, 1 – 9, (2011).

[47] Hardie R. , LeMaster D. , and Ratliff B. , Super – resolution for imagery from integrated mi-

420

crogridpolarimeters, *Optics Express*, **19**(14), 12937 – 12960, (2011).

[48] LaCasse C. , Tyo J. , and Chipman R. , Role of the null space of the DRM in the performance ofmodulated polarimeters, *Optics Letters*, **37**(6), 1097 – 1099, (2012).

[49] BlackW. T. , LaCasse IV C. F. , and Tyo J. S. , Frequency – domain scene – based non – uniformity correctionand application to microgrid polarimeters, in *Proceedings SPIE* **8160**, (2011).

[50] Ratliff B. M. and LeMaster D. A. , Adaptive scene – based correction algorithm for removal of residualfixed pattern noise in microgrid image data, in *Proceedings SPIE* **8364**, (2012).

[51] Persons C. , Jones M. , Farlow C. , Morell L. , Gulley M. , and Spradley K. , A proposed standardmethod for polarimetric calibration and calibration verification, in *Proceedings of the SPIE*, **6682**, (2007).

[52] Scharf L. , Statistical signal processing: detection, estimation, and time series analysis. *Addison Wesley*, Reading, MA, (1991).

[53] Reed I. S. and Yu X. , Adaptive multiple – band CFAR detection of an optical pattern with unknownspectral distribution, *IEEE Transactions on Acoustics*, *Speech and Signal Processing*, **38**(10), 1760 – 1770, (1990).

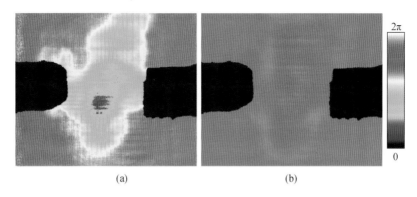

图 1.15　重建图像

(a)使用平行相移数字全息术得到的重建图像;

(b)仅使用衍射积分方法得到的重建图像。

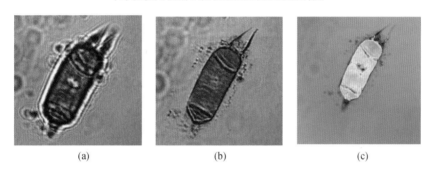

图 6.6　(a)奥杜藻的离焦彩色光强图像,(b)重新聚焦的光强图像,

(c)RGB 通道的合成相位图像

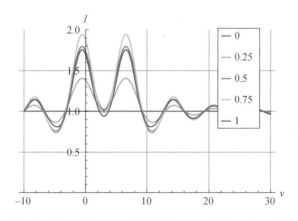

图 7.14　使用有不同参数的 VDIC 进行的关于两个相邻点状相位缺陷的成像

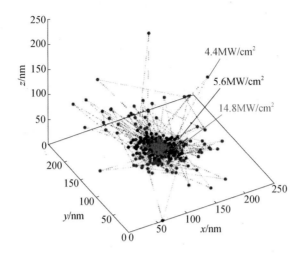

图 8.7　捕获空间体积内直径为 200nm 聚苯乙烯颗粒在不同光强下的运动:蓝点、黑点和红点分别表示光强为 4.4MW/cm² 、5.6MW/cm² 和 14.8MW/cm² 时情况

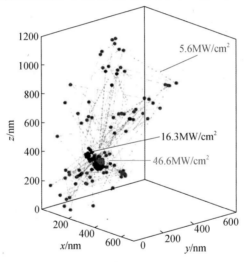

图 8.10　金纳米颗粒运动的 3D 显示

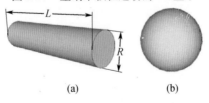

(a)　　　　　　　(b)

图 10.2　制作成各种形状的金属纳米粒子。(a)长径比为 *L*/*R* 的纳米棒;
(b)纳米球。出处:Meiri A. , Gur E. , Garcia J. , Micó V. , Javidi B. ,
and Zalevsky Z. , (2013). 图片已经 SPIE 许可复制

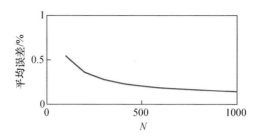

图 10.8 相位误差与帧数之间的函数关系。出处:Meiri A.，Gur E.，Garcia J.，
Micó V.，Javidi B.，and Zalevsky Z.，(2013).图片已经 SPIE 许可复制

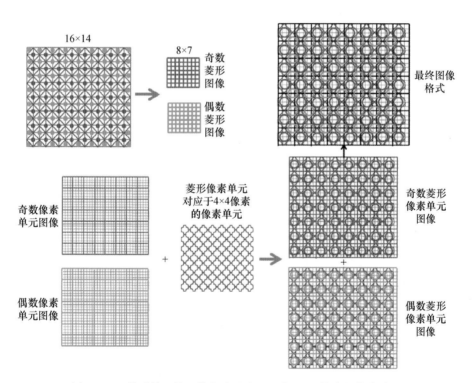

图 12.12 菱形单元的图像格式对应于一个 4×4 像素的像素单元

3

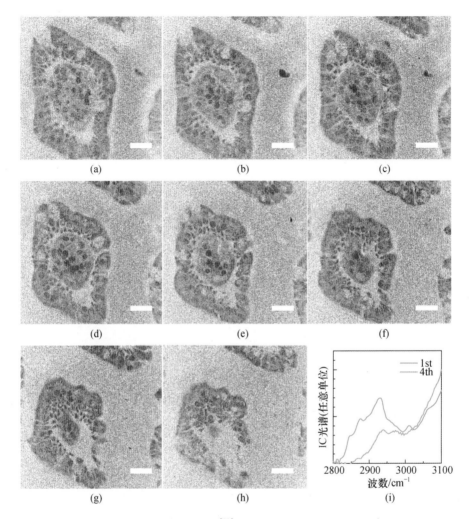

(a)　　　　　　　　(b)　　　　　　　　(c)

(d)　　　　　　　　(e)　　　　　　　　(f)

(g)　　　　　　　　(h)　　　　　　　　(i)

图 15.13　老鼠小肠绒毛的光谱成像切片[28]。在波数为 2800～3100cm⁻¹ 的范围内，每次将 z 位置改变 5.6μm，拍摄得到共计 91 幅图像。总拍摄时间为 24s。光谱图像用 4 个 IC 进行分析。第一个 IC(细胞质)和第四个 IC(胞核)图像分别被染成青绿色和黄色，然后把它们组合起来并进行对比度反转。(a)～(h)：多色图像切片。(f)：第一个和第四个 IC 的光谱。比例尺：20μm。出处：Ozeki Y.，Umemura W.，Otsuka Y.，Satoh S.，Hashimoto H.，Sumimura K.，Nishizawa N.，Fukui K.，and Itoh K.，(2012)。图片已经自然出版集团许可复制

4

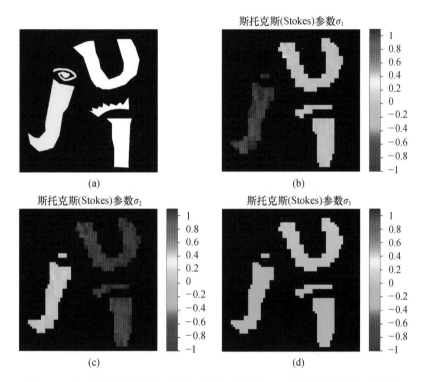

图 16.3 （a）待测物体的高分辨率成像，物体是 UJI 校徽的振幅图，字母上盖着黄色玻璃纸薄膜。（b）~（d）是分别显示斯托克斯参数分布的伪彩色照片。出处：Durán P.，Clemente M.，Fernández – Alonso M.，Tajahuerce E.，and Lancis J.，（2012）. 图片已经光学学会许可复制

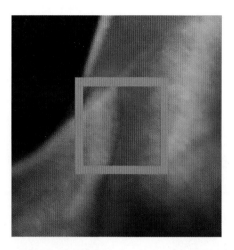

图 16.10 聚苯乙烯样本的彩色图片。样本放置在两个偏振方向十字交叉的线性偏振器之间,并由白光进行照明。聚苯乙烯块上施加应力会产生不同的偏振态,结果就形成了彩色条纹。方框指示的是光谱相机所关心的成像区域

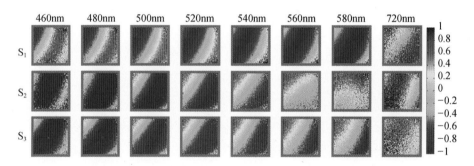

图 16.11 聚苯乙烯块斯托克斯参数的空间分布。每个分布用一幅 128×128 像素的伪彩色图片表示。值的范围从 -1(蓝色表示)变化到 1(红色表示)

6